踏遍青山人未老

人

尹永美 编

——父亲尹德华的人生足迹

中国农业出版社

图书在版编目（CIP）数据

踏遍青山人未老：父亲尹德华的人生足迹 / 尹永美编. —
北京：中国农业出版社，2019.1
ISBN 978-7-109-23111-5

Ⅰ.①踏… Ⅱ.①尹… Ⅲ.①尹德华–传记 Ⅳ.①K826.3

中国版本图书馆CIP数据核字（2017）第155502号

中国农业出版社出版

（北京市朝阳区麦子店街18号楼）

（邮政编码100125）

责任编辑　黄向阳　周晓艳

北京中科印刷有限公司印刷　　新华书店北京发行所发行

2019年1月第1版　　2019年1月北京第1次印刷

开本：889mm×1194mm　1/16　印张：28.5

字数：550千字

定价：320.00元

（凡本版图书出现印刷、装订错误，请向出版社发行部调换）

尹德华

（摄于1988年）

1956年尹德华获全国先进工作者奖章——"劳动光荣"

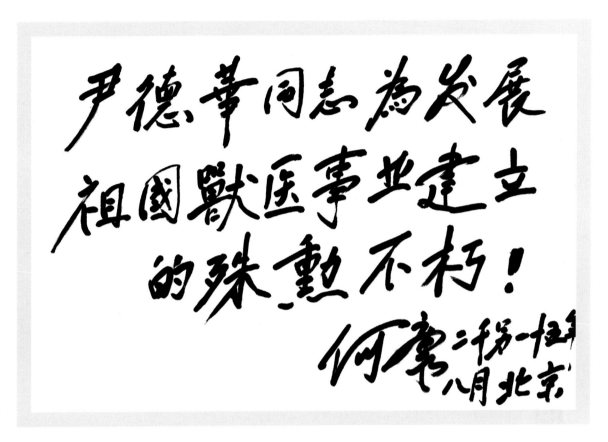

农业部原部长何康的题词

发扬积极，争取主动，常带头示范，影响群众；戒骄戒满，不懈不松，再接再厉，保持光荣。

题勉事部积极工作、学习、活动的优秀同志

李书城

李书城（1882—1965），湖北省潜江市袁桥村人。23岁追随孙中山先生参与筹备和组织同盟会。辛亥革命期间，他在武昌与黄兴并肩战斗，后又参加孙中山领导的讨袁、护法等战争。1921年前后，他支持和帮助胞弟李汉俊在上海发起建党，中国共产党第一次全国代表大会就在他家中召开。抗战期间，他积极拥护中国共产党提出的"建立抗日民族统一战线"的政策，利用自己的声望和影响，做了许多上层人士的思想工作。解放战争时期，他积极投入反蒋斗争，为全国解放奔走呼号。他支持和掩护共产党人进入武汉，恢复和重建中共地下党的组织，开展对敌斗争，称得上是解放武汉的功臣。

1949年9月21日，受毛泽东主席邀请，李书城出席了全国政协第一次全体会议。10月1日出席开国大典，10月19日在政务院举行的第三次会议上，经周总理提议，他被任命为农业部部长。

中华人民共和国成立之初，百废待兴，农业的恢复和发展既首当其冲，又困难重重。李书城不顾自己年近古稀，孜孜不倦地学习党的有关农业政策，学习农业技术知识，他深入基层，深入群众，工作出色，受到党和人民的好评。

1965年8月23日，李书城先生因病在北京去世，毛泽东、周恩来、董必武等党和国家领导人送了花圈。他的骨灰被安放在八宝山革命公墓第一陈列室。

多年来积极努力学习积极分子

和蔬菜文化体育活动日益发展，

但但记得在任何方面任何

始终成为积极带头的骨干

都是先峰的，今后，永远保持

色更加全面的模范移峰

努力

张增敬
四月

农业部原党委书记张增敬的题词

热烈祝贺《踏遍青山人未老——父亲尹德华的人生足迹》出版问世

　　尹德华同志（1921—2014）生前与我同在"农业部离退休干部东大桥活动站"参加学习和活动，也同在一个党支部。他是我国著名的兽医学家，是中华人民共和国兽医事业发展壮大的奠基者之一。他倾注毕生精力，为我国兽医事业做出了重要贡献。特别是在消灭牛瘟等重大家畜疫病中，建立了不朽的功勋，受到党和政府有关部门及畜牧兽医战线领导与群众的赞赏。

　　本文集收编了尹德华本人的部分著作和曾与他一起工作的同事与家人介绍他的事迹与高尚品德的文章，还有不少珍贵的照片。这是一部农业史书、传书，也是我国一份重要的农业文化遗产。在畜牧兽医领域能够发扬事业溯源有根，传承有据的作用。

　　他的好女儿尹永美，怀着对父亲的热爱与崇高的敬意，为文集的编辑倾注了全力。她严肃认真，一丝不苟，为本书的出版做了大量周密、细致的审校工作，值得敬佩。

　　相信这部文集的问世，在弘扬党的优良传统、建设社会主义新农村、全面建成小康社会、实现可持续发展现代农业的伟大事业中发挥积极作用。

郭书田

2018年3月

郭书田同志系农业部政策法规司原司长。

脚踏实地之上　　身置福祉之中

——缅怀我国兽医事业先驱尹德华先生

贾幼陵

尹德华先生是我国兽医界的老前辈，亦是我最尊敬的师长。

1972年冬，在内蒙古牧区插队整整5年后我第一次回京探亲。由于牧区条件有限，因此当时我只能自学兽医知识，一到北京我就迫不及待地开始求师拜庙。每日早晨顶风骑车1个多小时到德胜门外的北京市兽医院门诊跟班实习，并四处打听口蹄疫专家尹德华的住址。记得在中国兽医药品监察所实验室第一次见面时，尹老正忙着，但当知道我是从牧区生产队来的赤脚兽医后，他很高兴地接受了我这个"忘年之交"。我毫无顾忌地向他讲述了我在口蹄疫免疫工作中的困惑。

在牧区每年入冬都要给牛羊打口蹄疫甲、乙（A型和O型）两种弱毒疫苗，每次打苗后牲畜的反应都很大，而且牧民抵触情绪强烈，认为副反应不亚于发生口蹄疫疫情，牲畜掉膘严重，且增加了过冬死亡率。为了防止不规范注射，我每年都是手执两把装甲注射器，亲自动手打10 000多只羊，有时手都磨烂了。当看到亲手免疫过的羊群副反应超过80%，整体跛行有如波涛起伏，我彻底无语了……

在我向尹老请教时，发觉他对牧区非常熟悉。他耐心地听我反映情况，并认真思考着、分析着，告诉我这是疫苗质量问题，尚无解决办法，但免疫效果是确实好，让我坚定信心打下去。他告诉我，20世纪50年代牛瘟免疫比现在困难多了，但凭得就是一份坚持。在不断坚持中，当年肆虐全国的牛瘟不就是这样被消灭了吗？尹老的话鼓励了我，无论多么困难，我都认真组织免疫工作。在像我一样的基层兽医的共同努力下，即便是在"文化大革命"时代，牧区仍然避免了口蹄疫疫情的肆意虐行。

1979年年底，我离开牧区到农业部工作，经常能够见到尹老，但直到1989年我任全国畜牧兽医总站副站长以后才得以与尹老有较密切的联系。20世纪80年代以后，随着家畜流通量增加，口蹄疫疫情重新暴发流行，国务院成立了以李瑞山为首的口蹄疫防治指挥部，尹老是首席专家。李瑞山同志对尹老非常尊重，经常向他请教问题。尹老建议应该借鉴20世纪60年代的成功经验，在疫区恢复免疫工作。然而，由于经费迟迟落实不下来，强制免疫措施难以推行。1993年，我主持畜牧兽医系统工作以后，曾多次与尹老交流，向他请教。虽然他已经离休，但仍然密切关注兽医工作和口蹄疫的防治情况。

2014年12月19日7时28分，尹德华先生因病在北京逝世，享年93岁。我们怀着沉痛的心情缅怀他，并感恩他穷尽一生为我们国家做出的杰出贡献。近些年来不少动物疫病在我国流行，虽然现在国家在动物防疫方面投资力度较大，科研力量也进一步增强，动物疫苗生产能力也与当年不可同日而语，但缺少的恰恰是像尹老这样老科学家的精神，以及那种毅力、那种锲而不舍、一往无前、大无畏的人格力量！尹德华老先生及他代表的过去一代的老科学家们，是中国兽医事业的脊梁！

青春热血灭牛瘟

1921年6月尹德华出生于辽宁省桓仁县，1941年12月毕业于奉天（今沈阳）农业大学兽医系，同年通过考试获得兽医师认许证。刚出校门工作，尹德华就遇上牛瘟流行，被派到内蒙古科尔沁右翼前旗防疫。

据史料记载，牛瘟在我国流行已有几千年的历史。牛瘟的传染性很强，流行很快，患病牛只死亡率很高。牧区往往是"三五年一小瘟，七八年一大瘟"。仅1938—1953年，四川甘孜藏族自治州就出现4次牛瘟大流行，死牛数在百万头以上。正如藏族谚语"三年不易致富，三日即可致贫"的描述一样。牛瘟不只在牧区内传播，还向广大农业地区传播。仅1937—1939年，四川、贵州、湖南、湖北、安徽等省因牛瘟而死掉的牛就将近10万头。当时传统的防疫办法是靠"牛瘟血清"和灭活疫苗紧急注射，为病牛注射血清和灭活疫苗。然而大多牧民不相信，在夜间偷偷把牛群转移到远处逃瘟。疫区更是封锁不住，防疫工作不了了之。

1949年初，东北兽医研究所（现哈尔滨兽医研究所）陈凌风所长指出，要在全国消灭牛瘟，大规模开展千百万头牛的注射必须依靠"兔化弱毒"，特别是"牛体反应毒"疫苗；只有就地制苗防疫，才能满足需要。那时，尹德华被派往东北兽医研究所并且参加陈凌风所长主持的"牛瘟兔化毒的快速传代致弱毒力试验"及其"牛羊反应毒的试验研究"，是主要参加者。结果是疫苗对东北黄牛注射安全，有免疫效力，效果令人满意。

1949年7月，尹德华到内蒙古主持完成就地制苗注射的区域试验。在内蒙古科尔沁右翼前旗，尹德华借用牧民牛只制出疫苗，注射牛达万头以上。旗县与东北兽医研究所内试验结果一致，证明成功可用。随后，尹德华向内蒙古自治区农牧部部长高布泽博建议推广此法防疫，帮助培训蒙古族防疫学员40余人组建防疫队，并请示东北农业部畜牧处派10名兽医干部支援。尹德华随队深入呼伦贝尔盟各旗，逐旗集中制苗，分点注射，克服严冬冰雪天气和交通困难，3个月内免疫注射牛20余万头，并推动兴安、哲里木、昭乌达3个盟免疫注射牛30多万头，使东部地区形成了免疫带，消灭了牛瘟。

1950年初，尹德华受内蒙古自治区农牧部之邀，到内蒙古西部地区培训技术人员，并指导防疫。至当年6月初结束防疫，免疫注射牛50万头。使西部地区与东部地区连接成一条宽大的免疫带，为内蒙古消灭牛瘟打下坚实基础起到了决定性作用，也为全国消灭牛瘟起到了带头示范作用。在牧区防疫，就地取材制苗，注射百万头牛建成免疫带，这在国内外都是首创。

1950年7月，尹德华被辽宁省邀请举办牛瘟防疫训练班，培训农专学生和兽医干部50人。然后按内蒙古经验就地制造牛体反应血毒疫苗（简称牛血反应苗）注射，消灭了辽宁全省的牛瘟。

1950年10月，受吉林省邀请，尹德华到延边地区解决朝鲜牛注射兔化毒出现严重反应的死亡问题。尹德华等人到延吉、汪清县进行调查和试验，采用兔化毒与羊体反应毒制疫苗，注射朝鲜牛，减轻了病牛的症状反应。

1952年12月，尹德华奉派到兰州参加中央农业部召开的全国防治牛瘟座谈会议。他在会上全面介绍了东北及内蒙古消灭牛瘟的经验，建议采用牛瘟兔化毒及其牛体反应血毒疫苗，普遍开展防疫注射，尤其是在牛瘟常发地区的青藏高原、康藏高原，甘肃、四川藏族聚居地区全面注射兔化弱毒牛体反应疫苗，全面建立牛瘟免疫带，净化了疫源地，有效杜绝了牛瘟向内地农区传染蔓延。会议期间，他协助农业部畜牧兽医局的程绍迥拟定了《全国5年消灭牛瘟规划》，与东北兽医研究所袁庆志一起建议试用该所培育的牛瘟兔化绵羊化毒，解决牦牛注射兔化毒及山羊化毒发生严重反应死亡问题。他的这一建议，被中央农业部正确采纳。

1953年1月至1955年1月，尹德华被农业部调进北京，派往川康协助扑灭口蹄疫后投入防治牛瘟的工作。1953年7月，进入西康开展牛瘟防疫，解决牦牛注射兔化毒发生神经症状反应和注射山羊化毒发生高烧及血痢反应的死亡问题。在康定经过3个月的准备，1953年10月由康定步行到乾宁县半山区试验点，进行买牛制苗试验，奋战3个月终于获得满意结果。试用兔化绵羊化毒及其牦牛继代反应毒注射后，牦牛无神经症状反应，尽管有30%左右的高烧反应，但无血痢症状和死亡。藏族牧民称它像白酒一样，比青稞酒有劲，注射牦牛100%免疫，比藏族牧民惯用的"灌花"效果又好又安全，称之为"北京孖宝"（历史上藏族牧民将牛口腔、鼻孔用刀划破，灌野外山羊毒的牛血反应毒，牛出现高烧后静脉放血，再灌其他牛，称之为"孖宝灌花"。孖宝灌花令多数牛免疫，少数出现死亡反应，但有传染性，会散毒传染，且仅限于牛瘟复发后使用）。"北京孖宝"经尹德华试验，得出满意结论后，报请中央农业部同意推广注射。后尹德华又留住西康1年。

1954年5月，尹德华首先培训西南民族学院毕业的藏族青年和地方干部50余人并组建防疫队，中央农业部再从华东、中南、华北借调干部10名，西南农林部从四川农林厅借调干部数人、西康农林厅派出干部数人、康定藏族自治区防疫站及各县抽调干部10人，共同组成防疫大军。在康定集中学习，分成4个队进入半农半牧区，以及牧区乾宁、道孚、炉霍、甘孜、德格、邓柯、石渠等县。到该年年底，40多万头牛获得免疫，并同康定自治区农牧处副处长巴登一起到青海玉树自治州协商联防，互报疫情，边界地区过往放牧牛只由所在地区防疫队注射，减少了漏注。

1955年以后，再无牛瘟流行。此举使康藏地区牛瘟疫源地得到净化，也使全国1953—1957年五年消灭牛瘟规划提前2年完成。1956年，我国政府宣布全国消灭了牛瘟。

自1949年春到1955年牛瘟被消灭，尹德华连续6年出差防疫，4个春节没有回家过年，留在东北的家属4次搬迁时他都不在家。2009年联合国粮农组织发表声明，将在18个月内宣布全世界消灭牛瘟。这是人类继消灭"天花"之后，第二个消灭的动物烈性传染病。尹德华和他的老战友们欣喜若狂，奔走相告，这是世界人民的福音。而早在50多年前中国人民就已经生生接住了尹德华和他的战友们共同缔造的这一福祉。2003年尹德华主编的《中国消灭牛瘟的经历与成就》一书得以出版，回首往事耄耋之年的尹老豪情赋诗云：

青春热血灭牛瘟

荒原大漠野狼嚎，战胜牛瘟斗志高。
夜宿山坡喝雪水，晨骑战马踏山坳。
哭别战友惜年少，血染山川更妖娆。
四海神医擒恶兽，牛羊健壮乐陶陶。

奠基口蹄疫研究

为了扑灭口蹄疫的大流行，尹德华从1951年带队协助西北扑灭疫情开始到1993年止，他曾到过东北、华北、华东、中南、西北、西南的28个省（自治区、直辖市）的重点疫区。他深入农村和牧区，组织和指导防疫，并从技术上研究试制了口蹄疫结晶紫灭活疫苗和培育出O型、亚洲Ⅰ型鼠化弱毒与兔化弱毒，填补了当时我国尚无口蹄疫疫苗的历史空白。

1951年春，西北五省流行口蹄疫。周恩来总理特别重视，紧急指示要求扑灭，保护春耕。当时扑灭疫情的唯一办法和经验是"封锁、隔离、消毒、毁尸"八字经。虽然历时3个月扑灭了疫情，尹德华也获得了西北口蹄疫委员会宁夏省分会的通报表扬，但教训是没有疫苗，不能主动预防。防疫总结时尹德华说，在防疫行动上必须早、快、严、小（早发现、早报告、快行动、措施严，在小范围时就地扑灭），在技术上要"研究解决疫苗"。

同年秋，华北、东北、内蒙古的口蹄疫疫情开始流行，尹德华又投入到了东北地区的防疫工作。到1952年春，已形成口蹄疫防不胜防、治不胜治的局面。为不影响耕牛下地，春耕播种，必须变被动防疫为主动迎击扑灭。尹德华主张对耕牛实行强毒人工接种，抢在春耕播种2个月之前进行，抢先发病抢先治疗，促其自然康复。尹德华等人的实践，虽未影响或很少影响到4～5月的耕田犁地和播种，但在西北、东北的防疫过程中，尹德华深刻体会到中国必须抓紧解决疫苗的问题。

1957年冬，尹德华在青海省湟源县的防疫中，征得青海省兽医诊断室和湟源畜牧学校的同意，借用教室一间，以火炉烧水代替温箱，从病牛中采得野外病毒，开展了制苗试验。试制的蜂蜜灭活苗免疫牛失败后，又转移到条件较好的西宁市试制福尔马林灭活苗、结晶紫甘油灭活苗、蜂蜜灭活苗和牛痘干扰苗。试验中选出安全性和免疫效力较好的结晶紫甘油灭活苗重复试验。经改进反复试验提高后，又转移到互助土族自治县，结合防疫，借用生产队牛群，进行了较大范围的注射疫苗攻毒免疫试验，初获成功。且免疫率高达98%～100%，同群不注射疫苗的对照牛均发病。

第一批疫苗成功后，1958年初尹德华被派到兰州西北畜牧兽医研究所协助筹建口蹄疫研究室。同时在中国农业科学院兽医学家程绍迥的指导下，又补充了提高疫苗效力试验、疫苗保存期试验和免疫期试验，并将疫苗送到甘肃、青海、新疆、云南口蹄疫发生地区试用。河南开封生物药品厂派出人力在新乡建立制苗点，尹德华协助制出产品用于防疫注射。之后，新疆兽医生物制品厂也投产试用，并于1963年邀尹德华到厂协助改进提高产品（后为弱毒苗所代替）。

1957年，尹德华在青海还同时制出了高免血清，用于保护奶牛和耕牛。在西北畜牧兽医研究所筹建口蹄疫研究室期间，还利用牛舍做实验室培育成功了O型及亚洲型（当时暂命名ZB型）口蹄疫鼠化弱毒及兔化弱毒。并在陈凌风、程绍迥教授和苏联专家沙·阿斯维里多夫的指导下，进行了改进补充试验。

1964年东北、华北、西北、内蒙古流行口蹄疫时，尹德华曾先由农业部兽医药品监察所，继由兰州、南京、郑州和成都4个兽医生物药品厂赶制疫苗供应全国防疫，注射牛羊千万头（只），建设边疆免疫带。有效防止了外疫传入，全面控制了牛羊口蹄疫。

1965年4～9月，尹德华带领由河北、辽宁、甘肃、北京和西北畜牧兽医研究所借调的干部，到新疆协助开展口蹄疫防疫注射。曾到北疆塔城、阿勒泰专区和南疆喀什专区、克孜勒苏自治州（1966年）全面推广鼠化弱毒苗注射，以后再无口蹄疫流行。1965年9～10月，随同商业部到四川的重庆和万县地区检查口蹄疫防治工作，研究解决肉联厂病猪肉的处理问题。

1968年4～6月，同西北畜牧兽医研究所一起到河北省邯郸地区大名县进行口蹄疫A型鼠化毒和组织培养弱毒苗对猪、牛的安全性比较试验。

1976年3～7月，尹德华奉命到广东协助扑灭口蹄疫，并参加AEI灭活苗的试生产和安全效力试验。

1982年，随着家畜饲养数量和运输数量的迅速增加，猪的口蹄疫在全国很多省（自治区、直辖市）迅速传播开来。随之国务院成立"全国防治五号病指挥部"，尹德华是首席专家。同年，尹德华和其他兽医专家共同发起成立了"中国口蹄疫研究会"，尹德华成为我国开辟口蹄疫研究的奠基人之一，先后被选为副理事长、理事长、名誉理事长。

1987年11月离休后，尹德华同志仍发挥余热被返聘农业部，继续参与动物疫病防治管理工作直至1993年。

尹德华于1954年被农业部李书城部长给予"优秀工作者"奖励；1956年被评为"全国先进工作者"；1978年荣获"全国科学大会集体荣誉奖"；1979年集体获"农业部疫苗细胞培养科技改进一等奖"；1982年获国家科学技术委员会、国家农委联合颁发"农业科技推广（口蹄疫疫苗）奖"；1987年荣获农牧渔业部畜牧局授予的"先进工作者荣誉奖"；1993年国务院全国防治五号病总指挥部及农业部共同发证，授予"防治口蹄疫先进工作者荣誉奖"；1993年10月荣获国务院表彰的"为发展我国农业技术事业做出突出贡献的专家奖"，并享受国务院政府特殊津贴。

此文摘自《中国兽医师》2015年第1期。

贾幼陵同志系中国兽医协会第一任会长，第十一届全国政协委员。曾任国家首席兽医师，农业部兽医局局长；现兼任内蒙古农业大学动物医学院院长，国家病原微生物实验室生物安全专家委员会常务副主任委员，农业部突发重大动物疫病应急指挥部顾问，中国马业协会理事长，中国农业科学院学术委员会及中国农业大学和兰州大学兼职教授。

坚守·坚信

一次上课，苏格拉底就布置了一道作业，让他的学生们每日都甩手100下。1周后，九成的人都在坚持；1月后，只有一半的人还在坚持；1年后，苏格拉底再次问起那道简单的作业，却唯有一人在坚守，那个人就是柏拉图。本期"人物"栏目推出的尹德华先生、熊大仕先生及2014年度中国十大杰出兽医，他们都是柏拉图。

尹德华先生还有许多鲜为人知的故事。1938年，只念了一年高中的尹德华就参加高考，结果以最后一名的成绩考取了奉天（沈阳）农业大学兽医专业。在学习期间，他抓紧一切时间奋力追赶，每日晚上熄灯后仍打着手电筒在被窝里学习功课，最终以第二名的优异成绩毕业。

1953年，尹德华带队前往康藏高原消灭牛瘟，途经四川省金川县附近的一座雪山时，皑皑白雪反射出的强光将其眼睛刺得疼痛难忍，什么都看不见了，他和他的战友得了"雪盲"。藏族老阿妈用冰雪泡过的小石块为他们冷敷眼睛，石块被捂热就再换一块。但为了完成任务，他们不等眼睛好转就急忙赶路。

尹德华的妻子因突发脑溢血，偏瘫卧床不起22年。在这漫长的岁月里他从不厌烦、从不嫌弃，为妻子端屎端尿、翻身、喂食……

蜚声于世界寄生虫学界的熊大仕先生，于20世纪20年代留学美国。但正当他的课题崭露头角的时候，官费留学期限已满，学费和生活费的来源中断。他"非志无以成学"，半工半读地坚持完成了《马属动物结肠纤毛虫的研究》论文，取得了举世瞩目的成果。

熊大仕自1930年开始从教，历经57载直至1987年初临终前仍念念不忘他为之奋斗了一生的兽医教育事业，将他与夫人杨疏非先生的积蓄悉数捐出设立熊大仕奖学金，以激励后辈。

正是这些老一辈们的执着与付出，引领后代兽医们不畏艰难地勇敢前行。陈武、潘庆山等杰出兽医，都在各自的岗位上谱写新的篇章，凭的也正是他们经年累月的执着与追求。

　　"昔者，楚雄渠子夜行，见寝石以为伏虎，弯弓射之，没金饮羽，下视，知石也"，这是金石为开的故事。我们热衷的兽医事业，需要我们有金石为开的精神，用一生去坚守！

才学鹏

2015年1月

此文选自《中国兽医师》2015年第1期。

才学鹏同志系中国兽医药品监察所所长。

尹德华同志生平

　　中国共产党优秀党员，农牧渔业部畜牧局高级兽医师、离休干部尹德华同志，因病于2014年12月19日7时28分在北京逝世，享年93岁。

　　尹德华同志1921年6月出生于辽宁省桓仁县。1986年2月加入中国共产党。1946年1月在东北解放区桓仁满族自治县参加革命工作，任该县联合中学生物学教员。1948年11月至1948年12月在东北行政委员会干部培训班当学员。1948年12月至1953年1月在东北人民政府农业部畜牧处工作。1953年1月至1969年11月在农业部畜牧兽医总局工作。1969年11月至1973年11月在农业部河南"五七"干校劳动锻炼。1973年11月至1978年11月在农业部兽医药品监察所工作。1978年11月至1987年11月在农牧渔业部畜牧局任高级兽医师（技术4级），1987年11月离休，享受司局级待遇。1993年起享受国务院政府特殊津贴。

　　尹德华同志在几十年的工作中认真负责，任劳任怨，踏实勤奋，作风严谨，在不同的部门和岗位努力做好党组织安排的各项工作，得到组织和干部群众的好评。他坚持实事求是，积极开展调查研究，刻苦钻研兽医业务，努力解决工作中遇到的困难和问题，为我国畜牧业发展做出了积极的贡献。他在农业部工作期间，主要从事动物疫病防治管理工作。在牛瘟消灭工作方面，提出了推广东北普免弱毒疫苗经验的防治思路，参与制定并组织实施全国5年内消灭牛瘟规划，为我国消灭牛瘟做了大量卓有成效的工作。在牲畜口蹄疫防治工作方面，组织有关单位开展口蹄疫结晶紫甘油疫苗研究试验工作，成功研制出我国第一个口蹄疫疫苗。

　　离休后，尹德华同志仍发挥余热返聘农业部，继续参与动物疫病防治管理工作直至1993年。他坚持参加政治学习，关心国家的改革开放和经济建设。他坚决拥护党中央的领导集体和党中央的一系列方针政策，自觉在思想上和党中央保持一致，保持良好作风和政治风范。他教育子女，关心下一代，积极参加各种社会活动，努力发挥余热。

尹德华同志在几十年的革命生涯中，努力学习马列主义、毛泽东思想、邓小平理论和"三个代表"重要思想，树立科学发展观，忠于党、忠于祖国、忠于人民；对党的事业无比热爱，对革命工作认真负责，勤勤恳恳，兢兢业业。他严于律己，宽厚待人，清正廉洁；他工作积极，生活俭朴，为人正直，作风民主，团结同志，平易近人，密切联系群众。

尹德华同志的一生，是革命的一生，是全心全意为人民服务的一生，是为共产主义事业努力奋斗的一生。他的逝世，使我们失去了一位好党员、好干部、好同志，我们将永远缅怀尹德华同志！让我们化悲痛为力量，坚持以邓小平理论、"三个代表"重要思想和科学发展观为指导，高举中国特色社会主义理论伟大旗帜，紧密团结在以习近平同志为总书记的党中央周围，坚持科学发展，构建和谐社会，为实现中华民族伟大复兴的中国梦而努力奋斗。

尹德华同志安息吧！

农业部老干部局
农业部兽医局
2014年12月

尹德华业绩

尹德华，兽医专家。我国第一代口蹄疫疫苗研制者之一。研制的口蹄疫灭活疫苗和培育的O型、亚洲Ⅰ型鼠化弱毒与兔化弱毒，填补了我国的历史空白。为防治口蹄疫、牛瘟和寄生虫病做出了重要贡献。

尹德华，1921年6月出生于辽宁省桓仁县。1941年12月，毕业于奉天农业大学兽医系，经考试获兽医师认许证。后经高等（技术）文官考试，任兴安南省产业厅三等技佐。1946年，在东北解放区桓仁县参加革命工作，任桓仁联合中学生物学教员。1947年，任安东省政府建设厅农林科技师。1948年，任东北人民政府农业部畜牧处技士。1949年2～7月，派往哈尔滨东北兽医研究所。1953年，调中央农业部畜牧兽医局任农业工程师（农业五级技师），并赴四川、西康、新疆、甘肃、青海等地参加防治口蹄疫、牛瘟工作。结合防疫，在青海研制出口蹄疫结晶紫甘油灭活疫苗。1958年，在兰州西北畜牧兽医研究所协助筹建口蹄疫研究室，结合研究改进提高口蹄疫结晶紫甘油灭活疫苗，研究培育成功O型及亚洲Ⅰ型鼠化弱毒与兔化弱毒。1962年，在广东开展O型口蹄疫鼠化弱毒注射水牛、黄牛的区域性试验取得显著效果。1989年2月，任农业部畜牧总局教授级高级兽医师。1982年，与兽医学家程绍迥等人倡议成立中国口蹄疫研究会，他是发起人之一，并被当选副主任委员兼秘书长，1993年起任主任委员，先后5次主持召开口蹄疫学术研讨会。1988年2月，被聘为《中国农业百科全书·兽医卷》编辑委员会委员兼总论分支副主编等职。

研制牛瘟弱毒疫苗，带队到内蒙古、东北、康藏高原消灭牛瘟，为在全国消灭牛瘟做出贡献

中华人民共和国成立前后，东北、华北及内蒙古自治区牛瘟流行严重，危害农牧业生产。哈尔滨兽医研究所陈凌风所长指出，要在全国消灭牛瘟，大规模开展千百万头牛的注射，必须依靠兔化弱毒，特别是牛体反应毒疫苗；只有就地制苗防疫，才能满足需要。1949年初，东北农业部畜牧处派尹德华到东北兽医研究所参加陈凌风所长主持的牛瘟兔化毒的快速传代致弱毒力试验及其牛羊反应毒的试验研究，他是主要参加者，对东北黄牛注射安全和免疫效力均获满意结果。1949年7月，尹德华到内蒙古主持完成就地制苗注射的区域试验。在兴安盟西科前旗，借用牧民牛只制出疫苗，注射万头牛以上，与兽研所内试验结果一致，证明成功可用。随后，尹德华向内蒙古农牧部部长高布泽博建议推广用于防疫，帮助培训蒙古族防疫学员40余人组建防疫队，并请示东北农业部畜牧处派10名兽医干部支援。尹德华随队深入呼伦贝尔盟各旗，逐旗集中制苗，分点注射，克服严冬冰雪天气和交通困难，3个月内免疫注射牛20余万头，并推动兴安、哲里木、昭乌达3个盟免疫注射牛30多万头，使内蒙古东部地区形成免疫带，消灭了牛瘟。

1950年初，尹德华受内蒙古农牧部之邀，去内蒙古西部地区培训人员，指导防疫。至6月初结束防疫，免疫注射牛50万头，使西部地区与东部地区联结成一条宽大的免疫带，为内蒙古消灭牛瘟打下基础起到决定性作用，也为全国消灭牛瘟起到带头示范作用。在牧区防疫，就地取材制苗注射百万头牛建成免疫带，在国内外都是首创。

1950年7月，尹德华被辽宁省邀请举办牛瘟防疫训练班，培训农专学生和兽医干部50人。然后，按内蒙古经验就地制造牛体反应血毒疫苗（简称牛血反应苗）注射，消灭了辽宁全省的牛瘟。

1950年10月，受吉林省邀请，尹德华到延边地区解决"朝鲜牛"注射兔化毒出现严重反应死亡问题。尹德华等人到延吉、汪清县进行调查和试验，采用兔化毒与羊体反应毒制疫苗，注射"朝鲜牛"，减轻了症状反应。

1952年12月，尹德华奉派到兰州参加中央农业部召开的全国防治牛瘟座谈会

议。他在会上全面介绍了东北及内蒙古消灭牛瘟的经验，建议采用牛瘟兔化毒及其牛体反应血毒疫苗，普遍开展防疫注射，尤其是在牛瘟常发地区的青藏高原、康藏高原、甘肃、四川藏族聚居地区全面注射兔化弱毒牛体反应疫苗，建立牛瘟免疫带，净化疫源地，以杜绝向内地农区传染蔓延。会议期间，他协助拟定了全国5年消灭牛瘟规划，与东北兽医研究所袁庆志一起建议试用该所培育的牛瘟兔化绵羊化毒，解决牦牛注射兔化毒及山羊化毒发生严重反应死亡问题。他的建议被中央农业部采纳。

1953年1月至1955年1月，被中央农业部调进北京派往川康协助扑灭口蹄疫后投入防治牛瘟的工作。1953年7月，尹德华进入西康开展牛瘟防疫，解决牦牛注射兔化毒发生神经症状反应和注射山羊化毒发生高烧及血痢反应死亡问题。在康定经过3个月的准备，1953年10月尹德华由康定步行到乾宁县半山区试验点，制苗买牛试验，奋战3个月，终于获得满意结果。试用兔化绵羊化毒及其牦牛继代反应毒注射牦牛，无神经症状反应，有30%左右的高烧反应但无血痢症状和死亡。藏族牧民说像白酒一样，比青稞酒有劲。注射牦牛100%免疫，比藏族牧民惯用的"孕宝灌花"效果又好又安全，称之"北京孕宝"（历史上藏族牧民将牛口腔、鼻孔用刀划破，灌野外山羊毒的牛血反应毒，出现高烧后，静脉放血，再灌其他牛称之"孕宝灌花"。多数牛获免疫，但少数反应死亡，且有传染性，会散毒传染。限于牛瘟复发后使用）。尹德华经过试验，得出满意结论后，报请西康省农林厅、西南农林部和中央农业部同意推广注射，又留住西康1年。1954年5月，首先培训西南民族学院毕业的藏族青年和地方干部50余人组建防疫队。中央农业部从华东、中南、华北借调干部10名，西南农林部从四川农林厅借调干部数人、西康农林厅派出干部数人、康定藏族自治区防疫站及各县抽调干部10人，组成防疫大军，在康定集中学习，分成4个队进入牧区乾宁、道孚、炉霍、甘孜、德格、邓柯、石渠等县。到该年年底，40多万头牛获得免疫，并同康定自治区农牧处副处长巴登一起到青海玉树自治州协商联防，互报疫情，对边界地区过界放牧牛只，由所在地区防疫队注射，以减少漏注。1955年以后，再无牛瘟流行。这使康藏地区牛瘟疫源地得到净化，也使全国5年消灭牛瘟规划提前2年完成。1956年，我国宣布消灭了全国牛瘟。

尹德华从参加牛瘟兔化毒及其牛体反应苗试验，以及主持完成康藏牦牛防疫应用疫苗试验并组织推广注射，到消灭牛瘟，亲自参加了全过程，从东北、内蒙古到康藏高原青海玉树都留下了消灭牛瘟的足迹，为消灭牛瘟做出重大贡献。1954年，尹德华荣获"中央农业部李书城部长优秀工作者奖"。

研制口蹄疫灭活疫苗并培育出O型、亚洲Ⅰ型弱毒

1951年春，西北五省流行口蹄疫。周恩来总理特别重视，紧急指示要求扑灭、保护春耕。当时扑灭疫情的唯一办法和经验是"封锁、隔离、消毒、毁尸"八字经。虽然历时3个月扑灭了疫情，尹德华并荣获西北口蹄疫委员会宁夏省分会通报表扬，但教训是没有疫苗，不能主动预防，发现疫情晚，报告不及时，防疫被动。防疫总结时，尹德华说，在防疫行动上必须早、快、严、小（早发现、早报告、快行动、措施严、在小范围时就地扑灭），在技术上要"研究解决疫苗"。

同年秋，华北、东北、内蒙古的口蹄疫流行开来，尹德华又投入东北地区防疫。到1952年春，已形成口蹄疫防不胜防、治不胜治的局面，为不影响耕牛下地，春耕播种，必须变被动防疫为主动迎击扑灭。尹德华主张对耕牛实行强毒人工接种，抢在春耕播种2个月之前，抢先发病抢先治疗，促其自然康复。东北人民政府作出决定，3月完成口蹄疫接种，加强护理治疗，未影响或很少影响4～5月的耕田犁地播种。在西北、东北的防疫实践中，尹德华深刻体会到：中国必须抓紧解决疫苗。

1957年冬，尹德华在青海省湟源县的防疫中，征得青海省兽医诊断室和湟源畜牧学校同意，借用教室1间，以火炉烧水代替温箱，从病牛中采得野外病毒，开展了制苗试验。试制的蜂蜜灭活苗免疫牛失败后，又移到条件较好的西宁市试制福尔马林灭活苗、结晶紫甘油灭活苗、蜂蜜灭活苗和牛痘干扰苗，试验中选出安全性和免疫效力较好的结晶紫甘油灭活苗重复试验。经改进反复试验提高后，移到互助土族自治县，结合防疫，借用生产队牛群进行了较大范围的注射疫苗攻毒免疫试验，初获成功，免疫率高达98%～100%，同群对照牛不注射疫苗的都发病。第一批疫苗成功后，1958年初尹德华奉派到兰州西北畜牧兽医研究所协助筹建口蹄疫研究室。同时在中国农业科学院兽医学家程绍迥的指导下，又补充了提高疫苗效力和疫苗保存期、免疫期试验，将疫苗送到甘肃、青海、新疆、云南发生口蹄疫地区试用。河南开封生物药品厂派出人力在新乡建立制苗点，尹德华协助制出产品用于防疫注射。之后，新疆兽医生物制品厂也投产试用，并于1963年邀尹德华到厂协助改进提高产品（后为

弱毒苗所代替）。1957年，尹德华在青海还同时制出了高免血清，用于保护奶牛和耕牛。在协助西北畜牧兽医研究所筹建口蹄疫研究室期间，还利用牛舍做实验室培育成功了O型及亚洲Ⅰ型（当时暂命名ZB型）口蹄疫鼠化弱毒及兔化弱毒，并在陈凌风、程绍迥教授和苏联专家沙·阿斯维里多夫的指导下，做了改进补充试验。

1956年，尹德华被评选为"全国先进工作者"，并荣获劳动光荣纪念奖章。1957年，荣获"农业部科技改进一等奖（集体奖）"。1958年荣获"全国科学大会集体荣誉奖"。1964年东北、华北、西北及内蒙古地区流行口蹄疫时，曾先由农业部兽医药品监察所继由兰州、南京、郑州和成都4个兽医生物药品厂赶制疫苗供应全国防疫，注射牛羊千万头（只），建成边境免疫带，防止了外疫的传入，全面控制了牛、羊口蹄疫。1982年3月，荣获国家农业委员会和国家科学技术委员会荣誉奖。1988年，荣获农牧渔业部畜牧局授予"1987年度先进工作者荣誉奖"。1993年9月，荣获国务院防治牲畜五号病总指挥部和农业部授予先进工作者荣誉奖。1993年9月，荣获国务院表彰为发展我国农业技术事业做出的突出贡献，享受国务院政府特殊津贴并颁发证书。

此文选自2008年出版的《中国科技专家传略》一书。

尹德华科技论著

1. 尹德华：《在内蒙古呼伦贝尔盟牧区试制（牛瘟兔化弱毒）和（牛体反应毒）疫苗防疫的试验报告》——《呼盟防疫专刊》（1949年11月）。

2. 尹德华：《牛瘟兔化弱毒及其牛体，羊体反应毒疫苗的现地制苗方法与应用》——《内蒙古农牧部畜牧处防疫专刊》（1950年3月）。

3. 尹德华：《西北防治口蹄疫的几点经验》——《东北农业》——东北农业出版社（1952年4月）。

4. 尹德华，谭璿卿，马万州：关于绵羊适应山羊化兔化牛瘟病毒及其通过牦牛继代毒牛血反应疫苗对西康牦牛，犏牛的免疫效力与安全性试验报告——西康省康定藏族自治区农牧处专刊（1954年）。

5. 尹德华：《绵羊适应山羊化兔化牛瘟病毒及其牦牛继代牛血反应疫苗的制造方法应用》——《西康省康定藏族自治区农牧处专刊》（1954年2月）。

6. 尹德华，但秉成，钟圣清：《口蹄疫疫苗试验报告/西北畜牧兽医调查研究资料汇编》——西北畜牧兽医研究所（1957年10月）。

7. 尹德华，但秉成，钟圣清：《口蹄疫高度免疫血清试验研究报告》——西北畜牧兽医研究所（1957年1月）。

8. 尹德华：《我国消灭了牛瘟》——《科学就是力量》期刊，北京科学普及出版社（1958年2月）。

9. 尹德华，但秉成，钟圣清：《1958年6月口蹄疫结晶紫疫苗研究报告》——《西北畜牧兽医研究所口蹄疫研究资料汇编》（1959年10月）。

10. 尹德华，刘万钧，赖天才：《口蹄疫O型及亚洲Ⅰ型病毒鼠化弱毒之研究》——《西北畜牧兽医研究所口蹄疫研究资料汇编》（1959年10月）。

11. 尹德华，陈广印，赖天才：《口蹄疫O型，A型，亚洲Ⅰ型病毒豚鼠感染适应继代试验报告》——《西北畜牧兽医研究所口蹄疫研究资料汇编》（1959年10月）。

12. 尹德华，项述武：《口蹄疫结晶紫甘油疫苗的改进研究》——《西北畜牧兽医研究所口蹄疫研究汇编》（1959年10月）。

13. 尹德华，项述武：《引用贝林氏（C.bellng）法在犊牛皮肤上培养口蹄疫病毒制造口蹄疫疫苗的试验》——《西北畜牧兽医研究所口蹄疫研究汇编》（1959年10月）。

14. 尹德华：《口蹄疫及其防治手册》——《山东省农业厅兽医站专刊》（1961年12月）。

15. 尹德华，罗杏芳，刘士珍：《口蹄疫鼠化弱毒（MⅡ）疫苗对广东水牛，黄牛和豬的安全性与免疫效力试验及其对牛的区域性试验》——《广东省农业厅畜牧局专刊》（1962年8月）。

16. 尹德华：《探讨消灭口蹄疫的对策与措施》——《第5次口蹄疫学术讨论会论文集》——中国农业科学院兰州兽医研究所（1992年专刊）。

17. 尹德华，韩福祥：《家畜口蹄疫病及其防治》——中国农业科技出版社（1994年）。

18. 尹德华：《再论消灭口蹄疫的对策与措施》——《兰州第6次口蹄疫学术讨论会论文集》——中国农业科学院兰州兽医研究所（1995年专刊）。

19. 尹德华：《论以毒攻毒消灭口蹄疫》——《第7次口蹄疫学术讨论会论文集》中国农业科学院兰州兽医研究所（1997年专刊）。

20. 尹德华，田增义：《口蹄疫防疫技术》——甘肃民族出版社（2001年）。

21. 尹德华：《中国消灭牛瘟的经历与成就》——中国农业科技出版社（2003年）。

（笔者整理）

目录
Contents

第一部分

事业篇

我是人民的勤务员

——出席1956年全国先进生产者代表大会的汇报讲话

尹德华

各位首长和同志们：

大家把我选为先进工作者，这使我感到很光荣，也使我感到很羞愧。如果说我能够基本完成党交给我的革命工作任务，做出些成绩来，应该说这完全是伟大领袖毛主席、共产党英明领导的结果，是毛主席、共产党教育我培养我的结果，是和同志们一道共同努力工作的结果。荣誉应该属于共产党！属于人民！我在同志们面前感到羞愧，因为我做的工作离党的要求还差得很远很远。比起同志们，我在很多方面都落在后面，远远落后于群众，我所做的工作和先进工作者的称号是不相称的。今天我以向同志们学习的心情，汇报自己几年来所做的一些工作。我诚恳地希望同志们给我多多批评！多多帮助！

我是一个兽医工作者，是一个政治觉悟、技术水平都很低的家畜防疫员。自参加革命工作以来，多半的时间是下乡防疫，出差的地区是内蒙古、宁夏、四川、西康等省的牧区，要汇报的主要是这些方面的工作情况。

自1949年至1952年，我前后到过内蒙古五次。其中3次是在兴安盟、呼伦贝尔盟、察哈尔盟防治牛瘟。这还是在东北人民政府农业部工作时的事。

第一次是在1949年6月，领导派我到内蒙古牧区试用一种新的技术，是以"牛瘟兔化毒及其牛血反应毒"做预防牛瘟的免疫注射试验。

中华人民共和国成立之前内蒙古自治区农牧部只有很少的几名兽医人员，他们主要是担当兽医训练班的教员。下乡防疫时，兽医技术力量是很不够的。这时我想，单凭我个人，只有两只手是做不了什么工作的。况且又不懂蒙古语，无法接触牧民，是不能有什么作为的。我就想到毛主席关于依靠群众、走群众路线的教导，心想只有把技术传授给蒙古族干部和群众才有办法。只有培养了蒙古族青年技术人员，才能做到下牧区进行牛瘟预防注射试验和进行推广。于是我就在内蒙古自治区农牧部的领导下，首先帮助兽医训练班的2名教员和30名学员学习了"兔化毒"疫苗的制造与使用方法。然后和他们一起到西科前旗牧区进行实践，给牛进行预防注射试验，观察疫苗的安全性和免疫效能。

我考虑到试验的成败与否，是关系在内蒙古能否推广"兔化毒"注射、消灭牛瘟的大问题，是关系内蒙古自治区畜牧业生产和牧民生活的大问题，必须认真对待。我就遵照共产党和毛主席"全心全意为人民服务"的教导，亲手制造疫苗，亲手给牛注射，亲自参加试验，亲自参加牛和家兔的饲养管理和注射反应的检查，边做边教边学。短期内通过6 000多头牛的成功注射试验，取得了预防牛瘟安全有效的经验和在牧区随时制造疫苗进行防疫的经验，并且培养了一批能够掌握新技术、制造疫苗的兽医人员。为内蒙古开展牛瘟预防注射训练了第一批技术力量，初步打下了基础。

同年9月，内蒙古自治区农牧部为了消灭牛瘟，要求东北人民政府农业部继续派人帮助。东北农业部派出9名兽医，由我领队再次赴内蒙古试行推广"兔化毒"疫苗注射。我们配合内蒙古农牧部兽医干部和训练班学员30多人，组成3个防疫队，分别到呼伦贝尔、兴安、昭乌达3个盟防疫。所到之处，就地培训蒙古族青年参加防疫注射。在短短3个月的时间就完成40多万头牛的预防注射。当时，我领1个队赴呼伦贝尔盟游牧区4个旗防疫，第一次大规模试验了"兔化毒牛体反应毒"和"兔化毒绵羊反应毒"的注射。

为了不影响群众进行放牧抓膘保膘工作，我们在冬季零下30多度的严寒下，常常在夜间带着疫苗冒风雪走路，早上赶到集中牛群的地方打针，不耽误白天放牧。有时制造疫苗也要在夜间灯光下进行，在没有试验室设备，甚至连一台显微镜也没有的情况下，在蒙古包里利用药箱子摞起来当操作手术台，解剖兔和羊。自己动手做一个无菌操作箱制造疫苗。生理盐水也是自制蒸馏器、自己做出蒸馏水配制的。就这样和同志们一起制造出40多万毫升疫苗，完成195 000多头牛的预防注射。零下30多度的冬天，注射器冻了，打不出药水，我们就用冻僵的手握着针管防冻，或者放进胸怀里防冻注射。

　　一次在东新巴旗防疫时，离我们制苗地点50多里路的地方，一户贫苦牧民的牛发生牛肺疫了，老牧民要求我去诊断治疗。当时心里很矛盾：去治病牛怕耽误制苗，不去又怕老乡的牛死了。考虑了一下，还是决定去给牛治病。心想，如果我连夜赶回来，是不耽误制疫苗的。

　　我给病牛打完针，天色已晚。谢绝了老牧民的挽留，冒着风雪骑马赶回驻地。哪知途中迷失了方向，马朝着相反的方向走去，越走越远。直到深夜还是找不到驻地，人疲马乏，冻得手脚僵木，浑身发抖、打战。我和翻译一道下马，把马鞍解下来，把毡垫铺在马的身旁，依靠马腹坐下准备过夜，防止被冻死。可是马又渴又饿，冻得不肯老实卧地，我们只好拉着马摸索前进，走一会儿骑一会儿。听见远处狼吼声，我们又怕又急。这位蒙古族翻译说："连我常跑草地的人也没把握了，今晚可能死在雪地里。"

　　这时我想到毛主席率领红军进行二万五千里长征，爬雪山过草地的伟大胜利。我就以红军的英雄气概鼓励翻译，也为自己鼓起勇气。雪还在不停地下，我看见远处有铁路信号灯，便挥鞭策马跑去。看见一户苏侨人家，于是敲门进去，留我们吃了饭。一问才知原来我们已走进了陈巴尔虎旗。留住，未肯。告别后尽管我们改变了方向，但还是找不到驻地。这时我急中生智，想起"老马识途"的成语，于是解开马嚼子和缰绳，让马随便走。天色大亮时，马一声大吼，疾跑起来，我们看见了驻地的蒙古包。战友们一夜未眠，见我俩平安回来，击掌庆贺。没有耽误第2天的制苗。

　　这次脱险，是由于毛主席、共产党对我的教育，使我初步建立了为人民服务的人生观，发扬了革命的战斗精神，才使我不顾个人疲劳和安危，成功脱险。

　　1950年3月，内蒙古自治区农牧部又要求派人帮助他们到西部地区锡林郭勒盟和察哈尔盟防治牛瘟。领导又派我第三次赴内蒙古工作。到张家口后，准备好药品器械，组成两个队。一个队到锡林郭勒盟，一个队到察盟。我同内蒙古自治区农牧部畜牧处兽医科长巴音孟和同志带领10名同志到了察哈尔盟。这个盟有6个旗县。因为刚解放不久，所以兽医工作没有基础。牧民群众对推广"兔化毒"注射这一新的技术还没有认识，光靠我们12个人在短期内完成6个旗县的防疫注射肯定是不可能的。面对着牲畜数量多、兽医人员少、地区辽阔、交通不便、语言不通等种种困难，怎么办？一种办法是向困难让步，能干多少是多少，不管防疫效果；另一种办法是努力克服困难，宣传群众、组织群众，想办法短期内完成6个旗县的防疫注射工作，消灭牛瘟，保护生产。和同志们讨论之后，我们遵照共产党和毛主席"全心全意为人民服务"的教导，决心争取完成任务，我们采取了后一种办法。

"迫切要求消灭牛瘟"，这是广大牧民群众的要求；"感谢毛主席、共产党派来了医生"，这是广大牧民群众的呼声。我想，克服一切困难完成牛瘟防疫注射工作，这不仅对保护群众利益，发展畜牧生产是重要的，还有更重要的政治上的意义：那就是让广大牧民亲身体会到中华人民共和国成立后的幸福生活，是毛主席、共产党给他们带来的，这将使他们更加热爱毛主席，热爱共产党。消灭牛瘟对增强民族团结，促进牧区的民主改革都有很重要的意义。想到这些，克服困难的信心就更足了，干劲也就更大了。我们就遵照毛主席关于革命工作必须宣传群众、组织群众、依靠群众、走群众路线的教导，向当地盟和旗领导机关建议：首先培训防疫技术人员，向广大牧民展开宣传活动。

我们得到了当地党政机关领导的支持，对召集的30多名区政府干部进行了技术训练，教会了他们消毒、打针技术。先教他们懂得了一些牛瘟和疫苗的知识，然后就练习打针。先在包着羊皮的牛皮上练，掌握基本动作，接着就用生理盐水在牛身上打针练习。过去从未拿过注射器的区干部很快掌握了打快针注射（牛臀部肌内注射）的方法。他们有宣传群众、组织群众的经验，在群众中有威信；再加上又有技术，很快就成为这次防疫的主力军。他们自己都有马匹，我们把人力集中起来，组成了一支40多人的（我们原有12人在内）防疫队。

防疫队一个旗一个旗地进行工作。我负责制造疫苗，大家负责打疫苗。由于当地党政机关领导重视，能充分发动干部和群众，因此2个月的时间在6个旗县进行了11万多头牛的防疫注射。从此以后，此地区就没有再复发过牛瘟。通过此次防疫工作的成功开展，我认为，工作中遇到的困难也是不少的，在党的领导下都能一个一个被克服。

这次防疫中的5月3日晚上，遇上了多年来没有过的一次大风雪，冻死和跑散了上万头牲畜。天晴后牧民纷纷出去找牲畜，根本顾不上防疫。我们防疫队骑的马匹，有的被冻死，有的跑丢，损失了8匹。这时我们就想到帮助牧民寻找牲畜、救灾是当前主要的矛盾，于是就暂时停下了防疫工作，分头出去帮助寻找牛羊。当我们把埋进雪堆里的冻僵了的牛羊一个个挖出来进行抢救治疗时，牧民们被感动地流下了眼泪。他们感动地说："毛主席、共产党是我们内蒙古牧民的大救星，毛主席的恩情永远不能忘，一辈子也报答不完。"我们虽然冻得手脚发冷，可是心里却感到热乎乎的。感到为人民服务是最大的快乐！有毛主席的领导是最大的幸福！当地政府部门和贫苦牧民主动地帮助我们补充上了马和骆驼，我们继续进行防疫工作。

5月4日的夜里，为了赶路防疫，我们进行了夜行军。在下山坡时我骑的骆驼为了追赶前边的马队，一失足将我从驼背上摔下来，我昏迷了好几分钟。我脑袋被风镜碎片刺破了，鲜血流满了脸，衣服也被染红了一块块。同志们用口罩和手帕为我包扎伤口后，我换乘一匹马继续前进。到了深夜，因为迷失方向，找不到一个蒙古包。一些有经验的蒙古族干部就卧倒地下，听有没有远处传来的狗叫声，寻找牛蹄子印，辨别方向。同志们鸣枪探路，远处传来狗吠声，我们赶快跑过去，看见了蒙古包，群狗见我脸上有血，扑过来狂咬。马一下受惊了，我用力拉着缰绳，但马却歪着脖子往前冲。幸亏老乡帮忙，才制服了受惊的马，喝住了群狗。同志们和老乡扶我下马，到蒙古包里烧水，给我冲洗伤口，拔除破碎的镜片，消毒包扎，第2天又照常出发防疫。

尽管我脑袋的左侧还留下一个光荣的疤痕，但这件事使我深受感动，我感受到劳动人民深厚的阶级感情，感受到革命队伍大家庭里互相帮助、互相关心的温暖。

每当想到内蒙古自治区从1951年以后再也没有发生过牛瘟时，我就从心眼里感到幸福和光荣。每当忆起从内蒙古东部地区呼伦贝尔盟、兴安盟到西部的察哈尔盟参加防治牛瘟的情景，我就心潮澎湃，久久不能忘怀。为了消灭牛瘟，我做了自己应该做的一部分工作。中华人民共和国成立后，我国在很短的时间内就消灭了历史上危害畜牧业和农业生产的牛瘟。这是在共产党和毛主席英明领导下取得的伟大胜利！是毛泽东思想在兽医工作方面的伟大胜利！

1951年初，西北五省流行口蹄疫，中央农业部从各省抽调兽医干部赴西北协助防疫。东北区抽调的13名同志，由我带队到了西北。到西北畜牧部重新编队后，又由我带一个队到了宁夏省防疫。由于宁夏各级党政领导重视，能充分宣传动员广大群众，同志们也积极努力，因此经过几个月的艰苦奋斗，我们终于很快扑灭了口蹄疫。宁夏党政领导和群众给了我们很高的评价，赠给了我们好几面锦旗，全体同志也受到了表扬和奖励。

在这次防疫工作中，我们全体同志基本上没有间断过政治学习，在当地党委领导下，有组织、有纪律地进行学习，进行工作。定期进行工作汇报和开展批评与自我批评，加强了政治思想工作。在学习中、工作实践中，我们认识到任何一项革命工作都是群众性的工作，必须学会做群众工作，只有依靠群众才能取得胜利。我们克服了单纯技术观点和单纯治疗观点，依靠当地领导，组织区乡干部下乡，大力开展宣传活动，宣传口蹄疫的危害性和防治方法。我们发动群众，组织群众性的防疫小组。将消毒治疗、封锁疫区、隔离病毒等措施交给了群众，很快就发挥了作用，疫情逐渐平息，不到几个月口蹄疫就被扑灭了。

这次防疫开始阶段，也遇到了不少困难，也不是一帆风顺的。起初，没有引起地方干部的足够重视，加上中心工作很多，认为口蹄疫症状不过是流口水、烂嘴巴、烂蹄子，不治也死不了几头牛。也有的认为防不胜防，没有放到重要的位置去抓。单靠兽医去治疗，边治边发生口蹄疫。跟着疫情尾巴追，很被动，不是个好办法。我想，不依靠党的领导，不发动群众、依靠群众，没有当地党政干部的重视，就单靠兽医是不能完成任务的。因此首先找一切时间向领导宣传汇报和请示工作，每到一处就用一切可能的机会首先向县、区、乡领导干部宣传。吃饭时间也好，走路时间也好，休息时间也好，随时宣传防治口蹄疫的重要性。干部们重视起来，并掌握了技术措施。在他们的帮助下，群众也被发动起来了，顺利地开展了群众性的防疫运动。

为了防止偏差，我们随时纠正错误，交流经验，并且始终坚持报告请示制度。防疫队每7天向省建设厅写报告一次，每半月到20天回省口头汇报一次，同时向西北军政委员会畜牧部书面报告一次。使地方领导及时掌握工作情况，发现问题进行指示，以便加强领导，推动工作的开展。

有一天，我从正在防疫的淘东县过黄河到石嘴山，返回惠农县检查防疫情况，遇上了倾盆大雨。自行车骑不动，也推不动，我就背着自行车赶回了惠农县。了解情况，安排好工作，准时赶回省里进行了请示汇报。

在防疫中，碰到另一个突出的困难是：当时宁夏省因发生寄生虫病而死羊严重，春季死羊20多万只。比起口蹄疫疫情，农民和当地干部迫切要求防治的是羊寄生虫病。如果我们单纯抱着"防治口蹄疫"的任务观点,不管羊寄生虫病的严重程度,那就要脱离群众、脱离当地的领导。解决寄生虫病的危害是当前的主要矛盾,只有兼管起来才符合群众的利益。因此我就动员同志们一定要克服"单打一"的任务观点,一面向农业部和西北畜牧部汇报请示,一面承担了羊寄生虫的驱虫试验和治疗工作。

在贺兰山脚下的平罗县,首先开展了驱虫试验和治疗。在没有经验、没有设备的情况下,我们就发动群众、发动兽医干部共同想办法。将病羊分成9组,用不同的药方、药量进行驱虫治疗试验。我们自己放羊,自己亲自管理观察。每天灌药后就把每头羊的粪单独拾起来,泡到水碗里。一个个粪球泡开后用箩筛过滤,找出虫体计数。再把羊只解剖检查有多少条活虫,以确定药效。有的落后分子说风凉话:"中央派来的兽医干起捏羊粪的脏事,是他们前生没有修好,此生捏粪蛋。"我想,不管别人怎样说,我们也要坚持战斗下去,不能退缩。这是在为人民办好事,要"捏"下去!在没有设备的条件下,我们的工作得到了群众和当地党政领导的支持。最后我们终于克服了困难,完成了驱虫试验;提出了防治寄生虫的方法,并在一些地区推广。我们的工作对驱治羊寄生虫病、减少死亡起到了一定的作用,同时更有力地推动了扑灭口蹄疫的防治工作,因而受到了宁夏省人民政府的通报表扬。

当然,我在工作中的缺点也是不少的,我要戒骄戒躁,虚心学习,努力进步。这是在共产党和毛主席的英明领导下,在当地党政领导的重视和支持下,在广大群众和干部的共同努力下取得的成绩。成绩应归功于伟大领袖共产党和毛主席!归功于人民群众!

1953年春,农业部派我由东北去四川省扑灭口蹄疫。首长们把这样一个重要的光荣任务交给我之后,我感到这是党对我最大的信任,我一定要想办法把四川的口蹄疫扑灭掉,以保障农牧业生产,保护人民的利益。

我在去四川的路上,白天黑夜地想,一定要像消灭国民党反动派一样把口蹄疫消灭掉,不辜负党对我的信任。到西南农林部和四川省农林厅了解了疫情发展情况之后,我就向西南农林部提出了几条建议:第一,发动群众,依靠群众,开展群众性的扑灭口蹄疫的运动。党政领导要重视起来,把群众发动起来,广泛宣传扑灭疫病的方法。把办法交给群众,干部和群众一起动手。第二,组织工作组下去检查推动,工作组既做宣传员也做防疫员,发现问题及时帮助解决。要求西南农林部报请西南军政委员会批准，组织由农林、交通、卫生、公安等有关部门派员组成的工作组检查推动工作的进展情况。在防疫技术措施上有两个建议：第一，首先发动群众组织好从广元到平武、江油、彰明、北川、安县、绵竹各县之间的一条防线，防止疫情由阿坝藏族自治区传入平原地区。第二，组织力量深入阿坝藏族自治区内部帮助肃清疫情，组织治疗消毒工作。这些都得到了西南农林部和四川省农林厅领导的重视和支持。另外，西南军政委员会和四川省还组织了"防治口蹄疫委员会"以便更好地领导工作。

在四川省党政领导机关的领导下，我带领工作组首先到汶川、茂县、北川、安县、绵竹检查部署疫情防线工作的开展。各县也把群众发动起来，兽医力量也组织了起来，在通往藏区的交通要道均设置了检疫消毒站，派有民兵和兽医人员把守，至此疫情没有再传入。

防线巩固以后，我便同原西南农林部畜牧处的刘国勋同志、四川农林厅畜牧兽医科长刘祖波深入藏区检查疫情，组织扑灭工作。

我们从雅安经宝兴县过夹金山进入了藏区。当我们走过长板桥和夹金山时，又饥又渴，又累又喘。我想起这条路是毛主席领导红军长征时走过的，我能走一次是很光荣的，我一定要克服困难到达藏区扑灭口蹄疫。在沿途每当看到当年红军刻在石桥上、石山上的革命标语，我就感到浑身是劲，受到了鼓舞。我想起当年红军胜利长征的情景，于是就忘记了累和饿。我们3个人早上6时，从夹金山的半山腰烧家窝堡起身，下午2时就安全走过了这座大雪山。

想不到赶到懋功县政府时，突然接到了原西南农林部和四川省农林厅打来的电报，告诉我们口蹄疫疫情已突破防线，传入绵阳专区，叫我们速回绵阳专区组织防治。这时我想到，若是传染到了四川平原地区将是很大的危害，在那人口密集、交通发达的平坝地区，要想把疫情封锁住和扑灭掉是比较困难的。眼看就要影响春耕，扑灭疫情必须争取时间。我心里又难过又着急，恨不能插上翅膀飞到绵阳，急得整夜睡不着觉。我想，藏区的疫情还未扑灭，平坝地区防线又被突破，并且流行开了，应该赶赴绵阳呢还是留在藏区？经过同志们讨论后决定，先把藏区防疫工作同当地政府商量安顿好，再返回成都，奔赴绵阳。可是前进的路程很远，由懋功到靖化、到马尔康、到理县都是山路，要经过几座雪山，路程很远。原路返回四川吧，藏区的防疫没有安排好。最后商量的结果是，西南农林部的刘国勋同志年龄大，身体过胖，爬山困难，于是叫他返回雅安到成都，我与刘祖波同志继续向藏区前进，边赶路边做防疫宣传发动工作。

在奔向靖化县路过赵家山的时候，雪特别大，到大腿深。我俩拉着驮行李的马，一步一步地向前移动。有时马的4条腿踩进雪里被雪托住了肚子，走不出来，马累得直冒冷汗。雪地里反射回来的强烈阳光刺激着我俩的眼睛，又痛又看不见路。头一次体会到"雪大打瞎眼睛"是怎么回事。结果路走错了，碰上老乡才又引上了正路。

途中住在一个很贫苦的藏民家里。有经验的老大娘就把一个个小石块用雪水泡凉，替换着敷到我的两眼上，给我冷敷消炎。石块热了，再换上一块凉的，渐渐不痛了。老大娘挽留我们多住几天把眼睛养好，可是我们因为工作任务很忙，哪里能顾得上休息呢！这位贫苦的老大娘知道我们是来为他们扑灭牲畜疫病的之后，感动地说："毛主席老人家是我们贫苦牧民的大救星，你们是毛主席派来为我们藏民服务的好干部！"于是派她的儿子牵着马，我们闭着肿痛的双眼坐在马上赶路，老大娘的儿子把我们平安地送到了靖化县。我们路上同懋功、靖化县的有关领导商量安排好防疫措施之后，日夜赶路经过潘龙河、二毛山、马尔康、理县回到了成都。沿路上检查宣传和研究部署防疫措施，按期赶到了四川农林厅。

回到农林厅的当天晚上，农林厅召开了口蹄疫汇报会。会上报告已有14个县发生疫情，病了1万多头牛，情况严重。我急得直冒火，如不抓紧扑灭就会影响生产，蔓延开了又不好控制。我就想，再大的困难也得克服，得千方百计地把疫情控制住、扑灭掉，不然就对不起共产党和毛主席，对不起人民。

晚上我睡不着，反复思索研究白天的汇报情况，冷静地分析，结果发现了防疫人员汇报的情况有不少疑问之处。第一，病牛的症状不对，为什么患口蹄疫病病牛的蹄子都没有溃烂的？为什么都能照样吃草？舌面没有水疱溃烂面？第二，为什么传染的不规律？同圈同槽的为什么不发病？第三，为什么14个县报告的口蹄疫病病中的时间大体一致，为什么没有前后发病、陆续传染的现象？我想，除非这些县的牛都同时接触到了病毒，受到传染，否则是不能同时发病的。于是我头脑里产生了问号，怀疑不是口蹄疫而是诊断错误。但又想，省和各县动员1 000多名兽医防疫人员和行政干部防疫，难道能诊断错吗？心里提出怀疑，嘴上又不敢讲。第2天，我便找上了一位从绵阳回来汇报的防疫干部，邀农林厅畜牧科刘祖波科长一同到成都郊区检查。检查不到100头牛，那位从绵阳防疫回来的干部当面指出，有20多条牛是口蹄疫病病牛（其实都是好牛）。我原想看一下，郊区是否已传染上了，同时也想考验一下这个防疫干部是否真认识这个病。通过现场查看，我明白了他们诊断上发生了错误：原来把牛口、唇、齿龈被树枝刺破的小伤痕和磨损，甚至把牛舌上面的味蕾都当成了水疱。那时，我就更加怀疑他们在绵阳专区的诊断报告是错误的。但我还不敢正式提出，怕给农村防疫员泼冷水，不利于工作。但凭空相信他们的报告，默不作声也不行。如果真不是口蹄疫，那么现在封锁隔离、封闭牲畜市场，把牛关起来不是白白地给群众造成损失吗？我想应该为群众负责，不能马马虎虎。我开始了思想斗争，将我的怀疑用长途电话报告给了重庆西南农林部办公厅主任牟建华同志，当时得到了支持，他叫我组织检查组。

我便带领西南农林部的5位同志赶到了绵阳，当天晚上就查看病牛，进行疫病诊断。先到报告病牛多、症状重的地方去看，查明了不是口蹄疫，同时访问了很多农民。老乡说："我的牛没有病，为啥子不叫下水耕田？"这时，我想绵阳县没有发生口蹄疫，其他县有没有呢？但我没有调查研究，还不敢武断否定。我就把在绵阳诊断的情况报告给了专署李××专员，又得到了他的支持。为弄清是真口蹄疫还是假口蹄疫，我认为必须发动干部重新检查牛只。当晚李专员按照我教给他的关于口蹄疫病牛症状鉴别方法的书面材料，开电话会通知了各县县长，叫各县对已封锁地区的牛只全面检查。

结果各县汇报，找不到有口蹄疫症状的病牛。但在省里派去防疫的兽医中还有争论，有的说："病毒型不同了。"有的说："今年就是病情轻。"有的说："如果你否认有口蹄疫疾病，解除封锁后扩大传染，你得负责！"有的说："不是口蹄疫也不能在群众面前宣布认错，县区兽医这次犯了诊断上的错误，失掉技术信誉，以后再怎么开展工作呢？"我分析了一下，这些想法是没有道理的，这些提法是不科学的。这是正确与错误之间的一场尖锐的斗争。为了对工作负责，对农民负责，对党的事业负责，必须进行反复调查研究，不要轻易肯定和否定。为了不把健康的牛错判为病牛，为了不把健康的牛冤枉地关起来，让人背犁种地，必须实事求是，坚持真理。

在当地党委的支持下，为了慎重处理这场错误诊断所造成的"假疫情"，我同西南农林部检查组，会同当地的同志到绵阳、彰明、江油、北川、安县、绵竹6个县的重点区乡深入调查研究。第一，发现所谓病牛，不同居传染，同槽牛也不病。第二，口腔和蹄部皆见不到特征性水疱和水疱溃破后的烂斑。第三，舌面和口唇的大小创痕是外伤引起的，没有症状上的发展，不影响健康。调查后找到情况并分析后，便说服了防疫人员，否定了他们原来的错误诊断。我们每查完一个县，都及时向当地县长作了汇报请示，同时报给西南农林部和中央农业部。

经过20多天的奔跑调查，四川农林厅和绵阳专署决定解除封锁，挽回了14个县的损失。

这次由于当地兽医干部错误诊断造成的"假疫情"事件教育了我，我深深体会到技术工作不能马马虎虎，必须认真负责对待。出差下乡不能光听汇报就处理问题，必须深入农村作深入实际的调查。

四川阿坝藏族自治区的口蹄疫已被扑灭，绵阳专区的错误诊断被纠正之后，1953年夏天农业部打电报指示我由重庆去西康省防治牛瘟，如果不能去，可回部里再另派人去。我想，如果我回部里再另派人来，一回一往不是要大大浪费差旅费的开支吗？于是我就接受了任务，和西南农林部兽医科长龚于道同志带着任务，携带牛瘟兔化弱毒绵羊毒去西康防治牛瘟。

到雅安时，先用电话通知康定藏族自治区畜牧科准备好绵羊，以便继代保存种毒。想不到得到的答复是："不要把'绵羊毒'带过二郎山，买不到绵羊接种，藏民不欢迎'绵羊毒'，怕打死牛。人来了可以，'绵羊毒'不准带。"这时，我想，能返回北京吗？见困难就退吗？不！不能！见困难要上，我是革命干部不能在困难面前低头呀！不欢迎也要去，一定要去！我考虑，首先要解决当地领导的思想问题，转变他们的看法，帮助他们解决困难。一定要把"牛瘟绵羊毒"推广出去，扑灭牛瘟。

到了康定，我就想，开展工作的关键是：第一，要向地方党政领导请示汇报，主动争取领导的支持，在当地党委领导下进行工作。第二，要向地方行政干部、技术干部多进行宣传解释，解除他们对推广新技术疫苗防治牛瘟的顾虑，取得他们的合作。第三，要向藏族牧民群众及在群众中有威信的头人（村长）进行政治宣传，做好他们的政治思想工作。让他们认识到，中央和各级政府组织力量消灭牛瘟，是毛主席党中央对少数民族的亲切关怀，是为了保护生产、发展生产。第四，先要通过试点注射取得经验，在牧民群众中逐步建立起威信，使他们逐步了解新的科学技术，相信科学技术，接受科学技术，打消思想顾虑。第五，建议西康省和康定藏族自治区举办兽医防疫人员训练班，培养少数民族的青年人员，让他们学会制造"牛瘟兔化绵羊化弱毒"疫苗的方法和给牛打针的技术，通过他们普遍开展预防注射。

到康定以后，在熟悉情况期间，我慢慢发现不容易开展牛瘟预防注射的根本原因，是由于1952年以前在牧区试用"牛瘟兔化毒"和"山羊毒"进行预防注射时出了一些技术上的偏差，死了一些牛，反动喇嘛借此造谣破坏，因此牧民不相信我们的科学技术。当地有的干部因为防疫上的技术事故受到了批评甚至处分，他们害怕犯错误，怕推广新技术出问题，怕违反民族政策，因此缺乏工作信心。当地领导干部的思想是对推广新技术防疫不摸底，不敢放手推广，不敢发动群众注射，怕"冒进"引起不良的政治影响。藏族牧民有顾虑，怕打针死牛，怕打针查牛，要税。牧区藏族的头人、土司等害怕民主改革，害怕检查牲畜，怕分怕斗。

针对这些情况，我们就做广泛深入的宣传活动。我就反复宣传伟大领袖毛主席党中央对少数民族的关怀，宣传民族政策，宣传民主改革的政策，宣传发展生产、保护生产的政策，宣传各级党政领导对做好防疫消灭牛瘟的重视。还不断向他们介绍东北地区和内蒙古自治区消灭牛瘟的工作经验，使他们对消灭牛瘟的重大意义有所了解，对科学技术建立信心，更主要的是使他们深刻领会伟大领袖毛主席对他们的关怀。

慢慢地，当地干部和藏民积极欢迎防疫和参加防疫了。他们逐步对我们有所了解，也就逐步相信我们了。我们到了康定以后没有多少时间，在党的领导和支持下，决定先买200头牛进行疫苗注射试验，慎重稳步地进行防疫。首先注意和防止了"不经试点就遍地开花注射"。通过疫苗的安全性试验，我们掌握了对牦牛注射的反应规律，并且试验成功了一套适用于藏族牧区特点的牛瘟兔化绵羊化弱毒疫苗的种毒继代、保存、制苗的方法和牦牛不固定快速打针的技术。使用藏系绵羊和小牦牛就地生产疫苗，全面推广"臀部肌内快速打针法"，解决了在藏族牧区防疫的一个重要的关键性问题。

另外，我在不少地方出差下乡工作中都曾听见过，有些地方干部对中央派下去的干部有各种不同看法和反映。有人说："中央干部下来是大员，光听汇报不能解决问题，听完汇报就走了，以后连个信也没有。"我在西康就听见有的人反映："中央部门的干部住北京，不能吃苦，到牧区要睡帐篷，吃糌粑，他们吃不消。"这对我们从北京去的干部来说，是一个很重要的警告。我就想，我们是为人民服务的，是人民的勤务员，必须建立无产阶级的人生观，全心全意为人民服务。一定要努力扭转一些同志对北京派去的干部的一些看法，否则就搞不好团结，做不好工作。我必须吃苦在先，工作带头。

当我们在康定组成工作组赴乾宁县进行牛瘟疫苗试验时，小组5个人只买到3张汽车票。我就叫当地的干部坐汽车，我和另外一个同志雇马车（有时也步行）。我俩经过5天的行程到达乾宁县。什么道路难行啊、露宿大树底下啊，什么海拔高啊、空气稀薄啊等各种困难都被我们克服了。在乾宁县进行试验时，我就和大家一起轮流放羊放牛、轮流煮饭。夜间，牛羊常被野狗和狼驱散，我就带头上山去寻找。这样逐渐扭转了一些地方干部的主观主义看法，得到了他们的合作。他们都诚恳地、积极热情地帮助我、照顾我，工作也就比较顺利地开展起来。

在试验的技术问题上，地方干部经常反映藏民不欢迎"绵羊毒"。因为他们在宗教信仰上不愿意"杀生"制疫苗，习惯用他们自己原有的土办法"灌花"（藏语叫"嘎波"），即采野外毒自然冻干，通过牦牛继代，采血毒灌服健康牛，但这种方法毒力不稳定，预防效果不佳，或者无效，或者反应重，甚至引起散毒，酿成牛瘟流行。我就想，如能将我们的科学疫苗"绵羊毒疫苗"通过民族形式使用，那就容易被牧民接受了。若将原来比较复杂的制苗技术和使用技术简化一下，群众都能掌握，那就容易推广了。于是我就把我的一些想法和办法，报告了当地党政领导和农业部畜牧兽医局的领导同志。征得同意后，我就根据过去在内蒙古、东北制造"兔化毒牛体反应苗"的经验，参考藏族牧民"灌花"的形式，试将"牛瘟绵羊化弱毒"通过牦牛继代试制了"牦牛血反应疫苗"。企图能和藏民"灌花"形式一样，从一个地方把接种上"绵羊毒"的所谓"嘎波牛"赶到另一个地方采血做疫苗，就地使用注射。如此一个地方一个地方循序接种牛，赶着牛防疫就行了。也不杀生，只采取牛血做苗。

在乾宁县经过安全性和免疫效力试验以后，我成功地解决了不杀生和不用羊制苗的技术问题。同时在技术操作上，群众怕打针麻烦，习惯于口腔灌服牛血免疫。我便根据群众的需要，设计试验了"点眼免疫法""经口灌服免疫法""臀部肌内快针注射免疫法"。如果把疫苗装入"点眼瓶"教群众自己点眼免疫，那就更方便了。果然经用"绵羊毒继代羊"的淋巴腺、脾脏制苗，点眼免疫牦牛成功了。后因将疫苗交群众保存使用时，恐怕保存不当而失效，所以未能推广。这些方法里肯定还有缺点，只不过是为了解决困难找到了一个临时性的技术革新的办法。

由于得到了当地党委的领导和支持及西康省同志们的共同努力，因此到1954年1月我们经过4个多月的时间完成了试验。为进一步推广"绵羊毒"防疫注射，我们掌握了一些规律，得出了可以推广的结论。这时候我把工作加以安排，本来是可以返回北京的。但是想到新技术还未推广出去，并且靠近青海和昌都的地区，如石渠县、邓柯县已发生牛瘟，死牛达1万多头。我想，不能丢下不管，否则就是对人民不负责任，对党不负责任。我应该继续留在西康，组织推广疫苗，消灭牛瘟。我还想到，若是我走了，把这种刚试验成功的新疫苗交给地方干部去摸索，进行打针，一旦出了偏差，就会在藏民中造成不好的政治影响，那就必然地影响到今后的工作，影响消灭牛瘟的工作，影响民族团结。这时我就向原西康省领导提出了防治牛瘟的书面建议，还抄报给了西南农林部和中央农业部，上级领导同意我留下了。

我想，要使藏区的工作真正开展起来，还必须解决缺少技术干部问题、防疫经费不足问题。否则只是疫苗成功了，用不上也等于没有试验。所以我就陪同康定藏族自治区的畜牧科长到雅安，向省里请示汇报，得到了西康省农林厅和省委的大力支持。西康省拨发了13亿多专款（旧人民币，相当新币的13万）购买了药品、器械、装备等。

返回康定，帮助藏区培训了50多名干部，教他们学会了牛瘟绵羊毒疫苗、牦牛血反应疫苗的使用技术。这时农业部又从华东、中南几省、市派来9名同志支援防疫。我们就把全体人员组成3个防疫队，奔赴金沙江边上的4个县开展注射。由于当地党政领导的重视、牧民的支持、所有参加防疫的同志的积极努力，因此到1954年底注射牦牛33万多头，扑灭了邓柯、石渠等县的牛瘟。这应该说是在共产党和毛主席的领导下取得的伟大胜利。在康藏高原上，消灭了历史上遗留下来的牛瘟疫病，这是我国兽医工作中一项具有伟大历史意义的成就。

这次在康藏高原上扑灭牛瘟困难重重，但同志们共同努力，把一个一个困难都踩到脚下。比如，对我们这些初次到康藏高原牧区工作的同志来说，首先碰到的问题就是语言不通，不熟悉民族风俗习惯；海拔在三四千米以上，空气稀薄，走路心慌气喘头发晕；天气时雨时晴时而冰雹，比较恶劣；睡帐篷，吃糌粑，生活艰苦。

我们首先要适应生活环境和气候条件，入乡随俗，过好生活关。这样才能深入群众，和群众打成一片。下到牧区之前，我们认真学习了毛主席关于群众路线、做好群众工作的教导，学习了有关民族政策、民族风俗习惯的文件。大家提高了政治觉悟，树立了全心全意为人民服务的思想。下到牧区以后，认真肃清了大汉族主义看不起少数民族、认为牧区落后的思想意识。我们尊重民族风俗习惯，和藏族牧民一样抓糌粑（青稞炒面抓成面团子吃），喝奶子酥油茶，睡帐篷，丝毫没有嫌弃藏民不卫生、看不起他们的表现。我们每天生活在一起，进行政策宣传，感动了他们。有时来了暴风雨，帐篷像风筝一样被吹了起来。我们就一手抱着被子，一手拉住帐篷绳子和狂风搏斗。有时就在草地、山坡上露宿。几天不洗脸，几顿吃不上熟饭都是常事。因为狂风暴雨拾不到干牛粪，我们又不会用皮火筒吹火，因此往往煮不上饭，烧不了茶。生活上的困难，最终我们都努力克服了。

1954年6月在石渠县，我们防疫队的两位青年同志，一个叫雷家钰，一个叫曹志明。他们为了把方便让给人家，把困难留给自己，见到县政府房子住不下，就主动到多年没有人住的有倒塌危险的藏式楼房（县政府不用的老房子）去睡。一天夜间，突然电闪雷鸣，狂风肆虐，暴雨倾盆。楼塌了，楼顶落下来打在战友的身上，地板又被打垮落下去，这两位战友被压在底层，光荣牺牲了。但我们所有同志的思想从未动摇过，流着悲痛的眼泪埋葬了伙伴，追悼了他们的光荣事迹后又继续战斗。

2个月之后，在石渠县，一天晚上，我们给牛注射完毕，在一个草场上休息。躺在牛毛帐篷里的4位同志突然遇到了雷击，一声巨响，一个暴雷从帐篷顶上的窟窿打进来，当即电死1位藏族干部。另外3位同志的肩背、眼睛、大腿被烧伤。被雷电死的藏族干部就地按照藏民风俗习惯进行了"天葬"，即喂了老鹰。3位受伤同志经过治疗后痊愈。喇嘛造谣说："防疫队给牛打针得罪了天神菩萨，住楼楼塌，住帐篷遭雷击。"煽动群众不要防疫，动摇防疫人员的战斗意志，不要给牛打针。我们识破和揭露了反动喇嘛的造谣破坏，为了真正做到全心全意为人民服务，我们帮助藏族贫苦牧民消灭牛瘟，发展生产，坚持战斗。

我们认为同志们的牺牲是为人民利益而死的，是光荣的。我们只有继续努力工作，完成任务，才不辜负共产党和毛主席对我们的教育和培养。因此思想上一点也不动摇，坚持到底完成了防疫任务。防疫中，推广"牛瘟绵羊毒"注射，藏族牧民对这样一种新技术——给牛打针，起初是怀疑的。许多藏民就没见过，甚至有的就没听说过给牛还要打针防病，过去都是靠喇嘛念经打卦、防病治病的（当时，藏民迷信喇嘛，接受喇嘛的欺骗剥削）。因此给牛防疫打针的工作在开始阶段很不易开展，一方面要警惕和揭露喇嘛、头人、土司的造谣破坏，另一方面又要对牧民进行宣传教育。

我们举办"科学防疫，消灭牛瘟"的展览会和座谈会，宣传科学防疫，进行家庭访问，提高牧民的认识。治好病牛等事实启发了牧民，使他们接受了科学防疫。我们都是遵照毛主席的教导，去做好群众工作、去解决群众思想问题的。坚持群众路线的工作方法，开展群众性的防疫运动，才完成了任务。

由于我的政治思想水平很低，工作做得很少，成绩不多，也不善于总结工作，因此向同志们汇报的也没有什么了不起的内容，很平平淡淡。我还要继续向同志们学习，向同志们请教，希望同志们对我工作中的缺点、错误多多给予批评。

如果说，从我的汇报当中还可以看到一些工作成绩的话，应该说，这是大家共同努力完成的。防疫工作是在各级党委的重视和领导下进行的，是在广大群众的支持下进行的。成绩应该归功于伟大领袖毛主席，归功于中国共产党，归功于广大革命群众。最后，我感谢同志们给我这样一次机会，允许我来向大家汇报。我再一次诚恳地希望首长和同志们多多给我批评指正。谢谢大家！

1956年5月

牛郎欲问瘟神事（上）

——参加东北三省和内蒙古自治区消灭牛瘟的回忆片段

尹德华

一、牛瘟是"瘟神"

牛是牧民的财富，也是农民耕作上的助手。但是，有一种急性、烈性传染病——牛瘟，却严重地威胁着牛的安全。

牛瘟的传染性很强，流行很快，牛发病后的死亡率很高。中华人民共和国成立前，在西藏、西康、青海、甘肃和内蒙古等地的牧区里，往往是"三五年一小瘟，七八年一大瘟"。1938—1953年，西康省藏族自治区有4次牛瘟大流行，仅1942年石渠等四县的死牛就达25万余头，西康省死牛在百万头以上。农牧业生产遭受了毁灭性的破坏，很多人倾家荡产，流离失所。正如藏族谚语所说"三年不易致富，三日即可致贫"。

牛瘟不但在牧区内传播，还向广大的农业地区侵犯。在1937—1939年，四川、贵州、湖南、湖北、安徽等省因牛瘟而死掉的牛就将近10万头。1949年，察哈尔张北、多伦、康保等县牛瘟流行严重，这些地区到处都能闻到刺鼻的牛尸臭味。如遇顺风天气，远在几里外即可闻到臭味。死牛之多，当可想象。到处是被狼群撕咬吃剩的尸体，有的是被吃过不久；有的则已腐烂发臭；有的可能没有被狼吃过，但由于风吹日晒早已皮肉全无，只剩下完整的骨架。正是：千村霹雳耕牛无，田野荒芜百姓哭。

二、党和政府制定《全国五年消灭牛瘟规划》

据史料记载，牛瘟在我国已有几千年的流行历史，贫穷落后的旧中国饱受其害。

中华人民共和国成立后，许多地区还时常发生牛瘟。

中华人民共和国成立后，中央农业部在全国防治牛瘟工作已取得一定成绩和经验的基础上。为把牛瘟防疫继续推向前进，1951年5月16～22日在北京召开了防治牛瘟、口蹄疫的座谈会。要求在扑灭口蹄疫后，全国以牛瘟为重点，全面开展牛瘟防治工作。号召学习东北、内蒙古的经验，组织防疫队，发动群众，开展防疫注射，包围疫区，扑灭牛瘟。

1952年12月10～14日中央农业部在兰州召开第二次全国防治牛瘟座谈会议。会议由农业部畜牧兽医司司长程绍迥主持，农业部顾问、苏联专家彭达林科到会指导。会议通过了程绍迥提议拟定的《全国五年（1953—1957）消灭牛瘟规划》。

这次会议肯定了我本人代表东北三省和内蒙古自治区介绍的组织防疫队，推广"牛瘟兔化弱毒"及其"牛羊体反应毒"疫苗，在疫区和不安全地带对牛普遍免疫注射，建立免疫带、消灭牛瘟的成功经验。要求各省（市、自治区）最好学习东北、内蒙古的经验，普遍开展牛瘟弱毒现地制苗，防疫注射。

自1949年至全国牛瘟消灭，我连续6年出差防疫。从东北、内蒙古到康藏高原的石渠和玉树，参加过4种疫苗的试验和推广防疫注射。自己不仅得到了学习和锻炼提高，还和战友们一起参加了这场艰苦卓绝的伟大战斗，为人民做了一件好事。

三、刚出校门工作，就碰上了牛瘟

1941年，我从奉天农业大学兽医系毕业，获伪满兴农部兽医师认许证。1942年被分配到兴安南省实业厅畜产科兽疫股。刚出校门参加工作就遇上牛瘟流行，因此被派到西科前旗防疫。

（1）老的防疫办法　靠"牛瘟血清"和"灭活疫苗"紧急注射，为病牛群打血清和注射灭活疫苗。牧民不相信，多在夜间把牛群转移到远处逃瘟，疫区封锁不住，牛群跑光，防疫工作不了了之（注：此方法的缺点是，疫苗、血清产量低，成本高，注射密度低，防疫面积小，收效甚微，除了少数奶牛场主，难以取得广大农牧民的信任）。

（2）冒险的技术——"牛瘟强毒与血清共同注射法"　1943年伪满兴农部为推行防疫，由当时奉天兽疫研究所主持"牛瘟防疫讲习座谈会"，我被派参加。此座谈会由伪满的日本牛瘟专家井上辰藏主讲，他要求在疫区采野毒，先接种数头犊牛，于发病极期采取犊牛血毒，对所有牛群每头颈部皮下接种1毫升，同时于对侧颈部皮下注射血清10～20毫升（按0.1毫升／公斤）。当时，不少人提出此法危险，是对中国老百姓不负责任的表现。但他不予理会，回答说："限在疫区注射。"他的理论是："不主动注射，便会被动传染死亡。"（注：用野毒强迫感染而获得免疫的方法，动物的感染率、死亡率都很高，而且还会引发疫病暴发、流行。这种办法极为冒险，是赌徒的心理，是把中国的防疫工作当做了日寇的试验场）。他又说：这是在没有更好的疫苗情况下采用的办法。他正在培育一株"兔化弱毒"，并说不要很久便可望成功拿出使用。但直到1945年8月日本战败投降时，还不见弱毒问世，便告终。

日本侵略者一心掠夺东北的丰富物产，没有诚意帮助中国老百姓开展防疫工作。侵略者只会奴役欺负别国人民，不可能把好的疫苗拿来给中国人民解危救难。

四、参加研制疫苗

1948年，东北全境解放了。但旧社会遗留下来的牛瘟还在发生或流行，农民迫切要求防疫、保护土改时分得的耕牛，恢复农业生产。陈凌风组织哈尔滨家畜防疫所生产"牛瘟高免血清和脏器毒灭活疫苗"防疫，供不应求。该所牛病组疫苗室只有袁庆志、沈荣显、氏家巴良（留用的日本技术人员）、李宝启等少数几位技术力量，忙于赶制血清灭活疫苗。陈凌风担任东北农业部畜牧处处长兼任哈尔滨家畜防疫所的所长，他在沈阳、哈尔滨两地之间奔波，非常忙碌。

1949年3月，陈凌风把我从东北人民政府畜牧处抽出来派到哈尔滨家畜防疫所，参加由他主持的两种疫苗的试验，我于3月下旬赶到哈尔滨。氏家巴良（留用的日本技术人员）于3月22日已将陈凌风由北平取来的"兔化中村Ⅲ系799代种毒"接种家兔传代，还兼强毒灭活疫苗生产。由于难把强毒与弱毒关系隔绝，因此楼上楼下很忙（注：生产"牛瘟灭活疫苗"的种毒是强毒，而生产"弱毒疫苗"的种毒是弱毒，）室主任袁庆志安排我参加家兔测温、解剖、采毒、细菌检验、接种传代……熟悉工作。到4月16日，兔化毒才传代到803代，逐步交代由我做连续快速传代。到6月底传代820代时，我因被派赴内蒙古进行现地制苗注射区域试验，把传代工作交出。对"牛体反应毒"试验，陈凌风抓得很紧，他亲自动手，并叫我参加。经过多次接种继代试验，毒力稳定，对试验牛用强毒攻击，证明免疫力坚强，可用于防疫。结果证明陈凌风提出的"兔化毒快速传代培育"和"牛体反应毒疫苗"的理论和试验方案成功。试验期间，陈凌风经常到实验室和牛舍检查指导，甚至亲自检查牛的体温变化，有时夜间还到实验室指导、检查、商谈、交换工作意见。从此，他成为我最尊敬的老师和领导。

五、牛瘟"兔化毒牛体反应毒"疫苗在内蒙古放了响炮

（1）现地制苗注射试验，培训蒙古族学员　1949年6月底，我奉陈凌风指派携带819代"兔化毒"种毒到内蒙古，进行现地"牛体反应苗"对蒙古牛注射的区域试验。幸得内蒙古自治区农牧部高布泽博部长和畜牧处长谷儒扎布的高度重视和大力支持。他们派出兽医干部和数名防疫学员配合，到兴安盟和西科前旗参加试验工作。当地干部和牧民的积极性很高，旗里和区政府组织十多名青年积极分子参加试验，学习打针。动员牧民借牛制苗，接受防疫注射。1个月注射牛6 000多头，获得满意结果。我回内蒙古自治区农牧部汇报时，建议逐步推广，用于防疫。得到高布泽博部长等领导同志称赞，并挽留我帮助培训防疫人员，开展防疫注射。农牧部领导鼓励我"要克服内蒙古牧区辽阔、交通不便、生活习惯不同、语言不通等种种困难，帮忙到底"。我立即向陈凌风请示报告，并得到了他的同意。

按照内蒙古的安排，在兽医训练班主任阿尔泰（女）同志的帮助下培训蒙古族青年30多名，使他们学会并掌握全套技术。培训期间天天讲兔化毒，练习兔子耳静脉接种，心脏采血、解剖、采脾脏等含毒组织制苗，练习对牛注射等操作。多数学员听不懂汉语，便靠翻译帮忙。有些学员连我的姓名也叫不出来，就喊我："兔化毒！巴库西！"（注：巴库西——先生）。时间久了，人也熟了，他们就把"巴库西"省略，喊我"兔化毒"！

"兔化毒"成为一些蒙古族同志跟我开玩笑时的别名、外号。后来有的同志见面时，还在开玩笑叫"兔化毒，赛很被弄！（你好）"。30年后，农业部畜牧兽医总局的德格吉夫局长和他老伴来我家串门，还喊我"兔化毒"！我们笑得前仰后合，共同回

忆起那段难忘的岁月。

（2）呼伦贝尔盟游牧四旗传捷报　1949年9月，兽医训练班学员，组成呼伦贝尔盟防疫队。陈凌风又从东北增派10名技术干部到内蒙古支持，由内蒙古分配到各盟防疫。我随队到呼盟。9月30日，我们由乌兰浩特出发。10月1日经过齐齐哈尔昂昂溪车站停车时，从广播中听到毛主席在天安门城楼上向全世界庄严宣布"中华人民共和国中央人民政府成立了！"的声音，大家沸腾起来了，高呼"毛主席万岁！"我们决心到呼盟打一场牛瘟防疫的胜仗。

到海拉尔呼盟后，农牧处给每人发了1双羊毛毡靴（通称毡疙瘩）、1双手套、1顶皮帽。农牧处长额尔顿泰和兽医科长伊恒格带队，按商定好的日程、路线，先到索伦旗（现改为鄂温克自治旗），然后直奔牧区防疫。

那时牧区已经入冬，草原十月即飞雪，狂风卷地百草折。气温零下二三十度（冬天最冷时，可达零下40度。），我们被冻得手脚僵硬。蒙古包和牛群分散，对如何完成几十万头的防疫注射信心不足。队员们情绪波动，但我必须挺着腰杆顶住。夜间在蒙古包里围着牛粪火炉开会商量工作，额尔顿泰处长见大家有畏难情绪，首先介绍了牧区情况："一是牧区建政后，牧民已经组织起来了，五六户或七八户一个小组（蒙语叫巴嘎）聚居一处，很听党的话，服从政府的安排。二是入冬后，牧群皆已转移到能避风的冬窝子草场过冬，容易集中打针。只要防疫队能按计划日程制出疫苗，当地干部就能保证把牛集中起来，由牧民组成抓牛小组，抓牛打针。"同志们一听，觉得很有道理，也增强了信心。大家讨论，把防疫队分成"宣传动员""制苗""打针注射""注后反应检查"4个小组，分工合作，采取集中制苗、分点注射、各组流水作业、前后追赶的办法。这个办法是群众的集体智慧，后来在全国防治牛瘟会议上得到了肯定，要求推广。

额尔顿泰处长同当地干部商定日程安排，把全旗冬窝草场划成三片，每片选一中心点集中制苗，把牛群集中到15～20个点注射。每7天完成一个片的防疫，20多天便完成了索伦旗6万多头牛的防疫注射。

总结经验，信心倍增。按陈巴尔虎旗、东新巴旗、西新巴旗顺序，到12月底完成游牧4个旗的防疫。后转入满洲里市和铁路沿线半农半牧区防疫，为苏侨牧场牛群防疫注射。

满洲里的冬天，零下30度，非常寒冷。我们把手和注射器缩进袖筒里防冻，有时烤手取暖打针。苏侨多有土墙围栏，良种奶牛较多，容易抓牛注射，侨民皆住用很厚的土坯筑墙的房屋，他们为防疫队提供方便，我们很快完成了满洲里到差岗、免渡河、博克图铁路沿线的防疫注射。经防疫队员和地方干部、牧民的共同努力，我们胜利完成20万头牛的防疫注射。"兔化毒牛体反应苗"显威力，放了响炮。

与此同时，兴安盟和哲盟、昭盟也陆续开展防疫注射，使东部四个盟连成一片，建起了免疫带。领导满意，牧民欢心，干部称快。

六、到内蒙古西部开展防疫，连续作战

1949年冬，内蒙古东部四盟防疫进展顺利。建成免疫带后，内蒙古自治区农牧部提出向西部地区牛瘟老巢察哈尔、锡林郭勒两盟进军，开展防疫，消灭疫源，确保东部安全。为巩固防疫成果，内蒙古领导挽留我继续帮助。

我请示东北农业部得到同意后，同内蒙古的巴音孟和（防疫队长）约定：1950年元宵节后到北京内蒙古办事处（原德王府旧址）同他带领的防疫队员会合，备齐药械，一同到张家口内蒙古政府办事处。经与赛音吉雅（内蒙古自治区农牧部畜牧处副处长）研究，把东部区派的人员分成两队，一队去锡林郭勒盟，一队到察哈尔。我随巴音孟和到察哈尔盟。皆按东部地区的办法，培训当地干部、积极分子并积极组建防疫队，开展工作。察盟队在盟委书记的支持下，抽出盟政府牧业科长齐登拉西带队，由旗里、区里调来牧业助理员参加，边学边干。从正蓝旗开始，按明太旗、正白旗、镶黄旗、太仆寺旗顺序进行防疫注射。各旗选定一个中心点，集中制苗，把牛群集中10～12个点注射。练兵后，从4月到5月底完成16万头牛的免疫注射。每9～10天完成一个旗的防疫。防疫队和地方干部都很满意，牧民也非常高兴。

5月中下旬，正值春暖，青山绿草牛羊壮，遍地黄花分外香。沿途见牧民在山上插红旗，挖狼洞，掏狼窝，烟火熏狼窝，骑马追逃狼的情景，也很开心。因有残匪在流动，我们也时刻小心，提高警惕。

我们从镶黄旗转入太仆寺旗的前一天，盟委书记派人送来亲笔信，指示我们千万不要路过康保县，那里流窜着一股土匪，扰乱社会治安，一定要绕路经宝源县（现在

的宝昌县）进入太旗。我们带枪的马队11人在前边引路，我也在其中（因有残匪，防疫队的同志带枪防疫，他们中间有的同志本身就是民兵）。巴音孟和队长与其他同志坐着牛车，拉着兔子和药箱跟在后面。我们到达宝源县附近时，县保安队跑出来，高声叫喊："口令！"我们不知道当天的口令，无言以对。接着，他们拉枪栓，命令我们："举起手来！拿出证件！"巴音孟和急忙禀告："我们是防疫队的同志！"保安队的负责人得知是防疫队，立刻命令他的战士挥动白旗，指示伏兵不要开枪，放行。我们当晚到达太旗炮台营子，避免了一场枪战和无端的流血事件。

七、草原夜行，两次遇险

（1）**老马识途**　1949年冬，在呼伦贝尔盟防疫时，住在达赉湖（今呼伦湖）东边的制苗中心点上。一天下午，突然来了一位赤贫户老牧民。中华人民共和国成立后，他分得的唯一的一头挤奶母牛病危，求救。若是病死，就没办法生活。路不太远，一竿子远的路。外边正下雪，愿带路往返。我便带上翻译同往。

所谓一竿子远的路，骑马走2小时才到。老两口住的是只有几片破旧毡片、芦苇和草帘围成的蒙古包，四面进风，包顶漏雪，芦苇草铺地睡觉。病牛卧在蒙古包外的草堆上，我们给病牛打完急救针，告别。天色渐黑，老牧民提出留住或带路送回，未肯。

不料在返程途中，迷失了方向，越走越远。翻译说："迷路了，无处问路，可沿海拉尔河走，找回海拉尔市。"我们盲目地走进了河边一片红柳灌木林中，忽见河中冰面有一尸体，便增加了恐惧。于是掉头离开了河边，穿出了树林。天黑了，冒着雪瞎走一阵。夜间11时左右，望见灯光，奔去。见是铁路信号灯，附近住一户苏联侨民养牛户，招待我们吃了"黑列巴"、奶子茶和牛肉烤排。苏侨说："你们走反了方向，已误入陈巴尔虎旗了。"留住，未肯。因有制苗任务，日程安排不能误时，必须赶路。翻译骑马带路，转向达赉湖方向找路。

几百平方公里*的大湖，周边是草原，不知东南西北。转悠了2个小时找不见原

---

* 非法定计量单位，1平方公里=1平方千米。

路。马饿了，前蹄刨雪啃草根，不肯前进。两人只好下马，让马吃了一阵草根。把马的前后蹄绑上缰绳，让马卧地趴下，我俩挨着马肚子旁边坐下取暖。不到半小时，马不肯卧了，忽然站起来了。闻远处有狼叫声，我们只好骑上疾跑。翻译说了真话："草原上迷途转了向，转来转去是走不出去的，等着喂狼吧！"我急中生智，忽然想起一句成语"老马识途"，讲给带路翻译听了，他说蒙古族也有这类话。"那就把马嚼子、缰绳松开，叫马随便走吧！"

我们胡走一阵子，又是2个小时过去了。天色露出亮缝，马突然大吼一声，疾跑起来。我们疑为有狼追来，回头不见狼。再往前看，望见了防疫队制苗蒙古包。"老马识途"，使我们脱险。战友们一夜未眠，为我俩着急担忧。见归，都跳起来鼓掌庆贺。

（2）骑骆驼夜行，跌下受伤　1950年春，我赶赴内蒙古西部察盟防疫。由于做了充分准备，地方各旗和区干部重视，又有东部地区防疫经验，因此察盟防疫非常顺利，进度很快。到5月3日已完成正蓝旗、明太旗、正镶白旗的防疫。夜宿白旗政府，准备向镶黄旗出发。

夜间狂风怒吼，突降大雪。早晨起来，房门被积雪堵住，扒个洞出去，见木桩上拴的乘马，1匹倒地被冻死，其余8匹全挣脱跑光了。有的遇狼害，有的跑丢了。牧民和地方干部忙于抢救，寻找失散的畜群。防疫队也帮助牧民找了一天畜群。发现低地背风处的雪堆有洞孔，原来是被雪埋的牛羊呼吸融雪出现的小窟窿。挖开后，拉出压在底下的牛羊，多半已死，上边的牛羊冻僵（后来统计，损失牛羊3万多）。

快到天黑时，防疫队失散的马还不见踪影。因必须赶路，按约定日程到达下一个点制苗，只好借旗政府的马和骆驼夜行赶路。过一山丘下坡时，骆驼追赶前边的马队，突然迈开大步下坡，我从驼背上跌下来，昏了过去。前边的人见骆驼背上光秃秃的无人，叫喊："谁掉队了？"，随下马回头找人。我听见呼喊声，清醒过来，便回声答应。用手摸头，一手血，便用蒙语喊了一声"敝——头拉盖——仇司嘎拉借哪！"（我头出血啦！）侯鲁洞——伊乐！（快来呀！）。战友们打着手电，用毛巾、口罩帮我包头、包手。换乘一匹马，继续前进。鸣枪探路，朝着远处狗吠的方向走，找见了蒙古包牧民点。群狗见我脸上和胸前有血，便奔我的马扑来狂咬。马惊疾跑，我使劲往回拉缰绳和马嚼子。惊马歪着脖子，仰着头往前冲。幸好牧民喊住了群狗，围住惊马，套住马脖子，扶我下马我才得以脱险。牧民烧水。战友为我擦洗血迹，拔除扎进头皮的风镜碎片，消毒包扎。次日按计划赶到镶黄旗制苗点，未误制苗（注：当天制的苗要当天用）。

八、为有牺牲多壮志

内蒙古防疫队伍里，青年人居多。他们革命热情高涨，具有一不怕苦、二不怕死的革命精神。在各级党委和人民政府的领导下，他们与牛瘟斗、与土匪斗、与恶劣的自然环境斗。

从蒙古人民共和国回来的防疫员嘎达，在艰苦的防疫工作中，过于劳累，肺结核复发，不得不提前把他送回乌兰浩特住院。但后因治疗无效，年仅20岁就离开了人世。

锡林郭勒盟队防疫队员哈拉巴拉同志（共青团员）日夜看守种毒继代的兔子，人困马乏，打盹的一瞬间从卡车上一头栽下来，当即牺牲，年仅20岁，为消灭牛瘟失去了宝贵生命。茫茫草原之上，同志们眼含热泪就地埋葬了战友，继续前进。

九、领导关心，妻子父母支持，连续6年长期出差防疫

自1949年春到1955年牛瘟被消灭，我连续6年出差防疫，4个春节没在家里过，留在东北的家属4次搬迁。1950年，朝鲜战争爆发，为了备战，单位领导将家属从沈阳疏散到黑龙江省安达县萨尔图（现在的大庆），1年后又从萨尔图搬到哈尔滨，2年后又从哈尔滨搬回沈阳。在此期间，留在老家的母亲突患骨结核，2次报病危，都是妻子前去看望照顾。我的弟弟因患精神病于1954年病故，当时我正在西康省防疫，也未能回去。1954年，各大行政区撤销，家属跟着调往中央农业部的干部一起搬迁到北京。4次搬迁，我都不在家。每次搬家都是领导关心，帮助安排住房；联系学校，安排子女上学。1955年，女儿在北京做脚部的手术，领导派人帮助联系医院，给予关怀和照顾。

由于得到单位领导的关心、同志们的帮助和父母、妻子的支持，我才能长期安心

出差，进行防疫工作。

十、敢教日月换新天

在党和人民政府的领导下，东北三省和内蒙古的防疫队披荆斩棘，所向披靡。全体防疫队员热爱新中国，对党和人民无限忠诚。中华人民共和国的兽医战士勇敢顽强，团结奋斗，在中国人民征服自然的功劳簿上书写了辉煌的篇章。

时至今日，牛瘟在东北和内蒙古草原上已经绝迹，50多年不复发。我和我的战友们为参加了这样一场伟大的战斗而自豪，九泉之下的烈士也会感到欣慰，他们可以安息了。写小诗一首慰藉英灵，庆祝胜利！

青春热血灭牛瘟

荒原大漠野狼嚎，
战胜牛瘟斗志高。
夜宿山坡喝雪水，
晨骑战马踏山坳。
哭别战友惜年少，
血染山川更妖娆。
四海神医擒恶兽，
牛羊健壮乐陶陶。

此文根据《中国消灭牛瘟的经历与成就》一书中，尹德华所写"在东北、内蒙古、康藏参加消灭牛瘟的片断回忆"整理。

牛郎欲问瘟神事（下）

——参加康藏高原消灭牛瘟的回忆片段

尹德华

一、先期从扑灭口蹄疫开始

1952年冬，川康藏区流行口蹄疫。

1953年1月，我奉农业部派遣同史占文急赴重庆，支援川康防疫。我参加四川组，先同西南农林部刘国勋等6人到成都，然后同四川农林厅兽医科长于文正、刘祖波等先后到绵竹、安县、江油、北川、汶川防疫，加强川北防线的防疫力量。

从川北返回成都后，为扑灭阿坝藏区疫情，我同刘国勋、刘祖波再一次出发，经由雅安、天全、芦山到懋功。我们进入阿坝藏族自治区小金、金川、马尔康、茂县一带检查推动扑灭口蹄疫工作。一路上披星戴月，顶风冒雪，爬过几座雪山。

川北和阿坝地区处于地震带上，经常有小地震发生。山上不时有飞石落下，向导带路分时段绕行。这是当年红军长征走过的一段路线，我们沿途看到当年红军刻在石桥上、石山上的革命标语，感到浑身是劲，受到极大鼓舞。我们3个人忘记了饥渴和疲劳，早上6时从夹金山的半山腰烧家窝堡起身，下午2时安全走过了这座大雪山。登山过程中，由于高原缺氧，山路难行，我们互相帮扶着，气喘吁吁，步履维艰。刘国勋同志因为年龄大，身体过胖，爬山困难，所以我们就叫他回雅安、成都，检查平原地区的防疫工作。

我与刘祖波继续前进，边赶路边做防疫宣传的发动工作。在奔向靖化县路过赵家山的时候，雪特别大，踩进去到大腿深。我们拉着驮行李的马，一步一步向前移动。有时马的4条腿踩进雪里，被雪托住了肚子，走不出来，累得直冒冷汗。雪地里反射回来的阳光刺激着我俩的眼睛，又痛又看不见路。头一次体会到"雪大打瞎眼睛"是怎么回事。路走错了，碰上老乡后又被引上了正路。

途中，住在一个贫苦的藏民家里。有经验的老大娘把一个个小石块用雪水泡凉，替换着敷到我的双眼上，给我冷敷消炎。石头热了再换上一块凉的，渐渐地眼睛不痛了。老大娘挽留我们多住几天把眼睛养好，可是我们工作任务很忙，哪里顾得上休息呢！这位贫苦的老大娘知道我们是来为他们扑灭牲畜疫病之后，感动地说："毛主席是我们贫苦藏民的大救星，你们是毛主席派来的为我们藏民服务的好干部！"于是派她的儿子牵着马，我们闭着肿痛的眼睛坐在马上赶路。老大娘的儿子把我们平安地送到了靖化县。

我们赶到懋功县政府时，突然接到西南农林部电告："疫情已突破防线，传入成都平原，速归。"我们便急忙经理县、杂谷脑又返回成都，再次检查平原地区耕牛和川北防线，幸好皆无口蹄疫发生。6月7日回到重庆，向西南农林部和中央农业部汇报请示，上级领导同意转赴西康开展牛瘟防疫。

二、硬着头皮把"绵羊毒"带过二郎山

6月15日我在重庆向中央农业部报送"绵羊毒对牦牛试验计划"，收到北京航寄"牛瘟绵羊化毒"种毒后，6月30日电告农业部即赴西康开展工作。

我们7月30日到雅安，西南农林部兽医科长龚于道向农林厅汇报，并打电话和康定藏区农牧处联系准备绵羊，以便继代种毒。不料，却碰了钉子，康区农牧处曲则全科长回答："人来了，欢迎。但不准把'绵羊毒'带过二郎山，藏区反对'绵羊毒'注射。"次日到泸定，8月1日起早出发，平安度过二郎山到了康定，住兽医站。从此我们进入"协商工作"的难关。

三、当地人从反对到支持"绵羊毒"试验

我们8月1日到康定。前半个月，农牧处主管科长曲则全对"绵羊毒"注射牦牛试验一直持反对态度。我又不好越级找自治区领导，担心日后更难合作。只好同省农林

厅畜牧科长曹振华、龚于道一同耐心做他们的思想动员工作，反复协商，日夜交谈，摸脉下药。半个月后，他们开始松口，要我们答应其要求可做试验。

（1）**步行山路，6天走到乾宁八美试验点**　我们在康定协商酝酿准备1个月，9月3日出发赴乾宁八美试验点进行试验。因汽车票难买，三五天才有一次班车，所以只买到3张车票。我立即表态让康定兽医站一位女同志谭璿卿和龚于道、曲则全两位科长乘汽车先行。我想：再等汽车班车，至少要3天以上。为了早日开展工作，雇马车可能快点儿到达目的地。但谁也没料到，150公里的路程，马车一走就是6天。

我同带路翻译冯光斗等到下午4时，才雇到1辆只有1匹老马拉的马车。我们装上药械器材、行李、食用面条及餐具，走出8公里，夜宿途中。次日起早出发，走了16公里。经过修路道班房住下，未敢夜行。第3天途经折多山，老马登山很慢，我和冯光斗推车但还是不能走快。我们只好先步行到山顶，坐等3个多小时，马车才赶上来，下午6时到安梁坝遇有马店便住下。第4天，途中遇雨，路经营官寨木雅区买到了面条，吃上中午饭。下午我们到新都桥康区兽医院临时办事处住下。到现在离开康定才72公里，距乾宁八美尚有一半路程。

马车老板半途就要车费，按一半支付（当时流通的人民币200 000元*）。引路的翻译小伙子问我"累不累?"我说："不累，只是马车太慢，耽误了时间，心烦"，要求马车快行。9月7日，马车稍有加快，晚上7时赶到塔公喇嘛寺，我同冯光斗一起从河中背水煮面条。吃过晚餐，借宿居民家。第2天路过橡皮山，路面很软，马车车速更慢。

9月9日，背上行李由八美登山到牛角石，步步登高，途中休息3次才到试验地址，住进帐篷。

晚上8时到10时和先期到达的谭璿卿一起解剖"绵羊毒"已接种继代的绵羊，收集病料。一路疲劳，熟睡一夜，9月10日正式开始试验。

（2）**试验工作一帆风顺**　在高山帐篷里生活和工作，试验小组非常团结。自炊自食，克服各种困难。1954年元旦，大家在帐篷里包饺子共欢。到1月底，连续在帐篷里生活和工作了4个多月，制作和试验疫苗顺利成功。

牧区消息灵通，远近牧民和头人、喇嘛不断骑马前来探望，要求打针。称"绵

＊　非法定计量单位，1万元（旧币）≈1元（新币）。

羊毒牛血反应疫苗"是北京新"嘎波"（"嘎波"是藏族人民传统预防牛瘟的办法，即采取"野外毒"自然冻干，通过牦牛继代采血毒灌服健康牛，叫做灌"嘎波"。由于毒力不稳定，预防效果不佳。或者无效，或者反应重，甚至引起散毒，酿成牛瘟流行）。

北京新"嘎波"挽回了1951年"山羊毒"的坏名声和政治影响。1月30日将试验牛移交八美农牧场，乘汽车返回康定。

（3）春节放假不回北京　我回康定后，临近春节放假。为乘胜推开全面防疫注射工作，决心不回北京。假期写试验总结报告，起草《疫苗制造方法》和《康藏开展防疫，消灭牛瘟的建议》，准备再战。1954年3月2日，我陪同曲则全一起出发，3日到雅安。省委批准康区防疫计划，拨款13亿元（新币13万元），3月27日返回康定开展防疫工作。

四、"绵羊毒"得到康区信赖

（1）"绵羊毒"及"牦牛反应血毒"试验成功，被藏民誉称"北京新嘎波"　康区主管科长曲则全在闲谈中说出心里话："起初反对把'绵羊毒'带进康定，是因为1951年农业部派专家用'山羊毒'注射牦牛试验和一些地区试用，死了不少牛。藏民反应强烈，要求赔偿。上边来的人走了，地方干部得擦屁股，挨骂。在藏区工作，最怕犯民族政策错误，影响民族团结。宁肯不干，顶多挨批评，说你不积极。要求疫苗注射只准成功，不准失败，谁也不敢打保票。这次亲眼看到了'绵羊毒'确实安全，免疫力也好。你又决心帮助大家而留下，心里才有了底。"从此，康区便竭尽全力组织力量开展防疫注射工作，以消灭牛瘟。

（2）举办"牛瘟讲习会"，培训民族干部　为了加强防疫力量，巴登副处长和曲则全决定：由西南民族学院的43名毕业生、11名兽医站及农场的青年干部组成一支防疫队伍，举办"牛瘟讲习会"。自治区领导同意后，决定由巴登副处长对民族学院毕业生做好思想动员工作，我担任讲师，王峻尧担任班主任，4月5日开课。这批青年学习后，皆编入防疫队，他们为消灭牛瘟做出了贡献。在此期间，2次召开康区牛瘟会议，农业部又从各地调来一些技术干部支援防疫。

（3）做好团结工作，准备出发　康藏高原当时交通，通信非常不方便，物资条件很差。康定农牧处负责定做行军帐篷，购置药品器材和防雨防寒装备，准备口粮和炊具，安排交通工具及层层部署工作。费时近2个月，才初步备齐，安排妥当。在此期间，外省增援干部急欲出发开展工作，心情急躁。我担心他们情绪波动，生病；也担心他们自由散漫，影响团结，便请康区领导帮助组织集体学习和召开生活会，建立每日半天学习制度。做到了团结一致，提高了战斗力。

对我个人来说，因去过阿坝藏区，来到康区又近1年，基本上适应了高原气候和那里的生活习惯。和当地同志相处日久，已不觉得自己是上级机关派来的人，一切活动皆按当地作息时间参加。他们也不把我当做外人，随便交谈，更加亲密合作。

（4）康区组织"牛瘟防疫办公室"和"防疫队"　1954年6月19日和28日两次参加康区农牧处开会，研究组织防疫指挥领导机构、防疫办公室和防疫队的人员安排问题。决定自治区成立"牛瘟防疫办公室"，请自治区副主席夏克刀登担任办公室主任，领导全区防疫工作。西康省藏族自治区农牧处副处长巴登担任副主任，带队赴康北担任前线防疫总指挥，我担任前线技术指导。共组成4个防疫队，共有104人（名单省略）。

（5）踏上艰苦的路程　长期的愿望终于实现了。6月29日在康定西康省藏族自治区礼堂，全体防疫人员集合，由巴登和我讲话，要求各队做好出发的准备，整理药品器材、生活物资，并装箱捆包。7月8日出发，2天后路过甘孜时甘孜队留下，石渠队、邓柯队继续乘车到玉隆。离开康定3天，行程556公里，艰难的路程还在后头。从玉隆到石渠，靠骑马、赶牦牛驮运防疫装备和行李、帐篷。一路上时晴时遇雷雨。

路上，要用银元（袁大头）雇佣拉脚的马和驮牛。走一站路换一次，雇不到马和驮牛就得等。一等就是两三天，等不到就徒步行军。牛驮帐篷到不了宿地时就得露宿山坡草地。一路上河中取水烧茶，抓糌粑。8月1日下午才赶到石渠县。在高原上行程22天，加上3天汽车路，离开康定已经25天。

县政府只有几栋陈旧窄小的办公房，防疫队在不远的草坪上搭上自带的帆布帐篷，安营扎寨。

五、雷击战友葬高原

（1）拾牛粪烧水，抓糌粑，露宿山坡，艰苦防疫　石渠县地处康北高原，海拔4 500米以上。天气时晴时雨或突降冰雹。石渠县距离康定约1 000公里。当时该县藏族牧民5 600户，人口35 000人，牛羊各50万～60万头，马骡5万～6万匹，是牛瘟流行的老疫区。防疫队的任务就是消灭牛瘟，净化疫源。

到石渠县次日（8月2日）晨，雪花纷飞，地上铺满了雪白的地毯。好像天神菩萨要为防疫队举行欢迎会。此时，队员们穿着棉衣、盖着棉被，一路疲劳在困睡。我和前线指挥巴登副处长带上翻译翁修，上午到县政府向县代表——党政军代表常希文同志和藏族县长（头面人物）报到，作了汇报。下午副县长翁岛带人到帐篷里回访，和队员们会面，表示欢迎。

石渠县当时没有工商业，只有少数几户喇嘛头人开的小铺和贸易公司门市部。县政府机关只有几栋陈旧的办公住宿平房，附近有些分散的帐篷居民户，人烟稀少。县代表和外地干部皆未带家属，生活和工作都很艰苦。

3天后，在帐篷里开会。并请石渠兽医站和副县长介绍情况，共商防疫工作日程安排。县工委派15名干部和石渠兽医站人员一起参加防疫。他们带路和宣传，动员头人和牧民支持防疫。防疫队兵分两队，全县分两片，分别同时开展防疫工作。

防疫队经过准备和示范注射，练兵演习，8月15日全面开展防疫。经过大家的艰苦奋斗，用了3个月的时间，完成石渠县牦牛免疫注射，建成免疫带。11月中旬工作结束，总结方归。沿原路经过甘孜，12月上旬回到康定，召开总结会。半个月后（1955年1月）农业部和华东、中南、西南、川康支援干部回到原单位。

（2）藏族战友被"天葬"　石渠队防疫队中，东区分队由王峻尧带队。7月26日在瓦须村防疫。县政府工委派的4名藏族干部，同宿在牛毛帐篷里。晚上7时半，天气突变，降起冰雹，暴雷阵阵巨响。忽然间从这个牛毛帐篷里传出"死啦！死啦！"的喊叫声。但由于藏族干部说汉话时有口音，王峻尧等宿于相距不远的帐篷里，误听为"湿啦！湿啦！"高原天气时雨时雪，都以为帐篷漏水，未在意。"湿啦！"有何惊奇？但由于那个帐篷里喊叫不止，方醒悟可能出了什么大事。王峻尧急忙跑进去一看，县工委干部托日被雷电击中，死了，另外3人被雷电烧伤。泽旺的头部烧伤，头发烧焦，右眼看不清人，呆呆地坐在那里。索多的脖颈面部被烧伤。彭措的两条大腿被烧伤，呼救声是他喊出来的。那两个人已经喊不出声音。大家跑进来对托日进行长达1个小时的人工呼吸，但未能将其救活。

原来暴雷是从帐篷中心顶柱的窟窿打进来的。次日喇嘛来念经，叫防疫队搬走避灾。第3天（7月28日）喇嘛又来念经，按着藏族习惯和宗教信仰举行"天葬"。队员们低头垂泪。被雷电烧伤的3名同志不久治愈（注：当时我和巴登副处长皆在别的村防疫，不在现场。后来王峻尧汇报时，我们起立默哀悼念冥福）。

（3）万里长空且为忠魂舞　当年石渠县牛瘟疫情严重。1953年9—10月，石渠县的牧民从青海玉树自治区称多县赶牛回来，带入牛瘟，从此牛瘟疫情就开始蔓延。又加上牧民们为防牛瘟，按旧习惯办法到处灌"嘎波"（牛血毒灌花），因此引起了牛瘟大暴发。1953年12月至1954年5月，色须村和格托贡马村，虾渣……20个村、230多户牧民的死牛数达4 480多头，平均每户死牛将近20头。牧民遭到了致命的打击，有的牧民带着孩子坐在小山似的牛尸堆前抱头痛哭。石渠县政府和石渠兽医站下了很大力量，积极派人组织牧民扑灭疫情，康定自治区、西南农林部、川康农林厅也皆派出力量帮助防疫。

西康正在组织百人防疫队。大批人马进军前，先期派到石渠的干部有雷家钰、曹志明、易坤俊、翁德衡、廖泳贤等。他们和石渠县的干部一起防疫。采用"绵羊毒"对牦牛注射试验和防疫注射41 000多头。受到牧民好评，称谓北京的好"嘎波"。格托贡马的村长（头人）阿基说："毛主席是藏民的大救星！派来防疫扑灭牛瘟的干部是好干部！是藏族牧民的恩人！"

1954年6月初，西康农林厅派去的干部回到石渠县政府总结汇报，准备参加西康防疫队，进行下一个战役。雷家钰、曹志明、翁德衡3人，宿于被废弃不用的一栋藏式土石结构的旧楼上，每人睡在一个墙角。夜间，突然一阵雷雨，楼房被击倒塌。雷家钰、曹志明二人被击落到底层后，又被上层塌落的土石木料埋压在里面，窒息身亡。当夜，同志们闻声跑来抢救，因土石木料压得太厚太重，大家在雨中挖了一夜，但怎么也挖不出来。次日，把木头、土石一层一层扒开时，尸体已经变成青紫色，无法救治了（翁德衡侥幸未被砸中）。

当时，我还在康定，正在筹备防疫队所需装备，准备出发。6月5日，噩耗传来，曲则全悄悄地告诉了我。农牧处担心引起防疫队百余人的情绪波动，不敢去石渠，一直将噩耗保密不宣。直到防疫队8月1日到达石渠县后，才不得不公开宣布。我们同时做好思想工作，安定军心。40名队员无不悲哀流泪。8月8日，我和巴登副处长带领十几名干部到烈士墓前举行追悼会。由我代表防疫队致悼词，宣誓："不消灭牛瘟决不收兵！"大家与遇难烈士告别。

50多年过去了，至今牛瘟已消灭，队友不能归，永眠高原上（注：当时在烈士墓前，战友拍了一张我正在致悼词的照片，我一直保留到现在。每次拿出来看的时候，我都忍不住落泪。雷家钰是四川人，青年团员，四川大学毕业。曹志明是辽宁人，青年团员，辽宁农业专科学校毕业生。因山高路远，家属皆未能到石渠县治丧悼念。他们为人民利益捐躯的事迹将永载史册）。

六、奔赴青海玉树

1954年8月5日，我在石渠县防疫中，接到农业部派青海防疫的鲁荣春同志自玉树的来信，约定玉树会师交流经验，双方联防。我便和西康防疫前线指挥巴登副处长商定：在石渠防疫途中，顺路赴玉树共商联防，带翻译翁修同行。

13日，我们赶赴巴若村防疫。骑牦牛渡河，因水深，驮牛浮水过河，所带行李、衣物、纸烟、哈达全被大水冲湿。过河后，靠羊皮大衣和雨布露宿一夜，次日晨起早出发，下午到雅龙，整理行装又露宿一夜，15日才赶到八若村牛场，在"色日"草坡搭帐篷住下。晚上9时，狂风吹垮了防疫队的帐篷，第2天上午我们又重新将帐篷架起来。下午解剖制苗羊，采毒制苗。19～22日连续注射5 000多头牛。

（1）坐汽车不如骑牦牛　9月23日，我和巴登、翁修3人从八若村出发，请牧民介绍路线，带路出省界，到青海省称多县查雍公路边上，可搭乘过路车去玉树。结果被带错路，送到称多县嘎马村的阿尼。幸有一个竹节寺的贸易小组留下我们，我们才得以住帐篷避雪。找来一个治安委员，请他帮忙雇马带路，不肯。要求他帮忙把我们送到竹节寺，更不肯答应。好说歹说，勉强答应。次日，他帮助雇马把我们送到一处不知地名、不见人烟的公路边上。时间已过中午了，幸遇有一辆从西宁开往玉树的卡车。好话说通，允许上车。路难走，车速很慢。天黑了，司机便停车，不敢在泥路中夜行，住宿工棚。次日晨开车，雨天泥路难行。走2公里左右，车陷泥坑，出不来了。推拉半天，但车仍前进不了，也后退不得。大家动手，从远处找些石块，挖出泥土，填进石头，忙了半天才把车拉出泥坑。天黑了，只好求宿于修路工棚里。第3天，缓行30公里，开到竹节寺公路上，宿于漏雨的工棚帐篷。第4天，找到头人"肖卡长"（相当于村长）雇马，准备骑马到歇武，但要钱太多。只好再上卡车，晚上9时过雁子山，下雨路滑，幸未翻车。第5天中午到歇武，下午3时到金沙江上游"直门达"渡口等船，渡过通天河。下午7时搭车，晚上9时半抵达玉树，住公安队宿舍。大约160公里的路，但坐车5天才到达目的地。见到鲁荣春同志，皆大欢喜。

次日，我们被介绍到玉树州政府机关食堂，小灶吃饭，如同过年。老鲁引见玉树自治区主管防疫的兽医科长、防疫队长及青海畜牧厅兽医科长郭亮（沈荣显、彭匡时已离开玉树），大家互致问候。正值国庆佳节，能吃上青海畜牧厅运来慰问的苹果、西瓜，甚为高兴。我们已经2年多没吃过这些东西了。

（2）协商联防　9月30日，玉树州兽医站站长王士奇同志介绍牛瘟防疫情况。10月2~3日在玉树州政府畜牧科开会讨论联防。西康方面，由巴登副处长介绍情况，提出联防的有关建议和对玉树的要求。座谈2天，达成联防协议。玉树自治区领导接见了我们，还招待我们看了电影《智取华山》。

七、消灭瘟神尽开颜

10月4日，身带玉树经验和双方边境联防协议，告别玉树，搭马启程，按原路回康区。下午2时来到金沙江上游的通天河渡口。金沙江是当年红军长征渡过的"天险"之一。我坐在船上，望着滔滔的江水，浮想联翩：当年红军为了北上抗日，强渡大渡河和金沙江，前有天险，后有追兵。红军以大无畏的精神，取得了长征的伟大胜利。我们中华人民共和国的兽医战士为了根除中国牛瘟的终极疫源地，消灭牛瘟的最后一块老巢，置生死于度外，千辛万苦踏遍康藏高原。我们继承了红军的优良传统，发扬了红军"一不怕苦，二不怕死"的革命精神，为人民消灭了千百年留下的瘟疫，心里的高兴无法用语言来形容。

回石渠的路上，依然困难重重。10月6日在歇武用高价雇马，顶雨进入高原山坡。带路马主说，他臀部有疮痛，要在过境前下马露宿休息，我们担心遇到土匪未肯同意。一路上，望见带枪的人即登山绕行。当时牧民出行也皆背上叉子枪，腰上有长刀，因此分不清是牧民还是匪徒。过了两省交界，遇雪急行。不见牧户帐篷，只好露宿山脚背风处，啃牛肉干充饥。第4天上午到石渠县色须喇嘛寺附近，遇贸易小组的帐篷，留住，始放心。连日大雪雇不到马，耐心等马5天，逐村打听防疫队去向。15日赶到格贡马村，找到防疫队，甚喜。交付他们托买的牛肉干和日用品，又随队一起参加防疫行动。

我们从玉树返回石渠，坐船骑马，露宿山坡，用了11天。16日收到康定王实之处长来信和玉树鲁荣春来信慰问。同时收到沈阳家信，2年不见亲人，真是"一封家书抵万金"啊！

18日后，我们加快进度，在回县方向沿途防疫，注射牛近万头。12月上旬各队陆续回到石渠，大家边休息边座谈，讨论学习，总结汇报。我半个月后始返雅安，向省农林厅汇报。

康定有著名的喇嘛寺、温泉和跑马山。防疫胜利结束，同志们欢声笑语步行去洗浴温泉。大家洗去了征途的疲劳和污垢，感到无比惬意。随后，游览名胜，享受胜利的喜悦。

在康藏高原工作的2年，跋山涉水，风餐露宿，克服无数艰难险阻。我们经常吃糌粑，喝雪水，常年吃不到蔬菜和水果，许多人得了胃病，我患了胃溃疡。高原气候恶劣，一年四季离不开老羊皮大衣。严重缺氧，有的战友患了心脏病。有的战友为了工作葬身高原。但是一看到成群的健壮牛羊，牧民的笑脸，康藏高原一片兴旺景象，心里就感到无比的幸福和快乐，那种心情是终生难忘的。正是："春风杨柳万千条，六亿神州尽舜尧。借问瘟君欲何往，纸船明烛照天烧。"

后记

从1949年到1956年全国牛瘟被消灭，我做了一些自己应该做的工作，党和人民给了我很高的荣誉。1956年，我被选为"农业部先进工作者"，代表农业部出席了

"全国先进生产者代表大会"，受到了党中央和政府领导人的接见，还参加了天安门"五一国际劳动节"观礼。

后来，我又参加了几十年防治其他动物疫病的工作。我到过全国28个省（市、自治区）指导和组织防疫工作，并从技术上研究试制出两种疫苗。还参加了其他疫苗的研制和培育工作，我和其他主要科研推广人员获得了国家农业委员会与国家科学技术委员会的荣誉奖励。

1982年，我和其他兽医专家一起成立了"中国口蹄疫研究会"，我也成为我国开辟口蹄疫研究的奠基人之一，先后被选为秘书长、副理事长、理事长、名誉理事长。自1963年起，被选为中国畜牧兽医学会历届理事，1997年因超龄被选为名誉理事。1986年，我光荣地加入了中国共产党。

在50多年的革命工作中，农业部及上级主管部门，还有全国很多省（市、自治区）多次给予我荣誉奖励，对我进行表彰。1991年，开始享受国务院政府专家特殊津贴。这些成绩的取得跟党的正确领导分不开，跟人民群众的支持分不开，胜利属于党！属于人民！

2006年，中国畜牧兽医学会在北京九华山庄召开了"中国消灭牛瘟五十周年纪念大会"，农业部及其有关单位的领导、院士、专家，科研工作者等到会参加。我见到了当年一起工作过的老战友，心潮澎湃，热泪盈眶。我们共忆往事，庆祝胜利！

2009年，联合国粮农组织声明：将在18个月内宣布全世界消灭了牛瘟。这是人类继消灭"天花"之后，第二个消灭的动物烈性传染病。我和我的老战友们欣喜若狂，奔走相告。这是世界人民的福音！中国人民早在50年前就把这个恶魔消灭干净，我们的心里无比自豪！无比幸福！

改革开放给中国人民指引了康庄大道，祖国面貌日新月异，沧桑巨变。在党的英明领导下，中国的兽医事业蓬勃发展，蒸蒸日上。勤劳、勇敢、智慧的中国兽医战士正在努力攀登科技战线上的一座又一座的高峰，攻克一个又一个的难关，立下消灭各种动物疫病的雄心壮志，造福于人民，造福于社会！

羊毒带过二郎山　　耐心说服搞试验

——康藏高原防治牛瘟日记（一）

尹德华

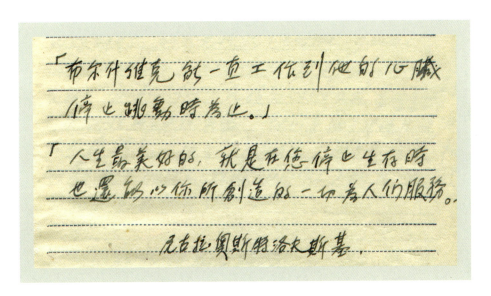

（这两段话是父亲1953年抄写在《防治牛瘟学习笔记》扉页上的，这是他的座右铭。）

1953年

6月6日

自成都出发赴重庆农林水利局，汇报四川省防治口蹄疫防治工作情况，夜间在车中整理了材料。

6月7日

早晨抵达重庆市，在街上吃完早餐后即赴农林水利局畜牧处报到，将行李搬到局外面沿河的招待所住下。今日与刘国勋同志略微交换了报告工作的程序，与解建华主任略事交谈。

6月8日

与刘国勋分别校对、修改汇报材料。

6月9日

与国家民族事务委员会派至四川检查口蹄疫的同志交换了汇报工作的意见，请他们对汇报材料添注了意见。

6月10日

胃病重犯，赴医院诊治，整理夏季服装。

6月11日

整理报告材料。

6月12～13日

胃痛休息。

6月14日

在畜牧处阅读有关口蹄疫文件，赴医院诊治胃病。

6月15日

在畜牧处拟写《防治牛瘟计划》及《各种牛瘟疫苗试验计划》（绵羊毒对川康地区牦、犏牛的免疫效力与安全性试验计划草案），汇报口蹄疫防治工作。

6月16日

拟写《防治牛瘟及绵羊毒对川康牦、犏牛的免疫效力与安全性试验计划草案》。

6月17日

赴诊疗所医治胃病。

6月30日

向北京畜牧兽医总局打电报，告即赴西康协助防治牛瘟及进行绵羊毒对牦牛、犏牛的免疫效力与安全试验工作。

7月3日

携绵羊毒冻干毒一瓶，自重庆赴成都转赴西康进行绵羊毒对牦牛、犏牛的免疫与安全试验。同行者有龚于道同志，刘国勋曾帮助送到车站。幸有农林局汽车送站，否则将会误点，到车站仅有两分钟即开车了。

在车中，曾考虑了如何将绵羊毒分给四川省农林厅一半，先在四川帮助将防治与试验工作筹备起来以后再转赴西康的事情。也曾考虑了如何搞好和川康地方同志的相互关系，想起西康口蹄疫检查组返重庆汇报工作时，检查组长——国家民族事务委员会的李奇同志曾报告西康农林厅厅长陈少山在口蹄疫会上怒骂×××之事。为此西南赵××局长警告大家今后应很好注意地方关系。绝不能以上级派来的身份自居，也不能光看地方毛病，看不到地方的优点。对这些，我准备以最大的努力搞好与地方的关系，改变从前造成的影响。

7月4号

到成都市，与西南农林部兽医科长龚于道同志即赴四川农林厅，并将绵羊毒交畜牧科同志送血清厂冷藏保存。

7月5日

在农林厅畜牧科研究如何在四川藏区展开防治牛瘟工作，洽商解决买绵羊以免断毒之事。

7月6日

在成都协助四川农林厅计划防治牛瘟工作，拟试验计划。

7月7日

侧面了解四川农林厅对口蹄疫错误事件的态度和处理情况。据知虽做了总结报告，但对错误认识不够，也并未作处理。上下都多少有些互相包庇现象，似怕受上级的批评。

7月8日

协助布置、准备绵羊毒在藏区的试验工作。

7月9日

去四川省细菌实验室及血清厂参观。

7月10日

帮助计划防疫应用的药械物资。

7月11日

今日开始阅读《钢铁是怎样炼成的》这本书。

7月12日

胃部仍不愈，饭后很痛，休息1日。

7月13日

去医院医治胃病。

7月14日

休息。

7月15日

赴医院医胃病。

7月16日

在省兽医诊断室商讨牛瘟疫苗试验问题，并顺便了解他们用胆汁控制牛瘟兔化毒对水牛的毒力反应试验情况。

7月17日

催劝农林厅畜牧科速电茂县藏族自治区人民政府，准备防治牛瘟计划工作。准备羊只，以备继代传毒。因种毒保存过期，又电追西南畜牧处寄新鲜毒。

7月18日

催畜牧科派员赴理县购买绵羊，以免绵羊毒传代时出现断毒。

7月19日

协助昌都地区人民解放委员会兽医院潘伯宜等解决汽车问题，准备帮助将绵羊毒运昌都。

7月20日

因携来成都的种毒已过保存有效期，所以电请西南畜牧处，催北京速寄新鲜冻干毒。

7月21日

派人去重庆取绵羊毒冻干毒种毒。

7月23日

在血清厂协助绵羊毒冻干毒接种继代工作。

7月26日

在血清厂协助绵羊毒继代羊的解剖与继代接种实习工作。

7月29日

托血清厂代为准备绵羊毒冻干毒及新鲜毒各一份，以备明天赴西康带走，并给昌都地区一份。昌都兽医院潘伯宜做好装冰木箱一个，去昌都的汽车也已准备好，可以就便搭乘赴重庆。龚于道科长为难地说："康区反对绵羊毒注射，不准把绵羊毒带过二郎山，怎么办？要有思想准备呀！"我说："领导叫我陪你先说服康区，去了商量着办吧，反正带来了。"

7月30日

自成都出发赴雅安。因出发时间太迟，约晚上10时半始抵雅安。到雅安时，因无处住宿，便电话找农林厅廖泳贤协助。后住在交通旅社，旅客簿上见有史占文、史仁康的名字，遂挤在史占文房间住了一夜。夜间至2时左右未睡，和史占文交换了别后的情况。

龚科长问我："康定曲则全电话上说，人来了欢迎，不准把绵羊毒带过二郎山，怎么办？"我说："要带上去。"

7月31日

晨，与龚于道同搭昌都兽医院包的车子转赴康定。因时间限制，加以龚于道已事先与农林厅接洽好了，故未去农林厅，拟返来时再向农林厅汇报工作。

今日午后6时半，到泸定县，休息。

8月1日

晨7时自泸定出发，午后2时到达康定。由康区畜牧科曲则全科长带领到康定畜牧兽医工作站，住宿。同日，也见到了农林厅曹振华代科长，晚上互相闲谈了一夜。

8月2日

我劝告曲则全科长，接受上级政府的关怀和意见。速准备在康区进行绵羊毒对牦牛、犏牛的免疫效力与安全试验。并速买绵羊传毒，以免绵羊毒失效。昌都潘伯宜用从康定为他买的羊，做了接种继代。

曲则全原来不同意此项工作，龚于道科长在雅安时打电话给他，请其准备绵羊继代及布置防疫工作，曲就根本拒绝了。所以与曲科长谈论时，曲科长仍一再表白1951年山羊毒的失败情形，以及1951年春在石渠因山羊毒反应强烈，死了一些牛，遭到地方党的不满及群众不满意的经过情形，意思是不同意在康区使用绵羊毒预防牛瘟。曲则全和龚于道半开玩笑地说："在雅安打电话时，告诉您不要把绵羊毒带来康定，您为什么又带来了？"

由这些情况观之，在康区不易开展牛瘟防疫注射工作，恐怕要被碰回去。饭前，曲则全给介绍了康区农牧处王实之处长和巴副处长等。

8月3日

午饭时，王处长介绍了西康财政委员会王××主任。李××主席不在家，故未见到面。

关于牛瘟工作，曲科长始终不放口答应进行绵羊毒的预防注射。四川省农林厅畜牧科长曹振华因厅内电报告其留康，协助进行绵羊毒的试验与应用，在思想上准备工作，但在口头上还不表示态度。今天龚科长和曲则全科长与大家一起漫谈了一天，始终无结果。夜间大家同住于康定兽医站。

8月4日

因绵羊毒有断毒危险，潘伯宜虽然接种了绵羊3头，但至第二代、第三代即将无羊，不仅不利于康区，也更不利于昌都地区的防疫，遂再请曲科长派人寻买绵羊。

8月5日

协助潘伯宜解剖羊，绵羊反应良好，种毒不至于断种。康区不愿意进行绵羊毒注射的原因是：

（1）1951年山羊毒反应强烈，注射有死亡，技术也不够成熟时便开始试用。在群众中的影响太坏了，群众对地方党政领导的印象也不好。

（2）干部丧失了信心，1951年各搞一套，有的注射后反应很强，有的死亡。还有的注射后不免疫，又发生牛瘟。尤其是稀释倍数，有的用100倍，有的用80倍，有人用稀释1 000倍、2 000倍血毒的，技术不统一，大家无所适从。1952年春季，在石渠县注射后反应死亡很多牛，干部受到了处分。因此再注射时，干部无信心，都不愿搞此项工作。

（3）群众基础太差，觉悟低，不相信新的科学技术，因此不能强行工作。此项防疫在康区推行尚不够成熟，不能过于急躁，以免失败。

（4）急躁地进行，若反应死牛，遭群众不满，那就违反民族政策了，宁肯不做也不能触犯民族政策。

（5）藏民相信原始土方'嘎波'，夏克刀登副主席也再三说："应帮助研究推广'嘎波'，防牛瘟应走群众路线，调查群众喜欢的'嘎波'，不应强调绵羊毒。否则，群众用'嘎波'和绵羊毒对抗，新技术也推行不出去。不能强行在康区使用绵羊毒注射。"

（6）因缺少绵羊，康区多半地区买不到绵羊，有的地方，甚至很多地方藏传佛教教规上反对杀生。牧民和喇嘛见到杀羊有气，很反对。所以用牛瘟兔化绵羊化弱毒疫苗在藏区搞防疫，杀羊取血制疫苗，再注射健康牛，与宗教信仰有抵触。我们不能忽视这些问题，不能违反民族政策。

（7）康区尚无牛瘟发生，何必如此着急。预防青海疫情，离康区尚远，亦不需如此惊慌。

（8）域外的科技成果在康区不一定适用，外边也不了解康区特殊情况。上级布置的工作很多不适合康区情况，不能随便在此地以主观意识进行工作。

今日了解这么多思想情况，估计我们的计划很不易实现，但必须再耐心地进行说服。

8月6日

继续进行商洽。我介绍了东北三省和内蒙古扑灭牛瘟的情形和经验，着重介绍了中央对康区的关怀和期待，以及中央对扑灭全国牛瘟的意图和决心。

但今日情况仍无进展，地方干部说"李主席不在家，不敢决定做否"。

8月7日

闲谈耍了一天。

8月8日

在农牧处畜牧科继续交换防治牛瘟的意见。曲则全科长初步有意可以进行绵羊毒疫苗对牦牛的免疫效力与安全试验，但仍不放松对"旧嘎波"的调查研究。再次强调"旧嘎波"的群众化及"旧嘎波"在群众中的威信和优点。看情形，若将"旧嘎波"的调查研究和绵羊毒的试验同时进行，康区有同意之可能性。

8月9日

经与龚于道科长研究，为了推动工作，我们可以对康区主管干部让步，以缓解彼此之间的意见分歧，即：

（1）同意康区进行牧民原有"嘎波"的调查研究。寻购"嘎波"种毒，并带回试用。试验"嘎波"的安全性和效力，调查"嘎波"的来源历史，"嘎波"的制造、保存方法，在民间的使用情况，使用地区范围等。从了解"嘎波"开始，以"嘎波"与牛瘟绵羊化疫苗进行对比试验，对比二者的优缺点，拿事实来教育、启发康区的领导干部、技术干部及群众，从而达到逐步推广绵羊化疫苗的目的。

（2）暂不在牧区推广绵羊化疫苗注射，先从试验、试点、示范着手，慎重、稳步地先在牧民间、干部间建立信仰和威信。以疫苗实际的安全、有效的事实来教育康区干部和群众，再逐步达到推广目的。这样缓步进行，不强调即时推广，由试验开始，并同时进行"嘎波"的调查研究。这样做虽然走些弯路，但康区政府将无理由来反对我们的意见，则可逐步达到我们实现上级政府意图的愿望。并且对我们来说，经过试验慎重地进行工作，也有很多好处。

（3）函催请农林厅，拨专款给康区进行疫苗试验。先自己买牛，试验选在政治条件好、严密隔离的地点进行，则不致有不良后果，获得满意结果即可以试验实例影响其他地区。这些设想已被龚于道科长接受，我二人准备以此统一的意见，再和曲科长洽商，并争取曹振华科长同意。

8月10日

和曹振华科长谈了昨日的讨论结果，老曹基本同意。

8月11日

继续与曲则全科长在康定兽医站研讨工作。曲科长已初步同意我们的意见，不过他强调干部不够，没有经费，尚不悉农林厅会拨准多少款。最后，经研究决定，向农林厅速提出试验、调查计划及要求拨经费、调干部。

8月12日

决定由我先拟定《试验牛瘟绵羊化疫苗的计划及调查"嘎波"的计划》。

8月13日

拟写《调查"嘎波"并绵羊化疫苗试验计划》。

8月14日

已拟出《调查"嘎波"及绵羊化疫苗试验计划》的初稿，尚需修改及共同讨论。

8月15日

经开会讨论并通过了计划草案，并报请上级政府批示。

决定在乾宁县八美农场试验绵羊化疫苗的安全效力。派一组去石渠、邓柯及昌都的杨错家调查，寻购"嘎波"，带到乾宁试用。初步参加试验调查的人员有：中央的尹德华，西南的龚于道，西康的曹振华，康区的曲则全、田英劼、谭璿卿、黄永和、杨振环、冯光斗。另外，还有新毕业生7名。

8月24日

在康区畜牧兽医站开会讨论重新修正的调查"嘎波"的计划项目。

"嘎波"调查项目：

（1）"嘎波"种毒的来源

包括：①"嘎波"种毒的历史；②种毒的来源、每年采集地点；③种毒的采集时间；④种毒采制动物的种类及其临床健康状况；⑤种毒的采制方法；⑥种毒采制人。

（2）"嘎波"种毒的保存

包括：①保存时间；②保存地址；③保存人；④保存方法；⑤携带、运毒方法；⑥注意事项。

（3）"嘎波苗"的制作

包括：①制作方法；②制作时间；③制作地点；④制作人；⑤加入何种药物；⑥减弱毒力的方法。

（4）"嘎波"的用法

包括：①使用方法；②使用剂量；③使用价钱；④使用时间；⑤近3年使用过的地区、牛只/数量；⑥使用对象；⑦灌花后产生免疫的时间；⑧使用后种毒的处理；⑨注意事项。

（5）"嘎波苗"的安全效力

包括：①免疫持续期；②群众反映；③有无反应和死亡；④是否经过安全效力试验。

据报称：①1949—1950年甘孜县罗锅梁子一户人家，灌"嘎波"后的200多头牛反应强烈，出现大批死亡，最后只剩下7~8头。②1952年康定县木雅、长春坝、新都、东俄洛、安良坝死牛千余头，据报是因灌"嘎波"（黑药牛血）引起了牛瘟所致。③1951年9月，乾宁县色卡乡、龙灯乡从德格县引入"嘎波"牛血毒，灌牦牛后引起牛瘟，死牛甚多。

补记

8月12~15日研究通过计划；8月25日布置试验点准备试验，买牛羊、药械等。

羊毒，即牛瘟兔化绵羊化毒，简称"绵羊化毒、羊毒"。

徒步六天赴八美　　试验断毒不气馁

——康藏高原防治牛瘟日记（二）

尹德华

1953年

8月25日

布置赴乾宁农牧场进行绵羊毒的试验工作，提出需带的药械。决定了8名疫苗试验参加人员，由曲则全担当组长赴乾宁。

8月26日

催制所需解剖台及制苗操作箱等配备。

8月27日

购备下乡用物资、铺盖、衣物等。嘱告农牧处畜牧科再催乾宁县，妥为准备种毒继代用的绵羊，并抓紧购买试验用牛。

8月28日

准备出发工作。

8月29日

买胃病药，继续吃药医治胃病。

8月30日

绵羊解剖及继代接种，准备下一代的新鲜淋脾毒带乾宁县继代传毒，以备试验。

补记

据在川康两省了解，目前很多干部对防疫工作进行预防注射的问题有误解，多数反对注射，因此我曾向中央农业部畜牧局反映了此种情况。大意是：目前各地的某些干部中，有反对预防注射的思想观点。有的人曾把去年全国畜牧会议提出的"克服单纯打针观点"，解释为今后不要打针了，甚至还想借此反对打针。还有些在1951年参加兰州兽医讲习会的人员也曾说"苏联专家介绍的先进经验中，不主张预防注射"。借以强调康藏高原上更不能以打针预防的办法防治牛瘟。

我认为这种反对预防注射的片面观点，对目前和今后的防疫工作是有害的。例如，康藏地区若普遍经过预防注射，是不会发生牛瘟的。青海地区若从前做过预防注射，今年也不致于发生牛瘟。打针是可以断绝病毒在牛体间辗转相传保毒的机会，予以最后消灭的。这说明不是过去"打针打多了"，而是"打少了"的结果。

我主观体会，苏联专家介绍苏联扑灭各种家畜传染病的经验中，特别提出苏联是采取了"有计划的"和"积极的""进攻性的"消灭疫病及预防疫病的办法。

在发生疫病时，采取"封锁""隔离""消毒""毁尸""检疫"等防治疫病的措施，以求扑灭。在未发生地区，因受威胁或有发生危险时，是采取"预防注射"等预防疫病措施的。二者必须配合，任何片面观点都不能彻底扑灭疫情。

而西南各省，尤其是川康两省的同志武断地把苏联的先进经验仅总结为"封锁""隔离""消毒""毁尸"，并命名为"苏联四大办法"。似乎认为只要行政干部贯彻四大办法，技术部门可不做技术工作，血清厂也可不制疫苗了。对反对预防注射的人，假若问他们：为什么自己生下儿女要种牛痘？为什么自己每年要注射预防伤寒霍乱疫苗？他们可能会说，是怕患传染病。但他们却不想：农牧民的牛打一针，可以不得牛瘟。

我主观认为，可能他们还没有考虑到：在康藏高原上，在交通、通信工具不便及群众觉悟尚未普遍提高，群众性的基层组织还未健全、建立，不能及时掌握疫情的情况下；地方防疫机构尚未健全，人员尚不充实，也无力及时扑灭疫情的情况下；片面强调"封锁""隔离"，反对打针，单纯依靠行政力量是脱离实际的；是借以"克服单纯技术观点"的名义推脱技术责任的。

因为一旦发生疫情，从那辽阔的草原上和那海拔4 000多米的高山上获得疫情、布置防堵措施时，疫情早已猖獗蔓延。防疫员到现场时，往往形成"马后炮"的局面。由于不能主动地、以进攻性的措施预防，因而变成了被动。防疫员疲于奔命，到疫区时牛死的死了，甚至扩大到难于收拾的地步。老乡为了躲避封锁毁尸，而产生"隐瞒，不报疫情"的反作用。

例如，今年"西康、青海"地区口蹄疫的扩大即是一例。当口蹄疫发展到数县时已来不及防堵。所以这可能是康藏高原不同于农业地区的一个特点。我的想法是：目前情况下，某些地区的"预防注射"仍是防疫中的主要部分；如何纠正技术干部及行政干部中片面反对打针的观点及不重视预防注射和其他预防措施的思想，可能是防疫工作中的一个重要问题。

补记

在疫苗试验经费开销问题的讨论会上，自治区政府农牧处会计林力（化名）提出：外区干部到康区工作，自带办公费用。二郎山以东，每人每月30 000元；二郎山以西，每人每月50 000元。都自买办公用品。其意思是说：上级派干部到地方协助工作，不仅派人来，也要把办公费一起带来。对此"认为"，大家想不通。我们办公是为了地方，地方就应该备纸笔用具。而我们向原机关写报告材料，并未使用地方文具，皆为自备的，当然也没必要向原机关索取办公费交给地方。

林力（化名）又提"烤火费"的事，说出差干部也应拿出烤火费来。对此种观念，我们认为说不通，立即予以反驳了。

9月3日

自康定出发，赴乾宁县八美农牧试验场，进行《绵羊适应山羊化兔化牛瘟疫苗对牦牛、犏牛的免疫效力及安全性》试验工作。买汽车票困难，5个人只买到3张汽车票。只好让龚、曲二位科长和谭璿卿坐车先行（因龚、曲是地方领导，谭是女同志，所以都应该受到照顾）。我和冯光斗雇马车拉运药械，徒步前往。

因出发时间过晚，加以车马不好，于午后4时半出发，仅行8公里，所以只好宿于途中。今日出发前，于康定买面条用款19 500元。途中住宿老乡家，交房号钱2 300元。

9月4日

早晨7时动身，下午5时半到第26号道班房，夜住道班房。今日行程16公里。在道班房打客饭一顿，花费10 000元。午间在兵站打午饭，冯光斗支出饭费10 000元。

9月5日

早晨7时由道班房出发，8时半即登山，至折多山顶。因车马不行，所以登山很慢。我们先爬上山，在山上一直等到12时，2辆拉货的马车才爬上来。午后1时左右，抵29道班房吃中饭，交付饭费10 000元。

晚上6时到达安梁坝，住于马店，自煮面条充饥。今日行程31公里。

9月6日

早7时出发，10时半抵营官寨木雅区政府。午后2时到新都桥。因降雨，住于兽医院临时办事处。

中午，于木雅买面条5公斤（带到路上备用）。中午饭费由冯光斗垫付（每餐每人3 000元）。

今晚向车老板支付马车费200 000元。另由兽医院支付600斤米的运费300 000元，均交车主韩瑞震（编者注：车老板）。我们从康定帮助兽医院运600斤米（4包），已交清。另有麻绳、棕绳等3捆，同时交清。

今日行程17公里。自康定至新都桥共为72公里，距离八美农牧场尚有一半。到新都桥时，访见王峻尧。当时，他和其爱人均卧床不起，可能病重之故。

康区干部何鲁年安排我们住在他的临时房间内。

9月7日

晨7时半离开新都桥。晚上7时到塔公喇嘛寺，宿于老乡家。到处找不到饭吃。

晚上9时许，与冯光斗、格正旺（马夫）等共同自河里背水，煮了面条。因肚子饿得很痛，所以虽然白水煮面，大家也吃得很痛快。今日行程38公里。

9月8日

7时40分由塔公喇嘛寺出发，午后1时过橡皮山。因路面很软，如橡皮，所以走得很慢。在道班房借锅煮面条吃中饭。

晚上6时15分到达八美农牧场。今日行程28公里。我们9月3日从康定出发，9月8日才到八美农牧场。走了6天，步行了138公里，每天平均走23公里。

9月9日

自八美农牧场到牛角石牧场，自己背行李上山，路上休息了3次。途中伙食费已算清。由冯光斗返还人民币5 000元。

晚上8～10时，帮助谭璿卿解剖羊，采取种毒。

9月10日

阴雨，今日开始准备试验工作，筹备牛羊。

9月11日

在农牧场了解畜牧的一般情况，接种绵羊2只。

9月12日

雨，午后稍晴。

今日向中央、西南及史占文各发一函，报告工作情况。与龚于道、曲则全、谭璿卿等同赴县政府研究工作。共同讨论了买牛、买羊的问题。

9月13日

今日观察绵羊，其在接种后虽然已达48小时，但仍无反应，大家都很焦急。

9月14日

接种绵羊仍无反应，1头有反应也极轻微。随后剖杀研磨接种下一代，并又以前代保存毒，补行接种2头，以期传下去。

9月15日

继续观察接种羊只情况，准备搭帐篷，迁移草地住。

9月16日

接种羊仍无明显反应，大家都很焦急，分析原因。

9月17日

本日应剖杀羊，但其无明显体温。经讨论，剖杀2只，马上接种下代，又以干毒接种上一只。

9月18日

继续观察羊只，大家轮流放羊。一边放羊，一边看书，还不觉得寂寞。

9月19日

继续观察接种羊，同时轮流放羊。

9月20日

剖杀接种的绵羊虽无明显的反应，但为了使其复壮毒力，因此又接种下一代，即接种绵羊2只、山羊2只。

9月21日

继续观察，今日仍轮流放羊。

9月22日

继续观察，羊仍无反应。

9月23日

羊仍无反应，为了期望传代，仍不死心，又接种下一代2只。大家已同意派人回重庆取毒。初步意见，请龚科长回去取毒。因为昌都的潘伯宜也于赴昌都途中断了毒，返来乾宁取毒。故拟由潘、龚二人一同回重庆。让他们到康定先打电报，请北京准备。（编者注：北京到重庆可以航空运输，康定没有机场）

9月24日

继续观察。

9月25日

继续观察，羊无反应。

9月26日

继续观察，但羊反应很不好。遂决定放弃继代，以免浪费羊。一致决定派人回重庆取毒。

9月27日

龚科长、潘伯宜起身返渝取毒。

9月28日

开始等待羊毒的种毒，继续准备试验工作。筹购牛羊，准备迁到山上住。

9月29日

迁移帐篷，住到山上。

9月30日

曲则全返康定，走前研究了工作办法。

10月1日

休息1日，今夜降了暴雨。

10月2日

农场通知，催交9月份伙食费，人民币113 000元（45餐）。另需代龚于道交其9月份伙食费92 900元（37餐）。

今日牧场借去"试情"（注：试验发情交配）公羊2只，试验组剩羊12只。

10月3日

整理羊只。新买羊7只，共有绵羊19只（借出的2只未计算在内）。

午后给羊只打耳号时，跑出1只羊，找到深夜11时也不见。

今日郝隆乾、刘国良由炉霍来到此地，耍了1个小时离去，随后他们到乾宁县政府。

10月4日

早晨7时许，冯光斗于山上发现跑丢的那只羊，我随后到山上协助抓羊。结果赶到山上时，羊又被冯光斗追入山涧。我们跑遍了2座山，找了1天，也没找见羊。

今天向农场交9月份伙食费欠额113 000元，另代龚于道交其9月份伙食费92 900元。

今日夜里12时半，羊群15只全跑掉，可能是被狗惊跑。起来追羊，好不容易才把羊都赶回棚里。

10月5日

今日去乾宁县政府与任代表、县长、乡长等洽商购买小牛问题，以便进行试验。

县长说，小牛不好买，需买买试试，不敢肯定能买到。于乾宁访见县长后，返至牛角石帐篷，已经是晚上9时。

回来后听说，下午自治区政府农牧处派马万州来试验组参加疫苗试验工作。唯因其介绍信系人事科介绍到牧场工作，故马万州被牧场留下，仍不得参加试验工作。据马万州谈，曲则全科长告诉她，拿到行李直接到帐篷试验组，口头向牧场交代一下即可。结果农牧场不放人，无可奈何。

今日由马万州带来信件3封，即哈尔滨兽研所袁庆志1封、那一飞自哈尔滨兽医研究所寄来1封、四川农林厅刘祖波寄来1封。

10月6日

牧场死羊1只，协助解剖。牧场的黄莫千允为，待绵羊毒到后，即派人参加协助试验。

补记

哈尔滨兽研所袁庆志9月20日来函摘要：

（1）绵羊毒以血毒继代，经过2～3代后逐渐不产生定型热，渐渐消失，传不下去。

（2）对绵羊最小感染量，淋巴腺可达千倍（10毫升的4倍），个别羊有达万倍（10毫升的万倍）的。可发生定型热反应。脾毒达百倍。而原血10毫升，都未产生定型热反应。

（3）对牛的免疫情况是：对黄牛及蒙古牛用血毒，尚欠完全免疫。注强毒后，有起反应者。而对永吉牛可以，最小免疫量是淋脾可达0.00 002毫升，而血毒仅可用原血。

（4）因此建议对西康牦牛可以用血毒。但对非易感性牛最好用淋脾。如作反应疫苗以"不多通过代数"为原则。利用第一代牛的材料即可，不过也要注意到利用淋脾。

（5）哈尔滨兽医研究所经常在午后4时左右注射毒，注射后的第3天上午9～10时采毒。即热稽留24小时。根据此规律，按需要可以变换注毒及采毒的时间。不过检温时间也要随之变换才行。另外，采毒那天绵羊的体温往往下降，或者下降多些，此点不要紧，毒仍可以用，这是它的特点。但需注意一点，即整个过程绵羊的体温必须是定型的，非定型者不用。这是免疫的关键。

（6）做牛血反应苗，要注意"炭疽""出血性败血症"。

——哈兽研所袁庆志7月6日函告

（1）绵羊毒对延边地区的朝鲜牛注射安全。1952年和1953年春共注射100余头，效果很好。春天反应较秋天高，犊牛较重。一般情况下牛会高热稽留，食欲不振，精神不佳，口内稍潮红的超过46%。但以兔毒注射后，口内潮红，没有一头出现腹泻和血便。口内潮红仅两头。无腹泻者。

（2）体温反应潜伏期，注射血毒的3～5日、淋脾的2～5日。稽留时间短者2天，长者5天，平均3天。食欲有的无变化，其他变化大致在无热后2日开始。有的1～2日，有的长达5～6日，减食或停食。但均可安全恢复。

（3）对反应牛剂量，采血及淋脾1∶100（20毫升）中，以注射淋脾者反应较多。

（4）保存的种毒血苗一定当日用。淋脾苗5～8℃、3天以内用完尚可。

（5）此苗对易感牛较合适，对黄牛、蒙古牛最好只用淋脾。

（6）绵羊缺少时，必要可做山羊反应苗，但仅可继第一代，不可多继代。

种毒保存仍用绵羊。绵羊定型反应率70%左右，注射后第3天，热下降时采毒。现阶段绵羊毒复归山羊时，约有80%定型发热率。

10月6日

上午赴乾宁牧场找黄莫千，联系派干部协助试验组工作事宜。经同意，等种毒取来时即派人协助工作。午后参加牧场病死羊只的解剖工作。

午间，郝隆乾、刘国良由乾宁县政府来到牧场看望。

10月7日

接到龚于道自成都来函告知途上经过及联系向北京要种毒情况。并告四川农林厅派员，于9月1日在藏区马塘下壕口注射的牦牛（163头）、犏牛（165头）均发生了各种不同反应。重者（腹泻、发高烧、奶干、跛行、精神症状等）占34%，因而四川已停止工作。

10月8日

去八美农场邮政代办所寄信给康定农牧处曲则全科长，请其解决绵羊毒接运的汽车问题，以期种毒早到，好开展工作。并请增派干部，以补上调走人员之缺额，便于试验的进行。并嘱带来胶靴，以便工作用。免于带毒传毒（强毒试验）。

今日放在银行暂存款800 000元。

10月9日

午前，去乾宁县政府联系买试验牛，与乾宁县长、工委书记接洽，同行者有杨世侠。午间在乾宁饭馆吃面，用款28 000元。午后，杨世侠转赴八美银行开会。

10月10日

寄重庆西南农林局张录荣、龚于道转王成志处长、牟主任函一件。其内容是：

（1）报告绵羊毒已肯定断毒，不再接种。专心等新的毒种到来，以便开展试验。

（2）已买好牦牛、犏牛共100头，拟再买小牛50头。

（3）在新毒到来之前做绵羊驱虫试验工作。

（4）试验后再赴石渠做防疫带。

（5）报告人员情况：试验组现有5人已迁来，住山坡上帐篷内，还需再增派干部。

（6）断毒的原因分析如下。

此次断毒应由我个人完全负责，由于我粗心大意，过于相信了在康定时期保毒时间的经验及羊只的感染性。对新地区、新环境的情况考虑不够，尤其是对不同地区羊只的感染性问题估计不足。因此一连串的马虎大意致使断了毒，造成工作损失。这应由我来检讨，并受到批评处分。

我主观分析，断毒原因有以下几点：

第一，病毒保存方法及保存时间不合乎规定原则。在无冰及天气不冷无法保毒的情形下，是应该当日接种继代的。而我们相信了在康定期间的经验，采毒后间隔了48小时才接种下一代，接种羊只仅为2只。采取这种办法的另一方面的原因，也是我们过分考虑了羊只购买不易，隔2天接种一次，一次接种2只，则可节省许多羊只。

因此犯了错误。

第二，在变更到新地区接种时，病毒对新的生活环境还未完全适应，恢复原来毒力以前接种2只羊太少。而接种的这2只羊，又恰好反应都不好。此时再重新以前一代毒追补接种时，则前代毒保存期已达5天，失效了。以此反应不好的羊毒随又通过羊体4代，结果未能恢复标准型反应。

第三，接种病毒羊的饲养环境未能妥善安排。如接种羊昼间不论阳光强烈与否，阴雨与否，都一向是放牧的（无羊舍及饲草）。夜间也是仅拴在一个简陋的棚子下。尤其是当时，连续几天气候激变，时雨时晴，这对羊只反应情况是会有一定影响的。对判断热型上，也会产生一定的误差。

如来八美农场接种第一代羊时，看来反应很好。但分析起来是在当天中午太阳强光下，羊只体温上升到40.8度，而当天很热。临近晚上时，羊只体温下降，随即进行了解剖。接二连三，反应就一次一次不好了。

除此之外，接种羊和未接种羊都在一起群混放牧。这是不符合原则的。这虽是一种不易克服的、地域性的特殊情况，但仍怪我们，尤其是怪我考虑不周，努力不够。

第四，接种羊只体型稍大，年龄也可能稍大，这也可能是反应不好的一个因素。想想这些情况，无论如何，不能不说是我个人努力不够，犯了原则上的错误。我没能负起责任，没能很好掌握原则，是不可原谅的。

今日杨世侠赴八美看砖窑。谭璿卿赴乾宁。吴少远赴八美，晚上带回牛肉5斤。

10月11日

午前11时，牧工将0375号牛拉回（母牛），并说，此牛不吃草，病了。当时该牛体温为41.9度，下颚稍肿，流泪。午后2时体温为41.8℃。晚上6时投××（编者注：原文中这两个字模糊不清）15克，夜里10时体温降到38度。老乡说是"出败"。经大家考虑，可能为牧群中，公牛乱交乱追及牧工追打所致。

另一头小公牛，右眼有一小洞，留鲜血。可能被牧工打伤。

10月12日

病牛上午10时半，体温为39.4度，喘息，不吃，流鼻涕，流泪，午后死亡。吴绍远涂片，去牛角石镜检。杨世侠与唐恩祖赴乾宁买牛。给小公牛用碘酒消毒右眼伤口（伤口已化脓）。

10月13日

剖检死牛，右颈侧背上、胸前水肿。成胶样浸润，并且肌间有多数出血点。各脏器均有出血点。脾肿大2倍以上，易抓破。肺呈发病现象。肠道出血且有溃疡痕迹。肠淋巴及肾均呈黑褐色坏死，有出血痕。舌呈黑褐色，有些肿硬。食管、咽喉头均有肿胀出血。初步判定可定为"出败"。尸体掩埋。

10月14日

镜检死牛材料涂片，发现有短杆菌及疑似两极染色菌。可先定为"出败"。老乡说是炭疽、出败混合感染。

10月15日

为防止流行炭疽，今日午后对全群牛只进行了炭疽预防注射，每头量为0.5毫升，小牛为0.3～0.4毫升。

今日又有0381号母牛出现腹泻。经注射盘尼西林90万单位，无效。下午4时死亡。

10月16日

上午剖检死牛0381号，其肝胆管内有肝蛭26条，可见黏膜均呈贫血现象。三胃干硬，胃黏膜溃疡脱落。小肠、直肠均呈出血及溃疡现象。出血斑、出血点很明显。肺稍气肿，直肠末端及肛门括约肌出血。初步认为是急性肠炎或为"出败"致死，但镜检无菌。

10月17日

9月30日，某某（编者注：字迹不清楚）自沈阳来信告知，家中都好。同志们在积极工作。又云：在东北区鼻疽很成问题，污染率渐增。如不设法遏止，会有继续扩大发展趋势。如农业生产合作社的马，因集中使役，污染率比单干户还高。合作社污染率最高者达40％，最低者为10％，开放性马约15％。

牛肺疫由于经过扑杀措施，污染率很低。今年通化地区污染率不过是1％～4％，因此扑杀疫牛政策是成功的。

10月18日

继续催县政府代为买小牛，以备试验。等待绵羊毒之种毒到来，以便工作。大家等的都很焦急。今日赴牛角石牧场，借报阅报。

10月29日

经同志们同意，决定学习以下文件：

（1）《人民日报》中《增加生产，增加收入，厉行节约，紧缩开支，超额完成国家计划》的社论。（9月8日，《西康日报》转载）

（2）中共西康省委召开会议，布置全省增产节约的工作（9月25日，《西康日报》）。

（3）陈云副总理报告财经工作。

（4）李富春副主任报告。

晚间，乾宁县委任书记来牛角石，到试验组传达康定地区委员会"贯彻增加生产，增加收入，厉行节约，紧缩开支的中央指示"。

第一，检查生产，开秋荒，翻秋地，动员群众发展副业，防止兽疫。

第二，完成农业税收工作。搞好物资交流，组织收购，扩大推销。

第三，各种基建，不准增加开支。各部门要订出紧缩开支计划，节约生产开支，动员节约生活开支，防止浪费。

中央农业部的史占文来函嘱告一些事宜。

我本人要记住——成绩归于群众，责任多做自我检查。

自炊自食轮流煮　　队员误会心里苦

——康藏高原防治牛瘟日记（三）

尹德华

1953年

10月30日

龚于道同志取来绵羊冻干毒1瓶。

10月31日

开始绵羊毒接种继代工作。

11月9日

史占文来函，告诉青海省牛瘟疫苗试用情况。

11月10日

开始进行"绵羊毒对牦牛、犏牛的免疫注射安全性试验工作。"（编者注：表中数据省略）

11月11日

牛瘟强毒L.S.B干毒接种牦牛41、42、21号，每头3～4毫升，隔离于窑洞内。

11月12日

晚上8时，接种牦牛9头、犏牛4头。

11月14日

午前注射：牦牛12头、犏牛2头。

11月18日

继以第二代牛血毒接种第三代，并以其原血20.c及10×20.c，进行免疫注射试验。

11月22日

采取第三代牛血毒（18、48号牛），继续接种第四代，并做免疫注射。原血20.c.im.原血10×20.c.im，并以之作口内服免疫试验。

11月23日

以绵羊毒做犏牛最小免疫量试验注射及行点眼免疫法试验。

补记

为了煮饭，又何必固执己见，同志们不愿煮饭。又以风雪太大，烧不起火来，很吃苦。就该照大家意见雇炊事员，请自治区政府拨款。结果坚持轮流煮饭，引起大家不满。甚至引起卢元（化名）发牢骚，沙洲（化名）也在说风凉调皮话。我以干部作风、革命道理相劝，反而引起误解。

忍不住冤枉委屈，偷偷流起眼泪，又有何用？惭愧。

12月4日

史占文自北京函告"青海省试用绵羊毒对牦牛试用情况"：

（1）安全试验　注射牦牛342头，安全有效。61.5%有体温反应，食欲无变化。体温下降后出现大便干燥。体温第10天恢复。小牛反应重。

（2）**效力试验**　30头试验牛的免疫效力达100％。

（3）**"嘎波"试验**　自夏河取来"嘎波"对316头牛做了口服、皮下及肌内注射试验。免疫力经过20天证明，有多头有可疑反应，1头无反应，证明有效。均为安全。"嘎波"引起牛瘟可能是灌服代数太多，变强了所致。认为比绵羊毒稍强，但比兔毒及山羊毒稍弱。

史占文11月9日来函称：青海对疫苗保存10小时内用完，嫌时间太短。注射反应强，死亡率达千分之二。在都兰注射，有神经症状者占千分之五。小牛死亡大，乳牛减奶。于高热第3天开始减奶，第8天恢复。

12月8日

向吴绍远补交伙食费26 600元。计自9月25日至11月30日伙食费426 600元。因于康定出发前已预交400 000元，故补交不足额26 600元。又交牛角石客饭费6 000元。

龚于道于昨日（7日）返康定自治区政府，我已将前阶段的工作报告及增产节约计划书、报告函件2件一并捎去自治区政府。

12月12日

与吴绍远同去少马寺劳改农场交涉试验牛只问题。石××场长和袁德怀允为借该厂牛做安全试验，并借此为他们预防牛瘟。

今日分别函中央畜牧总局、西南农林局、西康农林厅，提出对康区防治牛瘟工作的几点初步看法。原文如下：

（1）首先请石渠派员调查了解并掌握可靠的疫情，确定疫区范围及受害程度及其传染来源、经过路线与蔓延方向。以便研究切合实际的对策，采取有效措施。

（2）根据调查结果，若疫情正扩大，有继续向外发展之危险。甚至可估计有蔓延，波及其邻境之德格、邓柯、甘孜等县之危险时，是否请藏区研究，除在石渠县疫区内合理地划分病牛牧场与群众放牧，采取一般必需的防疫措施外，在疫区周围所有受威胁地区之牛场，以绵羊毒进行预防注射。并在受威胁地区与安全地区间之德格、邓柯、甘孜各县间，组成纵深50里宽的（牛的2天行程）包围性质的防疫堤带。即将疫区外围受威胁地带与安全地带间，纵深50公里宽的地带上，所有牛群进行全面免疫注射。使之成为牛瘟免疫地带。以此免疫牛群组成防疫包围圈，包围疫区，隔绝疫势向外滋蔓。

免疫地带上之牛群经预防注射者，发给注射证明。准其经指定之路线外出驮运，借以鼓励牧民乐于接受预防注射。如此也可节省如过去防治口蹄疫时，发动群众，封锁疫区，全面站岗放哨之人力。致疫区内未患病之牛群与个别未患病之牛只（经检查体温不高，亦无临床症状者）也一律实施预防注射，以利早日解除疫区封锁。

关于牛瘟尸体与病牛粪便的处理：若掩埋焚烧，恐不易彻底。因正值冬冷地冻时期，加以牧民缺少工具，不易挖坑。要焚烧，而缺柴，皆为牧区之实际问题，死牛是仍会被牧民剥皮吃肉的。因而可否准其煮熟利用，即进行宣传教育，使牧民尽可能剥皮煮食，不吃生肉。并收集病牛粪燃烧，牛皮用粪灰消毒。

因此目前用在游牧地区的措施，可否仍放重点于发动牧民接受预防注射。把疫区未病牛及受威胁地区所有牛群进行免疫，并通过当地组织防疫堤带。这或可能是目前过渡时期的一个办法。

（3）凡在交通线上的驮运牛只，一律给予预防注射，发给注射证明，准其连续驮运。唯注射后尽可能使其休息1星期，以恢复体力。

（4）凡注射牛只，若未因其他重役或其他疫病，而于注射后1个月内死亡。经剖检，有牛瘟症状，认为确系注射反应致死者，可否考虑给予赔偿，可否建议请由地方政府按计划注射头数之千分之二的死亡率（估计数）编拟特别预算，以资防疫中进行赔偿。

（5）为期在康区消灭牛瘟起见，可否请康区政府将扑灭牛瘟工作，列为康区3年内畜牧兽医工作之重点工作。几年来防治各种传染病的经验说明，防疫工作不单纯是一个技术工作，同时是一个群众组织工作与政治工作。它不是单靠少数兽医即能很好完成任务，还必须是技术与行政有着紧密的配合，与群众做好结合，有地方行政负责做领导才能做好的工作。因而为目前在石渠扑灭牛瘟能顺利收效起见，可否请康定地区委员会与自治区政府发布联合指示，将石渠扑灭牛瘟及有关各县预防牛瘟列为牧区目前的中心任务。指出各有关县区级地方政府上下层层负责，在疫区按期完成扑灭，在受威胁区及安全区间组织防疫堤带，按期完成预防注射等防堵任务。

并规定县与县、区与区间互相负责，保证互不传出、传入，并将各地调集的干部统交自治区政府，统一调配领导。这样便可防止流于兽医部门单打独干，孤立独行，各搞一套及单搞技术的偏向。

（6）在技术问题上，关于预防注射一节，根据目前在乾宁之试验，仍可利用绵羊适应山羊化兔毒淋脾100倍乳剂或血毒，对每牛以20毫升之剂量肌内注射，进行全面预防。但认为所试头数太少，尚不足为可靠依据。所以可否请康区政府主持在石渠做千头以上之区域性的安全试验。时值冬冷草枯，加以康区杂病又多，难免碰上少数死亡，其死亡率经区域测验测知；若在千分之2左右时，可否请地方党的领导考虑，给予赔偿。并准予推广注射。

注射牛只在免疫期间，奶牛注射是否断乳、孕牛是否流产、疫牛能否使役、幼牛可否打针等问题，是牧民最为关心的。据初步了解如下：

第一，免疫期在康区虽尚未进行测验，若由此次在乾宁试验中注射牛之体温反应曲线观之，与从前用牛瘟强毒与血清对蒙古牛进行共同注射的体温反应比较来看，可初步估计免疫时间能维持1年半至2年（从前用强毒与血清共同注射的蒙古牛免疫时间可长达2～3年，兔毒注射的蒙古牛免疫时间达1年至1年半）。

第二，泌乳量虽未测知，估计于高温反应期间，可能会减少，但亦可旋即复原。对此，拟借八美农牧场的8头牦母牛进行试验，予以测知。

第三，流产问题。根据发高热反应情况观之，临产期的孕牛有流产危险。对此可否规定，凡在临产期前3个月之孕牛不予注射。

第四，使役问题。由此次试验观之，注射牛经2～3天的潜伏期发生体温反应，稽留2～4天。因而可否决定注射后休息7天，再行使役。

第五，幼牛可否打针的问题。此次试验中，有当年产季生之犊牛，虽未发生剧烈反应，但鉴于幼牛体弱，并有可能在吃母乳，可由母乳获得免疫。故可否决定1年内的哺乳小牛不予注射。

第六，为了贯彻防治牛瘟的政策，并统一技术操作规程，交流经验起见，是否可考虑于1954年1月下旬，试验结束后在康区的甘孜，或邓柯，或石渠，由西南或西康召开防治牛瘟座谈会或是讲习会。不仅交流经验，统一技术规程，加强干部工作信心，也可贯彻干部在行政措施上的政策认识。然后于会议结束时，全员开往石渠，参加现地防疫，亦可作为干部的实习与锻炼。

12月15日

交牛角石农牧场伙食管理人员老于头伙食费250 000元。

12月16日

交冯光斗牛奶钱4 200元。午后给农牧场牛进行牛瘟疫苗注射，计注射牦牛、犏牛共34头。

12月17日

修补棉衣，交农场女工修补费20 000元。

12月21日

龚于道自康定来函称：石渠县牛瘟已蔓延到6个村，26户，死牛530余头。

西南为协助防堵，已派龚于道、肖子毅、张绍贤、张毅飞，西康农林厅派魏北勤等前去石渠防疫。

又称：经在自治区政府由李、夏两位副主席召开两次讨论会，决定着重进行行政和群众性防疫措施。至于绵羊毒疫苗，因冬季草枯牛瘦，不愿大量推广，西南农林局也有如此意见。等到在石渠区域性试点结果无问题时，再稳步推广。

举办牛瘟讲习会　　政府调干拨经费

——康藏高原防治牛瘟日记（四）

尹德华

1954年

1月1日

今天元旦，八美农牧场召开劳动模范庆祝会，牛瘟疫苗试验组全体承蒙邀请参加了大会。

为庆祝元旦并鼓励生产模范，以及表示农场对试验组帮助工作的谢意，会上我代表试验组讲了话。

今天出席会议的有乾宁县工委代表、县长、劳改农场代表、区长等。

本日元旦，全体人员休假1日。为庆祝元旦，买糖果1斤，酒1瓶，香肠4斤，面条5斤。

1月3日

赴劳改农场进行牛瘟预防注射，并检查前批牛只注射后的反应情况。

1月13日

去八美农牧场阅报。经贸易公司时，买糖果1斤，5 900元。本日发出函件8件，计：

①《中央农业部畜牧兽医总局工作报告》函1件。

②《西南农林局工作报告》函1件。

③《西康农林厅工作报告》函1件。

④《西康省藏族自治区人民政府工作报告》函1件。

⑤致北京兽医药品监察所——林群函1件。

⑥致中农部畜牧局史占文函1件。

⑦致家中函一件（沈阳）。

⑧致西南农林局刘国勋函1件。

1月27日

一边整顿试验组物资，一边仍在进行牛肝蛭病的驱虫试验。向农场进行试验牛只的移交手续，交出牛只移交清册。

同志们对某位负责人来试验组后不肯住帐篷而住农场都有意见。

1月28日

向农场移交牛只结束，移交头数如同清册记录。

1月30日

自八美至康定，车费50 500元。

2月18日

我在自治区政府进行"牛瘟疫苗试验"总结工作。根据乾宁农牧场来函报告，乾宁县牛角石四朗多吉的牛被试验组传染上牛瘟后死亡2头，病2头，拟请农牧处派人去诊疗，采取措施。

2月19日

①编写《康区防治牛瘟工作计划草案》以推广"新嘎波"。

②进行绵羊毒疫苗的试验总结工作，汇总材料。

③晚间曾和孔萨副秘书长研究去乾宁防治牛瘟，并了解情况，要求自治区政府派车送到乾宁牧场。孔副秘书长已应允派车，自己出油钱。试验总结交×××（由于原

稿中文字迹不清，因此用"×"代替）整理。

2月20日

早晨8时，我自康定出发，下午5时多到达八美，见到死牛的主人——四郎多吉。略微了解了一些情况后，我当晚借农场的马驮行李，晚上10时许来到牛角石农场分场，住在畜牧部分场宿舍。车费91 700元。

2月21日

早晨我向牧场黄莫千、杨世侠略微了解了一些情况，便会同杨万华场长到乾宁县政府与代工委书记讨论了四郎多吉家死牛的处理办法，以及县城区附近村庄的防疫问题。随后又与格桑多吉县长洽商了措施及处理办法。决定：①先买2只小牛，将死牛材料研磨后看牛得的是否为牛瘟，然后决定对四郎多吉给予赔偿与否。若非牛瘟再由县政府予以生活帮助、生产救济；是牛瘟时即予以赔偿。②在牛角石、八美、县府一带村庄，一律推行预防注射，以免发生牛瘟。③约定好23日起在牛角石开群众会，进行牛的防疫注射。

2月22日

①在牛角石牧场，我草写《康区防治牛瘟工作计划草案》。
②到试验组埋死牛的地方及强毒牛隔离牛舍检查情况。见到埋尸坑已经被狗掏开，我们又重新加以深埋添土。

2月23日

我们同县府杨科长在八美河边召开群众大会，讨论防疫注射问题。群众要求先拿出10多头牛，打打试试看，好了再注射，不好不注射。大家提出：1951年打针后牛死了不少，所以有顾虑，今年不打。我们讨论后决定：先打10数头，做试点示范。

2月24日

在牛角石农场畜牧组讨论《康区防治牛瘟工作计划草案》，对曲则全同志提出的意见作了部分修改，准备回康定再修改一次。向省农林厅提出草案，并请求经费。

2月25日

赴县府商讨工作，讨论防疫注射问题。

2月26日

自八美返康定，住新都桥。

2月27日

到自治区政府，支付康定到雅安汽车费88 400元。

3月2日

早晨7时搭汽车赴雅安，当日晚上5时住滥池子。昨日支付给自治区政府2月份19天伙食费，共计148 900元。

3月3日

早晨7时55分自滥池子出发，午后1时半到雅安。在交通旅社食堂吃过饭后，4时许到农林厅。在畜牧科见到陈少山厅长，略谈了几句见面话。当晚被安排在农林厅二楼职员宿舍住下。曲科长返回自己家住下。

3月4日

与曲科长、戚淳等商讨《康区防治牛瘟工作计划草案》的初步意见。准备向厅长汇报情况及请求预算。我为了与畜牧工作队同志能经常联系，便在畜牧工作队搭伙，每次饭桌上就便谈谈话。

买香皂一块，花费8 600元。

3月5日

在农林厅畜牧科，继续研讨防疫计划及预算。

3月6日

发给北京中央畜牧局航空信一件。重庆西南农林局畜牧处王成志函一件，报告防疫计划并请求增派高级技术干部15～30名，以利康区防治牛瘟工作。并报告了康区的牛瘟疫情及危害程度。给畜牧局的函中曾提及牛瘟焦虫混合感染及解决此病需要药品之问题，以及向重庆农林局提及应速邮寄牛瘟血清问题。

3月7日

在西康农林厅畜牧科内，继续整理在乾宁做的牛瘟疫苗试验总结材料，并审阅、校对《康区防治牛瘟工作计划草案》及《经费预算》。

3月8日

在农林厅研究讨论《康区防治牛瘟工作计划草案》及预算，继续整理牛瘟疫苗试验总结。

3月9日

清抄及修改牛瘟疫苗试验总结材料。向中农部畜牧兽医总局陈敏韦科长发出航空信一件，报告了康区防治牛瘟工作计划布置情况，同样给西南农林局王成志处长函一件。

报告西康农林厅、西康财委、西康省委农工部均曾同意在藏区开展牛瘟防疫工作并允为发经费，但需上级干部支援。

3月10日

继续整理修改《绵羊毒疫苗试验总结材料》。

补记

关于"牛瘟计划情况及绵羊毒对牦牛试验结果"，向农林厅陈少山厅长及各科长报告后，陈厅长很同意在康区展开工作。在报告会上，陈厅长表示支持工作。并再三嘱告，造好预算，修改好计划报省委，财委批准拨款13亿元（相当新人民币13万元），立即执行。并允许康区买汽车，以利工作。

3月11日

继续修改清抄《绵羊毒疫苗对牦牛的免疫效力及安全性试验报告》。

补记

受曲则全科长之托，曾于5日打长途电话给重庆西南农林局王成志处长，希望增派干部支援康区，要求派高级技术干部30人，并催运牛瘟血清。王处长答复：干部少，不好办。与四川商量看看再确定。若西康要干部，派西康协助防疫之张绍贤可留康区，只要西康要，可来个公函，即可调派。关于血清，叫康区速寄运费，即可从北京启运（系中央从东北调拨的）。王处长还嘱告我：在康区和龚于道一样，系督导工作。不可包揽一切来做，如果什么事都亲自做，太辛苦了！

3月23日

交雅安农林厅住宿水电费4 800元。于今日迁至畜牧工作队住宿，以利整理试验材料，同时便于和同志们取得联系。

3月25日

买雅安到康定的汽车票，支付88 400元。在街上买些日用品，准备明晨出发，返回康定。

3月26日

晨7时，自雅安起身赴康定。在车站送行的人有戚淳、张×贤、×永泌等。同行的有曲则全、吴绍远、张本、胡永福等。农林厅的4人，系陈厅长增派康区帮助防治牛瘟的。

3月27日

午后4时到康定。当时下车后，一位负责人对大家的照顾不太周到，只告诉大家搬行李住康定兽医站。由于他的态度不好，因此大家都有些不愉快。当夜住在康定兽医站，搭了几架行军床，还算舒适。

路过泸定县时，买牙刷一支，花费20 000元。

3月28日

到自治区政府农牧处，在街上碰到王实之处长去温泉洗澡，我到处里看看报，便休息了。

3月29日

在自治区农牧处研究"牛瘟讲习会"的问题，并提出要培养民族干部。初步决定调理塘兽医站干部10～15人来康定，与西南民族学院毕业生一同学习防治牛瘟。拟近日接管西南民族学院毕业生43人，由巴处长去做动员讲话。最后从理塘兽医站调6人、康定站3人、新都桥农场2人，加上西南民族学院的毕业生43人，共54人。

3月30日

催曲科长打电报，调理塘兽医站的干部到康定参加牛瘟讲习会。分工抄写《牛瘟疫苗试验总结报告》，准备送雅安排版印刷。同时准备牛瘟讲义，整理牛瘟参考资料。

4月3日

在康定兽医站开会，巴处长主持，讨论"牛瘟讲习会"的开课问题，对讲义做了分工。确定5名辅导员，生活问题由王峻尧主管，定于5日开课。

4月4日

巴处长到白土坎民族干部宿舍对43名学员进行动员，我在会上也曾作了讲习会内容的介绍。今天在忙着写讲义稿。

4月5日

今晨8时半，讲习会开始了。首先由我主讲牛瘟的病源、病状、剖检等。此题从讲述到复习，拟讲7天。

4月6～10日

继续为"牛瘟讲习会"上课。

4月11日

讲习会结束，共7天。

4月13日

交付康定兽医站伙食费180 000元。

4月26日

龚于道自石渠县来电报告称：邓柯县上礼拜发现扎科、则巴、好东有疫情。石渠县瓦须仍有疫情，正在加紧扑灭中。对康、青、昌三角地区的牛瘟，建议统一防治办法。我4月27日去石渠建议当地政府善后处理妥当后，再总结。

4月30日

在农牧处王实之处长办公室参加牛瘟防治会议筹备会。出席的有王实之处长、巴登副处长、曲则全科长、闵大成等人。决定开会日程，5月3日开会。

第1天：由各兽医站汇报工作。

第2天：布置石渠、邓柯、甘孜、德格四县牛瘟防治计划。

第3天：总结。

5月2日

龚于道自石渠函告（一）：

①石渠牛瘟于去年因商人由玉树区称多县买牛传入石渠之德雍马，逐步扩大了疫情。群众害怕，便灌"嘎波"，结果造成牛瘟流行。

②邓柯县防委会有名无实，不起作用。扎科、好东、则巴有疫情。

③德格、绒加复发牛瘟，拟由石渠调干去防治，被拒绝。

④石渠绵羊毒使用技术不统一，有用80倍稀释的。

⑤康区、青海、昌都地区应该注意防疫。

龚于道自石渠函告（二）：

干部长期在高工资、高物价地区工作，其工资应该按照当地标准发放为妥当。康定卫生大队系按出差地牌价发薪。例如，西南肖子毅与康区陈茂哲同为三级技术员，肖每月工薪不到60万，而陈每月工薪为160多万。同在一地长期工作，此现象不合理，应该解决。

5月3日

在自治区政府二楼会议室，参加牛瘟防治会议。出席者有：康定县有关单位人员及各兽医站长等20余人。会上，首先由巴处长致开会辞，然后由石渠代表杨启荣作工作报告。

一、石渠牛瘟防治情况

1. 地理环境

石渠北接俄洛，西接玉树、邓柯，东连甘孜、大塘坝，南连德格县玉隆。约有6万平方公里。有茂盛的草原，且雅砻江贯穿县内，海拔4 600米。

有5 670户，人口35 000人，牦牛、犏牛有50万～60万头（以牦牛为主），绵羊有60万，马、骡共6万。全县分为东、中、西三个区。以西区最大，牲畜最多。

2. 牛瘟的传染来源与发展

西区色须村牧民于1953年9月底，由玉树买牛时带入牛瘟。牧民为躲病，就搬家到许若沟，结果传染4户。继又外传，扩大了疫情。到10月间已有40多户的牛只发病。

10月底，又有牧民从青海称多县买的牛于途中发病。老乡便把病牛丢在途中离去，又造成了疫源。几天后，阿本牛群发现丢失小牛一头，其后继续丢牛，才发现因此发生牛瘟，牛死亡了被丢掉。

另外，因群众害怕牛瘟，便到处灌"嘎波"，致使牛瘟传入中区、东区18个村子，出现了31个疫区。经半年的防治，疫情虽然大部分被扑灭，但损失很大。不完全统计，仅17个村、28个疫区的死牛就达9 300头之多（其中色须村1953年死牛1 944头，1954年死牛5 000头）。

由于加强了防治措施，死亡数为1943年发生牛瘟时牛死亡头数的6.25%，减少死亡93.75%。

3. 防治方针与防治经过

采取"隔离病牛，封锁疫区，大圈包围，逐步消灭"的方针，进行了一系列的防疫措施。

（1）成立了县防疫委员会及牛瘟防治办公室（设有计划、防治二股及绵羊苗试验组）。

（2）各村成立了护畜小组，进行宣传及组织群众工作，村护村畜，户护户畜。

（3）建立了疫情汇报制度。

（4）建立了县、站、队的防疫工作报告制度。

（5）实行了毁尸救济办法。对毁尸的牧民给予救济，以示奖励。根据民族习惯，尸体不能烧，牧民认为烧尸不吉利，也有用牛粪封冻尸体的。封冻4个月，准许吃用。其毁尸救济办法是：1岁牛每头补助4元，每增加1岁补助增加4元；至7岁止，补助28元。另有灾户救济，当做社会救济给予10~60元（系根据其牛数、死亡数、生活情况等决定）。经领导批准后，在会上发放补助金。

（6）前后设立色须、坝土、菊母、格孟、瓦须、温波、觉悟寺7个检疫站。规定绕道运输及指定交换站，解决疫区、非疫区间的驮运问题。由负责人组织群众站岗放哨，每3天换班一次。

（7）防治队采取小圈包围疫区的办法，包围疫情，并医治病牛。前后用血清治疗病牛200多头。其后因治疗牵制人力，而血清疗效又甚低，便停止了治疗（治疗率仅10%）。

血清疗效低的原因：①冷冻因素；②异体蛋白因素；③菌种因素；④环境季节因素。但以血清预防时则有效，效价达90%，紧急预防3 090头牛。又因血清因冷冻损失太大，第三批运输12万毫升中，冻裂了2/3以上，有效的只有38 500毫升，前后共计使用血清20万毫升以上。

（8）用绵羊毒疫苗进行了预防注射。1月10日在城区结束试点注射，认为安全。最初注射20头，其中16头小牛都安全。第一次注射20头，第二次注射4个村（菊母、他须等），然后开展19个村的注射。已注射3万多头牛，拟4月底结束。

注射目的是：一是在群众中建立威信；二是组织防疫包围圈，消灭疫情。

在观察期间死亡牛4头，并进行了赔偿。每一地区观察10天，10天之内反应有死亡的牛则给予赔偿。

（9）做好防疫支援工作。各地调配技术行政干部近100名，有专门供应单位及联络员保证供应所需粮食、药械、日用品。

（10）为做好工作，定期开展政治、文化学习制度及娱乐活动，并进行思想教育工作。

4. 防疫工作的成效

（1）加强了党和人民政府与群众的联系。

（2）制止了牛瘟的蔓延。

（3）群众初步认识了科学技术，叫绵羊毒为"索玛嘎波"或"北京嘎波"。

（4）在民族团结上起了很好的作用，防疫工作对搞好民族关系作用很大。

（5）培养了民族干部60名。

（6）培养了群众护畜模范。

5. 工作缺点及存在问题

（1）牧区情况了解掌握不够，致使未能及时掌握疫情，及时控制疫情。

（2）包围圈太大，封锁作用不大，浪费人力。

（3）疫区多，干部少，包围及抢救牵制人力，陷于被动。

（4）人员不固定，影响防疫。

（5）门诊部牵制了其他防疫。

（6）血清包装运送困难，冬季易冻裂，损失太大。

（7）药械设备太差。

（8）绵羊毒注射头数太少，今后仍然受青海省、昌都地区疫势的威胁。

（9）青海省、昌都地区驮运队皆路经石渠山，无法绕路，有带入石渠疫情的危险。原因是石渠山小，青草好，便于驮运，乃形成了驮运路线。

（10）尚需血清20万毫升。

6. 群众反映

（1）格托贡马村长说："发生牛瘟后，政府派人来抢救。毛主席真是大救星，今后希望再派人来防疫。"

（2）在玉树州注射后，还发生牛瘟。防疫队若保证疫苗有效，他须村将捐献一头羊制苗防疫。

（3）群众用了几百年的灌"嘎波"，虽然制止不了牛瘟，但是群众相信灌"嘎波"，认为用了灌"嘎波"，牛一辈子不会患牛瘟。

（4）群众有的怕打针，怕打针死牛，说打针死的牛，肉也不好吃。

（5）因血清治疗无效，所以群众则说打不打针都行。

（6）毛主席是"活菩萨"，可以为牧民的牛医病。

（7）旧社会牛死了无人管，今天牛死了给救济，真正沾了毛主席的光。

（8）打针安全、不死牛，比"旧嘎波"好。

（9）城区群众说"新嘎波"好，有自动送羊给防疫队制苗的。

（10）有的菊母村老乡说："防疫队不怕冷，在乡下跑，为我们防疫。而我们过去灌'嘎波'，需要花钱买，还灌不好。有一次，一户牧民未灌好'嘎波'，结果死了100多头牛，还传染给了别的牛。"

（11）菊母村一户牧民说："打针的牛都没病。听别人说，打针不好，于是自己留了一条牛未打针，结果未打针的牛得牛瘟死了。今后一定接受打针。"

（12）格托贡马村名叫"当真"的牧民在城区见到打针后，有了认识。他自己因为有一头牛未打针，便骑着牛，追着跑了10多里路，找到防疫队要求打针。

7. 对今后工作的意见

（1）建议自治区政府，请西北加强玉树、果洛地区的防疫工作，加强相互间的疫情通报和联系。

（2）上级布置工作，希望更具体，不要空洞，以免流于形式。

（3）建立检查汇报制度，希望上级单位下去检查。

（4）畜牧与兽医工作最好配合进行。

（5）着手研究草原上的地老鼠、毛虫防治问题。

（6）总结群众经验，进行推广。

（7）有计划、有步骤地进行各种疫病防治。

（8）防疫与卫生院配合进行，以解决人、畜的疫病问题，群众易于接受。

二、关于"嘎波"的了解

1. 石渠"嘎波"来源

1953年12月，色须村阿多马牧民自玉树买入，系接种小牦牛传毒，带进来的。他当时接种的小牛，因在渡口被隔离，所以将小牛杀了，将毒装入牛胃带回阿多马接种小牛，随后继续传开了。

最初，经防疫队检查，20头牛灌血牛的结果——皆无反应。第三次检查中，有牛瘟病状及体温反应者。

2. "嘎波"的毒性

通过对15个村28个疫区的调查发现，灌"嘎波"可以传染牛瘟。

3. "嘎波"的使用

每头牛灌牛血毒150毫升（1牛角半）。灌后5～6天采血，一个人固定，一个人用绳子拉紧颈部，使静脉鼓起，用3厘米长的刀子割破放血。灌时，看牛多少，适量加冷茶、加水。灌大牛时，从鼻孔灌1/4，经口灌3/4。公牛从左鼻孔、母牛从右鼻孔灌之（每灌完1头牛需要2分钟）。灌前，将口腔上部削破灌之。

每头牛取血1 000毫升，××灌服4～5头牛，灌"嘎波"后的牛的反应与害牛瘟的病状稍不同，灌"嘎波"者稍轻。灌过"嘎波"有反应的牛。牧民称谓"特尔马"。

康北防疫作总结　　分区负责不松懈

——康藏高原防治牛瘟日记（五）

尹德华

1954年

5月4日

邓柯站工作报告

邓柯站于1953年7月设站，迄今尚不到1年。

1. 地理环境

邓柯西接玉树，北接石渠。德格经邓柯到金沙江有交通路至青海玉树，至石渠有县道可通。

2. 牛瘟来源

青海牛瘟先在优秀、格吉、囊谦发生，1953年5月在玉树发生。昌都地区先在丁青、显伍齐发生，继于西邓柯发生。因而石渠、邓柯两县受到各方面的威胁，牛被传染后，造成了牛瘟的流行。德格死牛525头，患病20多头。

3. 防疫措施

（1）在东、西邓柯之间的干沙、石渠，邓柯、玉树之间的歇武，昌都和邓柯之间的贵德都设立了检疫站或联防检疫站。

（2）派到石渠的畜牧兽医工作组，转向防治牛瘟。

（3）在石渠、邓柯两县均成立了牛瘟防委会及办公室。邓柯县于1954年2月组成牛瘟防委会及办公室。

（4）在疫区内对病牛进行抢救，对疫区周围进行了紧急预防。

（5）发动群众及团结地方兽医，开展了群众性防疫。贯彻村护村畜、户护户畜的防疫精神，发动群众，自行封锁。

（6）建立疫情报告制度，及时掌握疫情。

（7）以绵羊毒注射牦牛30多头，血清预防68头，治疗9头。

4. 工作缺点

疫情尚在西北时，注意不够。并有"51年用山羊毒遭到了失败"的戒备心理，加上无药械，因此便忽视了防疫措施，放任牧民滥用"嘎波"，以致引起了牛瘟的流行。

5. 存在问题

（1）兽医站的站长无适当人选。站址无房子，不固定。建议由康北办事处主任兼站长，则可兼职指挥几个县的工作。站址以选甘孜为宜，与甘孜混编组成一个站或队，或合并地址。若设在石渠，则距其他3个县太远，亦不合适。

邓柯站编制25人，但实际仅有15人，缺10人，需补充。现有翻译3人，亦需补充。

（2）站上会计、事务、勤杂人员无开支，亦应解决。

（3）防疫注射，有1头牛死亡，需赔偿。赔偿费未领，应解决。

（4）防疫出差人员伙食差价补助问题。

石渠、邓柯每月伙食需要40万～48万元，1斤酥油即要7万～8万元，应解决。

（5）伙食物资（如糌粑、酥油、面粉、大米）亦需随时供应。

（6）交通问题按县府规定价格，下乡雇不到马，常因此拖延下乡时间，影响工作。如1953年15个人交通差旅费支出3千多万元，可买马20～30匹。故买马自喂合适。

（7）药械补充问题。

（8）电报费应按"公家报销"中的"疫情报"计价问题，疫情密码问题。

（9）制苗羊只尸体、皮毛处理问题。

（10）请派政治指导员进行思想领导工作，解决干部不安心在边区工作、闹情绪的问题。

（11）康区、青海、昌都三角地区之联防问题，希解决。

（12）检疫封锁站可否改名为转运站。

（13）西邓柯疫情严重，与邓柯间仅一江之隔，而有5个渡口，有疫情侵犯的危险（昌都方面有10多个人在检疫）。

（14）第一次由昌都取来羊毒后，注射20头牛，高热反应牛有17头，内食欲废绝者4头。第二次注射300头牛，内有4岁犏母牛1头，注射后不到5分钟死亡了，另一小牛注射后10天死亡了（剖检皮内有牛牻虫），不知何故。

（15）邓柯接种羊只，体温稽留有忽上忽下的情形，还有淘汰羊很久体温不降的情形，不知何故。

（16）羊只寄生虫多，可能影响体温反应观测。

（17）100乘以淋脾1毫升，肌内注射牦牛可否？目前用量皆为1毫升。

甘孜站工作报告

甘孜站于1953年6月底成立。

（1）甘孜站工作以甘孜炉霍为重点，设有门诊部。

（2）1954年春，石渠发生牛瘟，威胁甘孜大塘坝，曾请工委招集地方头面人物（村长、头人）开会布置了防御工作，村护村畜，户护户畜。

（3）甘孜有3个农区、1个牧区，在农区对"牛出血性败血症""牛肺疫"做了医治工作。并组织群众进行了时疫的隔离封锁工作，以患出血性败血症的牛的血医牛起了一定作用。

（4）工作缺点

①被门诊治疗工作牵扯了人力，未能主动、有计划地进行畜牧兽医工作。

②在人员配备上不合理。家在炉霍的男同志多，他们要求回家乡工作，因而站上的多为女同志，无法出勤下乡。甘孜站6个女同志，4个男同志。有5个男同志家在炉霍，有的被调走，其他的也要求调走。

③站上制度不健全，生活散漫，工作散漫。

④甘孜领导上有"重农轻牧"思想，农区号召增产贷款、贷农具，对牧区一直未理。牧区代表在人代会上提出意见。

⑤女同志有3人为170工薪分，男同志3人中有1人为150工薪分，男同志不满意。

⑥ "畜牧兽医技术指导所"设甘孜较适中，领导方便，不知可否？

康定站工作报告

康定站于1953年6月1日成立，有12人。站的工作分为重点工作、门诊工作、机动工作三个部分。

1. 重点工作

（1）重点调查。牛成活率85%，仔猪成活率70%，在重点村进行群众性防治猪瘟工作。

（2）在牧区宣传储备冬草、打棚圈工作，宣传贮草方法，护畜过冬。唯打草的利用权限与冬季放牧有影响，青草的种类（青稞草）质量亦有问题。在贮草过冬方面，如一户有84头牛，割1 500捆草（1 875公斤），新修牛舍14栋，做得好，有成绩。

（3）在清除毒草方面，技术除毒草250背子，防止得肝蛭虫、胃虫，宣传牧民不在滥泡地放牧，有成绩。用粪灰或粪撒在草上，在湿地周围放置刺枝树，防止牛进入吃草。

（4）宣传防止野火，保护草原（过去因火烧过草原150亩）。

（5）组织牧民学习保护牲畜、改善饲养管理办法。

（6）调查牧民医疗土方，牧民用"红刺把"刺破牛脾脏，有70%疗效（传说），牧民有20多种土药可医治牛肺疫。

（7）调查牧民放牧方式。牧民放牧为春、秋、冬三季。农场放牧法，并分区利用牧场，于1月离开冬季草原到秋季草原放牧至7月，8~9月在夏季草原，到9月回到冬季草原到翌年1月。如狼谷堡有1 800头牛、110只羊及220匹马，轮回在这里放牧。

（8）配种问题，牛常空怀。老乡说"牛胖了，不怀孕。"9月牛不怀孕时，便放血再配。如再配不上，甚至3年配不上，便叫牛当驮牛用；然后再配，可以配上。

2. 门诊工作

（1）建立门诊制度。先挂号，领取门诊卷，再行诊断治疗。并记载病历，总结经验。

（2）试用先进经验

①自家血液疗法（草毒伤、刺扎伤、外伤、打伤、溃疡），先剪毛，以生理盐

水洗疮面，以脱脂棉擦拭，复以75％酒精消毒。然后，即将自家血滴入凝固封闭，经过5～6天，创面渐小，再经一次即愈。若用化学药品则需18次。则说明自血疗法很好。

1953年共治72例，皆好。

②马的疝痛疗法，包括便秘疝、风气疝、胃扩张。曾遇到一匹马胃扩张病例，另一匹马肚胀例，均很严重。经用水化氯铨18～30克、95％酒精、25～40毫升，生理盐水500～600毫升，混合后，用胃管投入胃内。投药前，先用胃管自左鼻孔插入20～30分钟，放气后便投药。当日停喂，次日恢复，共治好12例。

③白砒医治猪丹毒病，对病后1～3天者有70％～80％的疗效。

（3）门诊对象

1953年7个月共治疗516头（只）牲畜，群众的占67.8％，部队的占21.15％，机关的为11.05％。1954年开始到4月，治疗298头（只）。

（4）屠宰检疫　受检猪是好的，但检查后便被列为病猪宰杀，因而在防疫上、卫生上的作用不大。

3. 机动工作

（1）1953年1月，九龙县城区一堡发生猪肺疫，二堡发生炭疽，经防治并扑灭。

（2）丹巴发生牛肺疫，初报为口蹄疫，并检查、确诊、治疗。该县一区、四区有脑包虫发生，300头羊中有129头羊，以15克硫酸铜、25～30两烟草，加水500毫升，溶解后，小羊用5毫升、大羊用15毫升做了驱虫工作。

（3）1年来，预防牛炭疽1 242头、治疗牛出血性败血症27头、治疗牛脑包虫病129头，同时治疗病猪546头中（死42头），死亡马2匹、驴1头、骡1头。

4. 问题

（1）疫情报告、防治不及时。因交通不便，干部从自治区政府到区、县、乡要20多天。下去后，死的死完了，好的好了，或是疫情已扩大，无法收拾。

（2）对所管四县情况掌握不住，工作计划不切合实际。

（3）对干部的思想教育不够。15名干部中的5名女干部、1名会计均不能下乡。

5月5日

讨论各站的问题及交换各地工作经验。

（1）石渠介绍培养民族干部的经验。在防治牛瘟中，吸收原来的藏族"嘎波"制造者杨鉴永之外甥——车王多吉（县府干部）参加防疫。在工作中，教其打针、制苗技术，其现已能单独进行注射。由于他过去卖过"旧嘎波"，收过"嘎波税"，因而他的思想转变为我们宣传"新嘎波"起了很大作用。

石渠通过防疫，已培养干部20名，并有4~5人可以单独注射了（其中数名有初步文化）。

（2）邓柯站报告，已培养民族干部5名。

（3）老乡传说，汽油可治牛瘟。据说一个老乡将在公路上拾得汽车洒出的油（带土）喂病牛，结果牛好了。对此，可能是碰巧。

5月8日

讨论《康区防治牛瘟工作计划方案》

（1）防疫理由　康北为牛瘟疫区，过去经常发生。目前，疫情虽趋稳定，但牛群还未免疫，仍然受青海、昌都之疫情威胁。中央号召3~5年内消灭牛瘟，为将来消灭牛瘟打基础，今年拟在康北五县重点推广"新嘎波"防疫注射。

（2）方针任务　通过防疫，以团结村长与联系群众为原则，慎重、稳步地进行重点示范，广泛进行宣传教育，推广"新嘎波"针防治牛瘟。在技术上保证注射安全，免疫确实，只许成功，不准失败。在群众中建立威信及培养民族干部，为3~5年内扑灭牛瘟奠定基础。任务上，在甘孜、邓柯、石渠、德格开展防疫注射，组织青海、昌都地区之防疫带。步骤上，由小到大，由点到面，规定5个月内完成。

（3）措施

①里应外合，分区负责。在石渠、邓柯、德格同时进行，在石渠、邓柯，接近青海、昌都边境地区及交通要道，全面进行预防。在甘孜、德格等县，近2年内发生过牛瘟且有复发危险的，进行重点示范防疫。普遍进行疫苗注射。

②将加强"新嘎波"针的宣传教育工作当做政治任务进行，严格执行检查制度，组织检查组下乡。

③团结地方兽医，培养民族干部。使技术在地方生根，并奖励模范，推动工作的开展。

④解决物资供应及交通工具问题，以利工作。

⑤解决制苗用的动物（牛、羊）供应问题。分配石渠买羊210头，邓柯买羊60头、借牛180头，德格买羊80头、借牛180头，甘孜买羊60头、借小牛180头，以利制苗工作。每县配备炭疽、牛出血性败血症、牛瘟血清各4万毫升。

（4）组织领导问题　各县组织防委会及防疫办公室，自治区政府组织防疫大队，分成4个队下乡，由自治区政府统一领导。

（5）经费问题　编造预算，由自治区政府报省政府拨专款，已报请13亿元，可能被削减。为能精简起见，希望各兽医站也要出一部分款做运输费，干部差旅费由各原调单位供给。

5月12日

午后4时，中央调干9名，西南调干3名，来到康定，住在水井子。

5月13日

去温泉洗澡。午后3时，在交际处由农牧处主持召开欢迎会。

5月14日

在巴登副处长办公室讨论各畜牧兽医工作站的调整与合并问题。初步意见是：将邓柯站移住石渠，改名为石渠站，由石渠县长兼站长。甘孜站扩大改名为康北站，康定站扩大改名为康东站，将道孚划入康定站管，理塘站改称康南站。

以上报请主席及康定地区委员会批准后办理。

继续讨论了甘孜站要求进行牧草栽培试验及细菌试验问题，各站人员调整问题，邓柯站长、会计人员、防疫员的调整问题。

晚8时，参加自治区政府主持的欢迎舞会（中央干部全员10名）。

补记

5月12日，中央调干部到康定，其中有张郁文（山东）、张永昌（上海技师）、韦忻（湖北）、周文彬（浙江）、郭启源（南京）、曾华高（江苏）、魏国荣（广西）、林振球（江西）、廖宣文（察北牧场）。

石渠防疫结硕果　　消灭牛瘟经验多

——西康石渠防治牛瘟记要（六）

尹德华

一、基本情况

石渠县位于西康省藏族自治区最西北面，东接甘孜大塘坝和德格县的玉隆、竹箐牧区，北连俄洛和青海，西南邻邓柯县，称多县牧区，西部与青海省玉树自治区交界。

康藏高原，东由色达俄洛经石渠，西接玉树至西藏。数千里的辽阔草原，全为藏族牧民居住地区。康青、康藏驮运大道，由甘孜经过石渠，西通玉树、昌都和拉萨。康青公路由麻柳根哥经石渠至歇武，将康藏、青海联系起来。石渠县交通极为不便，气候恶劣。年平均气温零下7℃，全年最冷时达零下45℃。

石渠全县面积25 191平方千米（编者注）。地形是丘陵状的高原山区，山多矮缓。雅砻江由北向东从中穿插而下。支流密连，状如叶脉。两岸河谷盆地，绿草茂密，为高原之良好草场。海拔约4 500米（比拉萨还高600米）。石渠之气候、地形及群众生活都代表高原的广大牧业区。

全县有8 000户，分中、东、西3个区。以西区面积最宽广，人口、牲畜最多，因此工作不易开展。

二、1953年牛瘟疫情的发生和发展

①在1953年9月底，牧民布甲由玉树称多县宿马村买牛一批，赶回色须村，不到

数日，牛群患病数次，他想逃疫。在10月上旬，混同邻居7户人迁移该村的德雍马许老沟内。10天左右即有4户邻居的牛只染疫，疫势渐由沟内染到沟口的泽仁扎西副村长等数家牧户。因沟口面对驮运大道及河流，所以疫情渐渐便传染到附近的6条沟。疫区扩大到18.75平方公里，疫户增加到40多户。

10月中旬，东区格托贡马村的牧民桑曲、阿本二人从称多县宿马村买了40来只牛，走至阿色村时即有4头牛出现牛瘟。他们见事不好，丢了病牛，将好牛赶回家中。经10天左右，阿本在牛群中发现1头小牛染疫，2天后又病了1头小牛，5天后便染及了邻居俄洛的牛群。如此这般，牛瘟在该村传开。

②牧民怕染疫，到处灌"嘎波"，扩大了疫区，散布了疫情。渐由西区的疫区色须村将嘎波传到西、中、东3个区的村子，这就引起了牛瘟的大流行。

如瓦须村奇武因"灌嘎波"死牛40多头，药洛（地名）死牛10多头。又如蒙宜村仁青因"灌嘎波"引起牛瘟，死牛105头。另外有两个老乡因找不到"嘎波"，便在疫户阿×家找"嘎波"·及反应牛的牛粪来灌牛，三四天后，死牛3头，病1头。

1953年12月初至1954年3月初，人为地用灌"嘎波"引起的牛瘟。相继在虾渣、菊母、坝土、格孟、阿日扎、蒙格、蒙宜、蒙沙、温波、他须、宜牛、本日、长须贡马、长须干马、格列贡马、呷衣、长沙贡马、瓦须共18个村子发生过传染。

③阿日扎、宜牛及本日亦有因其他原因传染牛瘟的。如阿日扎斗龙沟日穷家，在发生牛瘟疫情时，既没有人外出，也没有人到他那里去，忽然就有一头牛病了，可能为禽兽带毒感染。

综上所述，计前后20个村子的疫区，疫户230家，自1953年到1954年5月初止，因牛瘟而死的牛为2 980头。因色须村缺少1954年的资料，估计在1953年12月中旬至1954年5月，该村死牛1 500头。总共因牛瘟死牛4 480头。

三、各项措施

1. 方针任务

在保护现有牲畜、保障牧民生产的原则下，组织动员一切力量，加强疫区外围防疫，逐步重点扑灭境内牛瘟。阻止疫势蔓延，减少人民经济损失。

2. 组织领导

上级党和人民政府重视支援防疫，前后抽调技术干部、翻译人员28人到石渠协助工作，这使得工作得以顺利开展。工作方式主要是行政领导技术，及技术措施通过行政和群众见面。

县成立了兽防委员会，由县长主持，下设牛瘟防治办公室。吸取部分技术干部参加，使技术与行政密切配合，分工合作，以推动全县的工作。办公室内设行政、计划、防治3个股。附设有绵羊苗试验组，轮训制苗人员，并进行绵羊毒继代工作。示范注射结束，即合并入防疫队参加防疫。

在各村成立护畜小组，由村长委员负责主持，发动群众性护畜运动。为的是能及时掌握疫情及解决具体困难，建立疫情汇报制度。

为了根绝病毒的传播，鼓励老乡"毁尸"，烧埋病畜尸体，政府给予毁尸救济费。特别是对因牛瘟危害而使生产生活受到影响的贫苦牧民，政府给予了社会救济，其救济精神在于护畜增产，扑灭牛瘟。

3. 具体工作

由于没有兽医预防工作的基础，尤其是色须村群众基础差，村长不负责任，村干部不带头，因此关于隔离、封锁、消毒、毁尸的措施均不能执行或不能彻底地执行。加之当时血清未到，一些治疗无效，因此防疫工作在群众中是不被信任的。疫势无法扑灭，由几户增加到40多户。不得已，于12月调回该村检疫站和防治站的干部。另行采取紧急措施，即组织邻村群众对色须村实行"封锁"。

继之，东区格托贡马村发生牛瘟。由于罗布邓珠副县长亲自指示布置，再以该村副村长阿基积极负责带头执行防疫措施，不久牛瘟便被扑灭了。其后，便挑选群众觉悟较高和村干部负责的村子进行工作，试行绵羊毒预防注射，采取重点示范、慎重稳进的方针，逐步顺利开展了预防工作。

（1）检疫站　前后共设立色须、坝土、格孟、菊母、温波、瓦须、觉悟寺7处检疫站，这样形成了包围封锁圈。并规定简易办法，即指定绕道行走，指定地点派人监视交换驮牛，通行者经消毒后放行。如菊母村经动员宣传后，自动组织起来站岗放哨。在交通要道还设有盘查哨，轮班看守，对疫牛严格监视，划定草场放牧，不和别人来往。若必须出入时，必须先报告检疫站，经消毒许可后放行。因此起到了检疫作用。

（2）**防治组和防治队的工作**　因牧区道路四通八达，各县过境驮帮很复杂，大的"隔离封锁"困难，所以在各疫区一直是采取了小的包围封锁办法。初期曾用血清治疗，但因效果太差，便放弃。无效原因可能是因"血清冻结"或牛只受环境、季节影响的关系，抵不过物理的机械刺激。也曾采用了血清紧急预防措施，结果很好，在群众中建立了信仰。

但也有个别信神、信道老乡对注射持怀疑态度。如蒙宜村老乡热穷维洛家发生牛瘟不报，认为得罪了山神，请喇嘛念经，对预防干部的防疫不接受，仅半月就死牛11头。其后经耐心教育，经进行消毒隔离、紧急预防后牛瘟被扑灭了，同时也教育了群众。因血清供应不上，但争取尽量做好消毒隔离工作，也一样扑灭了牛瘟，如虾渣村、长须贡马村即是好例子。

（3）**以绵羊毒进行预防注射**　1953年12月23日至1954年1月10日结束了城区绵羊毒注射工作。因安全有效，继续在菊母、蒙宜、他须、宜牛4个村开展注射工作。并正式组成2个防疫队，在中、东两区开展注射；另由东城区保毒人员组成第三队，在西区也试行了防疫注射。以期达到：①在群众中建立信仰，为将来打基础。②为做好疫区包围，对目前扑灭疫势起作用。每注射一村均留专人检查，以便发现问题及时处理。4月上旬，办公室派专人检查中，东区、西区，补查处理失当事情。

四、工作成效

在党和当地政府的具体领导下，采取各种措施，并得到地方领导和广大牧民的支持协助，牛瘟扑灭工作取得了一定成绩。8个月就扑灭了牛瘟。即前后扑灭了西区的色须、呷衣、坝土、格蒙、格列贡马、八若6个村，中区的阿日扎、菊母、蒙宜、蒙格、蒙沙、宜牛、本日7个村，东区的瓦须、格托贡马、温波托尼、虾渣、他须、长沙贡马、长须贡马7个村。共计20个村230家的疫情。现有疫区仅八若、呷衣、俄多马及虾渣4处，疫户13家。8个月中，用血清治疫牛91头，鲁戈尔皂化液治牛29头，紧急预防注射牛2 878只，绵羊毒预防注射41 003头。据4个检疫站的不完全统计，消毒人畜73次，包括人132个，牛、马共5 438头，交换转运5 000驮，绕道运输物资约

10 000驮，消毒牛皮756张，羊毛70驮，毁尸257头（烧埋），煮尸163头。社会救济除色须村未处理外，计有15户。

①通过扑灭牛瘟密切了党和群众的关系。群众认清了党和政府是为人民谋幸福时，格托贡马村长阿基说："我们听说的政策都很好，我村发生牛瘟报告政府，政府就派人来治疗，很快就扑灭了牛瘟。我们每年都要求派兽医预防人员来打针，毛主席真是大救星，派人帮助我们工作不算，贫穷人死的牛、毁的尸，还都给钱救济。怕我们受苦、挨饿，搞不好生产。共产党真是藏族人民的恩人。"阿本说："旧社会反动派当权的时候，我们的马匹被他们骑死了，不但不赔，我们还要挨打，哪里还关心我们的牛？今天人民政府不但对人关心，对牛也很关心。"

②检疫站能够彻底执行检疫办法，对封锁疫区起了很大作用。如西区色须村首当交通要道，工作深入不下去，最后只好对该疫区采取封锁办法，先后成立菊母、坝土、格孟3个检疫站形成大圈包围。这不仅对色须，对青海玉树疫区的封锁都起了作用。

③绵羊毒预防注射安全有效，这一良好事实影响了广大牧民。如牧民叫它"嘎波针"或"索玛嘎波"（"索玛"在藏语中是心肝宝贝的意思）。如有的老乡献出自己的羊给防疫队制疫苗。格列贡马村的老乡呷多说："今年兽防队的药都是好药，一治牛病就好！这12个人真是能行，能做出和我们一样的'嘎波针'，打了有反应，又不出问题，比我们的'嘎波'还安全。"

县府干部呷洛玛有7头牛，曾连续灌了3次"嘎波"都未反应，但打了"嘎波针"4天后就反应了。他很高兴地说："我们要科学了！"

④防疫培养了干部。参加牛瘟工作的县府藏族干部前后有60人，他们一般懂得了消毒、隔离、毁尸等防疫常识。学会观测体温的有11人，能注射的有9人，又能观测体温又能注射的有8人。

⑤通过防疫，藏、汉族的关系密切了，更加团结了。工作中，藏、汉族干部间都是在互敬互爱的气氛中进行的。在阿日扎有藏族干部调换离开，大家都依依不舍。回县府后，还不断写信问候。干部和老乡间的关系搞得也很好，如格孟村老乡惠周很感激汉族干部把牛瘟扑灭了。他拉住干部的手亲热地说"我们都是一家人了"，并且还要认这个干部做朋友。

五、工作缺点

①技术与行政的配合工作，做得还不够。如办公室有的行政人员未起到主要作用。又如主任委员仅以何副县长担任，他的工作繁多，区、村照顾不到。而其他的两个县长未发动起来，致使瓦须村和色须村的工作不能推动。

②党委对牛瘟防治工作重视不够，未做具体领导工作，亦未做思想工作。

③石渠兽防工作组织不健全，不明确，既不像队，也不像站，致使好多具体问题不能及时解决。

④防疫工作的方向不明确，没有周详计划，工作被动，疫区尚未扑灭，又集中力量搞绵羊毒。

⑤埋尸救济的办法不好，经费处理不当。如菊母村伯乐一家便埋牛尸73头，村里埋牛尸66头，政府花了许多毁尸救济费，而老乡还感到不满。此法不但未能彻底消除病毒，且未起到教育意义。

⑥使用鲁戈尔液治病牛是一种试验性质，尚未掌握。在少数民族地区工作应该贯彻"能治方治，不应乱治"的方针。

⑦人员不固定，工作中调走干部学习后另换一批干部。新干部不熟悉工作，这使工作受到影响。

⑧包围圈越大，封锁越困难，加强外围工作，无具体办法，流于形式，不起作用，浪费人力。

⑨宣传工作做得不够，如格则贡马村老乡错误地认为："打针后，死了的牛其肉是黄的，不能吃。"又如工作队已经下去了，老乡还不了解防疫工作，不知嘎波针的好处，不愿意打针。

⑩个别藏族干部对待老乡不是说服教育，乃是采用粗暴的强迫命令。如瓦须村防治组的藏族干部对老乡界洛骑牛外出，不和他讲道理，而采用恐吓手段，使老乡以后不敢来工作组谈话了。

⑪有的干部对民族政策不能很好地遵守，在乡下钓鱼（编者注：藏族习俗是不杀生、不吃鱼）。

六、工作经验

①先作典型示范，用实例教育群众，由群众自己宣传，然后再逐步推广成功的办法，始能收到效果。过去反动派长期统治压迫，剥削欺骗，造成了民族间的隔阂，藏族对汉族不信任。因此今天的工作就必须先经过试验，建立信用。此次打"嘎波针"经过城区试验后，证明安全有效。城区附近的菊母村、蒙宜村都要求注射。

又如，菊母村有老乡把已打过针的牛放到病牛群中考验，结果打过针的牛未得牛瘟，才证明了"新嘎波"的效力。中区土登降错区长说："'嘎波针'反应完好和'藏族嘎波'一样好。"又如蒙宜村四郎曲洛家的大牛全部注射了，小牛未打针，后来小牛得牛瘟死了。群众说："'嘎波针'真管用！"菊母村在打"嘎波针"后，连他们的"特儿马"（免疫牛）都有了反应，因此要求今后继续打针。

②行政领导是推动工作的主要一方面，通过上层发动群众，再结合行政力量，则易于推动工作。同时尊重了少数民族当家作主的权利，以发挥其积极性认真工作。

③发动群众，吸取群众固有经验，予以总结提高，有利于就地扑灭牛瘟工作。如瓦西村穷中圣巴在牛群中发现病牛后，马上实行了病牛和健康牛的隔离，随时更换拴牛处所，并分别派专人看管牛只。经防疫队消毒后，又经常洗手消毒，结果他家在死了9头牛以后牛瘟就被制止了。

④处理尸体的最好办法，是将尸体煮沸，让老乡利用，这样老乡理当接受而解决问题，且可节省毁尸救济费。如"埋尸"不但不会收到好效果，还会起相反的作用。如菊母村前后发生两起偷盗已埋尸体事故，还有被狼狗掏吃尸骨者，肉被扯得满地皆是，散布了病毒。又如冷冻办法也不好，因病毒在低温下，生存时间长。此次死牛最多的时候是冬季，且封存时间不长，在利用时处理不当，仍有传播病毒的危险。

⑤疫苗注射后，检查工作很重要。必须驻留人员检查，以便及时处理问题，免去不必要之麻烦。如二队因检查工作不强，检查时已超过10天，看不到反应牛，仅凭当地负责人证明，使得赔牛放宽了赔偿尺度。这样一来，反而使疫苗威信受到了损失。

七、对今后工作的建议

①康区、青海、昌都应行联防办法，统一布置。

②此次牛瘟，很多村子确系因灌"嘎波"引起的。其"嘎波"可能无问题，但老乡传来传去就变坏了，就使牛瘟传播起来。故而，如"新嘎波"安全可靠，就要大力宣传推广"新嘎波针"。

③宣传动员工作，由行政干部做最好。因技术干部多为外地调来，不懂地方情况，且因技术工作牵扯精力，所以没有时间宣传，即使宣传也不深入。

④应加强藏族干部和汉族干部的政治学习工作。

⑤应该加强注射后的检查工作。

⑥防疫员在工作中应该充分供给装备，尤其是应有工作服和胶靴，以免成为病毒的传播者。

⑦县政府应该动员地方村长、头人积极协助防疫工作的开展。

⑧今后应该加强队、组之间的经验交流工作。

⑨工作中应该解决马匹交通问题，有的村与村之间相隔几十里，造成走路时间多，工作时间少。

⑩配备做好基层的药械准备工作。

⑪粮食供应、财经管理，应由专人负责办理。

⑫绵羊苗注射后应观察15天。

⑬石渠县有数千里的纯牧区草原，因此应健全机构，着手试验研究发展畜牧工作，如a. 牧草栽培及草原虫、兽害问题；b. 饲养管理问题；c. 品种改进，效能提高问题；d. 重要兽疫扑灭问题。以期坚决保护与逐步发展畜牧业。畜牧业供给毛纺及皮草工业、肉品工业的原料，发展畜牧业可以改善牧区人民的生活。

⑭恳请上级政府经常派得力干部来石渠县检查指导工作。

（尹德华注：1954年6月19日石渠县建设科刘××拟稿。）

狂风暴雨撼楼塌 碧血丹心沃中华

——康藏高原防治牛瘟日记（七）

尹德华

1954年

5月15日

在自治区政府招待所参加防治牛瘟会议的总结会。在会上，王实之处长作总结报告；下午2时，贡母邓珠副处长作总结报告，王实之处长报告大意如下：

1. 会议内容

会上，总结交流与互相学习了工作经验，统一制定了防疫技术操作规程和防治措施办法等，充分讨论了今后的防疫方针。

2. 对今后防疫工作的几点意见

①在慎重稳进的方针下，继续推广绵羊毒疫苗预防牛瘟，工作中只准成功，不准失败。因为一旦发生问题，就不能很顺利地继续开展工作，就不易贯彻中央要求的3～5年内消灭牛瘟的计划。

绵羊毒的效果在石渠、邓柯的牧民中已建立了威信，宜继续稳步进行。注射时，宜注的注，不宜注的不注，需掌握原则。不能从主观愿望上、理想上，单纯考虑筑成对青海、昌都之防疫带有多长多宽。应估计群众条件、地方情况，可以逐步影响，逐步搞。以犬牙交错形式，根据群众基础进行。工作刚刚开始，绵羊毒还没有真正在群众中建立巩固的基础，所以今后需以谦虚的、慎重的、坚韧的精神来迎接这一伟大的任务。

②培养民族干部和积极分子及典型户，团结村长、头人和地方兽医。只有继续培

养、团结他们，才能使他们发挥更大的积极作用。因为他们和群众有着密切的血肉联系，为群众所信任。需要克服过去看不起中兽医、看不起民族干部的思想。应该予以耐心的、积极的培养教育，帮助他们提高。培养农村典型户、积极分子，不一定是吸收他们参加工作，只要他们在起积极作用就对了，如"护畜典型户""防疫典型户"等。

通过观摩、通过党的教育、通过座谈会、短期训练班的形式，培养积极分子和典型户。各工作站应拟定培养计划，防疫队也应拟定培养带徒计划，这是在地方生根开花结果的办法，非常重要。

③加强干部团结工作，这既是搞好工作的关键，也是搞好民族团结的关键。那就是必须克服宗派主义思想、自由主义思想及旧手艺人的观点，必须谦虚、坚韧。克服骄傲自大情绪，克服宗派主义、自由主义。当面"一团和气，背后意见纷纷"，这是自由主义的具体表现。对技术工作者也必须进行政治思想领导工作，技术和政治思想二者都要好，开展批评和自我批评，在政治基础上达到团结的目的。

④加强调查研究工作，进行典型调查统计，以提供今后决定计划和政策的依据。

⑤继续贯彻"防重于治"的方针，并分轻重缓急进行。1954年以"防治牛瘟"为重点，逐步地、有计划地进行各种疫病的消灭工作。

设"门诊部"目前不太合适，如行小惠，忽略大问题，牵扯人力，放松大的工作，是错误的。并不能因为治疗几年，就可以达到消灭各种疫病的目的。这是手工业式的干法。不符合"防重于治"的方针，只能形成工作的忙乱。应该从长远利益、整体利益出发，从大处着眼解决问题。因此甘孜、理塘、邓柯、炉霍地区的门诊部可以考虑取消，以抽出人力进行主要工作，可附带进行治疗。

⑥本着精简节约的精神进行工作，反对铺张浪费。可买可不买的不买，今后使用目前不用的可不买，不能好高骛远。基层站不是试验机关，不能买将来用的试验器械，以免造成浪费。

3. 几个问题

①目前工作应该以"兽医"为主，在康区还不能"畜牧、兽医"并重。

②调整站的领导范围，邓柯站移到石渠，改名石渠站。将原邓柯站的领导范围——邓柯、德格、新龙划到现在的甘孜站，改名为康北站。道孚县划入康定站，改

名康东站，理塘站改名为康南站。

③关于枪支，各站不需配备。

④绵羊苗用完之羊的尸体可卖掉。

⑤雇翻译人员的费用可由事业费开支。

⑥马由当地雇佣，暂不买马。

防治牛瘟在甘孜、邓柯、石渠、德格进行，以石渠为重点。至于现地工作计划，需要在现地结合地方情况决定。此外，乾宁县要求防疫，可由康定站去进行，由牛瘟防疫队适当配备干部。

以绵羊毒及牛血预防，必须慎重使用，稳步进行。除扑灭现有疫情外，还必须防止青海、昌都的疫情进入。

各站应主动与地方党政研究计划防疫地区，准备制苗用的牛羊、交通工具、粮食供应。

今后防治牛瘟以各站为主，防疫队协助。站与队将受县府和党委的直接领导。但工作情况必须报自治区政府，由自治区政府统一领导进行。工作变更应报自治区政府批准进行。

贡母邓珠副处长的报告如下：

①过去牧区常遭匪害，被抢牛、抢马，生活无法安定。牛羊不敢放远了，在放牧方法上无法提高改进，因此第一工作就是要消灭土匪。

②在牧区要保护草原，才能放好牲畜。否则，春夏季，草不好。牛羊放不好时就过不了冬天，会遭到死亡。况且，牧区无草料，也无法挽救牛羊。牧区放牧分三部分：奶牛为一群，牦牛为一群，驮牛为一群。尤其是避免强弱牛只的混放，以免造成牛群互打互挤、吃不饱草、被饿死的现象。把强壮的牛放到山上，弱牛留在家附近，这样牛都能吃好草。犊牛生下的10多天内，不给母牛挤奶。否则冬季母牛易出现营养不良。过10多天后再挤奶，每天挤3次。热天，马、牛、羊都应保证饮水，冬天不可以给水喝。不在滥泡地放牧，以防肝蛭虫。

③牛瘟是牧区一大危害，多由野生动物传染。预防和治疗时有两种：一种可以防，一种无法防。可防的即灌"嘎波"，不可防的灌"嘎波"无效。有反应才好，否则无效。

牧区"嘎波"是"山哥×"（用独角山驴的血做成的毒苗），系印度传入。印度山驴是最好的一种独角山驴，康区也有，但是不好。抓到山驴，用其血给兔子注射，再给山羊注射，最后注射绵羊制苗，这是第二种疫苗。毒的保存办法是将血毒撒在被刮下来的毛内，然后用山驴皮包裹，保存于冷暗处，晾干后再用。用时将血毒洗下，再通过兔子、山羊、绵羊制苗，灌牛。再以牛继代传毒。灌的4～5头牛中，有2～3头会有反应，肚子痛。

④口蹄疫在牧区很厉害，无法防。只能针刺蹄子及喂藏药（土治甜味），但效力不强。

⑤牛羊发旋迴病后，打转转死亡。脑内有水疱，有时角脱落，在脑盖上用刀子割口。病畜有时好，有时死亡。

⑥患胸膜肺炎时，可用柏油渣子、柏枝、宽叶药草加几种藏药，水煮后冷却，加病牛血混合灌服。无柏油渣子时，用水鸭子血或水鸟血代替。

⑦对于炭疽，有一种药可以治。其次是把马埋入土坑内，只露出头部，或者往身上泼冷水治之。炭疽的诊断是用红布蒙盖患病动物的头部，若其发抖即是炭疽，否则不是。第三个办法是在动物左侧肩胛后3～4指宽处，用锥刺脾，放出毒血医之。牛的诊断是由得过炭疽的人拿刀子割破牛鼻，血流到地下凝固时为炭疽。

⑧对于出血性败血症，将铁烙红后，烧烙颚下，治疗率为1%左右。

⑨对于肺丝虫，在气管处刺一个小洞，吹入烟子（川烟）。

⑩对于肝蛭，无法治。

⑪对于胃虫，给患病动物喂大黄，使其腹泻，排出虫子。

⑫对于疥癣，可用煤油抹。马疥用"顿布"加白花野草，研好细末加酥油涂擦。

⑬犊牛害伤寒病时，夏季犊牛常发烧，排黑色稀便，脱毛，喂柏籽可以治。

⑭马在骑驮中，常有脊椎骨摇摆，似折断现象，不能走路。可用针刺腰椎关节，刺入5寸深，再以小针依次向颈椎方向刺入脊髓、颈椎的每个关节内。

⑮马跛行时，可用皮火筒铁嘴子烧红，烙蹄冠及腿部。

⑯马眼生翳子，可用刀子切掉。

⑰马鼻子流水多，可用烟熏。

⑱牛羊常因吃石头，断肠致死，无法救。

（尹德华注：以上是康区牧民在不懂科学、缺医少药的情况下采取的土办法，实际上很多办法无效。）

总结会有各单位代表及中央派来的干部，全员参加，大家谈了以下感想。

第一，会议的成就。总结交流经验，布置讨论了今后的防疫方针、任务，明确了工作方法、方向，特别是学习了石渠的经验。团结村长、头人，接近联系群众，达到扑灭疫情的目的。采取绵羊毒注射在群众中建立了威信，以之包围了疫区，控制了疫势，使疫情未外窜，也培养了积极分子和民族干部。这些经验可在各地推广执行。

第二，对今后防疫工作提出了以下几点看法：

①除同意总结报告外，希注意调查与掌握疫情，掌握历史材料，也应注意邻区疫情。拟定防疫的切实计划，并争取在小范围内消灭疫情。

②拟定长期防疫计划，有步骤地逐步消灭牛瘟。不是发生后防治，乃是主动预防。

③建立疫情通报与联防制度。

④防疫计划由下向上提出则可切合实际，不是单纯从上往下交任务。

⑤进一步做好团结村长、头人、联系群众的工作，发挥民族干部当家做主的积极性。

⑥进一步研究疫苗问题，使其进一步群众化。

⑦防疫是牧区中心工作，是行政技术干部的共同任务。应该互相协作，进行工作，密切联系配合。

⑧在技术上应由小到大、从点到面，通过示范教育来稳步推动。使群众相信"新嘎波"，怀疑"旧嘎波"后，则可有利于今后防疫。

⑨培养地方积极分子、行政干部，以协助工作，并解决人力不足的问题，且可以为今后打基础。

补记

5月15日

5月11日将伙食费165 000元交到康区兽医站孙殿安手（3月份3天，4月份22天）。

买邮票交币8 000元，买毛线交币105 000元（1磅半）。

5月16日

午前学习七届四中全会的决议及有关社论文件，学习关于《增强党的团结》的决议及有关社论文件等，联系自己批判个人主义、自由主义、骄傲自满情绪等，以增强干部团结、民族间的团结。

决定今后每天午前学习政治，午后学习业务。学习政治以"民族政策有关文件"及"七届四中全会文件"为主，学习业务以"防治牛瘟绵羊毒的制造应用与实习"为主。先学习"民族政策文件"半个月，然后按照地方政府规定，进行七届四中全会中关于"增强党的团结"的文件的学习。

5月17日

整天都在学习，并讨论文件。

5月23日

7时至10时开生活检讨会。大家对四川农林厅冯良江（化名）的自由主义作风进行了批评，并制定了生活学习制度。

①遵守生活纪律、学习制度，制订了工作、学习、休息时间。

②全体应注意作风正派，端正态度，克服自由主义。

③深入学习讨论民族政策，结合实际检查与克服大汉族主义、地方主义、分散主义思想。

④与地方干部相处应谦虚诚恳，热心帮助。在政治上应互相展开批评，以"与人为善"的态度相助。在技术上需慎重，不能自满。并发挥集体智慧，克服个人英雄主义。

5月25日

学习民族政策，讨论提纲。

①为什么要学习民族政策？它的基本精神是什么？为什么要做好民族团结工作？

怎样才能做好民族团结？

②为什么必须尊重少数民族的宗教信仰及风俗习惯？为什么保留及改革其风俗习惯，要由当地村长、头人与群众来决定。

③什么是大汉族主义思想？它的表现是什么？实质是什么？

④我们的牛瘟防治工作要怎样做才符合民族政策？

6月1日

交畜牧技术指导所伙食费150 000元（张郁文经手）。又于5月13日至31日，交19天伙食费119 225元。自己因预交了100 000元，故补交了19 225元。

6月2日

收到中央农业部畜牧局电报告知："我局派去协助防治牛瘟的9位人员，在藏区工作期间，旅差及交通费均由我局报销。"需转告地方畜牧局。

中央干部都着急下乡工作，紧问出发日期，但自治区政府仍未决定。

6月9日

请自治区政府电告中国兽医药品监察所，要求寄送绵羊冻干毒40瓶。

6月11日

早晨在农牧处开会讨论防疫问题。闻悉石渠雷击房塌，砸死干部2名，但因保密，尚不知姓名。

补记

6月5日开生活检讨会

①生活学习制度的执行遵守不够严肃，如起床、就眠、早操等时间遵守不严，还有散漫作风。

②宿舍内清洁卫生方面，做得不够好，喝完开水后未补添空壶。

③在批评与自我批评中，态度不够好，还有顶嘴吵架的如×××等。

④学习时间内，有闲谈看书的。学习前，有因下棋耽搁时间的。

⑤重新规定作息时间，即：起床6：30。晨操7：15～7：30，早餐8：30～9：00，政治学习9：30～10：30，业务学习11：00～13：00，午餐13：00～13：30，午休13：30～15：00，自学15：00～19：00，晚餐19：00，睡眠22：00。

6月18日

赴成都买器械之谭璿卿、黄永和返回康定，将药械、帐篷等运至康定，建议曲则全科长立即给予防疫队名单，向交通运输公司订车票，或包车准备出发至各县防疫。并提出应即行分配药械，争取月内出发。曲已同意，即列出名单交上级批示。并云："车子无问题，随时有车。"

6月19日

午前学习七届四中全会决议及关于"增强党的团结"等有关文件。

补记

初步研究讨论防治牛瘟的人员组织问题，决定组建牛瘟防治办公室及4个防疫队。

	干部	学员
办公室：	6	1
1队：	13	25（石渠队）
2队：	11	10（邓柯队）
3队：	9	12（甘孜队）
4队：	5	3（乾宁队）
共计：	44	51

总计：95名，外加康定站9名，共104名。

备考：办公室人员另组3个指导组。

1组：尹德华、张永昌、王峻尧、翁修

2组：张郁文、田英劼

3组：韦忻、黄永和

1队石渠队38人，加上1组人员4人，共42人。2队邓柯队21人，邓柯站原有4人。3队是甘孜队，甘孜站原有技术干部5人在外。乾宁队由康定站另抽调2人赴乾宁。

干部来源：

中央调干：10人

西南调干：7人（四川3人，农林局4人）

西康省调干：6人

民族干部（学员）：43人

理塘站调干：6人

新都桥农场调干：3人

自治区政府农牧处：7人

共计：82人

最后人员安排结果：

办公室：12人

石渠队：40人

邓柯队：15人

甘孜队：26人

乾宁队：11人

总计：104人

骨干干部的分配初步预定如下：

牛瘟办公室：10人，即曲则全、闵大成、龚于道、刘国良、张郁文、张永昌、尹德华、韦忻、王峻尧、田英劼。

石渠1队：13人，即杨启荣、易坤俊、肖子毅、张绍贤、张义正、郝隆乾、曹志明、胡永天、周文斌、廖宣文、伍云甫、崔祖宏、黄永和。

邓柯2队：8人，即胡继祖、陈茂哲、廖泳贤、吴绍远、曾华高、林振球、翁德衡、雷家钰。

甘孜3队：8人，即余百先、陈又新、张隆昌、何允璧、王光书、郭启源、何锡篦、张鹤良。

乾宁4队：5人，即谭璿卿、魏国荣、张俊坤、于书林、伍云甫。

牛瘟讲习会受讲人员及辅导员名单如下：

辅导员：王峻尧、谭璿卿、张本、吴绍远、何锡簏、胡永福，共计7人。

受讲者：降泽、阿母、所巴、阿本、次村、肖吉村、阿吉、洛桑志马、格桑翁母、陈明万、刀吉、仁青、呷马曲曲、四郎多吉、四郎却札、登达、色色、葱娜姆、泽仁错、何氏俊、普巴、向民、雍太华、扎西、彭措、降初泽仁、泽旺、姜泽阳、毛应全（肺病）、刘泽章、任焕祥、祖德兴、彭措扎西、贡布次里、贡布志马、格桑娜姆、切尼志马、沙朗次里、家太、罗希福、高×贞、杜克心、周明治、沙云成、江安、多吉康珠、杨文珍、八美巴珍、郑子皋、四郎彭措、张俊坤、再加上康定站的3人，共计54人。

翻译：翁修

补记

曹志明、雷家钰两位同志已在石渠县壮烈牺牲。他们夜住年久失修的、县府多年不用的藏式楼房。电闪雷鸣，暴风疾雨，楼房倒塌，二人被砸死在楼中。我听到消息后，万分悲痛。为了不影响防疫队的情绪，领导决定暂时保密。他们为人民利益捐躯的事迹将永载史册。

补记

经中央调干开会讨论认为，防疫队之外由办公室组织检查组到各县时，将容易形成与地方干部之间的思想隔阂与对立，往往造成不团结现象。并且目前地方干部还多少存有地方主义及抗上的思想情绪，故应撤销"指导组"，将这些骨干人员及中央干部派队内参加实际工作，每队可增设辅导员1～2人，协助队长领导技术工作。对此，经张永昌、张郁文、韦忻、曲则全等人同意。大家开会经过反复讨论调整，人员安排如下：

自治区防治牛瘟办公室（12人）：

主任：夏克刀登（自治区副主席）

副主任：巴登（农牧处副处长），前线总指挥办公室成员：

畜牧科长：曲则全，业务总负责	秘书：闵大成（女）
前线指挥：龚于道（西南农林部）	前线技术指导：尹德华（中央农业部）
后勤：郝隆乾（康区干部）	后勤：何鲁年（康区干部）
后勤：范志荣（康区干部）	事务工作：马万州（女）
会计：杨玉莲（女）	翻译：翁修

1队：石渠队（40人）

副队长：杨启荣、廖德元

辅导员：王峻尧、张永昌

队员：周文斌、廖宣文、崔祖鸿、胡永福、张绍贤、易坤俊、翁德衡、廖泳贤、陈茂哲、肖子毅、张义正，另有学员25人，共40名（另有雷家钰、曹志明二同志已先期到石渠县工作，遇雷击牺牲）。

2队：邓柯队（15人）

副队长：胡继祖

辅导员：刘国良、张郁文

队员：曾华高、林振球、吴绍远、田英劼、黄永和、刘殿荣，另有学员6人，共15名。

3队：甘孜队（26人）

副队长：余百先

辅导员：韦忻、何锡簏

队员：郭启源、张鹤良、陈又新、张珑昌、王先书、何允璧，另有学员12人、甘孜兽医站5人，共26名。

4队：乾宁队（11人）

副队长：于书林

辅导员：谭璿卿（女），魏国荣

队员：陆（明），张坤俊外加康定兽医站6人，共11人。

以上共104名，各县县长（兼队长）及县派行政干部约50多人。

6月21日

曾建议曲则全速办交通工具问题,分发药械,发防疫队组织名单,准备出发。曲科长说:"已向运输公司包好车子了,随时可以出发。"我又向他建议:"应由自治区政府、地委发出联合指示,以便让地方重视工作,免于防疫队单打独干。且可请县、区政府早为做好实施计划及准备制苗用牛羊,如可能最好由自治区政府先派出数人去各县筹备。"曲科长说:"已拟出指示,连同人名单正在主席及康定地区委员会那里审阅中。各县是可以办到牛羊及做好工作准备的,不需要派人前去筹备。"

关于这次谈话经过,我向同志们谈了,大家着急下乡的情绪有了稳定。

6月23日

去温泉洗澡。午后在指导所,曲则全说:"不知药械吨位,无法包车。"

6月24日

在畜牧技术指导所下棋中了解到:某位负责人尚未去运输公司包定车子,大家很气愤,认为如此拖拉,将会影响工作。午后,大家开会研究:除派去数人向某位负责人再度提出建议督促外,我们应将此种情形口头报告自治区政府主席及康定地区委员会,并反映到省、西南及中央,以便纠正此种拖拉不负责的现象,免使工作继续受到损失。

下午,在指导所分配器材(由各队辅导员参加)。

6月25日

龚于道同志介绍石渠防疫队工作情况。

6月26日

早晨,中央、西南干部开会讨论——向曲则全提出工作建议事项。早饭后,由西南龚于道,中央张郁文、韦忻、张永昌、郭启源等人同往自治区政府畜牧科,正式向曲则全提出以下几项意见:

①确定防疫办公室、队的组织领导，并立即宣布名单，以便准备出发下乡。（曲则全答：已提出，并交上级审核，待领导宣布）。

②立即确定出发日期，并即刻解决交通运输工具，包好车子，以免在康定久等车子，拖延工作。（曲则全答：已向财委提出，需到27日才能决定。）

③应立即着手联系解决下乡期间粮食供应问题，以免防疫队下去后无粮食。（曲则全答：立即向粮食局请办。）

④希望立即分配包装药械及装备，钉好箱子，指定负责人即办，准备运出去。（曲则全答：发布一部分干部名单，指定他们去办。）

⑤派出工作准备组，准备沿途的交通工具，并电报地方政府协助准备，以便防疫队下去就能开始工作，不致耽误时间。并先派去一部分人，还免得车子（2辆）不够用，免得一次运不出去。（曲则全答：同意先买15张票，派人去。）

⑥由自治区政府向地方立即发出指示，使县、区做好实施计划及布置，以免地方无准备，影响工作。（曲则全答：因已由各站长回去布置，所以不会无准备。）

6月28日

在农牧处巴处长办公室开会，讨论布置工作。

①向自治区政府主席及请示，因康北疫情尚未扑灭，病牛尸体乱抛，狗、狼及鸟类乱吃，易传毒，因此病情有复发危险，应及时着手下去防疫。

②为能有力指挥推动地方防疫工作，请夏克刀登副主席或康北办事处郎加多吉主任担任自治区政府防治牛瘟办公室主任，由巴登副处长任副主任。

③关于防疫队的名单，不日即宣布。办公室名单除主任外，亦可宣布。

④解决粮食供应，并立即分装器械，限7月5日前装好。

⑤决定7月7日出发，向运输公司提出包车3辆。

6月29日

午前，在自治区政府礼堂宣布防疫队名单及防治牛瘟办公室名单。午后在招待所，各队开会讨论出发准备分工问题及伙食问题。发布名单时，我在会上讲了话，巴处长也讲了话。

7月2日

在农牧处，由各队汇报药械装备等物资包装钉箱的情况。在会上为了粮食分配数量问题（途中用），张郁文、韦忻有了争论。大家要求函电石渠、邓柯各县准备粮食，并且自康定出发前各队要带足够的粮食，以免途中困难。

在会上，一位负责人发脾气，态度很坏。他说："那主要是思想问题，那是大家为了省几个钱，借公家汽车多带吃的，不许可再增量多带。"因他不下乡，途中有无吃粮对他无所谓，所以才如此漠不关心，因而引起了同志们的不满。

会上曾提出病毒继代输送问题。需要电告甘孜、德格、石渠、邓柯各县准备羊。尤其是在玉隆应准备好绵羊，以便"传毒送毒"到石渠。负责人说："不需要，因石渠有'毒'。否则，即去玉树取'毒'。明日电告石渠、玉树，问一下情况。"

大家提出石渠队煤油不够，应再增加2桶。止血钳子及量筒均应马上准备好，以便使用。还应速催办准备炭疽沉淀素血清，供各队制苗时，诊断用。

午后，在自治区政府院内照相（牛瘟防疫队成立及牛瘟讲习会结束纪念）（尹德华注：此照片一直未收到）。

7月5日

各队仍在包装药械，钉箱子，准备粮食等。为了准备途中伙食，我交给翁修途中伙食费300 000元，请翁修代为买米、面、茶、肉等。

地方政府齐动员　　开展防疫上前线

——康藏高原防治牛瘟日记（八）

尹德华

1954年

7月6日

午后3时在自治区政府会议室召开防疫队出发前的动员报告会。报告会上，夏克刀登副主席、阿旺嘉措副主席、巴登副处长与我相继讲了话。

夏克刀登副主席讲话的大意是：藏区牛瘟防治办公室及防疫队已经成立，现在就要出去开展防疫了，去康北、石渠、邓柯、甘孜、乾宁五县工作。同志们有来自中央、西南、西康及藏区的干部，大家在一起工作的目的是为群众搞好生产，搞好工作。藏区虽然大部分是农业，但也有近半数地区以牧业为主。群众是靠牲畜生活的，就是农区也离不开牲畜，所以同志们学好了兽医本领，此次下去为群众防疫，对农牧业生产意义是很大的。

中华人民共和国成立后，毛主席和党中央对我们少数民族地区很关怀，曾为我们培养干部，不断帮助我们发展生产，在防治家畜疫病方面做了许多工作，因此取得了一些成绩。今年在过去已有的基础上，并经过长期的讨论研究，准备布置，相信会收到更大的预期效果。

今年又不同于往年，群众觉悟逐渐提高了，干部也认识到少数民族的人民自己当家作主了，提高了工作积极性。那么今年的工作会比从前好搞一些，不过群众也可能有顾虑，那就要很好宣传，主动工作。此外还应注意团结问题，要搞好民族内部团结、民族与民族之间的团结。首先是藏族干部应注意，要向汉族干部学习，搞好干部之间的团结，那么团结群众、搞好民族团结就容易了。搞好了团结，搞工作也就容易做好了。

在工作上正像毛主席指示的那样，干部应主动去找工作。不能等群众找我们，而是我们主动找群众，这样才能搞好工作。群众中可能有落后的，但也有进步的，必须再加强宣传，打通思想后工作就容易开展了。今年已经过长时期的讨论研究，在技术上是会搞好的，但仍需慎重。一定要争取做好。此外在技术上也不要忽视老乡的经验，要向群众学习经验，将新旧技术结合起来能更好地发挥作用。另外也要注意，在工作中必须诚心诚意，这样才不辜负毛主席的关怀。

4时15分，阿旺嘉措副主席的报告如下：

为搞好工作，首先要搞好团结，没有团结就没有力量，就做不好工作。首先搞好民族内部、民族间的团结。民族干部应向汉族干部学习，汉族干部也要诚心诚意帮助少数民族干部，把知道的都教给他们，共同努力，搞好团结才对。

工作中应该很好地联系群众。群众相信我们时才能做好工作，不然就什么也搞不成。我们是群众的勤务员，不能摆官架子，要亲切地对待群众、联系群众，这样我们的工作就会受到群众的欢迎。否则就会被孤立，搞不好工作。

在形式上，民族干部尽量要穿藏装，那会使老乡觉得我们格外亲近，容易互相谅解，搞好工作。

中华人民共和国成立前由于执行乌拉制度，加上疫病，牲口损失很多。中华人民共和国成立后好了，取消了乌拉制度，政府不要牛马了。我们要保护牲畜，发展畜牧业，希望大家努力担当这个任务，好好做工作（编者注：乌拉制度是中华人民共和国成立前农牧民向官府和庄园主交赋税和服徭役的剥削制度）。

希望民族干部下去时应好好宣传祖国的建设情况，让群众了解祖国的伟大，更加热爱祖国。

最后希望大家要学习苏联的经验，按着党的指示做好工作，以便建设我们的祖国。

晚上7时，我们在自治区政府礼堂参加自治区政府举办的欢送防疫队下乡晚会。

7月7日

早晨7时至8时半，中央、西南干部开生活检讨会，检查近2个星期的生活、工作、学习情况，集体讨论布置了下乡中应注意的问题，主要就团结问题重点作了布置。

午后1时至3时，在技术指导所楼上召集张郁文、张永昌、韦忻、郭启源等人与曲则全在一起，开会交换意见。大家以自我批评的精神，在互相谅解的气氛中交换了工作意见，多少解除了一些过去的误会。

午后3时至8时，整理行装，装车。但由于3辆汽车不够，因此只装了一半行装，还有很多药械装不上，又不得不临时联系运输公司。经范志荣去接洽，承蒙运输公司增拨车子一辆。

7月8日

早晨7时半自康定出发（石渠、邓柯用3辆汽车）。10时，甘孜队一部车子离开康定。晚8时许，一二队到达道孚县。部分人员（石渠队）住在卫生院，另一部分人员（邓柯队人员）住在工委礼堂。我与巴登副处长、翁修3人住在车子停留处——一个军属家里（藏族）。今天行程212公里。三队因出发很晚，因此不得不住在八美前边的道班房子。

7月9日

早晨8时半，自道孚出发，中午到炉霍休息吃午餐。此地有饭馆，大家饱吃了一顿。我们买了包子，吃了茶，午后1时半出发，因途中遇雨，7时才到甘孜，住在交通招待所。房间费每人每夜15 000元，晚餐费7 000元。8时半，在门外碰见苏克书记（地委办事处）等3人来访。

晚上9时至10时半，在宿舍开会。向石渠、邓柯两队总结了今天各队问题及途中应注意事项。决定途中石渠队由王峻尧、张永昌负责，邓柯队由张郁文、黄永和、吴绍远负责。

7月10日

早晨8时半，石渠、邓柯两队乘车出发，奔往玉隆及德格。

出发前，7时半与巴登副处长，王峻尧、张郁文、张永昌、韦忻、郭启源等人去地委北路办事处访问苏克书记及邓柯县工委刘迺发书记，并在防治牛瘟问题上交换了一些意见，嘱托刘迺发书记领队赴邓柯并回县后即布置工作。加强干部领导，帮助搞好工作。刘书记也同车出发。

石渠队出发时已9时，11时搬到自治区政府康北办事处住下。午后访问了办事处主任仲沙活佛，报告了康北防治牛瘟的计划。

1954年7月11日

今天是星期日，访问甘孜县长时他不在，休息1天。

1954年7月12日

上午10时，访见了甘孜县府的根呷江泽县长及祝元清秘书，并召开了防疫讨论会。会上巴登副处长首先介绍了上级政府对康区扑灭牛瘟的关心及自治区政府防治牛瘟工作的计划。大意是上级为帮助康区扑灭牛瘟，于去年8月间就派人来协助我们研究疫苗。去年9月，石渠县发生牛瘟时又派人协助扑灭。今年为彻底扑灭牛瘟，自治区政府人代会上决定：贯彻以预防为主、治疗为辅的方针，进行大力预防。根据第四届人代会的决议，组织了4个牛瘟防疫队，分别在康北、石渠、邓柯、甘孜及乾宁进行预防注射。推广"新嘎波针"，并请上级政府、中央派干部协助。自治区政府成立牛瘟办公室，下设4个队交县政府领导工作。为能更好地做到统一领导及有力推动，自治区政府决定县政府组织防委会及办公室，请县长一人兼防疫队长领导工作。在工作方法上请召开区、乡长、干部开会，讨论研究布置工作，配备一定的行政干部，通过上层人物带头开展工作。

我在会上的谈话要点如下：

一、为什么要开展防疫工作

（1）中央关怀康区兄弟民族，为帮助其发展畜牧业生产，改善并提高生活，决定要先帮助消灭牛瘟。

（2）在全国范围内，除康藏、青海地区外已无牛瘟。中央决定争取3～5年内予以彻底消灭。

二、为做好消灭牛瘟工作，计划进行的几项措施

（1）自治区政府成立牛瘟防治办公室，领导全区工作。下设4个防疫队，分别派赴石渠、邓柯、甘孜、德格、乾宁5个县（编者注：其中2个县合并，派1个防疫队）协助各兽医站推广"新嘎波针"（绵羊毒苗）进行普遍预防注射。

（2）为加强统一领导，做到技术与行政的紧密配合，加强与群众的联系，有力地推行工作，有效贯彻上级指示起见，自治区政府决定在县府成立牛瘟防委会及办公室，请县长一人兼队长，统一计划布置并领导工作。至于防疫地区，期间的注射任务请县府开会研究，按地方情况决定。

（3）为能搞好工作，必须大力进行宣传，还要头面人物（村长、头人）带头才行。

（4）为避免偏差，防疫队可分为宣传、制苗注射、检查等组。尤其是检查组应配备行政干部巡回检查。在注射后14天内，反应致死牛只一律予以赔偿。死亡超过千分之二时，应该查明原因，停止注射。防疫队每7天向县里报告工作一次，以便检查。

（5）为能及时供应疫苗，县政府最好动员说服群众借给小牛及供应绵羊，以备传毒制苗。另外，也需县府准备交通工具，供应粮食，才能保证工作得以顺利推动。

三、"新嘎波针"的好处

（1）注射安全，不会传染牛瘟，牛也不会因为出现注射反应死亡（病牛、弱牛例外）。

（2）免疫期长达1~1.5年，注射后保证不再患牛瘟。

（3）注射的牛和未注射的牛在同群内亦不会造成牛瘟的相互传播。

四、"新嘎波针"的来源和制造方法

此内容省略。

根呷江泽县长谈话要点

（1）对上级政府、中央的关怀表示感谢。

（2）对派来同志协助防疫表示欢迎。藏区生产方面只有畜牧业和农业，而藏区经济文化、农牧业又很落后。牧业方面，因有疫病，受威胁很严重。尤其是牛瘟更凶，每当流行时就死亡惨重！尤其是甘孜为交通过路，上至石渠、邓柯，下至道孚、炉霍，驮运频繁，易受传染。

闻悉上级派人协助防治，我们曾于前几天开会组织了"防委"。这是我们自己的工作，一定争取办好，具体做法是：

①负责解决马脚问题。

②大力宣传"新嘎波"，打通思想买绵羊及借用1～2岁小牛。

③防疫地区的初步意见是，在大塘坝和罗锅梁子进行。目前，贷粮、贷款、贷放农具等工作组正在大塘坝，可以配合。

④出发前，再定个时间开一次会，讨论后就下去。

⑤午后2时，又由郭启源去县府与根呷江泽县长、祝元清秘书、余百先就具体措施问题——买羊、借牛、试点、分组等进行了研究。晚上9时至10时，甘孜队开会确定了生活学习制度。

"绵羊毒冻干毒"已离开冰箱4天，冰箱温度上升至摄氏4度，又无羊接种，有断毒危险。

甘孜县防治牛瘟计划草案

一、方针任务

根据自治区政府第四届人代会的决议，以稳步前进、重点示范、逐步推广、建立威信的指导方针，推广"新嘎波"注射，为今后扑灭牛瘟打基础。在大塘坝、罗锅梁子进行注射。

二、组织领导

成立县防委会及办公室，县长兼主任，各区长、村长为委员。下设行政组、计划组、宣传组、检查组共4个组。

三、工作地区

大塘坝、然哥、罗锅梁子。

四、措施

加强宣传检查，培养民族干部，奖励模范。

五、报告制度

半个月向自治区政府报告一次。

六、生活学习制度

开会规定执行之，具体组织情况如下：

主任委员：根呷江泽

委员：大塘坝村——喜绕、年扎　　下然哥村——干哥、雍兴、翁乃

一区——朗加多吉　　二区——洛绒任青

三区——恩珠降泽　　畜牧站——余百先

办公室秘书：多吉泽翁

行政组：余百先、多吉泽翁、祝元清　　计划组：格书烈、桂揭芳

宣传组、工作组及兽防队（编者注：原件没有交待具体负责人员）

检查组：格书烈

兽防站：共2人，其中一人是松吉邓珠

7月13日

上午在兽防站了解工作情况，并催买绵羊，羊毒继代接种；午后派防疫队同志下乡买羊；晚8时半至11时参加防疫队座谈会。

7月16日

午后参加县府防治牛瘟工作会议，提出讨论问题的提纲。

①决定牛瘟防治队队长、防疫办公室主任、副主任的人选。

②决定防疫地区、时间、任务、队的分组人数、分工与领导等人事问题，确定兽医站参加人员名单。

③决定防疫试点、示范地区、防疫时间。

④讨论派员先去大塘坝、罗锅梁子进行准备。

⑤确定县府配备干部人数名单及大塘坝、罗锅梁子两地区配合人数（工作组配合干部人数）。

⑥解决交通工具、粮食供应问题。

⑦讨论经费、物品管理及会计制度、工作汇报制度、买羊价格及采牛血的补助价格。

⑧讨论确定宣传提纲，决定注射反应致死牛的赔偿办法。

⑨讨论决定干部及群众"防疫模范"的奖励办法。

会上，根呷江泽县长首先发言。他说："防疫队未到前，曾组织过防委会，仲沙活佛知道，别的县长不知道，今天可以再讨论。另外，今天还要讨论的问题是：①如何早日下去防疫及下去日期。②县政府、康北办事处、兽防站如何派出人员配合。③工作地区是否在大塘坝，在大塘坝工作组未回来前最好下去。④需先做示范，决定示范地区。⑤讨论买羊价格、采牛血补助价格、马脚价格等。"

继而巴登副处长发言："同意县长所提问题，并加以讨论。关于队长人选，请从县长中推选一位。防疫地区同意在大塘坝、罗锅梁子进行。防疫队上级派来16人，甘孜兽医站提出派16人，需讨论如何组织分工领导、出发日期、示范地区、死牛赔偿办法、买羊价格、采牛血补助办法、宣传提纲、会计制度等。干部群众评选模范标准亦请予讨论。副队长、辅导员的分工要在会上决定。牛瘟办公室除主任外，是否要有副主任及秘书，请讨论决定。防疫期间，交通粮食供应及是否可决定各地区防疫任务，请在会上研究讨论。"

根呷江泽县长说："请先决定队长人选，因本人马上要出去开会，到雅安去不在家，最好请别人担任。"

仲沙活佛说："希望大家提名！"

根呷江泽县长说："提名翁堆县长担任，示范地区决定在附近，根呷县长自己的牛场先做。"

仲沙活佛说："工作重点应放大塘坝，但需先从罗锅梁子开始，以便逐步影响，逐步推广。工作前，应着重宣传，打消群众顾虑。是否分两组、两地同时搞，请看人力决定。"

巴登副处长发言："看人力情况，现有26人，可分2组同时搞。现有2名副队长、2名辅导员可以分工。"

根呷江泽县长决定：分两组、两地同时搞，以大塘坝为重点分配干部。罗锅梁子附近的东沟及挨着大塘坝的扎科，是否同时搞，请研究。

仲沙活佛说："同意此意见。"

经大家发言讨论，决议有：

①防疫队分两组，一组赴罗锅梁子，转赴东沟；二组赴大塘坝，转赴扎科、雍巴差。

②试点在附近县长牛场（根呷县长牛场）进行。

③关于出发日期，先派宣传准备组20日出发赴罗锅梁子及大塘坝，先与地方头人开会准备，防疫队随着下去。18日，派人去根呷县长牛场做重点准备。

④工作期限初步决定2个半月（牧场有800~900户，两地有牛7万~8万头）。

⑤县府配备干部5名（大塘坝3人、罗锅梁子2人）。

⑥牛瘟办公室主任决定：朗加多吉（一区区长）秘书为多吉泽翁、祝元清二人。防委会主任为根呷江泽，副主任为孔萨老县长。

⑦关于副队长人选，一组为余百先（大塘坝），二组为郭启源（罗锅梁子）。辅

导员韦忻在一组，何锡篾在二组。

⑧关于队的组织，一组16人，二组10人。

7月17日

在县府开会决定了：

①干部群众"工作模范"奖励办法，评选标准。

②决定买羊，每只不超过100 000元。采牛血每头补助不超过50 000元（向康定请要茶叶60包，以便利开支）。

③决定死牛赔偿办法，对注射后15天内反应的死牛予以赔偿。

④决定了宣传提纲，计划了7月、8月、9月份经费预算。

⑤决定防疫队的分组名单

一组（大塘坝）：有18人（男12人、女6人）。其中康定派8人，甘孜站7人，县府3人。具体名单有：余百先、韦忻、陈又新、王光书、王定平、杜克新、雍松昂翁、四郎多吉、阿吉、车仁巴母、阿母、贡布志马、色色、切尼志马、曾惠霖。另外，还有县府的坐让降错、泽仁、布基。

二组（罗锅梁子）：有13人。

具体名单有：郭启源、何锡篾、张珑昌、张鹤良、仁青、高学富、蒲其忠、次村、泽仁错、索巴、多吉康珠、先龙仁青、银怀。

两组共31人。

⑥经费由牛瘟办公室管理，凭牛瘟队印鉴及翁堆县长私章存取。具体由祝元清秘书掌握。

⑦向康定打电报，以及向乾宁县府打电报问羊毒情况，并要求康定向北京拍电报要种毒。

7月18日

在甘孜康北办事处补交途中伙食费300 000元交于翁修。

参加甘孜讨论宣传提纲及干部群众评模标准，同时讨论制苗组、注射组、检查组的工作人员应注意事项。

7月19日

上午10时半在县府开会，宣布防疫队分组名单。翁堆副县长讲话，交代下乡应注意的问题。孔萨老县长、牛瘟办公室主任朗加多吉，自治区政府巴登副处长相继讲了话。

我个人讲话要点如下：

①发扬高度的爱国主义精神，克服困难，完成任务。互相帮助，虚心学习，不仅搞好技术工作，也要成为畜牧兽医工作的宣传者和组织者。只有学会做政治工作、群众工作，才能更好地完成任务。

②工作必须慎重稳进，应先做试点，统一和熟练技术操作。通过示范，由点到面，从小到大，再行推广。要克服骄傲情绪，防止粗制滥造、各行一套的作风，应对党和人民负责，做到安全有效。

③加强检查汇报工作，并应互相紧密联系，另外还需注意服从统一领导。明确分工，分头负责，避免互相依赖、无人负责，或大家乱抓、都不负责的现象。需做到事先请示，事后报告。

④注意搞好内部团结，搞好地方和群众之间的关系。每周开一次检讨会，进行自我批评改进工作。中央派来的同志应特别注意，帮助兄弟民族扑灭牛瘟是我们的光荣任务，应记住我们是上级政府，是中央派来的，是毛主席的干部。必须忠实职务，尽到职责，帮助藏族人民搞好工作，把所知道的一切教给藏族干部。通过工作，团结他们，培养他们，让我们的防疫工作在群众中建立威信，使它在地方生根、开花、结果。不应计较个人问题，吃苦在先，享福在后。带头做好工作，为藏族人民的幸福献出所有力量和所有智慧。

希望地方政府相关领导，不客气地指导他们做工作，加强领导才好。上级来的同志一定要尊重地方意见，服从地方领导进行工作才对。上级把人派来了，钱也出了，药械也准备好了，差不多的问题都解决了，那么就请大家努力做好工作，请地方加强领导才好。

预定下午1时。出发赴玉隆转石渠，因石渠县工作委员会的东西未准备好，延期明晨出发，夜住交通招待所。付住宿费15 000元。

7月20日

早晨8时自甘孜出发，午后3时到玉隆公路旁，夜住玉隆区政府。傍晚7时曾访问了夏克刀登副主席的爱人，献了哈达。石渠县工作委员会到玛尼根哥下车。自康定到玉隆为556公里。

7月21日

早晨8时自玉隆出发，12时半到玛尼根哥烧茶休息。1时半出发，5时到达海子山，在一所破旧的道班房内避雨。今日早晚吃糌粑，中午吃面饼，肠胃不太舒服。支出1匹马脚费40 000元。

7月22日

早晨7时吃茶后出发，午后4时到达竹庆。住老乡庄房内，晚上吃面条。

7月23日

在竹庆等马，休息1日。早晨吃稀饭，晚上吃面饼。

7月24日

早晨8时自竹庆动身，午后3时半住于河边的草坪上，露宿一夜。夜间降雨，感到有些冷。途中翁修掉马，主要是马跑了，同时丢了一件雨衣。整天吃糌粑，肚子有些疼痛。支出2匹马脚费130 000元。

7月25日

8时半起身，午后4时到觉悟寺，追上防疫第一队，住防疫队帐篷内。

7月26日

等马休息。

7月27日

等马休息。

好心建议误会生　　忍让谦虚风波平

——康藏高原防治牛瘟日记（九）

尹德华

1954年

7月28日

11时自觉悟寺出发，午后3时半到龙拉喇嘛寺前边7公里处，于山坡草坪上露宿。

在从觉悟寺出发前，我建议樊荣（化名）将各单位调干的"途中的马脚费单据"分开写条子，以免混乱报销麻烦。随即引起了樊荣、汪亮（化名）的不满，强调分开打条子有困难。樊说："单据写在一个条子上，打一个单据回康定时，再给外区同志分开出证明，我们只报销自己同志的马脚费。虽然和外区同志用同一个单据，但我们不会重报，也不会多领旅费。若怕贪污就是怕我贪污！回康定报销时，会计不会贪污。你为什么强调各单位干部分开打单据呢？"

争论中，巴处长也曾两次建议说："过去混在一起打的单据就算了。从现在或到石渠后开始，还是把各单位的单据分开打好了，这样各单位干部拿自己单据回去报销手续方便。因为都是各原单位报销，这样合乎会计手续。"而樊又强调说："分开打条子，一次要写五六张。中央、西南、各省单位干部都自己分开，写条子不好写。老乡不会写汉字，又不能写成藏文，写1张要10 000元手续费。我不能出条子，无法代写条子！"又说："要分开写，我们就不给外调同志垫款，叫他们自己出大洋，自己出条子好了！"

此时，樊某便很气愤地在巴处长及群众面前撕毁了已写好的马脚条子、驮脚条子，且怒气冲冲地说："拿去！叫他们都自己写条子，我们不管了！"我又重新解释说："我们的建议对会计同志、对经费管理人员都有好处，手续简单清楚，这并不是怕您贪污。领导上委托您管经费，就说明是相信您的。分开打条子，先统一支付大洋。到石渠时，再凭条子向外区同志收回垫款就可以了。不要误解了建议的意思，认为对就接受。不然，你认为'所有同志都在一起写'一个单据，也行。那你就按原来办法做，不要这样急躁争吵！"然后我们就与巴处长骑马先走了。

我们走后，樊、汪二人仍在继续发怒。樊说："管你领导不领导，中央不中央，就是毛主席来了，我还是这样！"并且叫中央同志（周文彬、廖宣文）自己写条子自己出款。周某说："条子可以写，可以分别打单据，但无银元，只有票子。因领导上规定由队上统一向银行换的银元，请队上暂垫银元，然后我们还款好了。"樊某不再说话，付了马脚费（马脚老乡只要银元）。

我们出发后，前头的牛驼子、人马皆沿老路前进，午后3时15分到达了离龙拉喇嘛寺还有7公里的地方，住下。等了4个来钟头，第二批人马、牛队才赶来此地。我怕后边人员出事故，便冒雨越山迎接他们，站在路边等了2小时，衣服全被雨淋湿。见到樊的时候，我友好地问他："辛苦了！"但他仍在生气，一声不语。这使我感到特别难堪，愧憾。

第三批牛队由汪某领队沿公路过山，赌气一直走到龙拉寺的前面，结果晚上都未见到面。

伙食、物资被第三批人员汪某组带去前面，我们19人没有吃的，只好借马脚老乡的糌粑吃了两顿。我们带了杆子"等"帐篷，汪某组带了帐篷"等"杆子，结果大家没有办法，分别挤在马脚老乡的帐篷内，被风雨淋了一夜。

因马垮了，周文斌、廖宣文、崔祖鸿3个人跟着汪某沿着公路走。但汪某未等他们，因此他们3个人掉了队，晚上8时半才追上队，险些出了问题。

7月29日

我们10时动身，午后1时赶到拉通，离虾渣尚有15里左右，紧走急赶追上前头人员汪某等。到了拉通，我立刻下马喊："老汪，辛苦了！早到了？"并想解释一下昨天的意思。但汪仍很有气，装作未听见，故作不理。

2时许搭帐篷时，崔祖鸿拉杆子急，用力稍大，被汪斥责一顿。随之崔祖鸿就不敢拉了，帐篷便倒向对方。当时樊某在钉钉子，腾不出手来拴绳扣，我便协助崔祖鸿拉绳子，叫崔祖鸿拴紧绳索。我因为着急，用力大了一点儿，对面的廖宣文便喊："轻点呀！"这时，汪某便出来借机泄怒，声色俱厉地大骂："那边就一个人拉，看不见？眼瞎了吗？混蛋……"我知道他是向我泄私愤，乃以最大的忍耐压住了火气。大家也都一声不响，便使他无法再骂。但此举已说明，汪对"干部马脚费打单据应该分别清楚"的建议已抱"成见"了。这种怒骂是否还怀有其他意味，当无法揣测。

7月30日

早11时离开拉通，大家一起行动，分批赶牛驼子。午后2时到阿色喇嘛寺，住河边草坪上。打完帐篷时，本想和汪某谈谈意见，但汪的态度仍是气势汹汹，无法接触，未谈。

路上，巴处长说："等搭下帐篷休息时，开一个检讨会。如果老汪能虚心谈，大家说说就算了吧！"后经与廖宣文、周文斌研究，开会只有坏处无好处。因汪、樊皆抱有成见，汪、樊误为我前天提建议是在说他们"报重账贪污"。对方态度那么强硬，检讨会闹不好，不是哑巴会就是顶嘴吵架会。唱起对头戏反而不好，还是到石渠或工作结束时再说吧！因而今天未开会，也互相未说话。

7月31日

早8时出发，行50多里后过龙山（长梁子山），上下山约30里。大家累了，下山后走5里左右便搭下帐篷休息，下山时已是傍晚5时。

今天早晨出发前，我与周文彬、廖宣文商量，即由我主动向汪谈，向他道歉，求其谅解，以免影响团结和工作。

下午2时在途中过河时，我拉马先过河，然后返回又拉另外一匹马，顺便接老汪过河，便坐到河岸，想和老汪谈一下。我对汪说："老汪，咱俩谈一下吧，交换意见怎样？怎么啦？您像是老有意见，在生气似的，对我有什么都可以说，我们又不是不能互相谅解，而我又不是不能接受意见的，您说说吧！您看这样下去，老生气不讲话，会影响工作，多不好呀！"汪回答说："我不说，没有谈的，你自己考虑吧！"我又说："老汪，我们都是为了工作，什么意见都可以讲。对我个人、对工作的意见都可以说。我们个人间并无私仇，也无杀父之仇，您又何必如此气愤呢？还是说吧！"

此时，汪一边对着望远镜向远方看，一边故作不理地说："我没有说的，我没考虑不能说。若说，到石渠说吧！"我又说："在此谈谈，我也可以接受意见的。您是否为了骑马打条子被我提意见而误解了呢？"汪说："你那简直是说我——要报重账贪污！你说的是——你们要报重账贪污！认为我们在'三反'运动中未得到教育。你并不是提意见，就是在说我们贪污。你事先也未对我们讲，在那时打条子时你才说。不叫意见，说我们贪污！巴处长在场也听见了！"我又解释说："老汪，你误解了！我并没有说你贪污，也没有那样的意思。"汪说："你自己考虑吧！你再说，我就要揍你！"我说："老汪，您误会了！俗话说，跳黄河说不清！"

当时，因大家在等着过河，来不及再说下去，便散开了。

晚7时休息时，我便单独把经过情形向巴登副处长报告了。因受了冤枉委屈，得不到合理处理，考虑会使工作受影响，忍不住哭了。巴处长的意见是：①由他和汪单独谈谈，看其能否认识错误，探其思想情况，再决定开检讨会。②到石渠开检讨会，进行批评与自我批评，并把当时情形加以解释，大家分析批判。老汪不认识错误、不自我批评时，再将情况函报自治区政府处理，并将检讨会情形上报。

当时，翁修、江安、周文彬、廖宣文等，也劝我别生气。

8月1日

出发前，周文彬对我说了他对这个问题的态度。即他无法表示态度，怕引起不团结，怕中央和地方的关系不好。为了工作，还是交巴处长处理吧！开检讨会，但因汪的脾气不好，怕闹不好报自治区政府，将汪调回康定，担心影响工作。又说，我们不要主持包办，叫地方自己办好些。到石渠和张永昌谈谈，叫张永昌以私人关系再和汪说吧，能解除误会就算了。同时，检讨会上他也无法表示态度。会弄得与老汪的关系也不好相处。意思是说，怕得罪了汪，不好办，伤了他们私人感情也不好。

今天早晨出发前，巴处长找汪谈话，但汪仍不肯承认错误，他说："尹德华在觉悟寺是强迫命令作风，怕我们贪污，所以我气怒了，开检讨会应叫他检讨！"因此，巴处长也觉得开检讨会有困难。

今日午后2时到石渠县府，访见常希文书记。晚上贸易公司张经理和雅安畜产公司薛科长来访见我们。

8月2日

石渠降雪，天气骤冷。因途中大家都累了，所以决定休息2日。

关于途中汪某骂人之事，和张永昌谈了。张的意思还是和汪单独谈谈算了，以求互相谅解最好。

午前和巴处长共同访问了县工委书记和翁岛副县长，略微谈了防疫问题。

午后，翁岛县长来访防疫队。晚饭后，去贸易公司访见张经理和雅安畜产公司薛科长。

8月3日

降雪。

和田英劼初步谈了绵羊毒的继代情形，向翁德衡、易坤俊了解一些地方工作情况和干部对方永先（化名）的意见。由于干部们对方永先（化名）副队长有意见，于是我便向他们作了劝告。

2日和3日连降鹅毛大雪，全体人员在帐篷内休息和学习。

8月4日

8时到11时，参加防疫队和石渠畜牧站的座谈会。互相介绍后，巴处长、张永昌、杨启荣、我分别讲了话。

今天买木碗1个，10 000元，买皮带1条，花费19 500元。

晚9时半，樊某到宿舍送油灯，先向我打了招呼，对途中的意见争论表示歉意，并告诉了今后单据的处理办法（至此这场误会圆满解决）。

8月5日

召开干部会，决定：6~7日学习业务和计划，8~9日实习疫苗制造和注射，13日开始下乡和在城区做试点示范注射。

8时半，田英劼来告别，去邓柯工作，请他捎给邓柯的刘逥发书记、胡继祖、刘国良、张郁文各函一件。另外，我发给甘孜的余百先、韦忻、郭启源、何锡簇各函一件，发给乾宁的于书林、谭璿卿、魏国荣各函一件，发给玉树彭匡时函一件，收到玉树州政府鲁荣春来函一件。

补记

8月4~5日两日交接器械。

8月6日

和常希文书记交换工作意见及学习布置问题；今日收到沈阳桓仁家中来信3封；阅读石渠防疫工作总结文件及玉树总结文件。

8月7日

抄阅1953年石渠县防治牛瘟总结材料。给桓仁弟妻胡桂芝写信一件。

8月8日

给桓仁家中父亲写信一件。

8月9日

抄阅1953年石渠县绵羊毒的试验总结材料。与常书记、张经理及队上同志一道访问了何副县长，传达了上级政府对康区防治牛瘟及对少数民族的关怀及扑灭牛瘟的方针计划。

此文选自尹德华1953—1954年在康藏防治牛瘟的日记原文。

三名战友雷击伤　　托日牺牲被天葬

——康藏高原防治牛瘟日记（十）

尹德华

1954年

8月10日

收到邓柯队胡继祖来函一件，要求增派干部和增补经费。

补记

8月8日，悼念雷家钰、曹志明两位同志。

8月11日

与杨启荣、巴处长等人，协商决定防疫队的分组意见。

西区15人：张永昌、廖宣文、崔祖鸿、易坤俊、杨启荣、廖德元、才郎、车王多吉，外加学员7名。

东区、中区26人：王峻尧、周文斌、胡永福、翁德衡、陈茂哲、廖泳贤、车王登珠、白果，外加学员18名。并确定拟办事项如下：

①开会决定分队分组人员名单，请示县委批示。

②分组准备药械并装箱包装，准备粮食、伙食、物资及马匹。

③制订中区、东区、西区的防疫路线及进度计划。

④制订各区、村需羊计划及价格，并通知地方准备。

⑤与县工作组开联席会议，布置工作。

⑥向自治区政府提出经费计划（买羊费用、交通差旅费等）。

8月12日

上午10时至12时半开会讨论防疫计划。答复邓柯队电报一件。向自治区政府、甘孜站各打电报一件。开会决定拟办下列各项：

①"反应死牛"赔偿办法。

②羊只购买办法、价格、头数。

③宣传提纲。

④制苗注射、检查人员工作注意事项。

⑤评模标准。

⑥工作请示报告制度。

⑦生活学习制度。

⑧确定防疫计划，向各区、村布置。

⑨确定牛瘟办公室的组织人事。总务组：范志荣；秘书：于登贵；计划组：杨启荣；检查组：翁岛副县长兼。办公室主任：翁岛副县长兼任。要求县委配备干部15人，县政府提出名单。

⑩决定示范试点，注射日期、地点。

西区队路线：县府-色须村-呷衣村-坝土-八若村-长沙贡马村-格则干马村-格则贡马村-格孟-县府。

中区、东区队路线

1组：他须-瓦须-觉悟寺-起马-阿色-格托贡马-虾渣-孟格。

2组：温波扎泥-温波扎什-长须贡马-长沙干马-阿日扎-本日-宜牛-蒙沙。

8月13日

交翁修差旅费、伙食费200 000元。

上午和常希文书记、何副县长协商防疫进度计划，防疫办公室、防疫队的人员组织问题及各种工作制度问题。

晚上10时至半夜1时，队上干部讨论各种防疫计划、制度草案。今日收到邓柯的张郁文来函一件，报告邓柯工作情况。发给邓柯队田英劼、张郁文各函一件。

8月14日

防疫队干部开会，讨论分工分组人员。决定由廖泳贤主持生活学习问题，杨启荣领导总务、会计、事务、文书等。并决定着手分配药械，准备伙食、物资等，争取早下乡。王峻尧提出了如下学员分配名单：

西区：刘泽章、沙云成、阿本、翁太韦、普巴、降泽、任焕祥等人。

东区、中区：降初泽仁、四郎却扎、沙郎降礼、纪明兴、向民、彭措、泽汪、刀吉、扎西、姜则阳、古吉村、呷马曲曲、何业俊、江安、罗习福、陈明万、登达、家太。

原想今日派一组去菊母村示范注射，但未等到马，因此休息1天。

8月15日

未等到马，又休息1天。晚上开生活检讨会。进行注射练习的牛未买到，大家都着急。

8月16日

①赴菊母村做试点的防疫组14名人员10时出发。

②因西南张绍先返重庆出发，所以我将雨鞋、背包托张绍先带回重庆交农林局，并托张绍先到康区，从杨玉莲处将我寄存在背包内的油布取出，一并带回农林局。托张绍先带给西南王成志处长、杨玉莲信各一件。

8月17日

中午杀羊制苗，下午协助在县府后边注射牛155头。买蘑菇3斤，花费15 000元。

8月19日

向防疫队杨启荣提出下列意见：

①重派人下乡专门买羊，可如期买到好羊，不要等着依赖县府。

②买羊后注射炭疽血清，需专人管理，观察使用。

③为测定羊毒活力，需派人指定10头犊牛检测温度。

④打针技术应统一，剪毛消毒应彻底。剪毛刷净土，涂一次碘酒即可以。

⑤要向各村发出防疫通知和计划日程。

⑥本区、村派人组织牧民进行抓牛互助，以提高工作效率，不能像城区那样混乱。

⑦派人印刷疫苗瓶签。

⑧接种的羊最好放在山坡上吃草，山坡上的草清洁且羊可吃得饱。

⑨针头应磨短，这样好用。

8月20日

收到刘国良自邓柯来信报告邓柯队情况，去则巴组的有吴绍远、黄永和、曾华高、刘殿荣、田英劼5人，学员6人，县干部6人（内有翻译2人）；去扎科组的有刘国良、张郁文、林振球3人。罗桑芝马、四郎彭措、格桑那母、周明志等7人，县干部4人（内有翻译2人），总共有县干部10人，队干部8人，学员10人。

今日复函张郁文、刘国良信一件。

8月21日

收到中农部郭科长及家中来信各一件。

8月22日

阴雨，自县府来到蒙宜村，准备防疫工作，搭帐篷。

8月23日

阴雨，参加防疫。在蒙宜村东沟注射18户共582头牛。

8月24日

召开蒙宜村群众会。到会30多人，作了生产、治安、团结政策宣传及防疫宣传。①为何要防疫打针？②哪些牛打针？哪些牛不打？打针自有好处，应该注意什么。③怎样才能做好注射，扑灭牛瘟？④注射后应注意事项及赔偿问题。开会后，晚上7时至8时注射牛326头。

在注射中，山坡下一户叫任青的家，有牛400多头，以"害过牛瘟，免疫了"为借口，不打针。经日娃前去动员，该户决定明日再打。

今天开会时，县长和班根科长写的一封信起了一定作用。

8月25日

今天注射1 142头牛（29户）。

8月26日

注射23户共751头牛。

8月27日

今天注射959头牛。回县府取米10斤，糌粑10斤，赴××（字迹不清）检查反应牛1头。买烟1条，返回蒙宜村。马费10 000元。

8月28日

注射26户共875头牛。下午去喇嘛寺联系了防治炭疽的工作。马费5000元。寺院铁棒喇嘛同意明天搬庙上住，先注射炭疽疫苗，后注射牛瘟疫苗。

8月29日

在喇嘛寺注射炭疽血清牛49头，后又返回防疫队取了行李，与王峻尧一同回县府。向何副县长汇报了蒙宜村情况，并建议召开防委会议，讨论下段的防疫计划措施。马费10 000元。

8月30日

在城区检查牛注射后的反应情况，有一头牛腹泻，且带血，体温38℃。

8月31日

开工作筹备会，决定：①调整决定分组名单。②限于9月2日前完成药械、伙食包装，4日前备好交通工具。③决定防疫路线，拟工作3个月，11月中旬结束，任务是注射牛15万头。④4日开动员会。⑤疫苗倍数为100，注射量为20毫升。⑥决定出发前3日总结示范工作。⑦向自治区政府报告示范试点注射情况。⑧9月1号派车，让王登珠去阿日扎村准备马匹；决定9月5日，东区、中区队出发。⑨决定吸收牧民工作，日付工资10 000元。

9月1日

发出书信2封。

9月2日

参加城区赛马会，讨论防疫计划。

9月3日

早晨开会讨论技术问题。午后开会公布人事安排，布置任务。何副县长、常希文书记、巴处长、我本人相继讲了话。

讲话要点：①克服一切困难做好做好工作，完成任务。②继续贯彻慎重稳进方针，做好宣传交底，做到技术统一。③加强检查汇报联系。④搞好团结，克服分散主义、山头作风、派系主义，贯彻集体领导制，反对自作主张。⑤必须注意整体观念，搞好全县工作。

补记

早晨张、周二人唱双簧，坚持消毒两次、打10毫升、不用甘油的意见。经过在会上提出注意派系问题，晚饭后张向我作了解释。

9月4日

统计各村注射牛只数量：蒙宜村5 940头，蒙格村5 119头，菊母村2 689头，城区1 985头，共计15 733头。

总结城区试点示范注射工作。

1. 蒙宜村

自8月23日至30日共注射5 940头，龙拉喇嘛寺炭疽预防注射牛339头，比去年全年注射的3 363头超出很多。①此村群众基本欢迎，仅部分人不愿意打针，边打边放，并以"特儿玛牛"为借口不打针。如村长只打了1/10。②检查工作应交代清楚，以免出麻烦。③下乡同志的生活照顾问题。④工作忙，无暇开检讨会及学习，要求中间有一天休假，以便学习。⑤下乡争取和村长住一起，有利工作。⑥制苗注射、检查应分工负责。

2. 菊母村

8月17~27日，共注射牛只2 689头。①注射时交代赔偿办法不够，个别宣传动员不够。②抓牛组织得不好，只有女同志在家，抓牛困难。③春天注射过的农户不愿再打针，怕奶牛出现干奶（没有奶）。④注射计划与老乡联系不够，以致让老乡等疫苗打针。⑤每天做一次小结，但对组织群众问题未加讨论改进。⑥翻译人员少，宣传不彻底，不普遍。⑦500 000元买了一头牛做了实习，一般学会打针了。⑧情况估计不足，以为去年基础好，牧民欢迎打针，但结果动不起来。⑨未估计到无人抓牛的问题，发动组织不够。⑩同志团结和爱护公物不够。

3. 蒙格村

注射牛5 119头，群众欢迎，注射达到90%以上。

4. 城区

注射1 985头。宣传不够，老乡不知打什么针。死亡3头，内有2头出现炭疽，1头反应，共赔20万。

晚间，在县府和中央干部张永昌、周文彬、廖宣文交换意见。周文彬提出，因我派他到东区五组工作，担负技术工作，乃是看不起地方干部。张郁文说，他与王峻尧等并不是闹派系，到邓柯时，有些人脾气不好，应留意。又说，涂两次碘酒消毒，在华东也这样做，是对的。说他们昨天早晨强调涂两次碘酒，不用甘油，要求打10毫升，节省盐水等不是和领导闹对立，闹派系。

轻便高压消毒器使用法（讲稿）

把需要消毒的物品放在铝篮内，但不要塞得太紧，以便蒸汽流通。放水3 000毫升在消毒器内，然后将铝篮放入，把盖盖好，并注意将连接在盖上的软管插入铝篮的方槽内，再行绞紧消毒器盖螺丝（盖上红色箭头与消毒器沿上红色丝相合）。将消毒器加热，待器表上指针少许移动时，开放气阀门约10秒钟，放去消毒器内空气，再行关闭。当消毒器内压力高至20磅*时，安全阀门会自动开放，放出蒸汽，以免出现危险。

在盖上与气表相对地位，有一小接头。此接头上有两小孔，孔内焊有特制金属化合物，系铋、铅、锡3种元素，以一定比例化合而成，在压力过高时溶解，放去高压蒸汽，此为第二重保险。

例：在消毒纱布等包扎物时，把消毒气盖盖好，螺丝绞紧后加热数分钟，当气表上指针少许移动时，开放气阀门数秒钟，然后关闭。当气表上指针高至15磅时，继续保持此压力至少30分钟的消毒时间。继续开放放气阀门，待气表上指针回至零磅时（212℉）保持此温度5～10分钟，以便干燥。然后，把高压气盖移开少许，继续以文火加热数分钟，蒸发水蒸气后即可揭开消毒器盖，取出消毒物。

例：在消毒溶液（如盐水）时。把盐水放在1 000毫升烧瓶内，瓶口塞以棉花。用两三层纱布把棉花及瓶颈用绳扎紧，切不可用木塞或橡皮塞。将烧瓶放在浅盘内。此浅盘大小必须足以盛此溶液，以防烧瓶因高温而爆裂。将盐水溶液在压力不小于15磅的情形下，保持此压力15～20分钟。然后移开火焰，使消毒器慢慢冷却，不宜急于放气，以防溶液因压力骤减而沸腾，以致破坏消毒器内壁。故溶液与纱布等包扎物不能在同器内同时消毒。

一、消毒时间

橡胶类：15分钟，气表压力15～16磅（250℉）。

纱布包扎物类：30～45分钟，气表压力15～20磅（250°～259℉）。

---

* 1磅气压力是指每平方英寸有1磅压力。现无处查找此消毒器生产单位，估计是进口产品。——编者注

器皿类：15分钟，气表压力15~20磅（260°~259℉）。

器械类：10分钟，气表压力15~20磅（250°~259℉）。

烧瓶内的溶液：20分钟，气表压力15~20磅（250°~259℉）。

纱布包扎物等消毒后潮湿的原因有：①高压消毒器内盛水太多。②当气表开始上磅时，未曾把消毒器内的空气放出。③干燥时，时间不够。

二、注意事项

（1）每次消毒完毕，若需要再行消毒的时候，必须加水，使消毒器内保有一定的水量，这样可免消毒器损坏。

（2）消毒器的压力，如超出20磅则必须放气，以免发生危险。

（3）当气表上指针开始移动时，必须开放放气阀门数秒钟，以放出消毒器内的空气，这样可使气表所指示的压力为真正的蒸汽压力，非空气及蒸汽压力之和。

9月5日

东区、中区队出发赴他须村。出发前，曾和廖泳贤、胡永福交换意见。嘱托他们好好团结干部，做好工作。

为防止青海"称多"疫情传入石渠，西区组重点注射了野牛沟、乌拉、呷拉、克斯塘一带的牛只，以建立免疫带。

9月6日

发给甘孜、乾宁、邓柯各队函一件。

9月7日

在县府准备行装，预备下乡工作。常希文说他明日赴甘孜开会，因此将工作组15人调防疫队工作，并做了分配。

9月8日

西区队出发，自石渠来到坝土村，途中遇雪，同志们稍感辛苦。付马费10 000

元（队上代垫后付）。

9月9日

在坝土村召开群众会宣传防疫政策和办法。

9月10日

降大雪，分组出动注射，雪中注射有些冻手。

9月11日

午前，分组注射。2天共注射牛2 238头，至此坝土村防疫已结束。

9月12日

早晨10时出发赴八若村，晚上8时到呷衣喇嘛寺，住宿区政府房内。今天降雪很大。付马费20 000元。

9月13日

早晨8时出发，午后2时到八若村的一个玛尼堆房，在河边住下。此地有温泉，洗了一下澡。今日渡河，因牛驮垮了，所以东西掉下水，纸烟全部被水打湿了。露宿一夜。

9月14日

早晨5时起床，为同志们煮饭。8时动身。午后2时到达雅龙，露宿。途中遇雨很大。

9月15日

早晨8时出发，午后2时到八若村牛场，在色日支帐篷住下，接种绵羊4头。

9月16日

早晨降雨，请村长日娃等头人来帐篷吃饭、开会，向他们宣传了防疫办法及团结、治安、生产、民族政策。打通他们思想后于午后2时召开群众会，村长作了防疫的布置，我们作了补充宣传。经讨论，村长决定分6个组出去注射，各去1名兽医干部打针。

9月17日

早晨降雪，分6个组出去注射。

9月18日

午前风雪，杀羊制苗。今日晚间6时至8时打针。巴登组注射150头，杨启荣组注射162头。廖德元组注射76头，共注射388头。

昨晚9时，暴风雨把帐篷吹倒，11时始平息。今天早晨10时迁移帐篷。

9月19日

早6时半出发到村长牛场注射，午后绕过山到沟口甲本等4家牛场注射，今天共注射588头。甲本不积极，但其妻及妯娌工作蛮好，认真抓牛，可谓此村模范。回队部时，因天黑，所以雇马1匹，花费5 000元。今天各组共注射1 488头。

9月20日

晨7时，赴村长家对面河对岸注射牛170头。午后转来山下，到旧日娃家注射。6家牛场仅注射113头。日娃狡猾，怕注射，于17日给防疫队送酸奶，要求不注射，说"要搬家"。今天防疫队去注射时，他先请吃茶吃肉。拖到天黑了，才赶牛回来注射。结果奶牛不愿意注射，400多头奶牛只注射了数十头。今天共注射3 014头。

9月21日

早7时又赴旧日娃牛场补注，注射107头，今日共注射835头。

9月22日

今日注射150头，至今日止八若村共注射5 875头。

1954年

9月23日

自石渠县西区八若村至青海称多县伊西嘎波马村阿尼。预定到查雍，即公路边上搭乘汽车，结果老乡送错了。住于贸易小组帐篷内。

防疫队自八若村转向长沙贡马寺（巴颜喀拉山下草坝），建边境免疫带。

（尹德华备注：可重点在乌拉、呷拉、克斯塘、野牛沟一带注射，建立康青边境免疫带。）

9月24日

早晨9时启程，12时半到公路边上，正巧遇上西宁来的一辆汽车，经交涉后，承蒙车队队长李同志同意于是就上了车。12时40分开车，1时到公路工程队吃午饭。晚上7时到下一个工程队休息。因路不好，今天仅行6公里左右。今日午餐6 000元，晚餐9 000元。

9月25日

早晨9时开车，出发后走了一两公里车子便掉入泥坑。经大家连挖带拉，车子出来后继续前进。又走2公里，天色已黑，便住于附近之修路工程队。今天行程约有3.5公里。付早餐9 000元，晚餐6 000元。

9月26日

早晨9时开车。晚7时半，瓦须村突降冰雹，打雷，将工委干部托日击中，其死亡。将彭措、泽汪，索多3人击伤。打雷后10多分钟，彭措喊叫："死了！死了！"王峻尧听到后，带人进去检查，发现托日已死，泽汪呆呆地坐在那里。对托日人工呼吸1小时，其未活。泽汪头发被烧焦，右眼也被烧坏。彭措2条大腿被烧伤。索多头部、脸部都烧伤了。当夜全体人员守夜。彭措经过3天治疗休息，基本好了。泽汪经过10天治疗休息，基本好了。索多经过简单治疗，3天后好了。

今天行程约30公里。

王峻尧作了东区队工作报告：

（1）工作方式

①先派干部准备羊只及帐篷，防疫队到时召开群众干部会，宣传政策，布置工作。

②注射时，先从头人开始。

③注射后观察15天。

（2）9月5日出发，7日到他须村，10日开始注射工作。

①他须村注射4 943头（庄登区委员参加工作，很热心，他们已会打针了）。注射率在80％以上，死亡8头。因反应而死亡的2头牛，牛主人已得了赔偿。4头牛因炭疽死亡，2头牛因其他病死亡，未赔偿。打针牛一般有反应，有些奶牛减奶减到1/3或1/2，但经过3～4天后恢复。

②14日到瓦须村，15日开群众会，到会120人。松东委员在会上进行宣传，作用很大。15～26日，共注射258户，17 763头牛。注射后死亡24头。因反应致死赔偿7头，有8头牛被怀疑患有牛出血性败血病，脑包虫2头，胸膜肺炎2头，石头打的1头，自己解剖者4头，无法鉴别，未赔。其中有11头在青石一个沟发生，经解剖认为是"出败"；有3头要求赔，未赔。已赔的4头中，有3头认为可以不赔。

③8日在觉悟寺河对面江哥村（德格县）注射牛88头，加上在觉悟寺注射的632头，共计720头。

④9日到起乌村，12日开会，13～15日注射4 110头牛（72户）。注射率估计70％以上（日东区区长宣传作用很大）。

⑤16日到阿色村，18日开会，19日打针，共注射2 048头（63户）。

再加上格托贡马村注射3 283头、虾渣村注射2 930头、蒙沙村注射6 605头，共注射牛42 402头。

以下为王峻尧的工作报告（编者注）

一、成绩

①牛瘟免疫基本可以完成计划。

②在群众中建立了技术威信。使群众相信科学、相信政府，在政治上教育意义很大，为扑灭牛瘟打下了基础。例如，过去注射过的地方，今年的注射工作就很好开展。

③在工作中，锻炼、培养了干部，取得经验，有了信心，提高了工作质量。

④改变了过去对群众觉悟程度估计太低的保守思想。认识到：只要主动联系群众，找群众做工作，进行说服动员，是可以开展工作的，干部思想也提高了一步。

二、缺点

选择羊只时对羊的健康情况观察不够，了解情况不够，剪毛消毒工作不彻底，浪费了碘酒，学习当地话不够。淘汰羊应继续检查温度3天以上。

①区长还未能参加领导工作。

②团结村干部、联系群众工作做得还不够，应建立亲密感情。

③干部在注射中还很少能积极个别宣传、说服动员的，工作方式生硬。

④学习制苗技术不够深入，不够热心，所培养的制苗员还达不到熟练的水平。

⑤淘汰羊只未剪耳号。

⑥复查人员技术水平低，不会藏语，这是一缺点，也是个问题。

⑦每村留两人，则人员不够。

三、问题

①色须村的注射工作仍不易推动，村长还未表态。

②蒙沙村尚在河对岸，我们是否渡河过去。

③培养的干部不会计算配比药量。

补记

9月25日

防疫结束日期是11月20日，总结。11月30日前返康定。

另外讨论的内容有：①东区队调往地址。②色须村工作方法。③氯化钠、酒精、来苏儿水的供应。④12月初，召集兽医积极分子座谈会。⑤瓦须村的牛赔偿问题。

9月27日

支付昨夜、今早的饭费12 000元。早晨去肖卡政府找到苗卡长雇马，他说马价贵，到歇武要20万以上。便乘车继续前进，于晚上9时到达雁子山。今天的路稍微好走一些，但过雁子山时很危险。天黑路滑，又遇上风雨，差点出危险。今日行程30多公里。晚上住工程队，因青藏公路第五工程局孙副局长照顾我们，所以我们才得以住在帐篷里。

9月28日

早晨9时半出发，12时半到歇武，午后3时到长江岸边直门达渡口。渡江后7时搭上汽车，晚上9时半到玉树。在自治区政府吃完晚餐后，住于公安队宿舍。今晚遇见鲁荣春，甚喜。行程约90公里，付饭费12 000元。

今天为托日做了天葬。

玉树会师签协议　　艰难跋涉返征途

——康藏高原防治牛瘟日记（十一）

尹德华

9月29日

庆祝毛主席在第一届全国人民代表大会第一次会议上当选为中华人民共和国主席，开群众大会，休息1天。

9月30日

与玉树防疫站的同志开"牛瘟座谈会"。

玉树兽医站站长王士奇同志谈：治多县有6个"百户"地区，牧民对防疫知识不了解，牛死了认为命不好，防治牛瘟唯有灌"嘎波"，灌死了或引起牛瘟也认为是命不好。开始时，防疫队的工作主要是进行宣传，并配合血清治疗，以打通牧民思想。1952年工作很难推进。1953年由于行政的重视和推动，工作稍微好转一些。1953年后半年，因成立了牛瘟办公室，工作好搞一些，并且对血清的保护、使用、供应也都有了改进，对在群众中建立信仰起了一定作用。

封锁隔离只能小范围内实行，即"日娃"与"日娃"间的封锁可以办到，再大就不行了。消毒使用草灰、牛粪灰水，交通口上也设有消毒坑。

1953年夏季，初步使用绵羊毒注射。但由于对其性能掌握不够，致绵羊毒注射后不免疫，群众不相信，地方行政怀疑，技术干部无信心，不敢干。因此遭到很大挫折，致使工作停顿。当时有些人认为，反应重的牛是疫苗污染了细菌所致，对无反应牛认为是好的，所以都怕反应。这也是形成疫苗无效的因素。

1954年由于中央派员协助指导，西北各省、县的重视，技术上的统一，措施步骤统一，各县队之间有着紧密联系，行政上有了配合，因此顺利地开展起来了。

张××同志报告称多县的情况：

防疫工作需有行政配合推动，开始时需选择基础好的地区做，先搞重点区起带头示范作用，这样容易推动工作的开展。尤其有一个有威信的"肖卡长""头人""百户"配合，在发动群众上容易起作用，工作必须通过头人带头及动员群众。

防疫队的组织，最好每队8~10人，即队长1人、2人制苗、2~3人注射、1人观察、2~3人翻译兼管健康羊。复查人员待牛有反应时，即转赴下一个地区。每只羊制苗后可注射3 000头，注射人员2~3人配合，1名头人动员群众，1名翻译协助工作。

王士奇同志谈：接种羊只赶路走比驮运好？种毒保存8~10℃，原定48小时，但必要时可到52小时。赶接种羊不以绳栓为佳，制苗用凉开水，为避免出现矿物质而用雪水接种羊必须健康羊，经隔离检查后使用。淘汰羊及牛瘟羊只避免买来制苗。疫区内用血清，周围用绵羊毒可以很快消灭疫情。工作完后召集群众开会，交代后再走，以便索取意见。工作要重点突破。买羊困难需耐心解决，在每个村子内，一次买20~30只可以选择使用。

交通工具需解决，需使用健康马。有的老乡带瘦马来，结果马死了还要赔偿，如有的老乡15万买的瘦马被骑死了。粮食物资供应很要紧，否则带钱吃不上饭。设指导检查组对工作有利，便于领导掌握情况，方便工作。防疫简报对工作很起作用。

朱同志报告称多县情况：畜牧生产会上交代政策，讨论决定办法，加强宣传很必要，但必须避免不了解情况的错误宣传。因注射疫苗后有2~3日的断奶现象，群众怕影响生产，有的怕查牛数，有的怕要牛税，有顾虑，因此需要进行宣传说服。带队人需是在地方工作的，以群众信任的汉族人为好。外来的藏族人，群众不欢迎。群众说："他是外来的，'百户'管不着他。"

制苗点的移动不要频繁，要少搬家。设在人多的大家族为佳，可供应周围许多小点使用。一次集中羊比"临时散要"好，可免除怀疑。注射时应抓紧搜索疫情，进行扑灭，否则影响很坏。派出的指导检查组很起作用，给群发放《防疫简讯》，使其了解更多的防疫知识也很必要。

羊只接种采取两系接种最好，不易断毒，也可随时注射。牛多地区，无冰季节，两系接种安全便利。以羊内脏或羊腿作为放羊人的工资。

注射头数不可能超过牧税的头数，因为群众怕纳税。牧民说："大牛是'特儿马'，牛犊不打针，不是数牛，是干什么？"防疫队员说："要数牛，派干部住到帐篷里，坐着数就行了，何必打针呢？"经过说服，群众打消了顾虑。

张同志谈：羊只潜伏期24~48小时，多数为36小时，高热稽留12~24小时，到66小时的时候剖杀最好。夏天淋巴结大，色紫；冬天淋巴结小，色黑。做出的疫苗色泽不一致。每天接种，每天杀羊，每次接种2头。接种羊赶路时，需休息2~4小时，待其恢复后测体温。草坪上的消毒办法，比较通俗，容易教会群众使用。群众关系很重要，注射前的了解工作很重要，如地方情况、地理环境、群众思想情况及疫情等。牛只集中注射好，方便宣传，也可解决翻译少的问题。但需注意老乡不把全数牛赶来的问题。

嘎波和绵羊毒的矛盾问题。老乡说："绵羊毒免疫期1年以上，太短，宣传应该一致。"驮牛盖毡子后老实。公牛中放进母牛，装做配种就老实了。打针牛的背上抹牛粪，以便观察。以点推广全面。玉树县两个家族，先打通"百户"的思想，最易开展工作。疫苗输送，用竹筒装冰，做成5%乳剂装小瓶。到地方后，用盐水稀释装入大瓶。接种后用甲、乙、丙三系，以防断毒（71天继代46次，共94头，定型84头，占比89.36%；轻热7头，占比7.45%；微热3头，占比3.19%）。

10月2日

在玉树访地委李××书记及何××部长，晚上应邀在李科长家听藏族音乐。

10月3日

在玉树自治区政府畜牧科讨论联防问题。

据告知：7月16日，石渠站杨启荣、车王登珠到玉树洽商联防问题，决定：

①发生紧急疫情，互通电报。②互相交换工作情况和经验。③发生疫情时，请在防疫措施上之人力、药械互相支援。④绵羊毒注射后，两个边境区的牛只由双方分别发证明，以便通行。

讨论：当边境一方的牛逃避到另一边境，经说服教育后仍不接受注射时，则交于原所在地处理。

①两区牛只在任何一方放牧时，采取"牛在哪里，就由哪里进行全面注射"的措施。

②两区任何一方发生疫情时，以最快的办法互相通报。区与区、县与县通报。石渠发生疫情时，除报康定外，并通报玉树自治区政府。玉树称多县发生疫情时，由玉树自治区政府通报石渠及康定。互相通报疫情，互相进行联防，互相支援人力、药械。

③双方努力宣传"牛瘟绵羊化弱毒疫苗"，根绝"旧嘎波"，宣传应一致。

④双方防疫措施之封锁隔离、交通限制等，互相遵守。

⑤双方边境地带之预防注射，统一步调，同时进行，则可不致发生漏洞，亦不致产生不良影响，事先交换计划。

⑥互相交换防疫总结经验。

⑦发生疫情，认为有必要时，在两区边境上由双方协商派出兽医及行政干部组织联合检疫站。在检疫时，除限制疫区牛只出入外，对非疫区牛只给与预防注射，发证明，准其通行。

西康和玉树藏族自治区关于牛瘟防治工作的几项协议：

①平时预防注射，双方在本区境内，有对方牛只时一律注射。双方边境最好能在同一时期内进行，如有特殊情况，则互相通知。

②紧急疫情，互相以最快方法通报。注射绵羊毒后，对通行的驮运牛只，认为有必要时，发临时通行证。双方遵守对方的防疫措施。必要时，经双方协商派出行政及兽医人员，在边境要道设立联合检疫站。

③关于边境的防疫计划，双方应进行交换，以统一步调，互相配合。

④双方有紧急疫情，在人力药械上互相支援。

⑤对绵羊毒免疫期，关于禁止灌"嘎波"等的问题，在宣传工作上应取得一致。

⑥双方兽医人员取得密切联系，随时交流经验。双方政府在解除防疫封锁时，互相通告，并交换防疫总结。

（以上6条协议于1954年10月3日在西康与玉树自治区政府协定。）

今晚看电影《智取华山》

10月4日

朝9时出发，午后2时到长江岸直门达渡口。（30公里）3时半过了河。晚上7时20分到达歇武，住在旦增达己"百长"家。因承蒙玉树自治区政府畜牧科派马送来，在玉树期间很承蒙照顾，便给李子良科长、郭亮科长写一封信致谢。托回马人（把马骑回去的人）李同志带回去了。

为了喂马，买青稞草支付30 000元（翁修垫付），付途中伙食费50 000元。

10月5日

在歇武等马1天，买香皂1块、毛巾1条，赠给了旦增达己"百长"，求他尽快协助雇马。

10月6日

朝9时，支付马费每匹170 000元，9时30分出发，中途休息时老乡说，屁股肿了（生了个疮），不能走，要求住下打露宿。为避免遇匪，经说服继续前进。

晚上8时前后，因走错路，驮马陷入了泥坑。救出驮马后天气骤变，突来风雪。夜里10时30分，因找不到帐篷，也找不上正路，乃露宿于山脚下，被风雪吹打一夜。今日行程约150里。

10月7日

朝8时整装出发。晚上10时刚过，来到石渠之色须喇嘛寺，遇见贸易公司驻省贸易小组，便住于其帐篷。

10月8日

天气仍不放晴，继续降雪，等马1天。翁修出去联系头人，未见。

10月9日

天气忽阴忽晴忽降雪，等马1天。

10月10日

降雪，仍未找到头人。但找到了寺院的大喇嘛，仍需等马。铁棒喇嘛同意，先为帮助雇马。

10月11日

降大雪一整天，铁棒喇嘛青配委员正派人在帮助雇马，需等明日出发。支付贸易小组伙食费660 000元。买6斤面，打饼，路上吃。每人支付10 000元，翁修还款200 000元，尚欠100 000元。

10月12日

朝10时骑马动身，下午3时许到德雍马村山脚下的一个"马本"家。遇风雪，并且为了换马，便决定在此休息。付马脚费20 000元（马本叫桑呷）。付马费给鹧鸪马村村长财郎家20 000元。

10月13日

9时30分自德雍马出发，午后1时到呷衣村的札车副区长家。付出马费10 000元，柴火费由巴处长付出10 000元。

10月14日

9时半自呷衣村札泽副区长家出发，午后1时半到呷衣喇嘛寺，住于寺院房（区府房）内。今日付出马费10 000元、柴火住宿费10 000元，买牛肉支付10 000元。

10月15日

朝10时出发，午后4时许到达格列贡马村防疫队队部。途中过河时，因雅砻江上游水很大，将裤子、鞋子都打湿了。午后2时许，降大雪及冰雹，因帽子掉了而落了马。代刘泽章买的牙骨圈子已交给他本人收下。

10月16日

今日降雪一整天，洗了衣服。

刘泽章交来牙骨圈子钱90 000元。代任焕祥买毛背心1件，花费65 000元，因其已交来120 000元，故我还给他55 000元。杨启荣交来70 000元，代买毛衣，因未买到，故又把钱返还给他了。

在玉树代防疫队买牛肉干120袋。除途中损失2袋外，其余118袋已交给任焕祥收下。代垫之款600 000元，答应到石渠后交给我。单据已交杨启荣。

今日收到甘孜队韦忻，乾宁队魏国荣，邓柯队刘国良、张郁文，甘孜站何允璧，玉树鲁荣春的来信，并收到沈阳家中来信1件。

10月17日

午前出去参加注射，共有3户223头牛，今日格列贡马村统计共注射牛6 690头。午后收到康定自治区政府王实之处长来信1件。

防疫累计：西区

坝土村：2 238头

八若村：5 875头

长沙贡马村：13 790头

格列贡马村：6 690头

合计：28 593头

10月18日

代巴登副处长借款3 500 000元，自借1 000 000元（借自张永昌）。自刘泽章处，分购羊皮4张，付其人民币80 000元。

午后4时，自格列贡马村来到格孟村，付马费10 000元（队里垫付）。在村长家开干部会，讨论注射问题。并宣传了发展畜牧生产的政策及防疫的重要性。然后分3个组，每组3人，开始注射工作。泽郎、车王多吉到河对岸注射，住在头人甲本家内。

10月19日

在河对岸注射牦牛245头，随后返回村长家。又随杨启荣于午后5时半来到山背后沟里，帮助杨启荣组注射200头。在河对岸，付住宿费5 000元。今日住在旧"日娃"家内。

10月20日

疫苗瓶被冻裂，由沙云成取来"苗"时已是晚上10时，乃召集4户牧民，集合牛只打针，今日共注射840头。

10月25日

东区和中区廖泳贤汇报工作情况。

①9月9日到温波札尼；17日召开群众会；15～24日每天平均注射1 495头，共计注射10 987头、140多户。25日开始注射牛有反应。16日注射后，到24日共死亡2头。反应牛有减奶现象，产奶量减少1/3～1/2。注射率为70%～80%，牧民有藏牛现象，反应共死亡4头，已赔。其后有谣言说"打针死牛很多"，因此影响了注射。

有一个喇嘛造谣说"国民党是大拇指，共产党是小拇指"，因此影响很坏。此事，区政府已经处理。非反应死亡10多头，未赔。村内有炭疽，对反应牛，以大黄、龙胆、姜粉、马前子混合治疗。草场小，不够轮放，有去长沙贡马村租草场的。

②9月26日到长须贡马村开群众大会，28日开始注射。至10月2日，4天共注120户，计8 116头，每天平均2 159头。补充注射温波扎尼7户，520头。培养的2名牧民可以打针。

9月下旬，干部无粮，吃奶渣，便秘很严重。但他们情绪尚好，每日注射3 000多头。全队学会打针。反应死亡7头，已经赔偿。

③10月3日到长须干马村，4日开会，副区长真鬃主持，并发动了群众。6～12日共注射12 004头，达160户，每日平均注射1 715头。注射率在70%以上。

④10月15日到长沙干马，临时取到体温不正、无羊便的5只羊。以保存3天之毒接种，结果反应不好，至第二代始恢复。但在淋巴组织上及心血镜检上有球菌。已注

射牛2 600多头，至11月初完成注射牛6 819头。

备注：

9月3日

交石渠县政府伙食费（字迹不清）

交牛瘟防疫队下乡伙食费71 000元（交到刘××手）。

交牛瘟防疫队客饭一顿3 500元（交到陈××手）。

交牛瘟防疫队客饭两顿7 000元（交到范××手）

10月16日

在石渠色须村交5天半伙食费（10月7～12日）66 000元。

买面粉6斤，花费31 200元，每人付10 400元。

11月9日

交石渠县政府伙食费102 000元。

尹德华注：①从甘孜到石渠的车马费，从道孚到石渠的住宿费，从康定到石渠途中伙食费均于9月2日在石渠结清，具体数字省略。②去玉树往返路上的车马费、住宿费、伙食物资费于石渠结清，具体数字省略。③笔记丢了几页，不全了。预计11月中旬返回甘孜，月底回康定总结。但实际到12月上旬才结束工作，回康定（尹德华12月中旬补记）。

　　自1953年6月6日开始，父亲在康藏高原的"防治牛瘟日记"到此全部结束。

　　这些日记除极个别字句稍有修正外，完全是原来的文字。通过这些日记，我们能看到，当年老一代兽医工作者为了消灭牛瘟，不畏艰险、不怕牺牲的革命精神；看到他们"不达目的誓不还"的坚强意志；看到他们团结友爱、互相帮助的高尚品德。

　　父亲在1953年7月11日的日记中写道："今日开始阅读《钢铁是怎样炼

成的》。"我看到这句话深有感触。在那样艰苦的环境下，父亲还要挤出时间阅读小说，而这本小说正是影响了几代中国青年的励志小说。书中的主人公保尔·柯察金是一位有钢铁意志的布尔什维克，他对无产阶级革命事业无限忠诚。他为了革命事业多次负伤，直到完全失明，瘫痪卧床。即使这样，他还坚持写作。保尔是20世纪五六十年代革命青年学习的榜样，父亲用自己的实际行动学习保尔，去做前人没有做过的事业。为了共产主义的理想，为了人民的利益，他全心全意地献出自己的青春和力量。

在当时异常艰苦的工作环境和生活条件下，父亲能坚持写日记，实属不易。希望这些日记能发挥正能量，给后人以启迪！以鼓励！以传承！

当年，我们的国家百废待兴，厉行节约。很多办公用品要自备，父亲的日记本很小。为了省纸，字写得小如蚂蚁。我在打字录入时，有个别字看不清楚，只好用"×"代替。另外，有个别词语和专业术语可能有误，敬请读者谅解。

口蹄疫结晶紫灭活疫苗研究报告手稿

尹德华

一、引言

口蹄疫是我国牧区主要家畜传染病之一。历史上由于没有口蹄疫疫苗进行预防注射，因此该疫情每次发生时，只有采取封锁、隔离等措施以控制蔓延。几年来的经验告诉我们，封锁、隔离虽能收到一定效果，但不易做到主动预防和彻底消灭，尤其在牧区困难更多。封锁隔离虽能起到延缓传染速度的作用，但拖长了防疫期限。同时在封锁隔离中，需动员很大人力物力。在物资采购、运输、农业生产等方面，也还不免因封锁而受到很大影响。因此迫切需要研究解决疫苗问题。

为此，由农业部畜牧兽医总局、青海省畜牧厅，以及中国农业科学院西北畜牧兽医研究所派员组成试验研究小组，自1956年11月至1957年4月在青海省就防治口蹄疫之便，进行了口蹄疫疫苗的试验研究工作。

关于试验的方法，我们考虑，欧洲国家虽早已应用氢氧化铝福尔马林疫苗，但不仅注射剂量很大、成本高，而且效果也不一致。近年来，虽有研究鸡胚弱毒的报告，但尚未能达到实际应用目的。为了适于我国牧区实际情况的需要，在未进行毒型鉴定之前，为使疫苗能够不受毒型的约束，认为最好在发生口蹄疫疫情时就地采取种毒制造疫苗的办法。随后根据农业部畜牧兽医总局程绍迥副局长（后来担任中国农业科学院副院长）的提议和指导，决定研究试制结晶紫疫苗。1956年11月至1957年4月共研究4批疫苗，经试用结果比较满意。

先在青海省湟源县以第1批疫苗注射17头牛。注射后14天，其中的3头牛再接种病毒后皆未发病，说明得到了保护。而对照组的3头牛皆发生了口蹄疫。

在互助县以第2、3批疫苗注射105头牛，于注射后14天，与对照组30头同时接种病毒做免疫试验，结果97头得到了免疫，免疫率达到92.4%。对照组的30头牛均发生了口蹄疫。继续制造第4批疫苗，并注射165头牛，进一步证明了结晶紫疫苗的免疫效力确实可靠。

根据这个结果，便又继续进行了结晶紫疫苗的有效保存期和注射牛只的免疫期试验。至1958年4月止在青海及甘肃两省的试验结果证明，结晶紫疫苗保存到半年及11个月时皆有100%的免疫效力，保存到13个月时注射牛仍有83.3%的保护力。

在免疫期的试验上，对注射疫苗经过半年的牛只再接种病毒，牛皆未发病，免疫力达到了100%。注射7个月（217天）后的牛仍有75%具有免疫力，注射13个月的牛仍有50%具有免疫力。

同时，自1957年5月至1958年4月又经青海省畜牧厅兽医诊断室试制7批疫苗在西宁、民和、共和、乐都等县市免疫注射2 000余头牛。西北畜牧兽医研究所试制8批疫苗共35 740毫升，在甘肃省临夏市、康乐县、永靖县、和政县、临夏县注射4 030头牛。新疆维吾尔自治区畜牧厅兽医诊断室试制5批疫苗共14 118毫升，在阿克苏专区拜城、温宿两县注射1 148头牛（拜城163头、温宿985头）皆获得了比较满意的结果。

因此，我们认为结晶紫疫苗有进一步研究和推广的价值。为了抛砖引玉及请有关方面给予批评指导，兹将试验方法与结果整理如下。

由于技术理论水平所限，过去又没有研究口蹄疫疫苗的经验及未能掌握这方面的参考文献，加上农村研究条件很差，不论在试验方法上或技术操作上皆有很多缺点，尚请有关方面和专家们给予批评指导。

试验中曾蒙青海省党政领导给予了很大的支持和关怀；得到青海省畜牧厅程建民厅长，湟源县和互助县党委、人委、畜牧兽医站和湟源畜牧学校的很多具体帮助；同时也得到甘肃、新疆两省（区）的大力支持（进行区域试验和试用）；得到程绍迥副局长给予的很多技术指导，在此深深表示感谢。

二、试验材料

（一）试验牛

系从口蹄疫安全地区湟源县大山根、何拉、毛不拉3个农业社，以及互助县安定、大寺、那家、崖头、班家湾、兰家、西上、西下、余家、姚麻10个农业社借得。除少数犏牛外，多为黄牛。年龄在1~20岁。公母皆有，其中还有少数孕牛。牛一般营养很差，多瘦弱。

（二）疫苗原料

采取口蹄疫病牛舌面尚未溃败的新鲜水疱膜组织，置于-25℃冰箱中冻结保存，在1个月内做种毒及制苗材料使用。采取正发高热体温反应的病牛血毒（体温高于40℃以上）保存于4~6℃冷暗处，7日内使用。

三、试验方法与结果

（一）疫苗的制造方法与安全效力试验

1. 疫苗制造

将口蹄疫水疱膜组织研磨制成1∶20的悬液，经过震荡、过滤等步骤提取病毒。无菌处理后与脱纤血毒按1∶10混合均匀，加入结晶紫甘油溶液，使疫苗内结晶紫的最后含量为0.05%或0.1%、甘油含量为20%或10%。置37℃定温箱中，分别减毒24小时、48小时、52小时、56小时、64小时、76小时后取出，经细菌培养、无菌生长后，分别进行安全效力试验。

2. 安全效力试验

（1）第一次试验 于1956年11月15日在湟源县申中乡大山根农业社以含结晶紫0.1%、甘油10%，在37℃定温箱中减毒24小时之疫苗，以每牛5毫升之量胸垂皮下注射黄牛10头（年龄2~20岁）。经观察有8头牛发生了口蹄疫，我们认为疫苗毒力很强，不能使用。

随后将疫苗继续放置37℃定温箱中减毒24小时，于12月2日在湟源县申中乡后沟农业社，以此减毒48小时之疫苗以5毫升之量胸垂皮下注射14头牛。经20天的观察，注射牛皆无反应，在与病牛同居当中也未被感染，获得了免疫。

于12月10日继续在湟源县城关镇以同批疫苗1毫升耳根皮内注射黄牛1头、5毫升胸垂皮下注射2头（其中的1头于注射后8天又补注5毫升）。14天后（12月24日）与对照牛同以1：50之口蹄疫病毒接种及与患有口蹄疫疫病的牛同居，继续观察15天，则注射的3头牛皆不发病，获得了免疫；而对照牛3头皆发生口蹄疫。

（2）第二次试验　于1957年1月17日，在互助县董家乡安定农业社，以含结晶紫0.05%、甘油20%制成后，保存4天（1月13日制成）及13天（1月4日制成）的疫苗，耳根皮内注射法（大小牛皆1.5毫升）及胸垂皮下注射法（小牛5毫升、大牛10毫升）注射31头牛。21天皆无反应。另于1月23日、24日在该县广化乡那家社用保存10天及20天的疫苗胸垂皮下注射44头牛，于1月25日在大寺社注射30头牛（大牛10毫升，小牛5毫升）。15天后除那家社有10头（小牛2头、大牛8头）、大寺社有4头（小牛3头、大牛1头）于注射后6天开始出现口蹄疫轻微之舌面病状反应外（在舌根或舌尖发生蚕豆至拇指大的水疱，经2～3日形成瘢痕自愈），其余注射牛皆无反应。

在以上3个农业社注射的105头牛中，有轻反应者14头，反应率为13.3%。试验中20头怀孕母牛并无流产现象，8头不满1岁的犊牛也无强烈反应。皮下注射牛大多数注射部位有核桃大至鸡卵大的局部肿胀，但不化脓逐渐消散。认为疫苗毒力稍强，但基本上尚属安全。

为测知免疫力，于2月7日、8日、9日分别对3个农业社的150头试验牛与对照牛30头（安定社23头、那家社4头、大寺社3头）同以1：50之口蹄疫病毒，以口唇划痕接种做免疫试验。自接种病毒后2天开始每天详细检查一次，连续检查14天。结果对照牛于接种病毒后2～4天皆发生口蹄疫，经过疫苗注射的105头牛除8头牛有轻微之舌面病痕、免疫不确实外，其余97头牛皆无任何反应或病痕，均获得了免疫。免疫率为92.4%。

致免疫不确实之8头牛，病状轻微皆能吃草，经2～3日即自愈。其中皮内1.5毫升注射的3头牛（大牛）中，1头为舌前端脱皮，2头于舌根或舌尖有拇指大瘢痕；5毫升皮下注射的4头牛（大牛）中，1头在舌面上发生水疱溃破后脱皮，另外头于舌根或舌尖有拇指大水疱瘢痕；10毫升皮下注射的有1头于舌面两侧有拇指大病痕。但8

头免疫不确实的牛皆无蹄部病状。

（3）第三次试验　由于考虑第二次试验中有13.3%的病状反应，因此随后将疫苗的减毒时间增加至52小时。于1957年3月17日至4月7日在互助县崖头、班家湾、兰家、西上、西下、余家、姚麻7个农业社，以胸垂皮下注射法（小牛5毫升、大牛10毫升）注射165头牛，14天皆无任何反应。以其中11头牛与对照牛7头同时接种口蹄疫病毒。结果对照牛皆发病，疫苗注射的牛得到了免疫。

（4）第四次试验　系将第4批4号疫苗的减毒时间增加至56小时，第5批疫苗的减毒时间增加至64小时及76小时，于1957年6月27日携至甘肃省临夏回族自治州和政县推行试验。在该县龙泉社及槐庄社，以减毒56小时之疫苗注射26头牛，以减毒64小时之疫苗注射3头牛，以减毒76小时之疫苗注射2头牛。10天后注射牛皆无反应，随后与对照牛4头同时口唇划线接种1∶50之口蹄疫病毒。结果对照牛发生口蹄疫，注射牛皆获得免疫。

3. 疫苗内结晶紫、甘油含量及减毒时间的关系

为明确最适宜的结晶紫甘油含量和减毒时间，我曾进行了一些初步探讨性的比较试验。试制第1批疫苗，采用结晶紫甘油盐水溶液。疫苗含结晶紫0.1%、甘油10%，置37℃定温箱中减毒24小时。注射10头牛，其中8头出现了口蹄疫。经再减毒24小时，注射的17头牛皆无反应并获得了免疫。

试制第2、3批疫苗时，改用结晶紫甘油溶液（不加生理盐水）。将结晶紫的含量减少至0.05%、甘油含量增加至20%，37℃下减毒48小时后注射105头牛，其中的14头即发生轻微口腔病状反应。免疫者97头。免疫率为92.4%，说明疫苗不够完全安全。

试制第4批疫苗时为能够做到确实安全，将与第2、3批以同法制造之疫苗，增加减毒时间至52小时。结果注射的165头牛皆无反应，其中的11头牛接种病毒后则不发病。证明疫苗有效。

但试制第5批疫苗时，在青海互助县注射牛只不够安全，随后又增加减毒时间至64小时、76小时。第4批苗增至56小时，携至甘肃省临夏进行试验，结果安全有效。

4. 注射部位与免疫剂量的关系

以1～1.5毫升耳根皮内注射或对小牛以5毫升、大牛10毫升皮下注射，皆能免

疫。致免疫不确实者，初步分析，皮内注射者可能因注入皮下所致，皮下注射者可能因剂量少所致。关于注射后有轻反应者，系与疫苗减毒时间有关，与注射部位似无影响。

（二）制苗用疫牛的接种方法试验

为了研究制苗用疫牛的人工接种感染方法，便于大量提供制苗原料，曾以口蹄疫病毒组织（在-25℃冰箱保存10～38天之水疱皮组织）制成1∶20、1∶15、1∶10各种不同稀释倍数的病毒溶液，经无菌处理及用1 500～2 500转/分离心10分钟，取出上清液后分别对静脉接种、肌内接种、舌面皮下接种、口唇黏膜划痕接种（划痕用材料未经离心沉淀）4种不同方法接种作了比较。

（1）**静脉接种法** 以1∶20的病毒溶液10毫升静脉接种黄牛1头（20岁），以1∶15的病毒溶液13毫升静脉接种黄牛1头（7岁）。结果20岁牛未发病，7岁牛于接种后24小时体温略有升高（39.2℃，可以看出不甚明显的体温曲线）；至36小时则于舌根、舌侧开始出现蚕豆大的水疱，体温下降至38.1℃；继经24小时舌根、舌面水疱溃破，于舌前端相继出现水疱，24小时形成拇指大至核桃大，破皮后露出鲜红湿润的烂斑，经14天治愈，蹄部无明显病状病痕。

（2）**肌肉接种法** 以1∶20的病毒溶液（在4～6℃下保存6天）3毫升肌肉接种黄牛1头，接种后72小时开始于舌根侧面出现黄豆大水疱。再经过24小时体温升高至39.6℃，继于舌根舌面出现蚕豆至拇指大水疱数个。流涎，吃草困难。又经24小时（接种后120小时）体温一度升高至40.1℃，后随即下降。较静脉接种牛潜伏期稍长，呈不规则的热型反应。

（3）**舌面皮下接种法** 以1∶20的病毒溶液10毫升舌面皮下接种1头，以1∶15的病毒10毫升接种1头。分别于接种17～24小时体温升高（39.5～39.8℃），并于舌面出现小水疱，至36小时则形成拇指大至核桃大而连通的一片。此时体温开始下降，大量流涎，似泡沫状，破皮后露出鲜红的湿性烂斑，经10～14天治愈。在发病过程中，体温反应不甚明显。

（4）**口唇黏膜划痕接种法** 以新鲜的1∶10的口蹄疫病毒溶液口唇划痕接种1头，以1∶15的材料接种另外1头，自接种后24～36小时开始，接种部位及舌面上发生小水疱，体温略有升高至39℃左右。继经8～36小时，体温上升至40.0～41.0℃及其以上，舌面水疱融合成拇指大至核桃大。经数小时至10多个小时溃破变成鲜红湿润烂斑。体温已恢复常温。

（三）采取不同型体温反应的疫牛血毒制造疫苗时的效力比较

（1）采取体温升高至40～41℃及其以上呈高热稽留的疫牛血毒与水疱组织（-25℃冰箱保存1个月），混合制造疫苗（第4批2号及3号苗）注射120头牛，14天皆无反应。以其中7头与对照牛同时接种病毒，疫苗注射牛皆不发病，对照牛皆发生口蹄疫。说明采取体温高于40℃以上呈高热反应的疫牛血毒制造疫苗安全有效。

（2）试用不规则热型反应但体温仍高于40℃的疫牛血毒与水疱皮组织（-25℃冰箱中保存1个月）制造疫苗，14天后注射的45头牛皆无反应。以其中4头与对照牛同时接种病毒进行免疫实验，结果4头中的3头得到确实免疫；1头在舌根上有一个拇指大的口蹄疫水疱瘢痕（对照牛皆发病）。说明用不规则热型反应的疫牛血毒制造疫苗，效力不好。

（四）疫牛血毒采取时间的试验

为了明确疫牛血毒的有效采取时间，曾对同一头牛分别于人工接种后72小时（体温升高后24小时，都在40℃以上），以及接种后96小时（体温开始下降至39℃左右）采血毒制造疫苗进行比较试验。14天后前者所制疫苗（4批2号）注射的38头牛、后者所制疫苗（4批3号）注射的82头牛皆无反应。随后与对照牛同时接种口蹄疫病毒进行免疫试验，结果两种疫苗注射的牛皆得到了免疫（对照牛发生口蹄疫）。

在本次试验中，疫牛接种病毒后72～96小时内于体温最高时及开始下降时采血毒制造疫苗。在免疫效力上，安全性上尚未见有差别。至于在免疫期上有无影响，有待今后研究探讨。

（五）疫苗的保存时间试验

（1）第一次试验　于1957年3月17日及18日，曾用保存在4～6℃下64天（第3批苗）及72天的疫苗（第2批苗）注射7头牛。分别于注射后14天与7头对照牛同时接种病毒进行免疫试验。结果皆获得了免疫，而对照牛发生了口蹄疫。

（2）**第二次试验** 于1957年4月22日，以保存在4～6℃下72天后继而又于6～12℃下保存35天（共保存107天）的疫苗（第2批苗）注射2头牛。观察14天后与1头对照牛同时接种病毒，结果2头牛的1头牛获得了免疫，另1头免疫不确实，轻微发病；而对照牛则发生口蹄疫。

（3）**第三次试验** 于1957年6月14日，以保存3个月（4～6℃下64天、6～12℃下26天）的疫苗注射3头牛，以保存6个月（4～6℃下64天、6～12℃下116天）的疫苗注射2头牛。14天后与3头对照牛同时在唇黏膜接种1∶50的口蹄疫病毒，结果对照牛发病。注射牛皆无反应，得到了免疫。

（4）**第四次试验** 于1958年2月19日以保存11个月的疫苗（6～12℃下26天、0～6℃下304天）注射5头牛，以保存13个月的疫苗（6～12℃下116天、0～6℃下274天）注射6头牛。14天后与2头对照牛同以1∶10的口蹄疫病毒作唇黏膜接种，结果对照牛发病，保存11个月的疫苗注射的5头牛100%得到保护，以保存13个月的疫苗注射的6头牛83.3%得到保护。

（5）**第五次试验** 于1958年4月15日在甘肃省临夏市的第4批疫苗（1957年3月15日在青海制造，4～6℃下保存64天后带到甘肃，又置于12～18℃保存326天，运输的2天保存温度为23℃）注射4头牛。14天后与2头对照牛同时接种1∶20的口蹄疫病毒。结果对照牛在3天内皆发病。注射疫苗的4头牛有1头发病，另外3头获得了免疫。即此批疫苗保存13个月后，尚有75%的免疫效力。

（六）免疫期试验

为测知免疫期，分别于疫苗注射后3个月、7个月、13个月对疫苗注射牛与对照牛同时接种病毒。

（七）疫苗区域试验

经过多次安全效力试验，口蹄疫结晶紫疫苗被认为有进一步研究推广的价值，随后在青海、甘肃、新疆三省（区）进行了较大规模的区域性试验。

（1）青海省畜牧厅兽医诊断实验室于1957年先后制造了11批疫苗2万余毫升，

在西宁、民和、乐都、共和等县市共注射1 212头牛，认为可安全使用。并于注射后14天以其中34头牛与对照牛同时接种1：50的口蹄疫病毒。注射牛除1头免疫不确实外，其余牛皆无反应，获得了免疫，而对照牛皆发病。其中在乐都县注射的434头牛，于注射疫苗后第8天开始陆续与病牛同居，15～20天后也皆未发病，获得了免疫。

（2）在甘肃省临夏自治州和政县用1957年3月15日在青海制造的第4、5两批疫苗注射31头牛，14天后注射牛皆无反应。随后用和政县当地之强毒，以1：50的材料进行免疫试验。

唇划线接种，结果皆获得免疫，4头对照牛发病。证明在青海制造之结晶紫疫苗对甘肃临夏地区之口蹄疫有免疫效力，并证明青、甘两省的口蹄疫为同一毒型。

同时，自1957年8月30日至1958年5月26日在甘肃省临夏回族自治州，以甘肃临夏的种毒制造8批疫苗35 740毫升，预防注射4 030头牛，其中皮内注射281头，证明结晶紫疫苗对甘肃省黄牛可以安全使用。

并于1958年4～5月以甘肃临夏5801号及5803号苗皮下注射4头牛，与以1毫升、1.5毫升、2毫升耳根皮内注射的10头牛进行了效力鉴定。注射后17～27天分别接种口蹄疫病毒，10头牛皆不发病，证明已获得免疫，4头对照牛皆发病。皮内注射10头牛的免疫效力试验也进一步证明，皮内注射法与皮下法同样可使牛只获得免疫。

（3）新疆维吾尔自治区畜牧兽医诊断实验室于1957年12月至1958年3月以同样方法试制5批疫苗共14 118毫升，在阿克苏专区、拜城县、温宿县共预防注射牛1 148头牛。其中在温宿县疫区注射的985头牛有150头发生病状反应，反应率为15.2%。在免疫效力上，拜城县试验的31头牛的免疫率为57%，在阿克苏专署试验的6头牛的免疫率为83.3%。免疫效果不如青海、甘肃两省所制疫苗。

安全性上，温宿县注射牛有病状反应。该地区系疫区，注射时已发生口蹄疫。同时同批疫苗一方面不安全，一方面免疫效力又不好，似为一种不正常现象，应做进一步试验进行分析。

新疆制造的疫苗，表现为对牛的反应很强，不够安全，同时在对牛的免疫力上表现为疫苗的效力不好。对此种现象，主观分析：一种原因可能是新疆的试验地区和试验牛只不够合适，在疫区内受到了自然传染。另外一种原因可能是制造疫苗用血毒的抗原性较差，影响了疫苗效力。若非此两种原因，也可能是疫苗的毒力太强，加温减弱毒力的时间不够。因而注射后，有部分牛陆续发病，至免疫试验时仍在继续发病。另外，颈侧注射会否影响免疫效力，也应考虑。这些问题有待今后再进行试验，加以探讨。

四、讨论与结论

在青、甘、新三省（区）前后试制的24批疫苗，经过广泛试用，被认为结晶紫疫苗有研究推广价值，其制造方法如下：

（1）将口蹄疫病牛血毒与水疱组织毒1∶20的滤过液，按10与1的比例混合后加结晶紫甘油溶液，在37℃下减毒52小时，除少数情况外使病毒不活动化，免疫牛只安全有效。将延长疫苗之减毒时间至60～72小时，则更为安全。

含结晶紫0.1%、甘油10%，在37℃下减毒48小时的疫苗，与含结晶紫0.05%、甘油20%，减毒52小时的疫苗，在安全效力试验上虽未见有明显差别；但通过大批制造试用，我们认为今后推广时应使用含结晶紫0.05%、甘油20%、减毒60小时的疫苗。

安全效力及区域试验中，对于不满1岁小牛及孕牛，未见有强烈反应和孕牛流产现象。

（2）注射剂量，以1～1.5毫升耳根皮内注射或对小牛以5毫升、大牛10毫升胸垂皮下注射，皆能获得免疫。实际应用时，对体型较大的牛注射15毫升当更可靠。皮内注射时，不论大小牛最好不少于2毫升。为了求得更精确的最小免疫剂量，似应再按体重计算剂量，进行试验。

（3）制造疫苗用疫牛的接种方法，以采取水疱材料为目的时，似以舌面接种较能取得多量水疱组织。采取血毒者，口唇划痕、肌肉、静脉等各种方法接种，虽皆可使牛发病，但以口唇划痕接种者似较好。

（4）采取有明显体温曲线体温升高后12～24小时，在40℃以上的血毒及体温开始下降至39℃左右的血毒在安全效力上，尚未见有区别。在免疫期上有无影响，有待再作探讨。目前推广应采取体温不低于40℃者为宜。采取有明显体温反应的发高热的病牛血毒比不规则热型反应的病牛血毒效力好。

（5）制苗材料，水疱组织在-25℃冰箱冻结保存1个月、血毒在4～6℃保存3～7天仍未失其制苗品质。实际应用时，认为最好使用新鲜材料。

（6）将结晶紫疫苗置6～12℃下26天，继置0～6℃下304天，共保存11个月，免疫率可达到100%。在6～12℃下116天，继置0～6℃下274天，共保存13个月，免疫率可达到83.3%。另一批在4～6℃下64天，继置12～18℃下326天，共保存13个月，免疫率可达到75%。综合以上情况认为，疫苗在不高于12℃下的冷暗室内贮存1年均有效。

（7）对于疫苗注射后的免疫期，初步测定免疫注射后3个月的牛保护率达到了100%，免疫7个月后仍有75%的免疫率。但注射后13个月的牛只免疫力已降至50%，其中有一批疫苗注射的牛只免疫力已降至20%。可能因各批疫苗之效力不同所致。

（8）抗原性好坏及疫苗内的含毒量多少，皆能影响疫苗效力。为使每批疫苗效力一致，进一步做水疱毒、血毒的毒价滴定和确定采取材料的最佳时间甚为重要，有待今后做进一步试验。

（9）口蹄疫的毒型业经鉴定，今后防疫时最好按各地区的不同毒型，有计划地制造供应结晶紫疫苗。在疫区周围做包围性的免疫注射，以控制疫情蔓延。并制造结晶紫疫苗，每杀1头牛可制1 000头（5～10毫升皮下注射）或5 000头（2毫升皮内注射）牛的剂量，成本低廉，认为有继续研究和试用价值。

1958年6月14日

尹德华说明：此稿为1958年、1959年两次在兰州兽医研究所召开的"全国口蹄疫研究工作"会议上发表的打印原件。打印件在"文化大革命"期间已全部丢失。当时参加会议人员虽皆有一份，但不复得。幸存此独一无二的原始手稿，有待整理，重新复印。注意保存，不得再失（1993年12月5日）。

口蹄疫兔化病毒之研究手稿

（第一报）

尹德华

一、引言

近年来在兽医科学方面，将病毒通过小动物进行定向变异的研究已有很多成就。中村氏育成了牛瘟兔化病毒。我国哈尔滨兽医科学研究所袁庆志、沈荣显等人育成了山羊化兔化牛瘟病毒和绵羊适应山羊化兔化牛瘟病毒，并在消灭牛瘟中起到了重要作用。猪瘟兔化病毒在我国也已研究成功，正在全国推广应用。

有关口蹄疫病毒，1952年春在哈尔滨兽医科学研究所也曾做过兔体继代的研究，并通过兔体16代以后终止了试验。1957年，苏联在乌兹别克共和国曾育成一个O型口蹄疫兔化毒，据称对本地牛已不能致病；在库尔斯克兽医生药厂还在培育A型的口蹄疫兔化毒。从已有资料分析认为，培育口蹄疫兔化毒是有前途的。

我们为了加速实现《全国农业发展纲要草案四十条》中关于消灭口蹄疫的规定，从科学技术上研究、提供有力的防疫武器，拟把各型口蹄疫病毒皆育成弱毒，改变其原有的病毒特性，培育成为对家畜失去致病力后仍能赋予以坚强和长期免疫力的弱毒疫苗，以及为了寻求培育口蹄疫病毒的新的途径，在党的领导与大力支持下，进行了口蹄疫兔化毒的研究。

1958年4月，分别将O型病毒新疆阿克苏系，6月将保山型病毒（云南省保山县野外毒，经鉴定非属O、A、C三型，暂命名保山型）接种乳兔，进行感染与继代试验。至10月9日O型毒Ⅰ系已通过兔体64代、Ⅱ系55代、Ⅲ系95代，保山型毒已通过兔体

69代。其中O型兔毒对我国黄牛的致病力已经明显减弱，不能引起试验牛的全身性的口蹄疫症状。兹将初步试验结果整理报告如下，请专家和有关研究人员及此项研究工作的爱好者多多给予批评指正。

由于党的领导与大力支持，此项研究工作得到了顺利开展、进行。中国农业科学研究院程绍迥副院长亲自领导、组织进行；蒙程副院长和农业部畜牧兽医总局陈凌风副局长、农业部兰州兽医生物药品制造厂谢国贤厂长在技术上给予热情指导帮助；中国农业科学院西北畜牧兽医研究所王济民副所长，王武亭、路德民主任给予大力支持，以及兽医室、仪器室、总务供应组、基建组、消毒培养基室的有关同志们在药品器械、实验动物与试验设备上给予很多具体帮助；兰州兽医生药厂和卫生部兰州生物制品研究所曾供应许多家兔；甘肃省畜牧厅陈少山副厅长给予鼓励与关怀。最近一段时期苏联兽医专家阿·阿·斯维里多夫同志到所指导，提出了很多宝贵的技术改进意见，仅致以深深的谢意。

陆续参加过此项试验的人，刘文明（甘肃畜牧厅）、项述武（内蒙古阿拉善旗）、赖天才（云南省农业厅）、陈广印（西北畜牧兽医研究所）及我本人。

主要参加者：刘文明（O型）、赖天才（ZB型）、我。其他外省同志参加学习。

二、试验材料

（一）种毒

（1）O型病毒　系新疆畜牧厅兽医诊断室于1958年3月23日，在阿克苏专区温宿县第五区三乡夏什勒克，采得人工感染病牛的舌面水疱皮及水疱液，保存于40%甘油生理盐水内，封装于盛有冰块的保温瓶中，3月31日航寄到兰州，继置-20～-10℃冰箱中保存。此毒经适应于乳鼠作中和试验、及补体结合反应试验，鉴定为O型口蹄疫病毒。

（2）保山型病毒　系云南省兽医诊断室于1958年4月在保山县采得之野外毒。航寄兰州后保存于-20～-10℃冰箱。使用前接种的黄牛于6月21日发病，其新鲜舌面水疱皮被采集作为种毒。

（二）实验动物

乳兔：从卫生部兰州生物制品所及兰州兽医生物制品厂购得。品种多为日本大耳白兔和土种兔两种。日龄4～6天，亦有少数3天及8～12天。

牛：除少数从兰州买得之甘肃黄牛、犏牛、牦杂牛外，其余皆为从陕西采购之秦川黄牛。

三、试验方法及结果

1. O型病毒乳兔感染、继代试验

（1）第一次试验　4月5日将保存12天的新疆阿克苏系野毒水疱淋巴液，以pH7.6的磷酸盐缓冲液稀释为1∶20的病毒悬液，每毫升加青霉素1 000国际单位、链霉素1毫克，在2～15℃下保存2天，经细菌检验为阴性时作为乳兔初代接种材料。4月8日每只兔以3毫升背部皮下接种10日龄乳兔4只（第1组）。4月9日11时以同批未加抗生素处理且用赛兹滤器过滤后腹腔注射0.1毫升正常牛血清的8日龄乳兔2只（第2组）；接种未注射正常牛血清的4日龄乳兔6只（第3组）。观察3组乳兔21天，第3组有1只于接种后24小时死亡，其余未见有任何病状。死亡的这只，体质很弱，母兔不给哺乳，不足说明为感染口蹄疫病毒致死，未能继代。

（2）第二次试验　用口蹄疫病牛舌面水疱皮作为接种材料。4月12日将冰箱内保存19天的O型（新疆阿克苏系）野外毒舌面水疱皮3克研磨后加入水疱淋巴液1毫升，以生理盐水制成1∶10的病毒悬液。充分震荡后按每毫升加青霉素1 000国际单位、链霉素1毫克，在15℃室温下处理8小时，每2小时震荡一次。继置4℃冰箱处理1天，细菌检验为阴性。每分钟2 500转离心沉淀10分钟，吸取上清液接种乳兔。4月13日22时以每只兔3毫升剂量背部皮下接种4日龄乳兔6只。接种后66～98小时，有3只精神不振，呈现衰弱状态。为采毒剖杀2只，另外1只至136小时死亡。14天后其余的3只皆未病。对于病死的这只乳兔，病理解剖未见有明显变化和口蹄疫的特征性病变。

从感染试验中可以看出，口蹄疫病毒对乳兔有一定的感染性，但不能引起口蹄疫特征性的口腔及趾部的水疱烂斑的病状。第一次试验，以牛的水疱液接种的11只兔

皆未病。第二次试验，以牛的水疱皮浸出液接种的6只兔中有3只发病，发病的兔中有1只死亡。

为将O型病毒适应于乳兔培育继代，将前项接种后66～98小时剖杀的2只，以及136小时死亡的1只乳兔的心、肝、脾、肾等脏器，制成1∶10的病毒混悬液，经过震荡及添加抗生素，在15℃室温内处理4小时后以每分2 500转离心沉淀10分钟，吸取上清液接种第2代，每只兔背部皮下注射3毫升。即以剖杀的乳兔材料接种4日龄乳兔6只，以死亡的乳兔材料接种4日龄乳兔4只。前者在接种后64～90小时内出现前驱麻痹症状，为采集病毒剖杀了3只，64小时病死1只，145小时又病死1只，另外1只病程时间太长被淘汰。后者4只兔分别于接种后35小时、48小时、96小时、110小时死亡。说明O型毒在第2代时已能使乳兔发病致死。

第3代系将第2代接种后78～90小时剖杀及35～48小时死亡乳兔的脏器组织照前代同法研磨处理，仍以3毫升剂量背部皮下接种4日龄乳兔6只，以心血2毫升剂量接种4日龄乳兔2只。前者于接种后26小时死1只，50小时死2只，53小时死1只，72小时死2只。后者于44小时死亡1只，50小时死亡1只。两组兔全部死亡。

第4代以后皆照上法于乳兔发病麻痹临死前或死亡时采集心、肝、脾、肾等组织作为接种材料，接种4～6日龄乳兔，作为O型Ⅰ系，至10月9日已继代至64代。唯7代、9代曾用过心血继代。另外为期逐步适应于成年大兔，自23代起曾用8～12日龄的乳兔继代，作为O型Ⅱ系，已继代至55代。从43代起又分出一系专用心血继代，作为O型Ⅲ系，至10月9日已继代至95代。

关于病毒的处理方法，1代、5代、6代、10代、11代、12代、13代部分乳兔的接种材料曾用过赛兹滤板过滤，其余各代皆系加抗生素处理后接种（但血毒作1∶5稀释，不过滤，也未加抗生素）。接种材料的处理时间，有的加抗生素后置4～6℃冰箱内12～24小时，有的置6～12℃冰箱内6～8小时，有的置15℃室温内2～4小时，在继代过程中皆未见有不良影响。采集病兔含毒组织的保存时间，一般多在解剖当日使用，个别情况下有在4～6℃冰箱保存时间长达108小时使用者，接种乳兔仍能使其感染发病。

2. 保山型病毒乳兔感染继代试验

6月19日将云南省保山县4月初旬寄的口蹄疫野外毒，接种2头黄牛用以复壮毒力。6月22日将新鲜的舌面水疱皮组织研磨为1∶10悬液，经过震荡，加抗生素及离心处理后吸取上清液，于6月23日23时接种2只乳兔（第1组）；另以赛兹滤板过滤材料接种2只乳兔（第2组）。注射量皆为3毫升。接种后72小时，第1组中的2只兔出现麻痹症状，为采毒扑杀；第2组中的2只兔至95小时病死1只，107小时又病死1只。

第2代于6月27日夜24时，以扑杀1代兔的心、肝、脾、肾制成1∶10混悬液，每只兔3毫升，共接种乳兔6只（第1组）。6月28日18时以死亡1代兔的材料制成1∶10悬液，每只兔3毫升，接种乳兔4只（第2组）。结果第1组中乳兔于接种后80～104小时发病，82小时扑杀1只，162小时死亡1只，176小时死亡1只，12天死亡1只，14天死亡1只，只有1只健活。第2组中乳兔于48～64小时发病，69小时死亡1只，72小时扑杀1只，100小时扑杀2只。

第3代以后，皆于乳兔出现全身麻痹症状时扑杀，采集材料，照上法研磨处理，提取病毒，接种继代。

另外，从第10代起分两系继代。Ⅰ系仍以组织材料继代，Ⅱ系则用病兔心血继代。血毒继代者于采血当时用生理盐水作1∶5稀释，以3～5毫升剂量背部皮下接种。对于潜伏期及病程，血毒接种者比组织毒接种者为短。多在30小时前后死亡。

至10月9日，Ⅰ系组织毒接种者已继代39代，Ⅱ系以血毒接种者已传至69代。接种继代情况如表四。

3. 口蹄疫病毒对乳兔的适应性与继代代级关系

以O型野外毒接种4～6日龄的乳兔，连续接种3～4代，即已适应，能顺利继代。并随代数的增加，潜伏期和病程相伴随缩短，死亡率逐代提高。如第1代时，感染性较差，仅3／6发病，1／6死亡。潜伏期也较长，为66～98小时，1只死亡乳兔的病程达136小时。

至第2代时，病毒对乳兔的感染性开始增强，潜伏期缩短，为35～72小时。病程最短的试验兔，接种后35～48小时即死亡，长的持续110～145小时也死亡。接种的10只兔，除剖杀了3只外，其余的7只全病死。至第3代时，接种的8只兔，72小时内全部死亡，病程最短的1只在26小时即死亡。第4代时，接种的7只兔，54小时内即全部病死。病程最短者1只22小时病死，另1只30小时病死。

10代以后40～50小时病死，至30代以后在接种30～40小时即死亡。尤以血毒继代的第Ⅲ系，在50～60代以后30小时内即多数死亡。

从死亡率上看，1代为50%，至4～5代后皆达100%。

唯继代中Ⅰ系5代、6代、11代、13代、17代、24代代时，有个别乳兔的潜伏期稍长，病程自接种起有延至108～176小时死亡者，认为与乳兔日龄较大有关（继代试验中，常因乳兔供应不便，有时用10天左右的乳兔接种继代）。

以保山型病毒接种乳兔，1代时4只皆发病，扑杀2只，死亡2只。2代接种10只，发病扑杀4只，死亡5只，1只健活。3代接种9只，扑杀5只，死亡3只，1只健活。至4～5代后皆能发病致死，病程也随代数增加而缩短。例如，以组织毒接种的第Ⅰ系1～2代，病程最短的接种后69小时死亡，最长的延至14天，一般在95～176小时死亡。但至3～5代时，病程短的48小时、最长的109小时即死亡。10～30代时，24～53小时内即死亡。尤以血毒接种者，第Ⅱ系10～20代，30～40小时死亡，25代以后24～30小时前后死亡。表明保山型毒与O型毒同样对乳兔的适应性很强。

4. 乳兔继代毒的毒力变化

为了解口蹄疫病毒通过兔体继代的毒力变化，曾在一定代数时分别对牛及乳兔进行了毒价滴定试验。

（1）回归牛体毒力试验与免疫试验

①O型Ⅰ系3代毒回归牛体试验　我们于4月23日以4月22日病死的3代乳兔肝脏组织制成的1∶10悬液0.2毫升给2岁4头小牛（黄牛1头、牦牛1头、牦杂牛2头）做唇膜下注射及划线接种。接种次日，黄牛及牦杂牛接种部位呈黄色溃烂，牛稍流口涎，至第3日舌面出现水疱，发生口蹄疫，只有牦杂牛较轻。接种后8天，牦牛未病，再以强毒接种仍未病，可能为耐适免疫牛。说明兔体继代3代毒对牛仍有很强的致病力。

②O型Ⅰ系4代毒回归牛体试验　4月29日以4月26日及27日死亡的4代兔的心、肝、脾、肾组织制成的1∶10悬液，以每头牛0.2毫升唇膜下注射及划线接种2头牦牛。1头于接种后3天发病，舌面出现指头大及蚕豆大水疱数个，大量流涎，5天后始逐渐恢复。另一头14天后未发病，继接种强毒，并与病牛同居也未病，此可能为免疫耐适牛。

③O型Ⅰ系11代毒回归牛体试验　5月28日以11代乳兔的心、肝、脾、肾制成的1∶10混悬液4毫升，舌面注射黄牛1头、牦牛1头。2头牛皆于接种后36小时发病，均

呈现典型的口蹄疫症状，与自然感染的病牛尚看不出明显差别。

④O型Ⅰ系20代及24代毒回归牛体试验　6月24日将20代的乳兔心、肝、脾、肾组织悬液，分别以2毫升（10^{-3}稀释）舌面注射犏牛2头，以2毫升（10^{-4}稀释）舌面注射黄牛2头，10天后皆未发病。随后于7月3日以24代兔毒10^{-1}悬液3毫升舌面注射，则注射牛于36小时皆发病。表明20代兔毒以10^{-3}及10^{-4}的稀释度不能使牛发病，亦未产生对兔毒的免疫力；24代兔毒10^{-1}稀释对牛可以致病。

⑤O型Ⅰ系40代兔毒回归牛体试验　8月6日以40代兔的心、肝、脾、肾组织悬液以10^{-1}、10^{-2}、10^{-3}的稀释度，分别以2毫升对牛作舌面注射，共注射3头牛。另以10^{-1}及10^{-2}的稀释度2毫升，颈侧皮下注射2头牛。舌面接种10^{-2}稀释度的1头牛，于接种后2日舌面发生水疱，流涎。舌面接种10^{-1}稀释度的1头牛，于接种后第6天唇黏膜上出现一个烂斑，舌面接种10^{-3}稀释度及皮下接种10^{-1}稀释度、10^{-2}稀释度的牛14天后皆未发病。

在接种后16天，对5头试验牛与2头对照牛同以1∶100的O型强毒作唇膜及舌面划线涂擦接种，结果对照牛次日即发生口蹄疫。试验牛舌面注射10^{-3}稀释度及颈侧皮下注射10^{-1}稀释度均发生轻微病状，未确定是否获得免疫。舌面注射10^{-1}、10^{-2}稀释度及颈侧皮下注射10^{-2}稀释度的牛皆获得了免疫。

⑥O型Ⅰ系51代兔毒回归牛体试验　9月4日用O型Ⅰ系51代乳兔的整个尸体（去头、脾、肠、胃及膀胱）做成1∶10的悬液，舌面黏膜下1毫升注射1头牛、上唇黏膜下1毫升注射1头牛，另以10^{-2}及10^{-3}的稀释度各以1毫升，上唇黏膜下各注射1头牛。9月6日上唇注射10^{-3}稀释度的牛，于注射部位出现蚕豆大水疱一个；继而于9月13日接种10^{-2}稀释度时，上唇及舌根曾发现可疑的小烂斑两块。其余未见有接种反应。

上述试验牛于接种后16天与1头对照牛各以1∶100的强毒0.5毫升作唇膜划线与舌面涂擦接种，结果对照牛发生口蹄疫，试验牛皆不发病，获得了免疫。

⑦保山型兔毒Ⅱ系（血毒继代系）回归牛体试验　8月30日以34代兔毒血毒（不稀释）2毫升，舌面注射接种1头黄牛，24小时后牛即发病，舌面注射部位出现拇指大的水疱4个，48小时后水疱皮脱落，接种牛于第3天恢复食欲。

9月22日又以50代的兔毒血毒（不稀释）3毫升舌面注射1头黄牛，以心、肝、脾、肾等组织材料10倍混悬液3毫升舌面注射1头黄牛。结果2头牛皆于接种后24小时发生水疱，48小时后水疱融合扩大，舌皮脱落，牛不能采食，发生了口蹄疫。可见保山型兔毒对牛的毒力至50代时，尚未减弱。

（2）乳兔继代毒对乳兔的效价滴定试验

①O型Ⅰ系20代兔毒的效价　6月25日将6月23日剖杀、冰箱保存2日的20代兔毒心、肝、脾、肾材料，做成10^{-1}、10^{-2}、10^{-3}、10^{-4}、10^{-5}5个稀释度，每种稀释度各以3毫升接种9日龄乳兔2只，共接种10只。结果注射10^{-1}的乳兔接种后2日发病，最后麻痹死亡。其余3周未病，估计与兔的日龄较大有关。

②O型Ⅰ系40代兔毒的效价　8月6日以40代兔毒心、肝、脾、肾材料，做成10^{-1}、10^{-2}、10^{-3}、10^{-4}、10^{-5}5个稀释度，各3毫升接种6日龄乳兔5只，结果5只接种兔皆发病。10^{-1}的稀释度接种后39小时兔病死，10^{-2}者48小时病死，10^{-3}者86小时病死，10^{-4}者206小时病死，10^{-5}者195小时病死。

由上可知，兔体继代适应病毒对乳兔的毒力已经增强。10^{-5}稀释材料3毫升可使乳兔感染发病和致死。至于10^{-6}以下的稀释度如何，有待再试。

③O型Ⅰ系52代兔毒的效价　我们于9月8日以52代兔毒心、肝、脾、肾、肌肉等混合材料，以10^{-1}、10^{-2}、10^{-3}、10^{-4}的稀释度注射乳兔各2只进行效价滴定试验。结果注射后55小时内，2只乳兔全部发病死亡。

④保山型Ⅱ系60代兔毒的效价滴定试验　10月1日以保山型60代兔毒对乳兔进行了效价滴定。分3组分别将血毒、肌肉毒、心肝脾肾组织毒作5个稀释度，每只兔注射3毫升，结果乳兔全部死亡。

5. 乳兔感染口蹄疫的病状与病理变化

乳兔在接种口蹄疫病毒后发病初期，表现精神不振，继而头颈无力，前驱麻痹，伏卧地面，动作困难。两前肢多伸向体躯两侧，或跪卧在体躯下面，不能支起体躯行走，只能依靠后肢向前推进，此时前肢被拖起前移。将乳兔仰卧时，四肢有时能做轻微伸缩活动，但有的全麻痹而不能随意活动。

病后期，呼吸急迫，后肢及后躯麻痹，最后虚脱死亡，但口腔及四肢皆无口蹄疫特征性的病变。

在病理解剖上，从2代起多能见到膀胱胀大，有积尿现象。一般充满灰黄色黏稠的尿液，并有沉积物。有时可见心囊液及腹水增多。心内外膜及肾外膜有小出血点和肺炎现象。从10代起，还常能见到肝脏肿大质脆，有时呈紫赤色，有时呈黄灰色的变化。四肢及胸部骨骼肌、嚼肌有灰白色石灰样变性。脾脏有时肿胀。系统的观察记录将另行整理报告。

四、讨论及结论

（1）对乳兔进行初代感染试验时，以O型新疆阿克苏系病毒，保存12天的水疱淋巴液接种的乳兔皆未发病。以保存19天的水疱皮组织悬液接种的6只乳兔中，有3只发病，其中1只死亡。以云南保山型病毒水疱皮组织悬液接种的4只乳兔皆发病，其中死亡2只。看来O型及保山型毒皆能感染乳兔和引起死亡，接种保山型的比O型的发病率高。O型材料曾保存19天，保山型系通过牛体复壮毒力采集的新鲜材料，两者对乳兔的感染致病力不同可能与此有关。

（2）从继代试验中观察，O型、保山型对乳兔皆易适应，连续接种2~3代至4~5代后即能适应兔体，顺利继代。至10月9日止，O型Ⅰ系已继代64代、Ⅱ系55代、Ⅲ系95代，保山型I系继代39代、Ⅱ系69代。并随代数的增加，潜伏期和病程已有缩短。如O型I系接种乳兔时，1代，136小时病死；5代，46~108小时病死；10代，40~50小时病死；30代以后，30~40小时即病死。O型Ⅲ系以血毒接种者30~40小时即引起死亡。死亡率从4~5代起，皆能100%致死。保山型I系1~2代时，一般在95~136小时病死；但至10~30代时，皆能在24~53小时内病死。以血毒接种者Ⅱ系25代以后，24~30小时前后，即引起死亡。

（3）O型兔体适应病毒对兔的毒力有逐渐增强，对牛的致病力有逐渐减弱趋势。如O型20代兔毒作10^{-1}稀释，对兔可致死。但10^{-2}~10^{-5}者皆未引起发病（兔日龄9天，可能稍大）。至40代时，接种10^{-1}~10^{-5}者5组中5只兔（6日龄）皆发病死亡。保山型60代时，对兔的效价，血毒、肌肉毒、脏器毒皆达到10^{-5}。致10^{-6}以上如何，有待再试。

对牛的免疫力，O型兔毒3代、4代、11代时的脏器毒，以10^{-1}的稀释度对牛皆能引起口蹄疫，与自然感染发病无异。20代时，以10^{-3}及10^{-4}的稀释度2毫升舌面注射4只牛，10天均无反应。但继以24代10^{-1}的稀释度3毫升舌面注射时则牛发病。到40代时，以10^{-1}及10^{-2}的稀释度2毫升舌面注射牛只，牛仅轻微发病。注射10^{-1}者于上唇黏膜有一处溃烂，10^{-2}者舌面有鸽卵大第一期水疱1个，注射10^{-3}的1头牛仍未病。同时另以10^{-1}及10^{-2}的材料2毫升颈侧皮下注射的2头牛也无反应。

51代时，以10^{-1}的材料舌面注射1毫升，牛不发病，以10^{-1}、10^{-2}、10^{-3}的材料各在唇黏膜下注射1毫升。注射10^{-3}的1头牛，仅于注射部位有很小的原发性水疱病状。注射10^{-2}的1头牛，仅于上唇有可疑的小烂斑。

从以上情况综合分析，认为O型兔毒对牛的致病力等已减弱（O型同一品系阿克苏系强毒对牛的致病力达10^{-7}）。

我们曾将接种过兔毒的牛观察14天后，再接种口蹄疫牛体继代的强毒作免疫试验。注射40代兔毒的5头牛以1∶100的新鲜强毒作舌面及上唇划线涂擦接种后，只有舌面注射兔毒10^{-3}及皮下注射10^{-1}的2头牛免疫不佳，舌面发生水疱，出现轻微口蹄疫症状，其余各牛皆得到了免疫。对照牛2头皆发病。对51代兔毒注射之牛只以同样方法做免疫试验，也证明皆得到了免疫。

从这些情况初步分析，O型阿克苏系兔毒对牛的致病力减弱后，仍对牛保持免疫力。如果连续继代培育至接种牛只无反应，或连续回归牛体3～5代不能恢复强毒，不能引起同居感染时，则将可以在防疫中实际应用。认为有进一步达到实际应用的前途和希望。

（4）保山型兔毒到50代时，对牛的致病力仍不见减弱，以兔的原血毒（不稀释）或脏器组织毒10倍稀释材料注射的牛皆发病。被认为比O型的毒力强，可能与原来野毒的型别及品系有关。在未育成弱毒前，因对牛的毒力仍然很强，似可考虑用以代替牛的舌皮毒试制死毒疫苗，有进一步研究的必要。

（5）接种乳兔的日龄，8～12天的比4～6天的虽潜伏期与病程稍长，但能感染，最后死亡。至一定代数可继续提高乳兔日龄，以便逐步适应成年家兔。此外还以乳兔与成年兔交替继代一系，试验了3次，无满意结果，详细情况将另行报告。为加速继代成弱毒，认为4～6天（乳兔传代）的一系毒仍需保留继续传代。接种材料用组织毒与血毒皆可，但以血毒接种者，潜伏期与病程较短，可以加速继代。

（6）乳兔感染口蹄疫的症状，主要表现为精神不振，颈头无力，动作不灵。先从前肢前躯继至后肢，后躯麻痹，呼吸急迫，最后引起死亡。4～5代后死亡率为

90%～100%，20代以后皆100%致死。

病理解剖上，一般肉眼所见，多有膀胱胀大，积尿现象；肝、脾有时肿胀，质脆，或呈暗紫赤色，或为黄灰色。心、肾有时出现小出血点。还常能见到肺炎及骨骼肌有灰白色石灰样变性等病理变化，尤以病程较长的乳兔变化较为显著。

1958年10月9日于兰州

说明

关于尹德华所写《口蹄疫试验研究报告》（手稿）（1956—1959），由于篇幅所限，本书只选择了两篇详细刊登，即《口蹄疫结晶紫灭活疫苗研究报告》和《口蹄疫兔化病毒之研究》。

其余文稿如下：

（1）《口蹄疫兔化病毒之研究》（第二报）（1959年5月2日，兰州）。

（2）《口蹄疫鼠化毒之研究》（第一报）（1958年10月9日，兰州）。

（3）《口蹄疫鼠化毒之研究》（第二报）（1959年3月1日，兰州）。

（4）《快速培育口蹄疫兔化及鼠化弱毒疫苗取得成就》（1959年，兰州）。

（5）《口蹄疫病毒海猪感染适应继代试验报告》（第一报）（1958年10月15日，兰州）。

（6）《口蹄疫病毒对绵羊、山羊、猪的人工感染试验及其绵羊继代毒对牛的感染与免疫试验》（试验地点：1951年在宁夏、热河。1956年3月20日整理）。

（7）《口蹄疫病毒对家兔的感染试验》（试验地点：翁牛特旗，1956年11月整理）。

（8）《试用贝林（C.bellim）氏法在牛皮肤上培养口蹄疫病毒及制造疫苗的试验》（第一报）（1959年1月，兰州）。

（9）口蹄疫研究专题设计书（第三题），即《试制苏联氢氧化铝甲醛疫苗及改进结晶紫甘油疫苗在中国条件进行广泛应用的试验》

课题研究领导人及职别：尹德华（技师）

研究日期：1958年3月至1959年12月

（10）口蹄疫研究专题设计书（第五题）

《掌握白林氏培养与采集口蹄疫病毒的方法及用此毒制造疫苗广泛应用的试验》

课题研究领导人及职别：尹德华（技师）

研究日期——1958年9月至1959年12月

尹德华的其他科研论文及著作，因为另有单行本，在此不再选登。

对尹德华同志的鉴定

农业部畜牧兽医总局

尹德华同志现年32岁。在东北时，曾数次被派出帮助内蒙古防治牛瘟，很有成绩。1951年调他到西北区防治牛口蹄疫时，因工作努力，能真正帮助地方上解决问题，曾受到西北区表扬。

1953年调局，分配到兽医科工作，其优点如下。

（一）工作主动

尹德华主动争取出差，在地方上也主动争取工作。例如，最近向西康、西南提出防治牛瘟工作的意见。帮助藏族自治区人民政府搞工作计划，建议并领导召开技术讲习会，统一技术规程，帮助地方提高技术。

（二）工作积极，责任心强

他调部后不久即出差。1953年冬，科里认为他在外工作将近1年，希望他年终回部总结一下工作，同时也休息一下。但他见疫病尚未扑灭，工作还未全面开展起来，即提出了1954年春季的工作计划。又因当地反映牛瘟血清疗效不高，他就钻研原因，发现红尿病和肝蛭病并发很多，对血清疗效问题作了负责的研究。

（三）生活朴实艰苦

他调部不久，出差一年。爱人、儿女尚在东北，出差地区又是藏族地区，生活习惯要注意（尊重民族习惯），但他每次向局里报告，总是说："我顽强地在战斗着！"没有表示不安和诉苦。他向局、科的报告较多，而给他爱人的信却很少，他爱人常写信给科里同志问情况。

（四）钻研精神好

一年来的工作，他钻研的内容如下：

（1）对西南地区牛瘟流行规律的钻研，获得一定程度的较深入的认识。

（2）对藏族自治区牲畜疫病情况的钻研。如因血清疗效不高而深入钻研，发现红尿病和肝蛭病的存在，对该区疫病情况有了深入一步的了解。

（3）他的主要钻研问题，也是组织上交给他的任务——"绵羊兔化毒适应牦牛问题"。做了许多试验，证明对牦牛的安全有效。这给扑灭高原地区牦牛的牛瘟提供了一个有力的武器。

（4）藏民习惯用土法"嘎波"预防牛瘟，藏民信仰很深，藏民信仰佛教，反对杀生，因此对科学方法预防不十分愿意接受。"嘎波"有一定科学道理，但缺点是容易散毒，引起牛瘟扩大，不易掌握标准免疫的毒量。尹同志也进行钻研，希望得到加以改进的办法，使之既适应于民族习惯又符合科学原则。由于"灌花"客观上没有"注射"进步，尽管尚未获得理想的成果，但精神是很好的。

（五）工作效果

一年来的工作效果是很大的，具体如下：

（1）1953年元月去西南防治口蹄疫，积极协助地方推动工作，使口蹄疫未蔓延，使春耕生产未受影响。这次工作是成功的。

（2）四川发生口蹄疫时，绵阳专区及遂宁专区要报告口蹄疫发生情况，动员党政军民封锁18个县。尹同志前去检查，认为非口蹄疫，并提出有力说明。随即解除封锁，减少损失。

（3）在西康藏族自治区工作时，在试验"绵羊化兔毒"对牦牛适应上，在推动牛瘟防治上，在了解当地情况上，以及在提高地方干部技术上，都起到很好的应有的作用。

（六）地方关系

口蹄疫扑灭后，西南坚持留他防治牛瘟，说明西南对他评论不坏。据西南、西康相关同志的了解，也说他工作积极负责。

（七）据了解，一年来工作中尚有如下缺点：

（1）急躁。地方对工作不重视、拖拉时，常表现急躁，有点小脾气。

（2）对同志团结关系上，不够顶好。

（3）尚有个人英雄主义的残余思想情绪。

1954年4月1日

尹德华说明：消灭牛瘟，扑灭口蹄疫，是我作为兽医的本职工作，是我为人民服务的具体任务，必须努力完成，再苦再难也要坚持到底。有党的领导，有牧民的支持，我们总算完成了康区防疫，但全国的防疫任务还在今后（1954年4月）。

科技工作者自传

尹德华

一、科研和防疫技术指导推广工作

（一）牛瘟方面

（1）1949年3~6月，在哈尔滨兽医研究所陈凌风同志的亲自主持下，参加"牛瘟兔化毒"及其"牛血反应疫苗"的试验研究，同张百魁、氏家八良等一起进行。

①"牛瘟兔化毒"种毒继代及对东北黄牛、蒙古牛的免疫试验。

②"牛瘟兔化毒回归牛体继代试验"和试制"牛血反应疫苗"对东北黄牛、蒙古牛的安全性与免疫效力试验。

（2）1949年6~7月，根据哈尔滨兽医研究所试验结果，奉陈凌风同志指派，携带牛瘟兔化毒种毒到内蒙古自治区兴安盟试制"兔化毒"及"兔化毒牛血反应疫苗"，进行区域试验。在内蒙古自治区农牧部的领导支持下，现地制苗注射蒙古牛2万多头，证明注射安全。尤其是牛血反应苗可就地取材制苗，成本低，产量高，便于推广。为开展牛瘟防疫注射取得了经验，并帮助内蒙古培训一批牛瘟防疫人员。根据试验结果，写有《区域试验的防疫注射总结报告》。

（3）1949年9月下旬至12月，奉派带队第二次到内蒙古协助在东部地区推广"牛瘟兔化毒"及其"牛血反应疫苗"，大规模开展牛瘟防疫注射。在内蒙古自治区农牧部的领导下，同内蒙古兽医干部和兽医训练班学员混合编队后，到呼伦贝尔盟各旗巡回就地制造"牛瘟兔化毒"和"牛羊体反应疫苗"，注射蒙古牛13万多头。并试将"牛瘟兔化毒"接种绵羊进行了"羊体反应疫苗"（包括血毒、脏器毒）注射的试验。写有试验报告和防疫注射总结。这一年内蒙古东部地区各盟应用"兔化毒"及"牛羊体反应疫苗"预防注射50多万头牛，为消灭牛瘟打下了基础。

（4）1950年2~6月，奉派第三次到内蒙古，协助在西部地区锡林郭勒盟和察盟推广"牛瘟兔化毒"及其"牛羊体反应疫苗"开展牛瘟防疫注射。分工在察盟各旗巡回就地制苗，协助开展预防注射14万多头牛。写有现地制造反应苗开展注射的总结报告。

（5）1950年7~8月，奉派到原辽东省协助该省在丹东举办牛瘟防疫训练班，到本溪县试点后在全省开展了防疫注射。写有"牛瘟兔化毒"及其"牛羊体反应疫苗"的制造方法与应用讲义。

（6）1950年10~12月，奉派到吉林省延边地区汪清县试制"牛瘟兔化毒山羊体反应疫苗"对朝鲜牛进行安全性试验，解决兔化毒对朝鲜牛有严重反应和死亡的问题。明确了用"山羊体反应苗"可以减轻反应和减少死亡率，并在汪清县进行了注射。

（7）1953年1月至1955年1月，由中央农业部畜牧兽医总局派到西南协助川康二省扑灭牛瘟和口蹄疫。1953年上半年协助四川省在川北和阿坝藏族自治州扑灭口蹄疫后，下半年转到原西康省康定藏族自治州协助开展牛瘟防疫注射，进行扑灭牛瘟的工作。

①1953年8~12月，首先在康定自治州乾宁县进行了"牛瘟兔化山羊化、绵羊适应毒"及其"牦牛血反应疫苗"对牦牛的安全性与免疫效力试验，获得了注射牦牛安全、免疫效力强的良好结果。并通过试验结合现地制苗防疫，明确了绵羊毒回归牦牛继代至第31代，毒力无显著增强变化的稳定性。解决了康藏地区藏民采用自然弱毒株传统的"灌花"方法免疫而引起散毒传染死亡的问题，以及"兔化毒和兔化山羊化毒"注射后牦牛发生神经症状反应和严重死亡问题。根据试验结果，写有：《牛瘟兔化山羊化绵羊适应弱毒及其通过牦牛继代牛血反应疫苗对牦牛的安全性与免疫效力试验报告》，以及《牛瘟兔化山羊化绵羊适应弱毒及其牦牛继代牛血反应疫苗的制造方法与应用》。

为了用于推广防疫注射，西康省康定自治州印有单行本专刊。

②1954年1~5月，根据上述试验结果，建议西康省、西南农林部和中央农业部同意在康藏高原全面推广开展防疫注射。为此我继续留在康定协助举办藏族兽医人员训练班，培训60多名藏族学员。为全面开展防疫消灭牛瘟，从技术上、装备上做了

准备工作。

③准备就绪后，同年6月，农业部由山东、江苏、上海、江西、广西、四川抽调10名同志到康定支援防疫，同西康省派来的兽医干部和藏族学员近百人组成防疫大队。在西康省和康定州的领导和支持下，康定州派1名处长同我带队深入牧区各县巡回开展防疫注射，就地制造"绵羊毒"及"牦牛继代牛血反应苗"注射牦牛30多万头。1955年的这次注射以后，再无牛瘟发生。后经康定自治州连续注射几年，防疫效果得到了巩固。

（二）口蹄疫方面

1. 口蹄疫疫苗研究工作

（1）成功研究出了口蹄疫结晶紫甘油灭能疫苗，为我国兽医工作填补了一项技术空白，推广注射收到成效。1956年10月至1957年5月，奉派到青海省协助扑灭口蹄疫期间，倡议研制口蹄疫疫苗，以改变我国历史上没有口蹄疫疫苗的局面。这一倡议得到农业部畜牧总局和青海省畜牧厅领导的大力支持。试验计划曾蒙程绍迥、陈凌风同志帮助设计指导。会同青海省兽医诊断室钟圣清等同志，后来又有西北畜牧兽医研究所但秉成同志参加，进行了试验研究工作。

在牧区无实验室和设备的条件下，借用湟源县畜牧学校的一间教室，自制土温箱水浴槽。通过试制蜂蜜灭活苗、福尔马林灭活苗、结晶紫灭活苗、高免血清和利用牛痘病毒进行非特异性免疫比较试验，获得了结晶紫灭活苗和高免血清比较满意的结果。继而在互助县和省诊断室反复试验，试制的4批苗皆获同样结果。这些疫苗注射安全，免疫效果可靠。终于为我国研制出第一批口蹄疫疫苗，试用于防疫注射。

在农业部畜牧局领导的鼓励和支持下，在此基础上1958年春天，到西北畜牧兽医研究所出差期间，会同该所但秉成和内蒙古兽医站项述武等同志又进行了一些补充试验，并草拟了《口蹄疫结晶紫甘油疫苗制造检验试行办法》。在中国农业科学院程绍迥同志和西北畜牧兽医研究所领导的支持下，同青海、云南、新疆、内蒙古、甘肃等省（自治区）派来学习的同志一起生产近200万毫升疫苗并发到甘肃、新疆、云南用于防疫注射，均获得了良好结果。这一项试验研究的结果概括如下：

①免疫效力良好　1956年11月在青海湟源县试制的第一批疫苗注射牛攻强毒后

100%受到了保护，对照牛攻毒后100%发病。在互助县的第二、三批苗注射牛，攻强毒105头，其中有97头受到了保护，保护率达到92.4%。对照组中的30头牛强毒试验后全发病。

②免疫期测定不比国外的灭活疫苗差　经结晶紫灭活苗注射，半年攻强毒后的保护率为100%，7个月时攻强毒保护率为75%，13个月时攻强毒仍有50%的牛有保护力。

③疫苗的保存性能比国外氢氧化铝灭活苗好　氢氧化铝苗怕冻；结晶紫甘油苗则不怕冻，保存有效期也长。在青海、甘肃试验时，4~6℃和6~12℃条件下，结晶紫甘油菌的保存期可达6~11个月，且仍有100%的保护力。保存13个月后，注射牛仍有83.3%的保护力。

④区域试验　1957年5月至1958年4月，在青海试制7批苗，分别于西宁、民和、共和、乐都等地注射2 000余头牛。1958年春在西北畜牧兽医研究所试制8批苗，于甘肃省临夏市和康乐、永靖、和政等地注射4 000余头牛。在新疆兽医诊断室试制5批苗，于拜城、温宿两县注射1 000多头牛，皆获良好结果。

有些苏联专家对此苗很感兴趣，他们回国后于1959年曾通过农业部外事局向我国要过疫苗样品和制造方法。

⑤生产情况与使用效果　1958年在西北畜牧兽医研究所同有关省派去学习的同志一起生产疫苗近200万毫升，支援云南、甘肃防疫注射时收到了较好效果。1958年秋，云南省在保山地区建立口蹄疫疫苗厂，进行多年生产，用于防疫注射，收到一定效果。

1960年初河南省发生口蹄疫，我奉派于2~5月协助该省防疫期间，曾帮助河南省在新乡市建立制苗点，河南兽医生药厂派职工生产疫苗20多万头剂，用于防疫注射，皆收到显著效果。

1961年11月至1962年2月，奉派到山东济宁地区协助扑灭口蹄疫期间，在兖州建立制苗点，试生产结晶紫甘油苗并注射，也收到一定效果。

新疆兽医生物药品厂于1963—1964年曾进行过结晶紫甘油灭活疫苗的大量生产，用于防疫注射，并收到一定效果。1963年冬，奉派到该厂，曾协助解决生产工艺问题。为扩大生产，解决制苗用病毒抗原的来源问题，曾将病毒通过兔体8代适应于乳兔。对兔毒用乳鼠测价，达到10^{-11}，用牛测毒价达到10^{-8}，可用于制出质量好的结晶紫甘油灭活苗。

主持试验研究口蹄疫灭能疫苗和高免血清，曾由我起草写下了如下试验研究报告：

——《口蹄疫疫苗试验研究报告》（第一报）（1957年1月25日）。

——《口蹄疫疫苗试验研究报告》（第二报）（1957年2月25日）。

——《口蹄疫疫苗试验研究报告》（第三报）（1957年4月22日）。

——《口蹄疫结晶紫疫苗三个月免疫期试验报告》（第四报）（1957年5月5日）。

——《口蹄疫高免血清试验报告》（1957年4月25日）。

（以上报告在青海整理起草后印有单行本材料。1958年西北畜牧兽医研究所刊登在该所《1955—1957年研究资料汇编》上）

——《口蹄疫结晶紫疫苗的研究报告》（总结性报告，1958年6月15日）。

——《口蹄疫结晶紫甘油疫苗的改进研究》（1959年5月）。

（此两篇报告由西北畜牧兽医研究所刊登在《1958—1959年口蹄疫研究资料汇编专集》上）

——《在河南省新乡试生产口蹄疫结晶紫甘油灭活苗防疫注射的总结报告》（1960年6月）。

——《在山东省兖州试生产口蹄疫结晶紫甘油灭活疫苗防疫试点注射总结报告》（1962年2月）。

——在新疆维吾尔自治区生物药品厂完成《试将A型口蹄疫病毒适应于乳兔，利用兔毒制造口蹄疫结晶紫灭活苗和福尔马林灭活苗》的试验报告（1963年12月于新疆）。

（2）在西北畜牧兽医研究所主持研究培育口蹄疫弱毒疫苗。其中O型Ⅱ系鼠化弱毒和保山型兔化弱毒业经推广，用于防疫取得成效。O型Ⅱ系鼠化弱毒经中国兽医药品监察所鉴定，由农业部颁发制造检验规程。弱毒代替了结晶紫灭活苗用于防疫。

研究过程和概况如下：

1958年3月奉派到兰州西北畜牧兽医研究所协助筹办口蹄疫研究室，根据《中苏技术合作协定》，为接待同年8月苏联派专家来我国协助研究工作准备条件。在筹备期间，利用实验室未改建好而苏联专家尚未到来的空隙，倡议边筹备边开展试验研究工作，并得到农业部畜牧局、中国农业科学院、西北畜牧兽医研究所各级领导的支持。会同西北畜牧兽医研究所但秉成、陈广印同志，接着由甘肃畜牧厅派刘文明同志参加，将动物舍当做实验室，边进行结晶紫甘油灭活苗的补充试验，边开展培育口蹄疫弱毒株疫苗的试验研究。试验过程中，陆续有派来学习的甘肃省畜牧厅郭效仪，青海省畜牧厅徐树林，内蒙古畜牧厅张恒顺、项述武，云南农业厅赖天才，新疆畜牧厅龚成润、程文运、阿巴贝克，西北畜牧兽医研究所刘万钧等同志参加工作。农业部陈凌风副局长和中国农业科学院程绍迥副院长都给予鼓励支持和技术指导。西北畜牧兽医研究所当时的所长王继民，兽医室主任陆德明及其他同志，如陈家庆、王武亭等都曾给予了大力支持和指导，帮助解决各种困难，兰州兽药厂谢国贤等也给予了很多帮助。在各级领导和有关部门的关怀、鼓励及支持下，终于在1958年春至1959年春，通过试验成功培育了口蹄疫弱毒，并用于防疫。

①O型口蹄疫鼠化弱毒的研究。1958年4月5日起，处理新疆阿克苏系O型病毒并接种乳鼠使之传代。鼠体传代21代时分出一组；并逐代提高鼠的日龄，至75代时将鼠的日龄提高到14～26天，而且已经适应。这一株成为O型Ⅱ系即OM2，另一组为Ⅰ系。

到1959年1月20日Ⅰ系传到115代，Ⅱ系已传到100代。至1959年5月当我离开兰州回农业部时已育成弱毒株，基本上完成室内试验和野外安全效力试验，试用于防疫注射。

第一，O型鼠化弱毒的毒力变化与稳定性。乳鼠测得的毒价是10^{-6}，可使乳鼠全数致死。回归牛体舌面接种，传代3代后未见毒力增强，同居牛未被传染。制成疫苗注射于牛的上唇黏膜时牛仅有轻微反应；皮下肌内注射、室内试验均无反应。

第二，免疫原性。以10^{-3}稀释注射牛后牛的保护率为100%，对照牛攻毒后则全部发病。

第三，区域试验。1958年12月，O型口蹄疫鼠化强毒由西北畜牧兽医研究所陈广印同志带到新疆，用OMⅠ系113代毒和OMⅡ系93代毒在和阗地区洛甫县和密玉县注射1 600多头牛（包括老牛、弱牛、幼牛、孕牛）。每头牛注射10^{-2}稀释1毫升，皆无水疱症状反应，同居牛不被传染。在现地以10^{-2}稀释的强毒攻击，第一次试验中免疫牛保护5／5，对照牛发病1／3。第二次试验中免疫牛保护2／2，对照牛发病2／2，即免疫率100%。1959年以后在其他省试验，也获得良好结果。

1960年起将O型Ⅱ系（OM2）鼠化毒首先在广东进行黄牛、水牛试验，在获得良好效果后进行了推广，即中山、宝安、珠海3个县和广州市郊区自1960年起，东莞县自1961年起，新会、开平、高游县自1962年开始试行推广，3年共注射牛10万零50多头（主要是水牛），并收到了较好的防疫效果。只有新会、开平在1962年春注射时，牛曾发生过蹄裂，且反应较多、病情较重。奉派同农业部畜牧兽医总局干部刘士珍同志于1962年3月14日至7月10日前往广东调查原因，并协同改变剂量。在进行了加用佐剂等试验、减少反应后又进行了推广，连年注射后基本没有上述反应。当时曾试注射猪，但不安全。但用结晶紫甘油灭活苗注射猪，也基本上接近成功。曾试将注射反应牛与猪同居，未见猪被传染。

第四，生产情况与防疫效果。广东自1962年以后，全省每年推广注射，已有十几年不再发生牛口蹄疫。1963年冬到1964年初，O型口蹄疫由苏联、蒙古国传入我国。我国全面推广注射用弱毒苗，收到了较好的防疫效果。同年还将弱毒苗用于支援朝鲜扑灭疫情。1965年农业部组织防疫队伍，由我同崔砚林带队帮助新疆推广O、A两型苗注射，均收到显效。农业部安排大量生产，发放给西北、东北、华北、内蒙古各省（自治区）坚持每年注射，这对控制疫情均收到了良好的效果。

②ZB型（保山型）口蹄疫鼠化弱毒的研究。1958年6月21日起，将西北畜牧兽医研究所焚尸炉旁侧的解剖室当做实验室，开展了ZB（保山型）弱毒的培育研究。经反复3次试验，最终病毒成功适应乳鼠（适应乳兔培育弱毒另述）。

至1959年1月15日传代到84代时，对乳鼠毒价达到$10^{-7}\sim10^{-6}$。至1959年5月我离开兰州回农业部时已传到101代，毒价达到$10^{-9}\sim10^{-8}$。因毒力减弱程度不够理想，所以未进行野外试验。加上ZB型口蹄疫鼠化弱毒主要在云南应用，而在云南用乳鼠进行试验不如乳兔方便，故重点培育兔化毒。当我离开兰州后，鼠化毒被停止试验。

③ O型口蹄疫兔化毒的研究。1958年4月8日起，试将新疆阿克苏系O型病毒接种

乳兔，强迫适应传代。4~6日龄乳兔继代组称为Ⅰ系；22代起逐步提高兔的日龄，称为Ⅱ系；43代起又分出一组专用乳兔血毒快速传代至弱培育，称为兔化Ⅲ系。至1959年1月，O兔Ⅰ系通过兔体82代；O兔Ⅱ系已适应到12~15天，乳兔传到72代；O兔Ⅲ系血毒快速传代，已达113代。基本上育成了弱毒株。

第一，兔毒对牛的毒力已减弱，稳定性免疫原性良好。O兔Ⅰ系65代毒对牛舌面接种，回归牛体返祖3代，未见毒力增强，同居牛未被感染。78代时，以10^{-2}稀释1毫升对牛有良好保护力。O兔Ⅱ系72代时，以10^{-2}稀释2毫升接种牛舌面，牛反应较强，不如Ⅰ系安全。O型Ⅲ系100代毒，以10^{-2}稀释2毫升，接种牛舌面，只有局部水疱反应，无第二期全身化症状反应，同居牛未被传染。以10^{-2}稀释1毫升皮下肌内注射，能使牛获得良好免疫。因此，兔化毒的免疫效果不亚于鼠化毒。

第二，O型兔化毒的区域试验。1958年12月将O型兔毒76代毒在新疆和阗专区洛甫县进行区域试验，并进行试点注射。注射的3 600余头牛（包括孕牛、犊牛）皆无不良反应，效果安全。并以4头牛进行攻毒试验，免疫率为75%。O型Ⅲ系未来得及试验。

由于O型兔化毒试验数据不如鼠化毒的多，当1959年我离开兰州时，曾建议继续试验，继续传代备用。但迄今未能如愿，实属遗憾。

④ ZB型（云南保山型）兔化毒的研究。1958年6月19日将云南保山毒接种牛体，复壮毒力，经过处理提取病毒，于6月23日夜间接种乳兔传代，该毒很顺利适应于乳兔。从第10代起，分出一组采取血毒快速传代称为Ⅱ系。至1959年1月Ⅰ系传至64代，ZB型Ⅱ系至1959年5月传到第121代。

第一，对牛的毒力、稳定性与免疫原性。ZB型Ⅰ系传代50代时，分别以10^{-1}、10^{-2}、10^{-3}稀释，回归牛体，接种于舌面，仅有局部水疱反应，无全身化二期水疱，同居牛未被传染。以10^{-3}稀释1毫升注射牛，牛能获保护。但传代至65代时，回归牛体舌面接种后曾于7天后出现体温升高和二期水疱，毒力表现尚不稳定，未能推广，留待继续致弱。

ZB型Ⅱ系兔化毒于第109代、114代时曾回归牛体测毒，比第50代时毒力明显减弱。以血毒与10^{-1}稀释的组织毒各半，混合接种于牛舌面，仅有局部水疱反应，无二期水疱，同居牛未被传染。分别以10^{-1}、10^{-2}、10^{-3}各稀释1毫升，牛经注射后皆获得保护。对照组的牛攻毒后皆发病。表明毒力稳定，免疫原性很好，可用于防疫注射。

第二，区域试验。在兰州进行室内试验时获得了满意的结果。建议由云南派到兰州学习并参加试验工作的赖天才同志带回云南进行区域试验。在永平县以116～121代毒制苗，注射黄牛969头（包括孕牛、哺乳母牛、吮奶犊牛），仅有2头出现局部反应，其他牛则表现安全。试注射山羊、绵羊共7只，猪36头，均未出现不安全现象。

由于ZB型口蹄疫只在云南有所发生，故ZB型弱毒也只在云南经过区域试验，逐步推广注射，在防疫上收到了一定效果。

（3）引用法国贝林（C.belin）氏法，在牛的皮肤上培养繁殖口蹄疫病毒，用以制苗试验，取得初步结果。

1958年，为解决生产灭活苗所需病毒抗原的大量来源问题，曾按法国贝林氏的方法，将牛痘病毒与口蹄疫病毒同时接种于犊牛皮肤上，使牛痘病毒为口蹄疫病毒能在皮肤上繁殖创造条件，两种病毒共生。每头犊牛采得牛痘与口蹄疫混合毒300～400克，比只利用牛舌面繁殖病毒提高产量10倍以上，测毒价对牛的效价达到10^{-7}，对海猪为10^{-4}。用以制灭活苗进行免疫试验，有一定免疫效力。因当时把研究重点放在培育弱毒株方面，所以对这一方法的试验只进行了两次便停止。

（4）将O型、A型、ZB型口蹄疫病毒分别适应于海猪传代，并用以制造定型用抗原和血清获得初步结果。至1959年2月23日止，O型毒已通过海猪传至53代，A型毒传至3代，ZB型传到48代。鉴于O型、A型毒已有从国外引进的标准，海猪毒可用于定型，随后停止了传代。因ZB型系新发现的毒型，故将其传代下来了。并用以制抗原和血清，供定型用。

（5）关于培育口蹄疫弱毒株和制苗等试验研究，我亲自主持，亲自动手试验并整理记录，写有以下试验研究报告。

——《口蹄疫鼠化毒之研究》（第一报）（1958年10月9日）。

——《口蹄疫鼠化毒之研究》（第二报）（1959年6月）。

——《口蹄疫兔化毒之研究》（第一报）（1958年10月9日）。

——《口蹄疫兔化毒研究》（第二报）（1959年6月）。

——《口蹄疫病毒海猪感染适应继代试验报告》（第一报）（1958年10月）。

——《引用贝林（C.belin）氏法在牛的皮肤上培养口蹄疫病毒及以此毒制苗的经验》（第一报）（1959年1月）。

以上6篇研究报告，刊登在西北畜牧兽医研究所1958—1959年口蹄疫研究资料汇编专集上，我尚保存有原始手稿。

——《O型口蹄疫鼠化弱毒及其兔体反应毒注射水牛的安全效力试验报告》（试验报告之一）（1962年7月，广东开平县）。

——《O型口蹄疫鼠化毒减轻水牛注射反应和延长免疫期的方法试验》（试验报告之二）（1962年7月，广东开平县）。

——《试用O型口蹄疫鼠化毒及其兔体反应毒和猪体反应毒制造结晶紫灭活苗，注射猪的安全性与效力试验》（试验报告之三）（1962年7月，广东开平县）。

二、口蹄疫防疫技术指导和组织工作

（1）1951年2~7月，奉东北行政委员会农业部派遣带领东北三省抽调的干部协助西北扑灭口蹄疫。到京同华北、华东、中南、内蒙古派来的同志会合后一起到西安。在原西北畜牧部统一组织安排、重新编队后，我带一个队到宁夏省协助防治口蹄疫。疫情扑灭后，为协助解决因寄生虫病造成的大批死羊问题，我进行了驱虫药物效果比较试验，开展了驱虫工作。

（2）1951年9月，奉派到辽西省锦西协助诊断和扑灭了由河北省邯郸购运菜牛传入的口蹄疫。

（3）1951年10~12月，奉派到原热河省隆化、围场、乌丹、翁牛特等县旗协助诊断和扑灭口蹄疫。并分离病毒接种家兔继代和仔猪、绵羊，进行了用以制造疫苗的探索性试验。

（4）1952年1~2月，在哈尔滨兽医研究所进行了口蹄疫病毒接种家兔继代培育弱毒株的尝试。盲目传代15代无结果后停止了试验，并协助哈尔滨市制造痊愈血清用于控制疫情。

（5）1952年3～4月，奉派协助黑龙江省防治口蹄疫。根据东北行政委员会的决定，为在短期内扑灭疫情，保证春耕生产，采取了全面人工接种的紧急措施。

（6）1952年4～5月，奉派到原辽西省调查口蹄疫人工接种反应情况，并协助善后工作。

（7）1953年1～6月，奉派到四川省协助扑灭在阿坝藏族自治州流行的口蹄疫。并帮助诊断纠正了川北地区因误诊对5个县进行的封锁，挽回了14个县的损失。

（8）1956年7～10月，奉派陪同苏联专家到新疆伊犁地区和南疆喀什地区防治口蹄疫。

（9）1956年10月至1957年5月，奉派到青海省协助扑灭口蹄疫。

（10）1957年9～10月，奉派到甘肃省会川、临洮两县检查，推动了口蹄疫的防治工作。

（11）1958年、1959年、1961年三次参加全国口蹄疫研究工作会议，讨论和协助制定研究规划。

（12）1959年12月和1960年2～5月，奉派到河南省协助扑灭新乡和郑州地区流行的口蹄疫；并帮助生产结晶紫灭能疫苗，开展防疫注射。

（13）1961年2～3月，奉派随同中国农业科学院程绍迥副院长和农业部畜牧兽医总局常英瑜处长到青海省大通牛场、门源马场和三角城羊场检查畜牧兽医工作和口蹄疫的防治情况。

（14）1961年5～7月，奉派带领由甘肃省、青海省、四川省的相关同志，以及西北畜牧兽医研究所、东北铁路兽医卫生处的相关同志组成的联合检查组，到甘肃甘南自治州、青海果洛自治州、四川甘孜自治州，检查推动口蹄疫防治工作。

（15）1961年11月至1962年2月，奉派到山东省济宁地区协助防治口蹄疫，并试生产结晶紫灭能疫苗进行防疫注射。

（16）1962年3～7月，奉派到广东协助扑灭口蹄疫并解决弱毒疫苗注射反应问题，开展防疫注射。

（17）1963年10～11月，在新疆参加了口蹄疫A型鼠化弱毒的鉴定试验。

（18）1964年1～3月，奉派在中国兽医药品监察所生产口蹄疫O型鼠化弱毒苗支援内蒙古自治区、河北省、山东省、山西省和北京市开展防疫注射。并试制猪体反应疫苗于河北省唐山地区抚宁县进行注射试验，并到丰润、玉田两县组织防疫。

（19）1965年2月，同对外贸易部、商业部同志到天津诊断猪口蹄疫，并研究解决肉联厂病猪肉处理和外贸出口问题。

（20）1964年3～6月，奉派带领由新疆维吾尔自治区、青海省、甘肃省、广东省等借调的同志到东北三省和内蒙古呼伦贝尔盟协助扑灭由苏联、蒙古传入我国的口蹄疫，组织全面开展防疫注射，并作过一些调查研究。

（21）1964年7～8月，在北京参加口蹄疫防治会议后到辽宁省朝阳市参加了东北三省，以及内蒙古、河北、山东六省区的联防协助会议，并参加了三省的巡回联合检查。

（22）1964年9～11月，奉派到河南省检查推动防疫工作。并组织推动了A型弱毒苗的注射，同时在郑州参加了全国口蹄疫会议。

（23）1964年12月，奉派到陕西省协助推广鼠化弱毒的防疫注射。

（24）1965年1月，奉派协助北京市在南郊福利农场扑灭口蹄疫，并进行小规模猪、牛注射弱毒苗试验。

（25）1965年4月下旬至9月，奉派带领由河北、辽宁、甘肃、北京市和西北畜牧兽医研究所借调的干部，到新疆协助开展口蹄疫防疫注射，曾到北疆塔城、阿勒泰专区和南疆喀什专区和克孜勒苏自治州（1966年）全面推广鼠化弱毒苗注射，以后再无流行。

（26）1965年9月～10月，奉派同商业部的同志到重庆和万县地区检查口蹄疫防治工作，研究解决肉联厂病猪肉处理问题。

（27）1968年4～6月，奉派同西北畜牧兽医研究所的同志一起到河北省邯郸地区大名县进行口蹄疫A型鼠化毒和组织培养弱毒苗对猪、牛的安全性比较试验。

（28）1976年3～7月，奉派到广东协助扑灭口蹄疫，并参加AEI灭活苗的试生产和安全效力试验。

三、其他疫病防治和科研方面的工作

（1）1951年5～6月，在宁夏省协助扑灭口蹄疫后，曾协助进行绵羊寄生虫病的调查和不同药物的驱虫比较试验，获得了满意效果。

（2）1952年7～8月，在辽宁省新宾县和吉林省通化市参加牛肺疫的检疫，扑杀处理病牛和疫苗注射试点。

（3）1960年10～11月，奉派同农业部土肥局同志到湖南、湖北、江西、浙江、江苏、安徽六省调查并总结血吸虫病防治工作。

（4）1954年在西康省康定自治州乾宁县，采用瘤胃注射法投药给羊，进行线虫和肝片吸虫驱虫试验。此法比口腔投药法效果好，药量准确，简便易行。

（5）1974年在中监所细菌室参加了猪肺疫口服弱毒菌株（内蒙古兽药厂菌株和黑龙江省富裕兽研菌株）的鉴定试验，并制定生产检验规程。

（6）1974年夏到内蒙古锡林郭勒盟参加马脑炎的防治和病毒分离工作。回京后到家畜流行病研究所参加了内蒙古的马脑炎病毒的鉴定。

（7）1975—1978年在中监所病毒室主持"羊痘弱毒细胞培养制苗"的试验，研究和分管种毒鉴定。同黑龙江省兽药厂协作，采用羊胎肾和羔羊睾丸二倍体细胞培养连传13代，毒力稳定，效价为10^{-5}～10^{-4}，已用于制苗。1977年同有关厂一起到兰州厂会战，按兰州厂生产工艺用羔羊睾丸细胞初代培养制苗100多万头剂，皆合格。1978年，在长沙召开的细胞苗座谈会上，讨论并制定了《羊痘弱毒细胞苗的生产检验试行办法》。并通过羊痘病毒的细胞培养试验，对掌握细胞培养方法研究病毒有所提高。

（8）多次参加起草防疫检疫条例，疫病防治办法，其他日常工作不作赘述。

四、翻译外文书刊与编著

（1）译过日本关于"口服菌苗""猪瘟""鸡瘟""牛瘟""茨城病毒""牛流行热""马乙型脑炎"等疫苗研究与制造方法的报道、刊物。

（2）应邀参加编著《中国家畜传染病学》。

（3）为全国兽医检疫训练班编写过《口蹄疫与牛肺疫防治方法》讲义。

五、关于获奖方面

（1）1951年协助宁夏省防治口蹄疫期间，受到西北口蹄疫防治委员会宁夏省分会的通报表扬，由西北畜牧部转发了表扬信和"通报"。

（2）1954年被农业部评为"优秀工作者"，受到表扬奖励。

（3）1956年被评为"先进工作者"，出席了"全国先进生产者代表大会"。

（4）1962年协助山东省防治口蹄疫，受到山东省农业厅的来信表扬。

1979年2月

此部分一、二、三中的内容写于1979年2月，四、五的内容另外补充

战斗无穷期

——庆祝中国消灭牛瘟50周年

尹德华　　田增义

　　中国畜牧兽医学会今天召开"庆祝中国消灭牛瘟50周年座谈会",新老畜牧兽医工作者欢聚一堂,欢庆中华人民共和国畜牧兽医史上这一辉煌成就。

　　中华人民共和国成立之初,在政权建设时期,社会治安待治,经济萧条,百废待举。在这样的历史背景下仅用6年时间就消灭了危害千年的恶性传染病——牛瘟,创造了人间奇迹。

　　成就的取得,一靠党政的坚强领导,各级政府畜牧兽医管理部门尽职尽责。二是畜牧兽医工作者同心断金,鞠躬尽瘁,报效国家,安抚黎庶。三是科技工作者急生产所急,日夜攻关,研制出了安全、效力俱佳的牛瘟兔化弱毒疫苗。牛瘟兔化绵羊化弱毒疫苗和反应疫苗,是消灭牛瘟的核心技术。四是广大农牧民全力支持,紧密配合。诛一乡之疫,得一乡人之悦。为了成就伟大的事业,有的防疫战士献出了宝贵的生命。这50年来又有不少当年防治牛瘟的战友天夺其魄,离我们而去。还有一些老战友年老体衰,不能到会和我们一起分享今日的欢乐。为此我们向他们表示崇高的敬意。

　　中国消灭牛瘟创造了多项世界"领先":

　　旧中国是牛瘟的重灾区,受牛瘟之苦可以追溯上千年,与牛瘟抗争也最早。"嘎波"是藏族农牧民利用天然牛瘟弱毒免疫牦牛的民间技术。根据藏民的传说,它的历史至迟可能产生在乾隆年间,即在1750年前后,比中国的种痘术迟发生100年,而比琴纳的牛痘术早1个世纪。藏族同胞利用雪域高原的自然条件,首创了冻干法保存"嘎波"种毒的方法。

中国研制成功的兔化牛瘟弱毒疫苗、牛瘟兔化绵羊化弱毒疫苗，是世界上最成功的牛瘟疫苗。其安全性、免疫效果、种毒的遗传稳定性等多项指标，是其他国家的同类疫苗无可比拟的。

中国创立了牛瘟兔化绵羊化弱毒疫苗的牛体、羊体反应疫苗的理论和方法，可以无限量地生产所需疫苗，现地制苗，当地使用。

中国开创了用牛瘟弱毒疫苗消灭牛瘟的新纪元。中华人民共和国成立后仅用了6年时间，就在全国范围内彻底消灭了这个曾经横行无忌的瘟疫。50年不复发，经受住了时间的检验。速度之快，史无前例。

中国消灭牛瘟的经历堪称人类与瘟疫较量历程中的一个典型范例。其中有无数鲜为人知的故事。人生能有几回搏，消灾灭病死则死之，为社稷亡则亡之。娓娓说来，绝非哗众取宠，实则中华民族精神的体现。

搋古察今，深谋远虑。今天，中国畜牧兽医学会召开"中国消灭牛瘟50周年座谈会"，继往开来昭后人。

中国加入世界贸易组织已经5年了，对外开放是不可逆转的潮流。对外开放，防疫工作面加宽，难度加大。近30年来我国动物的病种名录增加了好多个，人员流动、物流交换频繁，疫病防疫形势不容乐观。禽流感、口蹄疫时有发生，结核病的感染率上升之快令人吃惊。今年的统计数字表明，狂犬病人的死亡率占据传染病死亡率之首。兽疫扰民安可忍，防疫战斗无穷期。

建设小康社会，党中央提出了科学发展观。防疫灭病靠科学，中国消灭牛瘟的理论、方法和经验深邃绵长。今天召开"庆祝中国消灭牛瘟50周年座谈会"正逢时，逸豫富贵非吾志，请缨战斗分国忧。我们坚信：全国的兽医工作者们一定能发扬当年"牛瘟防疫队"的大无畏革命精神，立下雄心壮志，把一个个瘟神消灭掉，为中华民族的福祉再立新功！

2006年10月

致中国畜牧兽医学会贺信

中国畜牧兽医学会：

欣逢"中国消灭牛瘟50周年"、"中国畜牧兽医学会成立70周年"，又值"中国工农红军长征胜利70周年"，在这举国同庆的大喜节日里，我们热烈祝贺中国畜牧兽医学会跨世纪艰苦奋进取得的光辉业绩！并真诚祝愿弘扬长征精神，团结全国畜牧兽医战线的广大科技人员，认真贯彻落实科学发展观，为助推转变经济增长方式，胜利促进我国社会主义农牧业现代化建设，不断做出新贡献！

韩一均　尹德华　李易方　李同斌

2006年10月

韩一均同志系农业部原畜牧兽医总局副局长，李易方是中国牧工商总公司原经理，李同斌是全国农业科技创业创新联盟执行会长兼秘书长。

共產黨員八項標準

一. 共產黨員必須承認共產黨是工人階級的黨.

二. 共產黨員必須為澈底實現共產主義而奮鬥到底,

三. 共產黨員必須終身英勇地堅持鬥爭

四. 共產黨員必須在黨的統一領導下進行工作和鬥爭.

五. 共產黨員必須把私人利益服從人民的黨的公共利益

六. 共產黨員必須經常地進行批評和自我批評.

七. 共產黨員必須全心全意為人民服務.

八. 共產黨員必須努力學習.

此《共产党员八项标准》是尹德华1953年写在《康藏高原防治牛瘟日记》扉页上的。虽然当时他还不是共产党员,但是他却时刻以共产党员的标准要求自己,这是他的座右铭。

诗三首

尹德华

庆祝恩师陈凌风先生九十大寿

蒙师赐教五十年，手捧心香走上前；
寿比南山松不老，福如东海水绵延。
晚生进步恩师带，弟子超群师傅贤；
鹤发童颜迎百岁，芬芳桃李香满园。

2003年9月9日

两次南昌行

去岁防疫在南昌，妻患中风儿女慌，
急电催回忙抢救，老伴病危住病房。
今秋防疫在南昌，女儿骨折腕摔伤，
儿子摔倒臂骨断，母子三人两卧床。
两次南昌遭不幸，不信命运不悲伤，
公务家务担子重，振奋精神一肩扛。
防疫灭病为己任，老不服输更坚强，
只要工作有需要，愿意再度赴南昌。

1983年11月29日夜回北京有感

悼念陈家庆老战友

——冥福

人生百年同归兮，

唯有先走与后行。

永眠九泉之下兮，

芳名常在人世中。

寿终天堂冥福兮，

遗愿后代会继承。

与世不争名利兮，

留下业绩后人评。

陈家庆同志系兰州兽研所研究员，曾担任口蹄疫研究室主任。

志同道合　　心系牛羊

田增义

中央农业部畜牧兽医司前司长、中央农业部畜牧兽医总局副局长、中国农业科学院副院长程绍迥，和农业部高级兽医师尹德华从1951年相识到1993年程老逝世，同心同德，志同道合，心系牛羊共事40余年。

他们组织、领导畜牧兽医工作者和广大农牧民消灭了家畜重大传染病——牛瘟，扑灭了多次暴发的口蹄疫和其他家畜传染病，组建了全国的兽医防疫机构。指导兴建了畜牧兽医研究所、动物生物药品生产厂和检验监察机关，是中国现代畜牧兽医事业的奠基人之一，深受尊重的科学家、领导人。

程绍迥和尹德华初次相识在1951年5月中旬，农业部畜牧兽医司在北京召开的"全国防治牛瘟、口蹄疫座谈会"上。司长程绍迥亲自主持这次会议。哈尔滨兽医研究所派病毒室主任袁庆志和尹德华参会，汇报工作，交流防治牛瘟经验。会上袁庆志和尹德华报告哈尔滨兽医研究所的牛瘟弱毒疫苗研究、推广、使用情况及消灭内蒙古和东北各省疫病的工作，引起了与会者和会议主持人程绍迥的高度关注。

东山有帅，西山有将

哈尔滨兽医研究所牛瘟兔化弱毒疫苗课题主持人——东北行政委员会农林部畜牧处处长兼哈尔滨兽医研究所所长陈凌风在牛瘟流行严重的情况下，急防疫之需，为保护耕畜，巩固土改成果，不让农牧民因疫病流行，家畜大批死亡而返贫，积极开展疫苗研究工作。

1949年，北平刚刚和平解放，陈凌风亲自到农林部华北农业科学研究所病毒系索取到牛瘟兔化弱毒疫苗种毒799代。于是他开始牛瘟兔化弱毒疫苗的研究工作，需要充实研究力量，求贤如渴。人才要不到，等不来，怎么办？何世无奇才，隐埋在山林。东山有帅，西山有将。3月份，他选调东北农业部畜牧处的尹德华（曾在前兴安南省参加过防治牛瘟的工作），派驻哈尔滨兽医研究所，参加牛瘟疫苗研究和生产课题。

在陈凌风的指导下，由尹德华带张百魁（编者注：张百魁是哈尔滨兽医研究所工作人员），承担牛瘟兔化弱毒疫苗的快速传代、兔化毒在牛体的遗传稳定性及适应山羊试验等。陈凌风也经常到实验室和他们一块工作，实地检查、指导、商谈、部署研究工作细节，大家很受鼓舞。正是"但令一顾重，不吝百身轻"（编者注：此两句出自唐代卢照邻《刘生》一诗。意思是只要受到别人的尊重，哪怕只有一次，便不惜为他做出上百次的牺牲，表达知遇之后的感恩心情）。

尹德华1921年生，中等身材，体格健硕。白皙的肌肤，透视出睿智，惟克果断，精力充沛，有使不完的劲。按陈凌风的要求，病毒传代的兔子体温什么时候达到"定型热"标准就什么时候解剖、采毒、传代。牛瘟兔化毒接种牛、羊，测定病毒的遗传稳定性，牛、羊的体温达标时也要及时采毒传代。因此，他们的研究工作不分昼夜。尹德华对试验研究认真负责，记录及时、准确，作风严谨。这个年轻人深得陈凌风的喜爱。

1949年6月，他们对牛瘟兔化弱毒疫苗的性能有了谱，根据关内各省使用这个疫苗的经验，陈凌风指派尹德华带牛瘟兔化弱毒疫苗，到正在发生牛瘟的兴安盟作牛瘟兔化疫苗的犊牛体反应毒田间试验。

患者思医，医者必医受病之处。尹德华来做牛瘟疫苗免疫试验，这对患"急症病"人来说是雪中送炭，内蒙古自治区农牧部高布泽博部长率领畜牧处长谷儒札布等亲自迎接。按尹德华的要求部署工作，免疫试验安排在西科前旗，指派兽医干部（其实是行政干部）和防疫员（民间兽医）配合试验研究。

中华人民共和国成立之初，内蒙古的兽医防治队伍是一片空白。一个好汉三个帮。要完成疫苗田间试验，除了政府支持，必须有技术人员支撑，牧民配合。内蒙古畜牧部对此项工作很重视，但是这些"帮"从哪里来？尹德华和高布泽博部长等商议：办防疫培训班。

高部长要求试验扩大免疫范围。当地干部和青年牧民对"免疫"一词感到很新奇，希望学到新知识、真本领，积极性也很高。政府指派阿尔泰（女）为训练班班主任，组织兽医站兽医，并吸收了一批有文化的蒙古族青年共30多人参加，由尹德华授课，以便配合研究工作。

尹德华克服语言不通、生活不习惯等困难，和学员们打成一片，采取"干什么学什么，边学边做，师傅带徒弟"的办法传授技术。"牛瘟兔化毒耳静脉接种、打针、量体温、心脏采血、解剖、采淋巴、采脾脏、无菌操作……"是挂在嘴边的术语，天天讲，时时说，久而久之竟成了相互起外号的新词汇。蒙古族青年讲汉语困难，就把尹德华叫成了"兔化毒，巴库西!（兔化毒先生）或兔化毒，赛很被弄!（兔化毒，你好!）"这次田间试验也是内蒙古畜牧部办的第一个专业训练班，其成员成为日后内蒙古兽疫防治的骨干力量。

田间试验共注射牛瘟兔化弱毒疫苗犊牛血反应毒20 000多头蒙古牛，它们只产生不同程度的极轻微体温反应，反应率65%～75%，不发生典型牛瘟的严重副反应。而且这种毒在犊牛、羊体连续传代后，毒力不反强，遗传稳定性良好，且有良好的免疫原性，免疫牛抗田间流行的牛瘟病毒而不发病。解决了牧区不养兔，防疫队需自带大量家兔的麻烦和用家兔生产疫苗产量低的难题，取材方便，成本很低。试验取得成功，对试验组、配合试验的兽医和农牧民是莫大的鼓舞。内蒙古自治区农牧部请求哈尔滨兽医研究所在内蒙古继续扩大试验范围。

试玉要烧三日满，辨才须待七年期

1949年正值内蒙古牛瘟大流行，这对东北和关内的畜牧业威胁很大。阻止其传播蔓延并将其消灭，是农牧民的迫切要求。中央农业部对此很重视，畜牧司组织东北、华北的兽医力量协助内蒙古打好这场防疫战，从华北农业科学研究所抽调周泰冲率领牛瘟防治工作组，携带大量药品、器械，参加防疫。程绍迥亲临西新巴旗（新巴尔虎右旗）指导防疫工作。

善救弊者，必寻其起病之源。陈凌风同意内蒙古自治区农牧部的要求，9月底再派尹德华入内蒙古，并从东北农业部增派10名兽医技术人员驰援，组成防疫队。这是牛瘟弱毒疫苗大显身手的好机会。遵照陈凌风的安排，尹德华带队到呼伦贝尔盟牛瘟流行严重的地区开展大面积防疫注射，进行牛瘟兔化弱毒疫苗犊牛血反应毒、山羊血反应毒扩大区域试验。

防疫队经乌兰浩特，直奔海拉尔索伦旗（鄂温克族自治旗）。10月份这里已经进入冬季，北风呼啸雪花飘，人字大雁往南飞。寒流一来，气温可骤然降到零下二三十度，滴水成冰。内蒙古畜牧部派农牧处长鄂尔顿泰、兽医科长伊恒格迎接并领队。中华人民共和国成立初期土匪扰民，社会治安状况不好。为保证安全，当地政府组织民兵为防疫队保驾护航。另外，还给来自东北的每个队员配发了冬装和御寒装备，为大家鼓舞士气。

牛瘟在发威，安危在运筹。在尹德华的指导下，鄂尔顿泰组织大家充分讨论，合理分配力量，将防疫队员和内蒙古兽医干部、兽医训练班成员混合编队后，分成几支小分队，到呼伦贝尔盟各旗巡回打针。每支防疫队再将队员分为4个组：①宣传动员组，负责防疫宣传，组织牧民按时把牛集中到指定注射点。选择供制造疫苗用的犊牛、山羊，由畜主送到中心点。②制苗组，所制疫苗在牧民出牧前送到注射点。③免疫注射组，负责消毒、打针、登记、记录。④免疫检查组，负责打针后的免疫观察，疫苗不良反应处理。4个组分工明确，流水作业，相互配合，你追我赶，加快防疫进度。一个旗分成3个片，每片定一个中心点制造疫苗。为方便群众，每片定15～20个免疫注射点。工作有条不紊，进度很快。一支防疫队20天便完成了索伦旗6万多头牛的防疫注射。

4个组里制苗组工作最辛苦。牛瘟兔化弱毒疫苗的保存性很差，当时没有低温保存设备，常温下疫苗保存期只有24小时。就是说，制好的疫苗必须当天用完。因此，制苗工作在下午到晚上进行，天亮前送达注射点，出牧前将疫苗注射到牛身上。连续作战，日夜值守，队员疲惫。

一次在转移制苗点时，马车上装满了兔笼子、无菌罩和器械。共青团员哈拉巴拉坐在兔笼上打盹，一侧车轮越坑时，发生了猛烈颠晃，将他后仰翻弄了个倒栽葱，头朝下闪下车来，颈部骨折。茫茫草原，寒风凛冽，尽管全组队员奋力抢救，但哈拉巴拉还是当场毙命，他为防治牛瘟献出了年轻的生命。一抔黄土拌吾泪，三尺冢丘碧血碑。大家肃立默哀，向他致敬，誓言消灭牛瘟。匆匆告别仪式之后，队员们又匆匆赶路了。

后来的一次转移制苗点，遇到暴风雪天。夜里，防疫队的1匹老马被冻死，其余

8匹跑光了。地方干部和牧民帮助寻找，有的马遇狼害，有的马不见了踪影。雪下得很厚，无法用马车载运东西，只能借旗政府的马、骆驼充当交通工具，按约定计划转移前行。这次是前半夜制好疫苗交给注射组后，在后半夜起程赶往下一个制苗点。为了照顾尹德华，多数人骑马，让他骑骆驼，跟在队伍后面走。

苍茫草原，厚雪覆盖了一切，看不见路，只能凭向导带路往前走。路过丘陵时，防疫队的马似乎听到了什么，前面的马跑了起来，后面的也跟着跑，而且愈跑愈快，发疯似的，勒也勒不住。飞奔中突然一个队员大喊："有人掉队了！有人掉队了！"

原来是尹德华骑的骆驼突失前蹄，一蹄踏进旱獭洞穴，弄了个侧滚翻。尹德华由于惯性而飞身甩到驼身前面七八米远的灌木丛中，当场昏了过去。幸好飞出去得远，躲过了驼身的砸压。

前面队员听到"有人掉队"的呼喊声，急忙勒缰，将马掉头，探问情况。队员们只见骆驼不见人，呼喊着"谁掉队了？谁掉队了？"

尹德华听到呼喊苏醒了过来，他感到人在瞬间离生命终点是那么近。他应答着、挣扎着爬起来，头上刀割似地剧痛。似乎队员们的呼喊声把自己从阎王手里拽了回来。手摸痛处，黏糊糊的，一手鲜血，所戴风镜碰碎，一个碎片嵌入前额头皮里，血不停地往外流。

黑暗中大家把尹德华搀扶起来，打着手电筒将玻璃片从其头皮里取出，做了简单包扎，止住血后，换了匹马，并将他扶上马背，继续前行。

丘陵背后不远处，蒙古包的牧羊犬听到防疫队的马嘶声而躁动。它们似乎闻到了血腥味，疯狂地直奔尹德华扑了过来。尹德华骑的马受了惊，开始狂跑。幸亏牧民用套马杆套住了惊马，又喝住了牧羊犬，众队员也围了过来，尹德华才免了一场跌破了头再挨马摔、狗咬的惨祸。

牧民听说来的是防疫队，就很热情地将大家请进帐房里，献上马奶茶，嘘寒问暖，安慰伤者，指路导航……

喝了主人招待的马奶茶，暖暖身子后防疫队又急忙奔向下一个制苗点了。茫茫雪原马蹄急，防疫队员驱瘟疫；肩负牛羊安危事，牧民福祉是大义；瘟疫无情人有情，不吝热血和性命；山野做事无历日，功名留给后人评。

这次大规模防疫，制苗方法是仅采牛羊的部分血液，而不杀供血的牛羊，用完了再还给畜主。为了防治牛瘟，保护自己的牛群，牧民们乐见其成，自愿提供制造疫苗用的牛羊，热情很高。这次区域试验共免疫牛13万多头。

牛瘟疫苗区域试验取得阶段性结果，牧民们也很欢迎试验组。内蒙古自治区农牧部对试验大加赞赏，挽留尹德华，帮助培训防疫人员，开展全自治区的牛瘟防治工作。

到年底，内蒙古防治牛瘟会战，完成了陈巴尔虎旗、东新巴旗（新巴尔虎左旗）、西新巴旗（新巴尔虎右旗）的防疫。与此同时，兴安盟、哲盟（今通辽市）、昭盟（今赤峰市）也完成了牛瘟防疫，四盟连成一片，共免疫牛50多万头，建立了牛瘟免疫带。亲临防疫一线指导防治牛瘟工作的程绍迥非常满意。他虽然没和哈尔滨兽医研究所的尹德华见面，但尹德华雷厉风行的工作风貌，吃苦耐劳、不怕牺牲的精神给程绍迥留下了深刻印象。

防疫期间尹德华利用牧民热情高、主动提供绵羊做试验的有利条件，将牛瘟兔化弱毒疫苗静脉注射绵羊。这是在哈尔滨兽医研究所实验室曾经做过的研究工作。当时受条件限制，做的羊数、代数都不多。田间舞台大，猛志好求索。只要病毒传代的绵羊代代都有高热反应，哪怕是一头羊，种毒就能传得下去，就有希望将它致弱。在牧区有的是绵羊，试验组人手也多，一次试验可以多接种羊，挑选余地大，疫苗种毒在绵羊体传代就不会断种。年底防疫工作结束时，他写了试验报告和防疫总结。作为防疫一线的指导者，程绍迥非常赏识尹德华工作认真、细致的风范。既把他人作前车之鉴，又不断总结自己的工作，这样才能永不止步地奋勇向前奔。

1950年初受内蒙古自治区农牧部邀请，尹德华第三次到内蒙古，协助锡林郭勒盟和察盟组织大面积牛瘟防疫注射。这一年内蒙古自治区举办了一期54人一年制的兽医专修班。哈尔滨兽医研究所为内蒙古举办了一期兽医师资进修班。华北农业科学院兽医专修班当年的毕业生，大部分也分配到内蒙古工作。试验组在锡林郭勒盟、乌兰察布盟共免疫牛14万头，建立起内蒙古北部至中西部的防疫带，防止蒙古和苏联的疫情传入我国。

结交在相知，相见语依依

1951年5月中央农业部在全国防治牛瘟工作已经取得一定成绩和经验的基础上，

为把防治工作继续推向高潮，在北京召开了防治牛瘟、口蹄疫座谈会。召集部分重点疫区省、自治区主管兽医工作的领导、技术人员、兽医科研、教学等有关专家参加会议，总结交流防治经验，讨论防疫办法，建规立制。

座谈会发言踊跃，气氛热烈，大家畅谈各地使用牛瘟兔化弱毒疫苗防治牛瘟取得的巨大成绩。程绍迥听得认真，不停地做笔记，时时发问，和与会者进行讨论。根据20年来防治牛瘟的经验、建立的理论（国民党统治时期，一些地区就开展了牛瘟防疫工作，只是力量薄弱，范围小，没有全面展开），程绍迥推崇各地办牛瘟兔化弱毒疫苗培训班，发动群众防牛瘟的做法。鼓励大家坚持下去，短期内消灭牛瘟是有可能的。他赞赏哈尔滨兽医研究所因地制宜用犊牛、山羊代替家兔作为制苗材料的创新精神。但是他也担心用同源动物牛血，制造牛瘟弱毒的反应疫苗，再注射给牛可能产生的严重后果。他问袁庆志和尹德华："选取制苗用的犊牛或山羊有什么具体标准？"尹德华说："膘情好，没有疾病，特别是没有牛瘟的症状，体温正常，临床健康就行，没有其他标准。"

青年血气方刚喜勇锐，老成之人练达多持重。程绍迥很喜欢尹德华的率真，称赞他不辞劳苦的拼搏干劲。他说："犊牛采血量大，固然有它的优点，但也让人担忧，因为很多疾病的病原体可以长期存在于临床健康的牛体里，既可以是病毒、细菌，也可以是支原体、寄生虫等。一头牛的血液里可能有几种，甚至几十种病原体。它们的血液不作其他处理，作为疫苗直接再注射到其他同源动物牛的身体里，弄不好，我们就成了疫病的传播者，为虎作伥。"

这不是空穴来风，骇人听闻。会上程绍迥通报了月初发生在甘肃省岷县碾子坝预防牛瘟时，误用了一只炭疽潜伏期（临床健康）的家兔制牛瘟兔化弱毒疫苗，致使注射的440头牛发生炭疽，共死亡339头牛、50只狗、50头猪及9人感染、2人死亡的惨痛教训。他对于用羊制牛瘟疫苗更抱希望，详细询问了哈尔滨兽医研究所的山羊、绵羊试验情况。

袁庆志和尹德华介绍情况，即用858～906代牛瘟兔化弱毒，静脉接种山羊，除体温反应外，无其他临床症状和病理变化。接种的24头山羊，达到定型热者有9头，占37.5%。定型热反应山羊的血液能致死家兔，接种牛能产生确实免疫力。用定型热山羊血进行病毒传代，能达定型热的羊约为1/3。而用绵羊制反应疫苗，一代反应疫苗试验，56只绵羊仅有9只（16.1%）产生了定型热，发热程度、血液含毒量及消长情况均不明确，热型反应不及山羊。绵羊血对牛的免疫效果也不一致。

会上程绍迥介绍了中畜所1944年拜托美国农业部派到中国农林部的兽医顾问童立夫博士，向印度索取到山羊致弱牛瘟病毒株的经过。1948年，程绍迥代表中国出席联合国粮农组织在内罗毕召开的世界防治牛瘟会议，发表了两篇论文，介绍了中国研究牛瘟弱毒疫苗的详细情况。其中从印度引入的疫苗株对中国牛反应强烈，尚不够安全。虽有反应，然而牛的免疫力坚强。犊牛和山羊接种牛瘟兔化弱毒，对产生体温反应者，在其体温高峰期采血和淋巴组织，制成反应苗，很有希望成功。现在哈尔滨兽医研究所继续进行这项研究，大家在一起多多交流情况。他认为，只要每次病毒传代，产生定型热的山羊比例增加，病毒就有希望适应于山羊，山羊可以用作制苗材料。今后用山羊造苗，特别是在牧区，更恰当些。

程绍迥指出，筛选制苗动物必须用兽医理论基础扎实、临床经验丰富、操作较熟练的人。他的话提醒了尹德华和与会者。会议期间，尹德华、袁庆志和程司长频繁接触，向他汇报研究课题进展和防疫工作，恭听他的指导意见。程绍迥则用自己研究疫苗的体会及防治经验和两位年轻人相互交流，谈心得，讲感受。尹德华和袁庆志感到程司长和蔼可亲，知识渊博，平易近人，是位受人尊重的长者、领导人。

会议要求在扑灭口蹄疫之后，全国以牛瘟为重点，全面开展防治牛瘟工作。

健儿需快马，快马需健儿。课题组为解决朝鲜牛等敏感品种牛的防疫、牧区制苗材料难题，着重进行了兔化毒用山羊的传代致弱。

功夫不负有心人。果然不出所料，用山羊继代兔化牛瘟弱毒，10代以后产生定型热的羊的比例愈来愈高，11～20代达42%，21～50代达50%，51代之后达80%～100%，而且经解剖检查，山羊的内脏有典型牛瘟病理变化。山羊化的牛瘟弱毒对朝鲜牛等敏感品种的安全性也好多了。

第一次座谈会之后，哈尔滨兽医研究所的牛瘟疫苗研究又有新进展。课题组将牛瘟山羊适应毒，转到绵羊体传代，病毒毒力进一步下降，对敏感品种的朝鲜牛变得温顺。另一项成绩是尹德华到宁夏防治口蹄疫，得到宁夏省人民政府建设厅的褒奖。

1951年春新疆暴发口蹄疫，并传入甘肃河西走廊，沿牲畜贸易路线经宁夏扩散进内蒙古，来势凶猛。中央农业部紧急调集力量，全力围堵、扑灭。组织东北、华北和西北地区的兽医专家带队参加防治会战，程绍迥坐守牛羊集散地集宁指挥作战。宁夏发生口蹄疫，请求中央农业部指导防疫工作。相马以舆，相士以居。程绍迥请陈凌风派有田间防治工作经验的人到宁夏来。陈凌风会意，特派尹德华带领东北防疫组赴宁夏参战。

伯乐一顾，精神激奋。尹德华带的防疫队有其特点：一是组织纪律严，行动听指挥，没有自由散漫现象。二是吃苦耐劳。宁夏当年干旱严重，东北防疫队被派到疫情严重、死羊多的贺兰山下平罗县工作。三是急群众所急。生产中需要防治的家畜疫病，他们都当作自己分内的事。工作3个月，他们得到西北口蹄疫防治委员会宁夏省分会的通报表彰，原文如下。

回东北后，屁股还没坐稳，尹德华又接报告，即辽西省和热河省发生口蹄疫，东北人民政府畜牧处命尹德华带领防疫队前去支援防疫。年底回来时，家已经由妻儿老小从安达搬到了哈尔滨。

抗美援朝支前线，反细菌战除病原

1950年6月25日朝鲜战争爆发，美国第七舰队入侵台湾海峡，妄图将中华人民共和国扼杀在摇篮里。帝国主义者来势凶猛，9月将战火燃烧到了中朝边界。一闻烽火燃，华夏忽争先。中国人民响应毛泽东主席"抗美援朝，保家卫国"的号召，派出志愿军与朝鲜军民并肩作战。后方军民同仇敌忾，全力支援前方抗战。

当时辽宁和吉林省的牛瘟仍在局部地区流行。1950年夏，尹德华接受防疫任务，与抗美援朝运动相结合，到辽宁丹东协助、组织防疫，保护耕畜，确保农业丰收，以实际行动辅弼前线。在省政府的领导下，举办防疫培训班。根据一年来的防疫工作经验，尹德华为学员们编写了他的《牛瘟兔化毒及其牛、羊体反应疫苗制造方法与应用》讲义。以本溪为试点，逐步开展全省的防治工作。尽管本溪市桓仁县是尹德华的故乡，但因为防疫任务紧迫，还没来得及回去看看，尹德华又接到命令到吉林防治牛瘟。

吉林延边汪青县地处中朝边境，尹德华用牛瘟兔化弱毒疫苗免疫朝鲜牛时，牛发生了严重疫苗反应，热反应率达93%，其中47%的牛为高热或腹泻重反应，又有0.15%的牛发生死亡。

因为帝国主义者将战火烧到了家门口，为了安全，东北行政委员会农业部畜牧处将家属从沈阳转移到黑龙江省安达县。尹德华面对防疫中出现的疫苗严重反应，不惧敌人的飞机盘旋、侦察，坚持不下火线，一定要把防疫中出现的问题弄清并设法解决它。因而请求畜牧处帮助自己的家属搬家，自己留在疫区坚守工作，只是委屈妻儿老小了。

他将牛瘟疫苗山羊反应毒稀释10～100倍，防疫注射牛的严重反应初步解决了，老百姓可以接受，并积极配合打针防疫。

1952年1月27日夜，美帝侵略军和李承晚集团连吃败仗，向南溃退之前，美军飞机在志愿军42军375团阵地上空盘旋。但罕见的是，这次不像往常那样狂轰滥炸，而是转了几圈就返航了。28日晨战士发现驻地山坡雪地上有大量苍蝇、蜘蛛等僵死状态的昆虫，播散的面积长约200米、宽100米。375团在驻地也发现了大批僵死昆虫、老鼠、麻雀，散布面积长约6公里。军长吴瑞林立即将情况报告了彭德怀司令员。

隆冬季节，雪地上哪来的这么多僵死昆虫？彭德怀判定"敌人要退。退前发动细菌战攻势，杀伤我军民于无声之中"。他命令驻地战士不得触碰敌人的空投物，而是将发现物就地点柴焚烧。

彭德怀司令员了解了情况，立即向党中央、中央军委作了详细汇报，并将42军发现的情况转发各部，命令指战员密切注意新情况，随时上报。

1月28日在铁原郡、龙召洞、伊川、市边里、朔宁、平康、金化等地也发现敌人播撒的昆虫、鼠、雀等僵死小动物。

党中央对此事高度重视，判断敌人发动的是细菌战，命令前线军民要高度警惕，坚决粉碎敌人的新攻势。解放军总后卫生部立即派细菌专家魏曦、寄生虫专家何琦等赶赴朝鲜前线，实地考察，了解情况，取证材料，揭露敌人的阴谋。

国务院总理周恩来召集卫生部、农业部防疫专家汇商对策。程绍迥是总理点名参会的知名人士。决定成立"美帝国主义细菌战罪行调查团"，到朝鲜和东北，实地调查、部署防疫工作。调查团由中国红十字会、卫生部、农业部、各人民团体、各民主党派派员参加，共70余人。参加人的专业涉及细菌学、病毒学、寄生虫学、昆虫学、流行病学、公共卫生学、临床学、兽医学、化学、生物学专家。我们研究微生物、昆虫，是为了除害灭病，造福人类。而帝国主义者却把它们当成残害人民的武器，这是反人类行为，令人发指。程绍迥不顾以往肺结核病曾三次大吐血的状态、不怕三九严寒旧病复发的威胁，向周总理请命，坚决要求参加调查团，亲临前线，和战士、群众一起粉碎敌人的阴谋，揭穿帝国主义者的狰狞面目。

调查团将其中40人派到朝鲜前线，与志愿军以邓华为主任委员的防疫委员会汇合，而后分成4个防疫队，深入连队，普遍进行反细菌战的调查、取证和防疫技术指导。其余的人在东北和沿海各省调查、取证，督导防疫工作。

经军、地调查团索取到的材料，证明美帝这次"绞杀行动"，撒播的带菌昆虫、鼠、雀小动物，面积很广，朝鲜前线及我国东北、山东青岛等地都有发现，以霍乱、伤寒、鼠疫、回归热为主。还证明，美帝国主义灭绝人性的反人类细菌战，早在1950年底就在黄海道等地撒播过天花病毒，意在杀伤我军民于无声无息之中。到1952年3月底，朝鲜一度绝迹的鼠疫、霍乱重新发生。朝安州郡，一个600人的村庄，50人患鼠疫，死亡16人；其他地方13人得了霍乱，9人死亡。我志愿军有16人感染了鼠疫，患脑炎、脑膜炎44人，死亡16人；患其他急性病43人，死亡20人。这次细菌战，我前后方军民共384人被感染，其中258人治愈。

隆冬季节调查团部署的防疫工作主要措施是：普遍进行反细菌战的思想动员，广泛开展爱国卫生教育运动，号召全民保护水源。不许捡拾敌人空投的任何物品，特别是儿童不要捡拾来历不明的糖果、食品等，一经发现，立即报告，由政府派专人处理。焚烧不明来历的僵死昆虫、鼠、雀等小动物，消灭老鼠、跳蚤、虱子，消毒蚊蝇、蟑螂孳生地。重点地区广泛注射鼠疫、伤寒、霍乱等五联苗，发现可疑病例立即报告。

国内反细菌战的重点地区是东北各省。要求各部门、各单位密切注意敌人动向，务必保护好水源不受污染，确保人畜饮水安全。

1952年初，东北发生了口蹄疫。哈尔滨兽医研究所根据东北人民政府的决定，配合反细菌战，派尹德华参加黑龙江、辽宁省巡回防治牛瘟、口蹄疫工作1年，要求短期内扑灭疫情，保证农耕生产和人民健康。

东北人民政府畜牧处处长兼哈尔滨兽医研究所所长陈凌风，工作雷厉风行，轻车简从，生活简朴，平易近人。每次到研究所工作都是住招待所，吃食堂大锅饭。有一天凌晨，一个食堂大师傅做饭时发现米里有灰色细小颗粒，他感到不对劲儿，情急之下端了一碗米，就近到食堂隔壁的招待所找陈所长帮助看看，判别一下是什么东西。陈凌风一看吓出了一身冷汗。根据他的经验判断，灰色颗粒是砒霜！他感谢大师傅工作细心，让他封存这些米，并保守秘密。

砒霜是哪里来的？实验室里的人员中，陈凌风最怀疑的是研究所里留用的日本人。马上查！果然一个留职日本人不见了踪影。这件事对他震动很大，敌人就在身边。他通告全所职工，要求大家提高警惕，既要防细菌战，也要防化学战。他特别关心在边境线防疫的尹德华，指示他防敌人撒播的细菌，也要防化学毒剂，注意自身安全。

这一年，哈尔滨兽医研究所培育的牛瘟兔化弱毒疫苗株转适应于绵羊，取得了成功。绵羊适应毒比山羊适应毒毒力进一步减弱。尹德华带领的防疫队将牛瘟绵羊适应毒注射于朝鲜牛，田间试验安全有效，在中朝边境使用，防疫效果十分满意，彻底解决了东北各品种牛的防疫问题。1953年东北全境彻底消灭了牛瘟。

中华人民共和国成立后，从1949年开始，连续3年防治牛瘟、口蹄疫。黑龙江省畜牧业大发展，1949年牛的存栏量57.4万头，1952年达到103.6万头。

隆冬季节，反细菌战取得重大胜利。在1952年12月召开的第二届全国卫生会议上，程绍迥获得二等劳模奖状和证章。这枚沉甸甸的奖章是党和政府对反细菌战全体人员的褒奖。

围歼牛瘟

全国牛瘟防治工作进展很顺利。1952年农区、半农半牧区的疫情基本控制，有的省达到了消灭标准。但是，在青藏高原牦牛牛瘟依然流行。局地发生年年有，三五年或七八年一次大流行。

谢国贤1950年报告，河西走廊的牦牛对牛瘟兔化弱毒疫苗及山羊化疫苗仍然高度敏感，打苗之后出现严重反应，有的表现神经症状，经久不愈，甚至死亡。对于牛瘟疫苗在防疫过程中出现的这些问题，程绍迥不被成绩遮望眼，不因瑕疵而护短。

自从谢国贤1950年报告牛瘟兔化弱毒疫苗对牦牛有强烈副反应之后，雪域高原牦牛牛瘟的防治问题就一直是程绍迥魂牵梦萦的事。几年来，疫苗在全国使用安全有效，成绩卓著，是有目共睹的事。为什么在牦牛产区出现了如此大的不良反应？是疫苗批次质量不同引起的吗？是牛的品种不同而对疫苗敏感性不同所致吗？带着这些问题，他决定派人进行验证试验。试验人选，马闻天、吴赓荣甘冒风险吃第一口螃蟹。这二人是程绍迥中畜所时期的老搭档。马闻天历任中畜所兽医系主任，抗战胜利后任华北农业试验场主任，时任农业部兽药监察所所长。他们领命，对于程绍迥来说是不二人选。

雪域高原的大部分牦牛主产区，1950年还没有解放，或者刚刚解放，人民政权的基层组织不健全，国民党残匪有出没，放冷枪、施暗箭，社会治安环境不好。1951年初，畜牧司经与有关部门联系，试验地点选在西康省乾宁县。

1950年8月解放军解放了国民党的西康省省会康定（打箭炉），成立了康定军分区。接着解放了金沙江以东的大片地区，组建了甘孜藏族自治州民警大队。乾宁县地处康定与石渠之间，是通往昌都、拉萨的必经之路，安全有保障。解放西藏，部队需要大量牦牛运输物资，必须有兽医保驾护航。农业部畜牧司提出选点做牛瘟疫苗试验，恰与解放军西南军区的需要相一致，军区愿全力配合。

试验恰遇牛瘟紧急防疫机会。1951年春，康北诸县及石渠至乾宁县发生牛瘟，死牛千计，僧侣万分惊恐。西南农林部制订了紧急防治办法，通报中央农业部及西南军政委员会。军政委员会批准了这个计划，决定维护军运交通安全，遏制牛瘟蔓延。严禁屠宰、贩卖病牛和病牛肉，并关闭疫区牲畜交易市场。行政与技术相配合，对于疫情严重的地区，首长要亲自领导兽疫防治队，严格督查所颁布的防疫法令执行情况。由康区政府组织兽疫防治委员会，政府主席桑吉悦希（天宝）、副主席夏格刀登分别为正、副主任，各县军代表、正副县长为委员。

西南农林部从四川、云南、贵州抽调兽医防疫技术人员，十八军卫生部、四川大学派师生参加，组成四个防疫大队，深入疫区开展防疫工作。中央农业部立即派专家马闻天、吴赓荣等为顾问，兼调查组组长、试验组组长，拨款10.7亿元、牛瘟脏器灭活疫苗30万毫升、抗牛瘟血清80万毫升及足够使用的药品器械，参加防疫工作。防疫工作取得巨大成功，但牛瘟兔化弱毒疫苗、山羊化疫苗在乾宁县八美村对康北各类牦牛的试验结果和谢国贤报告相一致，注射后牦牛发生神经症状，而且部分牛死亡。僧侣们对这种结果感到灰心丧气，喇嘛和头人则发议论："打针把牛打成疯牛、死牛了，不如我们的'嘎波'好，你们回家去吧！"试验组马闻天、窦新民（贵阳血清厂）、王峻尧等得出的结论是：目前的牛瘟兔化弱毒疫苗、山羊化弱毒疫苗不适用于牦牛防疫。

全国大部地区使用牛瘟兔化弱毒疫苗，牛瘟已经得到有效控制或消灭，只有牦牛产区不买账。难道差这一里路就不能完美收官吗？

程司长认为，雪域高原牛瘟疫源地不拔除，农区也难有安宁日。

农业部审时度势，于1952年12月在兰州召开第二次全国防治牛瘟、口蹄疫座谈会，以巩固牛瘟防疫已经取得的成绩，并向雪域高原的牛瘟宣战。程绍迥再次亲自主持会议，研究、部署日后消灭牛瘟的战略战术。

哈尔滨兽医研究所依然派袁庆志和尹德华出席。会上袁庆志、尹德华介绍他们牛瘟兔化弱毒疫苗种毒，经用山羊传100代之后，其山羊化毒改接种绵羊共39头，产生定型热者38头（97.4%），对绵羊的适应性大提高。以绵羊毒免疫的12头朝鲜牛中，有4头出现定型热反应，免疫效力不减，对敏感性较高的朝鲜牛可以使用。到1952年底，东北全境的牛瘟被制服。

这次会议是彻底消灭牛瘟的动员会、誓师会。程绍迥向会议提出"五年消灭牛瘟规划建议"，得到与会者的一致赞同。

四夷伐鼓牛瘟崩，三军呼號珠峰动。甘肃、青海等省的代表要求农业部派试验组去做试验，指导牛瘟防疫。程绍迥更是急切地希望马不停蹄地一举拿下牛瘟歼灭战。这次会议12月14日结束，离春节尚有2个月，他安排人到青海选点做试验，以解决牦牛牛瘟的防疫难题。

研究牛瘟兔化弱毒疫苗的老将张林鹏首先响应号召，请缨"会后即赴西宁做疫苗试验，为彻底消灭牛瘟再做贡献"。程绍迥看着张林鹏，心情很激动。已是隆冬季节，青海省地处青藏高原东北部，平均海拔3 000米以上，空气稀薄缺氧，气候寒冷，工作环境很差，对人是严峻考验。加之年关已近，有谁不想和家人过团圆年呢。张林鹏的态度是那样坚决，程绍迥为之动容。他对张林鹏说："有什么要求尽管说。需要谁作配合，你可以点将。家人的生活安排有需要帮助之处提出来。"

张林鹏说："家人在中国兽医药品监察所工作，有同志相互照应，没什么可牵挂的，放心吧。"

程绍迥点将，试验由张林鹏担任总指导，西北畜牧部王济民、陈家庆指挥，青海省畜牧厅李仲连、祁文光负责保障和安全工作，兰州兽医生物药厂佘效增配合，组成试验组，开赴青海做牛瘟疫苗实验，中央农业部作后盾。

张林鹏原在华北农业试验场家畜防疫系工作。该系1941年从朝鲜釜山兽疫血清制造所取得中村Ⅲ系牛瘟兔化毒365代之时起，他就一直做病毒传代工作，直到培育成弱毒疫苗并在全国推广使用，因此他对疫苗的各种性能了如指掌。在青海的头3个月，试验组用当地牦牛做了马闻天在乾宁县的重复试验，证明牦牛对牛瘟兔化弱毒疫苗、山羊体反应疫苗反应太重，与马闻天所得结果一致，两种疫苗都不能在牦牛主产区使用。

怎么办？千里百战除瘟神，不灭牛瘟不回还。张林鹏提出：哈尔滨兽医研究所袁庆志、尹德华在座谈会上报告，他们培育的绵羊化毒对敏感性较高的朝鲜牛已经安全、有效，不妨拿到青海在牦牛身上一试。大家同意他的提议，请求中央农业部畜牧司由哈兽研派人来指导工作。程绍迥欣然同意、命苏林与哈尔滨兽医研究所联系，获取牛瘟绵羊化疫苗种毒。研究所派沈荣显为技术指导，畜牧司增派彭匡时、鲁荣春支援青海试验工作。

中华人民共和国成立之初，中央农业部畜牧兽医司兽医处的工作人员只有十来个人，然而要掌管全国的家畜疫情、防疫、组织疫苗和兽医药械生产、调拨供应、调派技术力量、培训干部、消灭疫病，保护畜牧业。面对旧社会留下来的瘟疫遍野、此起彼伏，程绍迥深感人手匮乏，力不从心。经中央批准，扩大人员编制。

三载考绩，任官惟贤才。1953年农业部调东北人民政府农林部畜牧处处长陈凌风任中央农业部畜牧兽医司副司长，调尹德华、鲁荣春到兽医处工作。从此尹德华就在程绍迥的直接领导下工作，成为他的左膀右臂、知心朋友。

张林鹏、苏林等在青海做的牛瘟绵羊毒疫苗试验很成功。进而在大通牧场的扩大试验也很顺利，牦牛对绵羊化疫苗的反应，只有正常体温升高而没有严重的典型牛瘟症状，免疫牛可以抗田间流行毒的感染而不发病。试验出现了重大转机，这对畜牧司是特大喜讯。程绍迥欢欣鼓舞，信心满怀，第二次座谈会上提议的"五年内消灭牛瘟计划"有望实现了。张林鹏，大丈夫！

转战川北

程绍迥部署消灭牛瘟的最后决战，兵分两路，向牛瘟的最后疫源地雪域高原进发。一路由青海试验组担当，鲁荣春、彭匡时领队，消灭青海、甘肃的牛瘟，扩大战果向西藏进军。另一路由尹德华领队，会同西南农林部（龚于道）、西康农林厅（吴少远）等组成防疫队，在西南军政委员会的领导下，由成都出发，经雅安、泸定，到康定，向北进军，首先消灭康北地区的牛瘟，而后与青海防疫队会师，彻底消灭雪域高原的牛瘟。

其实，中央农业部畜牧司对尹德华的任用，在他调入畜牧司之前就已经开始了。除了1951年初被借调参加原西北畜牧部组织的防治口蹄疫工作，1953年1月尹德华被调入畜牧司之前，又被畜牧司借调，派往川（四川）康（西康）二省扑灭牛瘟和口蹄疫。这次借调，畜牧司演的是"刘备借荆州，一借不还"的戏。

1951年暴发于新疆的口蹄疫，经甘肃一路向北传入宁夏、内蒙古和东北各省，一路向南传入青海和四川。甘肃、青海、四川的牛瘟、口蹄疫交错发生，此起彼伏，从不间断。川北阿坝藏族自治州、绵阳地区、广元地区，发生的口蹄疫对成都平原的耕牛威胁极大。1953年伊始，西南农林部电请中央农业部畜牧司派专家来川北指导，协助防治口蹄疫。

到藏区防疫，生活、工作条件、社会治安状况都比内蒙古草原要艰苦。经过几年的观察，程绍迥认为尹德华是最适宜人选。他不仅有野外防治牛瘟、口蹄疫的经验，而且做过疫苗研究工作，做事认真、细致，学风严谨。他能吃大苦，耐大劳，舍小家顾大家。由他带领的防疫队有解放军的严明纪律，领导放心。

1953年1月，即第二次座谈会结束后，中央农业部畜牧司紧急抽调尹德华、史占文到北京报到。布置的任务是，到川北协助西南农林部防治口蹄疫。

事关西南地区消灭牛瘟、口蹄疫的战略决战，程司长亲自部署工作。作为四川人，他1936—1938年曾任四川省家畜保育所所长，多次到川北平武、江油、剑阁防治牛瘟。那里的山川走向、生产方式、人的生活习惯，他都向尹德华介绍。要求尹德华等和西南农林部、四川农林厅密切合作，在西南军政委员会领导下，严防川北口蹄疫，切断疫病的传播路径，不让它传播到成都平原。在生活上要有吃大苦、耐大劳的精神准备，克服高山缺氧、寒暑无常、交通不便、通信不畅的恶劣环境。虽然藏民好客，待人豪爽；但客人不得贪杯，以免伤身、误事。

对于从东北派到西南参加防疫的尹德华，对当地社会环境、地理环境、人文环境、民族习惯等都有很多要适应的问题。

寒冬季节，尹德华、史占文深感责任重大，急赴重庆报到，支援四川省和西康省防疫。了解疫情之后，尹德华提出了控制、消灭口蹄疫的建议：①发动群众，依靠群众，开展群众性的扑灭口蹄疫运动。②广泛宣传扑灭疫病办法，把方法交给群众，干部带头，和群众一道灭病保畜，确保春耕生产、粮食丰收。③建立广元-剑阁-平武及江油-北川-汶川防疫带，防止甘肃和阿坝州的疫情传入成都平原。组织力量深入阿坝藏族自治州，帮助肃清疫情。④请西南农林部报请西南军政委员会批准，组织农林、卫生、公安、交通等有关部门联合检查组，下去检查、推动工作。这些建议得到了各级领导的重视和支持。

西南军政委员会同四川省成立了"防治口蹄疫委员会",从西南农林部、西南卫生部、四川省的相关部门抽调干部,组成两个工作组。史占文参加西康组,到康定、甘孜一线防疫;尹德华参加四川组,同西南农林部的刘国勋、四川农林厅兽医科长余文正、刘祖波等6人,到绵竹、北川、汶川等地防疫,加强川北防线。

尹德华回成都后,带领工作组到汶川、茂县、北川、安县、绵竹5个县检查、部署防线。各县已经行动起来,发动群众,组织兽医力量,通往藏区的要道均设置了检疫、消毒站,有兽医和民兵把守,疫情没有进一步传入。

防线巩固后,防疫组转向藏区检查疫情,组织扑灭工作。他们从雅安出发,经宝兴县,翻越夹金山,进入了阿坝藏族自治区的金川、马尔康、茂县一带检查、推动口蹄疫防治工作。当时雅安已经春意盎然,而藏区仅是河谷草杂今古色,山崖仍留冬日雪。深入藏区工作,天天跑路,山高路险,空气稀薄、缺氧,高山反应逐渐显现。尹德华感到胸闷、头痛,眼睛发黑,四肢无力,走路稍快就喘得厉害。食欲不好,喝的水只能达到90℃左右,藏民的糌粑食后肚子胀,想做事,又力不从心。在刘祖波等战友的帮助下,2个月以后才逐渐好转过来。

5月底走到懋功县(小金县)时突然接到西南农林部电报"口蹄疫突破防线,传入成都、绵阳地区流行,速回"。

这个消息让他们感到震惊。一是刚布置的两道防线真的脆弱而不堪一击吗?二是正值春耕生产大忙的季节,一旦发生口蹄疫影响就大了。而且平原地区人口密集,交通发达,隔离、封锁都很困难。藏区疫情没扑灭,平原区疫情又抬头,怎么办?

大家商量,决定让年龄大的刘国勋折返,经雅安先回成都,汇报情况,参与指挥、部署防疫工作。尹德华和刘祖波等年轻人继续按原定路线,经马尔康、理县,沿路宣传、研究、部署防疫措施,切断口蹄疫的后路,然后尽快返回成都。

刘国勋认为,尹德华是农业部派来的专家,回成都参加指挥工作是天经地义;而自己是本地人,环境熟,人脉广,继续完成藏区防治口蹄疫的任务更合适。

尹德华反复强调"安全第一",年龄大的人不适宜马不停蹄地爬山、过草地。刘国勋不仅年龄大,而且体胖,走路快时就喘,过雪山有危险性。原定防疫路线要翻越大雪山,这是飞鸟不渡、兽不靠近的地域。尹德华认为自己年轻,坚持在藏区工作。

让来让去，还是刘国勋原路返回成都报到。

尹德华一行人向北挺进到靖化县（今金川县）赵家山时，风云突变。云翻一天墨，龙卷砂石并雪落。他们躲在山坳处等待雪过天晴。谁知雪愈下愈大，加上从山上刮来的雪，积雪厚达马肚皮了。他们见势不妙，拼命往外挣扎。山坳雪深，有劲使不上，人、马累得浑身汗，也难以脱离危险。雪域高原气象变化万千，霎时云开复见天。太阳一出，一片银白世界，雪反射的阳光格外刺眼。或许因为此地海拔高，紫外线特强。受雪反射的阳光刺激，尹德华感到眼痛，眼里像充满了无数沙粒一样难受，不停地流泪，视物模糊，睁不开眼。刘祖波检查后发现，尹德华眼睑红肿，结膜充血，得了"雪盲"。如不及时处理，会有致盲危险。危难之时遇到两个过路的藏族牧民，一问才知道走错了路。在他们的帮助下，尹德华和刘祖波从雪坑里捡回了性命。牧民了解到他们俩是来扑灭牲畜瘟疫的，热情地将他们领进自己的家。

学问无大小，能者为尊。这是一户贫苦藏民之家，家里的老阿妈很有经验，安顿尹德华坐在阴暗处，把冰凉的小石块放到眼睑上冷敷。此法真管事，尹德华的眼渐渐不痛了。老阿妈再三挽留他们："你们是消灭瘟疫的活菩萨，住几天，眼好了再走吧？"

西南农林部"速回"的电报，哪容得休息几天呢。尹德华一再谢绝阿妈的好意，用手绢蒙住眼睛，执意赶路到金川。于是阿妈就安排自己的儿子把尹德华扶上马，并让儿子牵着马，一直将他俩送到金川县政府。

他们一路查看是否有口蹄疫疫情，检查落实防疫措施，最后经理县、都江堰返回成都。上苍保佑，幸好没发现口蹄疫病例。这时他们紧绷的神经才松了下来，并且按时赶回了成都。

明鉴病理，诲人不倦

回到四川省农林厅的当晚，农林厅召开口蹄疫防疫汇报会。各地报告已经有14个县发病，病牛1万多头，疫情严重，十万火急！

春耕大忙，眼看口蹄疫就将影响生产，尹德华坐卧不宁，寝食难安。晚上反复思索，分析白天汇报会上的报告，感觉疑问颇多：

①一路检查、督促、布防口蹄疫，各地工作认真负责。跑了那么多地方，看了

那么多牛、牛群，没见到口蹄疫病牛。怎么汇报会上冒出了14个县的疫情？是真的吗？难道巡视的县都在忽悠我们？

②为什么14个县发生疫情的时间大致相同，而没有前后发病、陆续传染过程？有什么传播媒介，或传播途径能使14个县的牛同时发病吗？

③为什么同圈、同槽的牛有的不发病？难道病原是一种弱毒株吗？

④为什么病牛没有典型口蹄疫临床症状，如高热寒战、口腔长水疱、溃烂、大量流涎，蹄子上也长水疱、流血、化脓、跛行，而是照常吃草且行动自如呢？

⑤这次防治口蹄疫，省、县两级组织了1 000多名行政干部和兽医防治人员参战，难道大家都诊断错了吗？简直不敢想象。

为国家、为人民，不可以生事，亦不可以畏事。尹德华不敢作声，也不敢怠慢。公事不私议。他特意邀绵阳来汇报工作的防疫干部和农林厅畜牧科的刘祖波一起到成都郊区实地检查耕牛口蹄疫。查了不足百头牛，但绵阳的干部就当场说"已查到20多头口蹄疫病牛"。

尹德华恍然大悟：绵阳干部误判了！他把被树枝、草刺损伤的牛口、唇，甚至牛舌上的味蕾都当成了口蹄疫病的水疱症状。是否其他人也这样诊断呢？不敢妄下结论。不能给防疫员们泼冷水，不能以农业部派员身份指手画脚，指责他人；但又不得不发声。

不愆不忘，率由旧章。教人服人，以正直为先。如果不是口蹄疫疫病而按口蹄疫疫病处理，任其下去，封锁、隔离、关闭市场，到处设检疫卡，给国家、给群众造成的损失该有多大呀！于是尹德华给中央农业部、西南农林部打电话反映情况，提出再组织检查组，下口蹄疫"重灾区"实地考察、落实情况。

程绍迥同意尹德华的意见，指示他："西南农林部有'明白人'，可以和他们共商解决良策，取得支持。如有困难，再来电话。"

西南农林部办公厅主任牟建华在电话中当即表态支持尹德华建议，并请尹德华从西南农林部选将，组织检查组，立即行动，及时报告调查情况。

辨真伪，安民众，呼之即来，挥之则散。尹德华带领西南农林部5个兽医技术人员，印制了口蹄疫临床诊断要点，直奔绵阳。当晚趁耕牛从田里回家，他们即到报导病牛最多、症状最重的乡，查看是不是有口蹄疫发生。农民们说："我家的牛没有病，为啥子不让下田？"他们将调查情况报告给绵阳专署。专署马上召开电话会议，布置各县按口蹄疫书面诊断方法对已封锁区的牛全面检查。结果，各县报告"找不到有口蹄疫症状的牛"。

一石激起千层浪。此事引起省里派下去防疫的某些干部激烈争辩。有人说："这回发生的口蹄疫与以往的型别不同，不可同日而语。"

有人说："这次发生的口蹄疫是良性经过，症状轻，不能套老框框。"

有人说："如果你否认口蹄疫，解除封锁，要是传播开来，你得担责。"

还有的人说："即使不是口蹄疫，也不能在群众面前宣布。这么做等于承认县、区兽医犯了诊断错误，从而失掉技术信誉，日后还怎么开展工作？"

这些论点都没有科学依据。正本清源万事理，以理服人民心齐。真理与谬误之间的斗争如此激烈，怎么才能将耕畜从封锁下解脱出来，投身春耕春种？

圣人之道，为而不争。尹德华只能依靠政府，由当地政府选派兽医"专家"共同进行反复调查、共同研判，并将调查结果向当地政府机关汇报。虽然不作肯定、否定口蹄疫的"结论"，然而根据"同槽不传染、家畜能正常使役"的现状、大家一致的见解、农民的强烈要求，首先应解除封锁，恢复生产、交通和贸易秩序。这么做，给足了县区兽医们面子。经过20多天的奔波，最后省农林厅和绵阳专署宣布"解除口蹄疫封锁"，挽回了14个县的损失。

康北鏖战

6月初尹德华又接到西南农林部的"速回"电报。7日回到重庆，向西南农林部和中央农业部汇报工作。

这次"速回"的命令，原来是中央农业部通报青海省玉树、果洛一带口蹄疫没有消灭，接着又发生牛瘟疫情，强调各省领导人必须立即采取措施，进行牛瘟预防工作。

根据中央的指示精神，5月29日西南财经委员会发出《1953年防治牛瘟的通知》，组织有关部门立即具体部署牛瘟预防工作。重新安排兽医防疫力量，转移到新的防疫带工作。川康属于这个防疫带之列，是重点防疫地区。

尹德华向农业部汇报了前段工作，川北的口蹄疫已经消灭，根据西南财经委员会的安排，可以移师康北防治牛瘟了。

程绍迥向尹德华的转告如下：

（1）你已经调到中央农业部畜牧司任职，手续办好了。农业部现阶段的工作重点依然是防治牛瘟和口蹄疫。

（2）张林鹏、苏林等在青海省进行的牛瘟绵羊化毒对牦牛的安全、效力试验结果，经重复、扩大试验，证明绵羊化毒对牦牛安全有效，所得结果是可信的，可以应用于川康牛瘟防疫。

（3）鉴于尹德华连续出差数个月了，程绍迥征询他的意见"要不要换人替代"？

尹德华斩钉截铁地回答："不需要。我在这里工作了几个月，高山反应已经克服，环境适应了，人脉关系理顺了。换其他人来，必然还得重复这个过程，误事。我对牛瘟绵羊化毒很了解，有信心将它移植到川康防疫工作中来，打好消灭牛瘟攻坚战。请放心。"

知臣莫若君。程绍迥就等尹德华的这句话，他对尹德华的表态很满意，对落实第二次防治牛瘟、口蹄疫座谈会订的"五年内消灭牛瘟"的计划，心里有了底。

农业部支持西南财经委员会的《1953年防治牛瘟的通知》，决定让尹德华继续留下来参与消灭川康牛瘟工作。善射者不忘其弓，善为上者不忘其下。程绍迥根据中央人民政府和西藏地方政府《关于和平解放西藏办法的协议》（简称《十七条》）指示尹德华：

（1）防疫工作在西南军政委员会和各级人民政府领导下进行。执行政府的各项规定。搞好各单位人员之间的团结。

（2）《十七条》规定："有关西藏的各项改革事宜，中央不加强迫，由西藏地方政府自动进行改革"。这次参加川康牛瘟防疫，试用、推广牛瘟绵羊化弱毒疫苗，只能试验、示范，以实际效果服人。不得以中央农业部的名义强行让地方政府接受。

（3）牛瘟绵羊化弱毒疫苗的推广，以及最终消灭雪域高原牛瘟的关键在各级政府的领导人和藏区的喇嘛、头人，服人要先服他们。是否接受、推广这个疫苗？他们说了算。

（4）农业部派去参加防疫的人员，一切费用全由农业部负责，不给地方政府增加负担。疫苗种毒航寄到农业部成都兽医生物药厂，由药厂继代、保存、发放。

（5）防疫的重点是康藏公路两侧的驮牛，以保障进藏部队、公务人员的供给和安全。这是巩固和平解放西藏的成果，西藏掌控在中央人民政府的关键。

（6）尊重藏区各民族的宗教信仰，爱护寺院禅堂。

（7）藏区是和平解放，现行制度不变，各级官员照常供职。藏军成为解放军的一部分，但其制度不变。藏民普遍有枪，防疫队要注意人身安全。

（8）防疫进展情况随时向中央农业部和西南军政委员会汇报。

尹德华向西南农林部汇报川北防治口蹄疫工作，并决定留下来继续参加康区防治牛瘟会战。他介绍牛瘟绵羊化弱毒疫苗在中朝边境免疫敏感品种朝鲜牛的情况，以及近期在青海省所做的试验结果，建议在康藏牦牛产区试用。

西南农林部有人对此提出质疑。其理由还是1951年马闻天等人在乾宁八美村做的牛瘟兔化弱毒疫苗试验结果。事隔仅2年，现在又提出绵羊化弱毒。什么兔化、山羊化、绵羊化？能行吗？是骡子是马，牵出来遛遛，找个隔离条件好的地方试试再说。

看来牛瘟绵羊化弱毒疫苗在康藏地区推广应用，确实存在阻力。尹德华心想：真金不怕火炼，只要答应试用就好。他向农业部作了情况汇报，并于6月15日呈送了《牛瘟绵羊化弱毒疫苗的牦牛试验计划》。

康北牛瘟对川藏运输线的威胁很大，急需防疫。在重庆汇报完工作，西南农林厅的龚于道、西康农林厅的吴少远即随尹德华赶赴成都做进藏准备工作。

6月25日收到中国兽医药品监察所航寄来的牛瘟绵羊化弱毒疫苗123代冻干种毒。航寄到成都兽医生药厂之后，尹德华即带领生药厂、西南农林厅、四川省农林厅、西康农林厅的有关人员，测定种毒对四川绵羊的感染率、病理变化、血液和脾脏的含毒量等。取得成功后，种毒交给生药厂保存、继代、分发。四川省决定在阿坝藏族自治区汶川县选点进行试用，尹德华则由龚于道陪同赴西康防治牛瘟。

从成都到康定要翻越大雪山、二郎山，穿过大渡河等险关要隘。7月3日出发，时值盛夏多雨。幸好搭乘到一辆昌都兽医院来成都购物的返程汽车。尹德华将疫苗种毒分成两份，一份自用，另一份交给昌都兽医院潘伯宜带回昌都。谁知天不作美，滞留邛崃时因天热种毒失活，不得已再回成都取毒，7月30日才到达雅安。由龚于道向西南农林部汇报，并电话通知西康农牧处准备种毒继代用的绵羊。

西康农牧处曲则全科长接电话，他直率地说："人来欢迎，但不准将牛瘟'什么苗种毒'带过二郎山，藏区人民反对'牛瘟羊毒'注射。"他们结结实实地碰了个硬钉子。

行前领导指示"藏区的各项改革由地方政府自愿进行，中央不加强迫"。难道就这样打道回府吗？尹德华和龚于道商量对策。把舵的不慌，乘船的稳当。尹德华有在延边地区使用牛瘟绵羊化弱毒疫苗免疫朝鲜牛的工作经历，有沈荣显、张林鹏等在青海做的试验为依据，他对牛瘟绵羊化疫苗信心十足，不相信科学真理战胜不了愚昧和偏见；不相信农牧民不接受能救牦牛脱离病魔的好疫苗；不相信眼前的这点儿困难能挡得住大家前进的步伐。他们当机立断，顶住康定农牧处的武断回应，硬着头皮坚持，一定要把种毒带过二郎山，完成农业部交给的艰巨任务。

他们马不停蹄，连续赶路，7月31日到达泸定县，获得气象信息，得知近两天是好天气，前方即是大渡河和二郎山。最难走的路段，必须趁好天气一鼓作气闯过去，冲到康定去。

夏天天亮得早，他们一大早就踏上了征程。泸定县就在大渡河东岸边，对岸是二郎山。行人从铁索桥上过河。桥高高地悬吊在河上。七八月正是洪水季节，波涛汹涌的河水劈开二郎山，从狭窄的河槽里倾泻而下。尹德华没走过这种桥。一上桥就感到摇晃得厉害，脚下没了根似地摆个不停。看桥下湍急的河水，则感到眼晕，腿发软。只听得后面有女人尖叫着退了回去。龚于道走在前面。呼喊着"抓牢铁索，叉开双脚，弯腿小步往前走；抬头看对岸，不要低头看河水"！他为了鼓舞士气，唱起了号子："铁索桥，三尺宽，后挑泸定城，前担二郎山。大渡河，掀巨澜，波涛猛拍岸，巨石桥下钻。防疫员，意志坚，铁索作蹦床，勇往冲向前。二郎山，高万丈，乱石满山间，飞岩跨间入云端。"

过了大渡河就爬二郎山。当地人流传着一则谚语：车过二郎山，像过鬼门关，侥幸不翻车，也要冻3天。这里是康藏公路的咽喉险关。

泸定段的二郎山海拔3 500米，到谷底垂直距离3 000米，平面距离10公里。谷底到山巅，气候、植被、土壤为垂直递变。谷底郁郁葱葱，山顶霜雾皑皑。

1950年8月开通至康定的川藏公路，虽然使用、维护了3年；但路面依然狭窄，坡陡弯多，岩体破碎，巨石裸露。大家趁上午晴空万里赶路。坡不陡路段人坐车，坡陡路段人推车。一路上大家唱"二呀么二郎山呀，高呀么高万丈，……"，互相鼓劲儿。

腾身转觉蓝天近，举足回看万岭低。到达山顶时，汗流浃背，两腿发颤。脚下二郎山、摩岗岭、贡嘎山、康定的九龙岭，山山相连，峰岭叠嶂。横看成岭侧成峰，远近高低各不同。远处贡嘎山，冰盖压顶，阳光下耀眼夺目。山巅何所有，除了白云是石头。向山下瞭望，峭壁陡崖，云雾缭绕。滚了坡的车辆，躺在谷底像死小羊、死小猪，爬在那里一动不动。山风吹汗渍，凉飕飕的，不敢久留。饥肠雷动，顾不得欣赏山川美景，填饱肚子，赶紧下山赶路，当天一定要赶到康定。下午，雾气从垭口涌来，滚滚浓雾，奔腾飞泻。车子跑在其间，大壑随阶转，步步入阴霾，仿佛置身云海仙境，气象万千。尹德华提出："西康农牧处不欢迎，咱就住兽医站，然后慢慢做说服工作。"龚于道同意这个意见。

8月2日一上班，龚于道、尹德华似天兵下凡，已经在农牧处报到了。曲则全等态度冷漠，仍然坚持"人来欢迎，但是不注射什么兔化、山羊化、绵羊化疫苗"。理由就是疫苗反应太重，牧民不接受。他们不相信短短一两年时间疫苗会有多么大的改进。

科学试验，论事"之成"固可贺；失败是成功之母，论事"之败"亦可喜。千秋留实学，攀登高峰走阶梯。任由尹德华怎么解释、报告亲自用牛瘟绵羊化疫苗做的防疫工作，农牧处一班人马就是听不进去，1951年农牧处和马闻天所做试验的阴影挥之不去，他们认定"嘎波"比"什么化疫苗"好！

康定地处康藏高原东端，藏语"达者都"，意为三山相峙，两水交汇之宝地。海拔2 600米，全县面积1.14万平方公里。县内地貌、气候多样，属高原大陆型气候，有"一山有四季，十里不同天"的美誉。国民党政府统治时期，康定是西康省的省会，人口4 000人。中华人民共和国成立后，西康省省会设于雅安，但一些政府部门还在康定。康定是享誉世界历史文化名城，在黄金季节8月，水草丰盛，牛羊遍野。

尹德华和龚于道韬光俟奋，在兽医站每天忙于牛瘟绵羊化疫苗种毒的继代工作，测试各项指标，务必保好种毒。同时做农牧处的工作，争取早日消除蔑视情绪。他们采取"下毛毛雨的策略"，每天都去农牧处谈牛瘟流行状况、全国的防治形势、绵羊化疫苗的新进展。而农牧处看的是眼下。他们看着尹德华、龚于道在兽医站摆弄的是绵羊，和马闻天所不同的是山羊换成了绵羊，并无其他不同之处。因此不相信什么山羊化、绵羊化会有奇迹出现，能救牛羊于水火。后来，农牧处的人见了他们已经厌烦了，干脆闭门谢客。

尹德华想到这种局面了，所以他提出不麻烦西康省农牧处，而是以普通科技人员身份住兽医站，和同行们一个锅里搅马勺。上班时间农牧处的人谢绝和他们谈牛瘟免疫，他们依然不亮"中央农业部大员、西南农林部大员身份"，无怨无悔，不离不弃。一忍支百勇，一静制百动。他们不越级找省上领导"奏本"，凡事留人情，后来好相见，而是先争取到了有识之士畜牧科长曹振华、前年和马闻天合作的谭璿卿。摸脉下药，日夜交谈。

谭璿卿（女）1951年参加了马闻天在八美的牛瘟兔化弱毒疫苗免疫试验，对于种毒继代、免疫程序、判定方法已经很熟悉。她感到北京来的专家知识渊博，工作认真，实事求是。虽然试验不成功，但她学到了很多东西。尹德华、龚于道一来兽医站她就主动给他们帮忙，成为他们的知心帮手。

曹振华和谭璿卿一谈及牛瘟就滔滔不绝。康北地区的牛瘟从来没断过，牧民损失严重，是康藏公路运输线的最大威胁。1953年5月29日西南财经委员会发出《一九五三年防治牛瘟的通知》。根据中央农业部通报青海省玉树、果洛一带发生口蹄疫之后又发生牛瘟疫情，强调各省、区、市"领导人必须立即采取措施，进行牛瘟预防工作"，通知要求"领导上必须重视，在政府首长统一领导下，组织有关部门立即具体部署牛瘟预防工作，保证及时贯彻执行"。毗邻青海的地区应建立防疫带，重要交通路口设立检疫站，重新组织兽防干部力量，转移到新的防疫带工作。要执行民族政策，不允许强迫、命令等。几年来，康藏公路沿线的牛瘟防疫是上级机关督办的大事、急事，也是农牧处最头痛的事。嘴里说"不用'牛瘟什么化'疫苗"，可解决牛瘟防疫问题，曲则全作为职能部门科长，心里比谁都着急。

上班时间不接待，尹德华就在下班前堵门口。坐在院子里数蚂蚁，赏高原植被。雪域高原黄刺玫花鲜，红柳娇枝嫩。蚂蚁国里众将士，团结合作能移山。一直等到曲则全出了办公室，截住也要说几句话。

播种兽医站，悠然见晴天。尹德华的执着终于打动了这些上帝们。2周之后，曲则全松了口，他找尹德华和龚于道谈话。其要点是：既然来了，你们可以做试验，但必须答应如下几个条件：

（1）还到马闻天原来的试验地，只能做好（结果），不能做坏。挽回当年的影响。

（2）同时做"嘎波"免疫对比试验。

（3）由中央农业部出经费，试验产生的病牛、死牛，按市价赔偿。

（4）做好试验设计，报送西康省人民政府，批准后执行。

他以为这些苛刻条件定能把尹德华吓回去，哪想到尹德华竟毫不犹豫地应允下来。

开弓没有回头箭，半个月的等待终于有了回报，尹德华满怀信心地回答："可以。"有吃刀子的嘴，就有消化刀子的肚子。他提出：请农牧处、兽医站派人一块做试验，当见证人。请当地政府派专人配合试验，以尊重宗教信仰、风土人情，保证安全。

尹德华的话正中曲则全下怀。闻之不若见之，知之不如行之。他要亲自带领人马参与试验，验证牛瘟绵羊化疫苗是真的那么神奇，还是尹德华说大话。

没有金刚钻，哪敢揽瓷器活儿。到康定半个多月，牛瘟绵羊化种毒用当地藏绵羊复壮、扩增试验很正常。这是尹德华开展工作的基础，也是他最感慰藉的事。因此他底气很足，开玩笑地对曲则全说："说话算数。试验结果好，你可要请客呦！"

尹德华向农业部汇报，即和龚于道写试验设计，并着手出发前的准备。

为将者，能屈能就，能柔能刚；能进能退，能弱能强。程绍迥非常赏识尹德华的顽强精神："你有勇有谋，辛苦了。按西康省农牧部的要求，大胆试验。牛瘟绵羊化弱毒疫苗没问题，肯定能用正结果回答地方领导和广大僧侣。你们要物给物，要钱给钱，农业部全力支持。"

1953年秋，牛瘟在康北的石渠、邓柯、德格、甘孜再度流行。紧急情况下，西康省农林厅长陈少山及其他康区领导同意尹德华提交的试验计划，由尹德华、龚于道、吴少远（西康农林厅）、曲则全、谭璠卿、黄永和、马万洲、冯光斗（西康省农牧处）组成三方（中央农业部、西南农林部、西康农林厅）试验组，尹德华任技术指导，赴乾宁县八美农场做牛瘟绵羊化弱毒疫苗免疫试验。

经过一个月的说服工作及充分准备，试验组终于在9月3日出发奔赴乾宁了。

一进9月，雪域高原就冷了下来。1个月来是尹德华最难熬的一段时光。他心急如焚，恨不得一下飞到八美，立即开始试验。然而，谋事在人，成事在天。去乾宁的班车三五天才有一班，票很难买。他们只买到3张车票。

龚于道、曲则全二位科长占有天时、地利、人和要素。1951年马闻天做牛瘟兔化弱毒疫苗试验时，谭璿卿、黄永和是试验组成员。谭璿卿身强力壮，工作细心、胆大，是兽医站的铁姑娘。她对试验研究工作很热心，尹德华和龚于道入驻兽医站之后，她只要有时间就来帮忙，给他们提供了很多方便，她想从中学习更多的制苗技术、免疫知识，待人像师生，尊师如尊父。牛瘟绵羊化疫苗试验的要领和程序她已经基本掌握。因此，尹德华安排她和二位科长乘车先行，由谭璿卿携带种毒，到八美做准备工作。自己和冯光斗雇马车，拉载器材、行李、生活物品，步行前往。

莫将高原比京都，九月严霜草已枯。山道九曲路难行，老马破车慢如猪。一天只能走十几公里。空山不见人，但闻人语声。猛兽隐深林，匪患藏石后。君子防未然，不处嫌疑境。无事时深虑，有事则不惧。夜晚只能择驿站或道班歇息，以确保安全。第3天途经折多山，马瘦毛长自摇晃，扬鞭急驱也枉然，大家帮着推车，依然走不快。9月8日路过橡皮山，山下草甸路很软，车速更慢。然而离八美试验点还有28公里，生怕马车陷下去出不来。9日弃马车，自背行李，从八美登山，途中歇3次，到达牛角石八美牧场试验地。走了130公里的路程，终于在1星期后和先期到达的同志汇合了。

住入帐篷，吃了顿饱饭。谭璿卿报告，复壮疫苗种毒的绵羊体温达到定型热标准了，准备解剖采毒、制苗。尹德华为之震惊，谭璿卿能独立工作了！他顿感工作有了得力助手，从精神上感到轻松了好多。大渡河水深百尺，不及绵羊反应送我情。试验进展正常，焦躁的心情立即疏解了。尹德华精神振奋，旅途劳顿全抛脑后，立即和大家一块解剖、采毒。利用采毒后的羊胴体吃了顿手抓羊肉，解了几个月来的馋，美美地睡个好觉。

9月10日写信向农业部报平安，正式开始试验。

茫茫草原上，伶仃仁帐篷。山野人稀少，唯有牛羊伴。夜宿月压顶，朝行云雾里。糌粑果腹饱，奶茶品味香。来自各个单位的人，在龚于道、曲则全、尹德华的指导下，自炊自食，努力拼搏，非常团结。大家都企盼试验有个好结果。第一批集中的100头牦牛，注射牛瘟绵羊化疫苗的，正如预期的那样，只有正常范围内的体温反应，没有腹泻、高温等牛瘟症状，更没有牛瘟兔化、山羊化疫苗注射后的神经症状，不影响牦牛的食欲、产奶量和使役，非常安全。而投喂"新嘎波"的牛，反应很强烈，且有同居感染。绵羊化疫苗免疫的牛，抗这种同居感染，不产生任何牛瘟临床症状，形成鲜明对照，一下子改变了试验组成员对牛瘟绵羊化疫苗的偏见。消灭牛瘟的劲头立即高涨起来，纷纷向各自的领导报喜。

接着进行了第二批100头牦牛免疫试验。山区草原地域开阔，牦牛野性强，数量大，无法做到逐头绑定好再打针。大家群策群力，学会了在牦牛臀部打飞针的技术，获得和第一批试验相同的免疫结果。

服民之心，必得其情。西康省兽医科长曲则全在事实面前向尹德华说了实话："当初反对把牛瘟绵羊化毒带入西康，是因为1951年注射牛瘟兔化毒，牦牛反应严重，以及后来在一些地方推行牛瘟山羊化毒，死牛不少，藏民反映强烈，要求赔偿，社会压力很大。上边来的人走了，地方干部得擦屁股、挨骂。我们最怕影响民族团结，触犯民族政策。要求打疫苗只准成功，不许失败，谁敢打这种保票？宁肯不干，最多受批评，说你不积极，但出不了大事。这次亲眼见到绵羊化牛瘟疫苗确实安全，免疫效果好，心服口服了。你又表态，留下来，决心帮助我们，我心里这才有了底。"

农牧处的主要成员参与了这次试验，历时5个月，没有一个人说结果不好的。然而，曲则全还要求尹德华继续留下来，帮助消灭牛瘟。尹德华明白，曲则全心里有小算盘，怕疫苗万一再出什么问题，好有人出来帮助收场。达人无不可，忘己爱苍生。离开家快1年了，他还是答应曲则全，过年不回家，而是留下来继续和大家一起防治牛瘟，扶上马，送一程。为彻底消灭牛瘟而舍小家为大家。

曲则全的肺腑之言，尹德华非常感动。半年的努力终于感动了西康省的同行领导人。

冬日之阳，夏日之阴，不召民自来。八美农牧场的牧工和附近少乌寺的僧侣们，时常探问试验组的牧工"做的什么试验"，并亲眼观察试验牛的健康状况。灌服"嘎波"的牛和打针的牛就是不一样。寺里的高僧、住持，或是感到好奇，也常来看望，会说汉语的年轻人则问长问短，时间长了大家成了朋友。他们感到打针神奇，要求试验组给他们的牛也打疫苗。这样疫苗不推而广。灭牛瘟，众望所归，民意所向添底气。

从此，尹德华和西康省农牧处的同志们成了无话不说的莫逆之友，在众人里树立起了威信。他乘胜安排了"绵羊兔化牛瘟弱毒及其牦牛反应毒试验""西康牛瘟绵羊化毒牦牛继代、和（牦）牛（藏绵）羊交互继代牛血反应疫苗试验"。

针对乾宁县藏胞的宗教戒律，僧侣不杀生，屠宰牛羊只有阿訇操刀的教规，进行了静脉采血，实施牛瘟绵羊化疫苗种毒牦牛传代试验（不杀牛），以及继代血毒对牦牛、犏牛之安全效力试验、疫苗的点眼免疫试验。

以脾、淋巴毒为接种材料，牛瘟绵羊化疫苗种毒用藏绵羊传22代；以血液毒为材料，传20代，其藏绵羊的感染率都在80%以上。两种材料所制疫苗，对牦牛、犏牛、阿果牛都可产生坚强免疫力。疫区防疫效果极佳，但以血液点眼免疫不成功。给牛点眼，操作难度大，此项试验就此终止。

牛瘟绵羊化疫苗种毒通过牦牛继代，测至13代，其毒力对绵羊、牦牛无增强及减弱趋势，遗传稳定性很好。每头牛颈静脉采1 000毫升血，不影响泌乳和驮运使役；注射牦牛、犏牛，2毫升/头皆可获得坚强免疫力。即使采一头牛的血液，不杀牲口，也可以免疫500头牛，制苗材料费几乎是零。但是，给牛灌服300毫升疫苗血毒/头，不能产生免疫，"嘎波"灌花免疫法不如牛瘟绵羊化疫苗免疫效果好。

试验期间，甘孜、石渠、德格、邓柯等县流行牛瘟，而八美打过牛瘟绵羊化疫苗的牛没一头发病，经受住了实践检验。

待得牛瘟降伏日，即是草原歌舞时。1954年元旦在帐篷里包饺子，附近的藏胞也来同贺新年，载歌载舞，八美农牧场从来没有过这样的热闹景象。彻底扭转了牛瘟兔化弱毒疫苗在藏胞心目中的形象，他们竖起大拇指称赞"北京新嘎波好！""毛主席派来的若门巴（兽医）好！"藏胞盛赞，党旗不语也知音。这是尹德华最感慰藉的事。

元月底将试验牛"完璧归八美（农场）"，试验圆满收官，回师康定。

菩萨下凡

回到康定，2月3日即是春节。山区机关节前几天已经人去楼空。千里雪原踏破铁鞋，不灭牛瘟誓不还。尹德华答应曲则全等人的请求，留下来，和试验组一道推广牛瘟绵羊化疫苗。为者创大业，行者建奇功。

尹德华抓紧节前的机会向农业部畜牧司汇报工作。程司长对他很关心，出色地完成了第一阶段任务，征询他的意见"要不要换人替代防疫工作"？

尹德华说："不用了。路途遥远，蜀道难行。一来一去，空费时间。换个新人来，人生地不熟，还得几个月时间适应雪域高原环境，而后才能正常工作，误事。家里有组织照顾，没什么不放心的。节后就要展开大面积防疫的准备工作，人手多好办事，届时派人来就行了。"

这是尹德华连续第二个春节（1953年和1954年）不能和家人团聚了，几次搬家也都是妻子带领孩子完成的。连年春节不能和他们团聚，尹德华对此感到非常愧疚，一辈子也还不完老伴儿的情。鸟近黄昏皆绕树，人到岁末定思家。家人今夜思千里，老幼明朝又一年。传说落日是天涯，望极天涯不见家。夫君岂是无归意，无奈归期不明晰。写封家书夜半里，音信到达是来年。

过年了，好在农牧处的朋友们争相邀请尹德华到家里一起贺春，走家串户了解民俗风情。近者悦，远者来。近则相交必以信，远则交往忠于言。他们按当地过年习俗，邀尹德华一块取"吉祥头水"。农历除夕夜子时，各家各户背着水桶、提着茶壶到"水井子"取水回家，热闹非凡。传说，最早取到新年的"吉祥头水"，必定万事如意。

鞍不离马背，甲不离将身。尹德华利用假期整理试验数据，写总结《疫苗制造方法》《消灭康藏牛瘟计划建议》等，准备再战。

3月2日刚上班，曲则全就邀尹德华陪同他到雅安，向西康省农林厅汇报试验结果及防疫计划方案。曲则全心里明白：牛瘟绵羊化疫苗试验结果、下一步推广计划、全国牛瘟防疫进展，只有尹德华说得最清楚。其实厅长陈少山已知道了试验结果，只是不知道尹德华还有这么详尽的消灭牛瘟计划。厅长见到计划如获至宝。这是他梦寐以求的大事，梦断魂劳今得解。陈厅长带领尹德华和省里相关领导人见面，参加各种防疫工作会议，谈消灭牛瘟计划，介绍内地各省消灭牛瘟的经验，争取各部门支持。西康省调拨了13亿元用于防疫。

牛瘟是困扰康区农牧业发展的头号疫病，千百年来不得其解。一旦发生，牧民只能赶着牲畜逃生，或者眼睁睁地看着它们死去。消灭牛瘟是西康省的头等大事。西康省人民政府副主席桑吉悦希接见了尹德华，审阅他提出的消灭牛瘟计划，如同见到真菩萨下凡。任人以事，存亡治乱之机，安排尹德华和西康省领导廖志高、藏族头面人物（村长、头人）见面，汇报试验结果，介绍消灭牛瘟计划及其他省消灭牛瘟的经历、经验。从此，局面发生了根本变化。

1954年4月中央农业部从华东、中南调来增援9名技术人员：山东的张郁文、上海的张永昌、湖北的韦忻、浙江的周文斌、南京的郭启源、江苏的曾华高、广西的魏国荣、江西的林振球、察北牧场的廖宣文，共调拨13亿元用于防疫经费和大量防疫药械。这9名技术人员各怀绝技，是当地消灭牛瘟的骨干力量。他们的到来，似天兵天将下凡。当地人从来没见过中央一下子派这么多技术尖兵来支援防治牛瘟，很受鼓舞。

中华人民共和国成立之初，康区交通、通信不畅，物资匮乏，工作、生活条件很差。康区农牧处花了2个月时间为防疫队准备了帐篷、防雨装备、防寒装备、交通工具，制苗用的药品、器材，以及炊具、口粮等生活物资。帮助内地来的同志学习民族政策，了解当地民族风情、生活习惯、宗教信仰、牧区工作注意事项等。有病随时看，确保他们身体健康。

然而，内地来的人仍有很多难以适应的问题。康定县城海拔2 600米，空气稀薄、缺氧，行动稍快即感气喘胸闷，力不从心，干活儿感到憋闷。藏区以土豆、玉米、青稞为主粮，牛羊肉是主打菜，开水的温度只能达到90℃左右，饭菜的味道别有风味，常吃米面、蔬菜、水果的人，吃了藏区的饭菜胃肠鼓胀，肠鸣隆隆。

康定虽有历史名城的桂冠，然而人口少，没有娱乐场所。支援防疫的人，业余生活只能打扑克、下象棋，自娱自乐。住所里的虱子还常伴，常骚扰、叮咬人，因此难以入眠，就近连个洗澡的场所都没有。气温起伏变化大，早穿棉衣午穿纱，围着火炉吃糌粑。忍耐不住时，只能烧点热水，将身上局部擦一擦了事。邮递员三五天送一次报纸、书信。和家人联系，书信往返，最快得20天。打电话、发电报得去邮局，甚感不便。大家急于事功，共同的想法是：赶快完成任务，早点回家！

尹德华急脉缓受，为了丰富外省来的专家的业余生活，克服他们急于参加防疫工作的急躁情绪，建议农牧处组织大家学骑马、骑牦牛，和当地人一起过民俗节日"转山节"。康定地区每年农历4月初8（1954年是5月10日）在跑马山举行转山节，俗称"浴佛节"。白天赛马，晚上歌舞达旦。和藏胞一起载歌载舞，学唱民歌《跑马溜溜的山上》，其乐融融。一则使他们逐步适应雪域高原环境，二则了解藏族人民的生活习俗，与藏族同胞搞好关系。马和牦牛是当地的主要交通工具。学会骑马，可为日后参加防疫工作打基础。

西南农林部、西康农林厅增调13人，并将原在石渠、邓柯工作的西南、西康农林厅的兽防人员划归防疫队统一指挥。

西康农牧处仍感开展大面积防疫，技术力量不足。尹德华介绍内蒙古经验，培训当地民族知识青年干部，教他们学会制苗、打针，参加防疫工作。巴登副处长认为这个办法好，他提出：恰好从西南民族学院毕业回来了43名学生，尚未分配工作。可请示省府领导批准，先参加牛瘟防疫。曲则全补充说，还可以从康定县、雅江、理塘等县兽医站选派11名青年兽医干部参加培训班。大家一拍即合。4月3日开会研究培训班的具体安排，决定由巴登副处长做思想动员，王峻尧为班主任，尹德华担任主讲，谭璿卿、张本、吴绍远等5人为辅导员，翁修为翻译。会后即在康定牛瘟防疫办公室开班，请尹德华讲牛瘟绵羊化弱毒疫苗、牛瘟防治方法，边学边做，师生互动，生动活泼。学员们进步很快，全部编入了防疫大队，为牛瘟防疫做出了贡献。

军有头，将有主

1954年6月10日桑吉悦希签发了《1954年预防牛瘟工作计划》。根据西康省人民政府《第四届代表会议决议》，要求继续贯彻畜牧业方针政策和预防为主的防疫方针，重点推广"新嘎波"。政府拨款13亿元专项经费用于防治牛瘟。省政府设立牛瘟防治办公室，人民政府副主席夏克刀登任办公室主任；农牧处长巴登任副主任，带队赴康北，担任防疫前线总指挥；农业部畜牧司尹德华和各省来的专家负责技术指导。办公室负责督促、检查防疫方针、政策落实情况，以及调派防疫人员、防疫经费及物资供应。

省政府要求凡开展防疫的县，均成立兽疫防治委员会，由县长任主任，兼防疫队队长，负责领导、协调防疫工作。

从此，开始了用牛瘟绵羊化疫苗在全区大面积防治牛瘟的工作。

为了更好地配合康藏公路沿线的牛瘟防疫工作，尹德华建议西康省与西南军政委员会商议，将西康省的防疫队与康藏公路沿线的驮牛防疫队进行统一指挥，将力量拧成一股绳。

以往康藏公路沿线的驮牛防疫，在西南军政委员会统一部署下进行，并与川、康藏区的牛瘟防治相配合，组成河西驮牛兽疫防治大队，由十八军卫生部直接领导。大队长为窦新民（贵阳血清厂），副大队长为邹新番（十八军卫生部）。下设3个分队及分队所属7个工作组。组长由西南农林部、十八军卫生部、西康、川西、川南、川东3个行署及云南、贵州抽调的兽医技术人员担任，成员组成是十八军卫生部、西康省兽防人员训练班学员。大队部设在甘孜，沿线军分区设办事处。1953年以前主要防疫武器是牛瘟脏器灭活疫苗。受疫苗供应量的限制，周边牛的免疫密度很低，牛瘟时有发生。西康省牛瘟防治办公室成立后，经请示西南军政委员会、西南农林部，同意将河西驮牛兽疫防治大队并入西康防疫大队，统一由办公室指挥、调配。

办公室将各方面来的人混合编成4个牛瘟防疫队，农业部派来的技术干部负责现地制苗的核心技术。经过4个月的培训和实践，学员们基本掌握了牛瘟绵羊化疫苗的制苗技术、打针技术、防疫要领。

经过充分准备，7月6日在政府礼堂召开出发前的动员大会，省主席廖志高等主要领导悉数到场，西南军政委员会、西南农林部领导也来助威、鼓舞士气。副主席夏克刀登作动员报告，晚上喝壮行酒、吃欢送宴、举办歌舞晚会。

7月7日尹德华打电话向农业部畜牧司汇报工作。程绍迥得到西康的消息喜不自胜，青藏防疫队、康藏防疫队合围、消灭牛瘟疫源地的计划落实了！他指示尹德华和当地领导、民族领袖及防疫队员搞好团结，细大不遗，稳步推进，注意安全，有情况、问题随时报告。

7月8日四支防疫队乘汽车浩浩荡荡从康定出发，奔赴石渠、邓柯、德格、甘孜、乾宁五县。7月9日风雨交加，晚7时到甘孜。10日甘孜队留下，德格、石渠队继续前行，奔赴自己的防疫县。8月初全面展开牛瘟绵羊化疫苗预防注射工作，重点是保护康藏公路两侧的驮牛。

为有牺牲多壮志

尹德华分在石渠防疫队，共40人。副队长是杨启荣、廖德元（队长是各县县长），辅导员是王峻尧、张永昌。察北牧场的廖宣文也分在本组。为了鼓舞士气，保证安全，巴登和曲则全身先士卒，率队前往海拔最高、条件艰苦的石渠县。3天行车556公里到德格县的玉隆镇。再往石渠赶就只能靠骑马、赶牦牛，走唐蕃古道，驮运防疫装备、器材、帐篷、行李了。

石渠县地处康北高原西北端，是西康省面积最大的县。与青海、西藏两省交界，"雄鸡一唱鸣三省"。按当时的路途，县城距离康定1 000多公里。从玉隆到石渠500公里路程，只能借驿站的马和驮牛，一站一站地往前走，每走一站换一次马和牛。如果当时驿站没有足够的马和牛，或者遇到暴风雪、连阴雨，就得等一两天或三四天。

沿途是雀儿山脉，山高陡峭，江水湍急。步步走高，一路攀爬。为了照顾内地来的骑马技术不熟练的队员，给他们的都是"老太爷"乖马。坡陡路危步步高，喘息回望众山小。走在羊肠小道上，这些队员有自知之明"善骑者堕"，自得其乐地说："上山不骑马，下山马不骑，平地牵着走，天天有马骑。"

雀儿山主峰6 168米，夏天带"白帽"，山腰云雾绕。造化钟神秀，阴阳割昏晓。饥餐渴饮，夜宿晓行，迤逦进入石渠县境内。

石渠属大陆性季风气候，年平均气温-7℃，最低气温-45℃，没有严格的无霜期。主要自然灾害是暴风雨（雪），有"六月飞雪七月冰，八月封山九月冬，十冬腊月河水封，一年四季刮大风""石渠是暴风雪的巢穴，冰雪的故乡"之说。如果遇到恶劣天气，当日到不了下一个驿站，则只能中途支起帐篷，露宿山坳草地。一路河中取水烧茶、抓糌粑。饥者歌其食，劳者歌其事。草地作毛毯，跌倒睡得香。灭牛瘟刻不容缓，防疫员肩挑千斤担。赶路虽艰辛，志高心更坚。

尽管在康定适应了几个月，骤然到了海拔4 000米以上的高山地区，气压低，空气含氧量不足平原地区的50%。张永昌、廖宣文等从沿海和平原地区来的队员还是显现出严重高山反应，感到气短、胸闷、头痛、乏力，换驮牛、搬行李，有心无力，动作稍快，心便怦怦地跳，耳鸣、恶心，甚至神志恍惚，走不到人前头。受高山强紫外线照射，皮肤变成了栗红色，面部、手部像春蚕一样脱皮。巴登和尹德华关切农业部和各省派来的战友，教他们行走要平缓，不能操之过急。承担不了的重体力劳动，就不要干了，以免发生不测。

志高山峰矮，脚下路后退。8月1日防疫队终于到达石渠县城。入城时县代表（党、政、军领导人）常希文、副县长翁岛率县政府一干人马亲自迎接，献哈达，双手捧着青稞酒，敬天、敬地、敬客人，欢迎远道来的牛瘟防疫队。

石渠，藏语名"扎曲卡瓦"，意为雅砻江源头。1760年清政府在此建黄教寺——

色须贡巴，而得名"色须"。石渠即是藏语"色须"的译名。境内巴颜喀拉山西北-东南走向，北有贡嘎拉者山峰，海拔5 325米；东缘吉根巴俄达者山峰，海拔5 334米；西南是沙鲁里山北段雀儿山，卡龙日阿寨峰5 059米、深布卡峰4 909米。

雅砻江和金沙江自西北朝东南并行倾泻而下。县政府所在地尼呷镇，即石渠县城，坐落在雅砻江畔。县城只有一条街，街上只有两三户喇嘛、高僧贵族开的贸易商店、杂货铺。居民200来户，都是普通房屋。估计人口有六七百，人烟稀少。街里有三三两两的藏民，上天之载，无声无息地行走，不见一个外地客。偶尔见到一头蕨麻猪带着它的小崽儿们穿来穿去，四处觅食。市面幽静而祥和。县政府机关是两栋陈旧、窄小的办公平房。县代表和外来干部皆未带家属，环境相当艰苦。防疫队在离县政府不远处的河水旁支起帐篷，打开行李住下来。

8月2日一大早，尹德华和前线指挥巴登就起床了，此时帐篷外雪花飞舞。8月的巴颜喀拉山，无树无花只有雪，老天爷先给防疫队个白脸看。他们穿上棉衣，到县政府向县代表常希文、藏族县长（活佛）报到，汇报防疫队来的任务。下午，副县长翁岛到帐篷里回访，和大家见面，表示欢迎。并安慰大家，此地海拔高，山高缺氧，雪天、雨天别外出。先适应3天环境，休息休息，别忙着工作。

3天后，副县长和兽医站长介绍情况，共商防疫计划安排。全县面积2.5万平方公里，可利用草地1.9万平方公里，是西康省最大的牧业县。平均海拔 4 500米，尼呷镇海拔4 300米。中华人民共和国成立之初，牧民5 600余户，约35 000人，逐水草而居，沿水草放牧。藏族占人口的90%以上，主要是太阳部落，意即世上离太阳最近的部落，习俗颇殊。牛、羊各50万～60万头，马匹5万～6万，平均每平方公里约1.5个人、载畜量三四十头。广袤石渠县，重峦叠嶂，盘坂入云长，千峰划彼苍。连山灌木牧草茵，山谷有草无树植被茂。平田无城郭，十里八荒没村落。这样的自然环境里，牦牛、藏羚羊、白唇鹿、盘羊、野马、狐狸、狼、旱獭、黑颈鹤、秃鹫、兀鹫……是高原精灵（编者注："盘坂入云长""千峰划彼苍"两句来自唐代孟浩然的《行出东山望汉川》一诗。坂是斜坡的意思，彼苍是天的代称）。

石渠是牛瘟的老疫区。1953—1954年流行严重。1953年9月色须村和格托贡马村的牧民从青海省称多县赶来的牛，带进牛瘟传播开来。为防牛瘟，牧民们用土法灌"嘎波"，其结果是推波助澜，引起了牛瘟大暴发。至1954年5月传播到20个村、230

多户，死牛4 480头，牧民损失惨重，非常恐慌。县政府和县兽医站急得团团转。西南农林部、川康农林厅、康定自治区皆派人帮助，但防疫收效不大。

此时正遇西康省组织百人牛瘟防疫大队，省府决定以石渠县先行示范，以解燃眉之急。省农牧处和尹德华商议，从4月份举办的培训班里挑选进步快、有悟性的青年干部雷家钰、曹志明、翁德衡、易坤俊、廖泳贤等，身先众士，带牛瘟绵羊化疫苗种毒和方法，到石渠和当地干部、牧民群众一起防治牛瘟，成为防疫的先遣队。

西康省1951年、1952年防治牛瘟用牛瘟脏器灭活疫苗和高免血清，供应量有限，2年共预防138 000多头牛，治疗22 000头。疫苗供应量相对于康藏运输线两侧各县牛的存栏量，无异于杯水车薪，牛瘟始终是运输安全的最大威胁之一。病笃乱求医。1952年甘孜防疫队在牛瘟面前急不暇择，不顾马闻天在八美牧场试验"牛瘟兔化弱毒疫苗、牛瘟兔化山羊化弱毒疫苗不适用于牦牛"的结论和忠告，曾在石渠、炉霍、康定试用牛瘟兔化山羊化弱毒疫苗进行区域安全试验。由于疫苗对牦牛反应强烈，因此在牧民心目中留下了难以抹灭的阴影。

易坤俊，1953年四川大学毕业后，被分配到邓柯兽防站，后被派到石渠防治牛瘟。行前他向尹德华汇报情况，讨教防疫对策及该如何开展工作。尹德华和几位青年人深入交谈，了解牧民特别是当地头人对疫苗反应的情绪。根据在八美的试验经历、中央的民族政策，地方上的改革只能采取"自愿"，中央不加强迫的宗旨，以及现阶段省农牧处主动要求在石渠选点，先行示范的情况，尹德华胸有甲兵，为他们部署这次试点的具体办法：

（1）依靠县政府，选村长开明、容易做工作的村开展工作。试验前请示，试验中及结束时汇报，以示尊重，取得县政府、村长支持。

（2）用当地1岁左右、临床健康的绵羊，继代牛瘟绵羊化弱毒疫苗种毒。每次传代都要作详细记录。选产生定型热的羊血，进行病毒传代、制苗。种毒由责任心强的专人保管、传代。这是工作的基础。

（3）选取隔离条件好的地点、健康状况好的牦牛为试验对象进行试验。初始规模100头左右。仔细观察，详细记录。遵照甘孜军代表的指示"宁肯少些，但要好些"安排试验，务必取得成功。

（4）注射疫苗，观察10天，如果一切正常可开展第二批扩大试验，试验规模依条件而定。试验过程可邀牧民、高僧观看、检查，扩大影响面。

（5）第二批免疫牛也观察10天。如果正常，取得预期结果，村长同意的话可在全村开展普遍免疫注射，为其他村树立范例。扭转人们对牛瘟兔化弱毒疫苗、牛瘟兔化山羊化弱毒疫苗的偏见，树立用牛瘟兔化绵羊化弱毒疫苗防治牛瘟的信心。最后向县代表、县长汇报，并进行工作总结。

大队人马到达前，他们注射了牛瘟绵羊化疫苗41 000多头牛，效果着实令人满意，得到众人交口称赞。试验地格托贡马村的头人阿基说："毛主席是藏民的大救星，派来防治牛瘟的干部是好干部，是藏族牧民的恩人！"

7月初他们回到石渠县政府，汇报、总结，准备参加石渠牛瘟防疫大队。一天傍晚，腾云似涌烟，电闪雷鸣，风雨交加。突然，防疫员的一个住处轰然倒塌。地折天崩，灰尘四起，邻居们赶忙出来察看。

原来，雷家钰、曹志明和翁德衡3人宿于一栋废弃的藏式土石结构的旧楼里，在楼上每人睡一个墙角。风雨雷电将楼击塌。垮塌时雷家钰、曹志明被击落到底层，又遭垮落的土石砸压掩埋，连求救的声音都没发出来，窒息身亡。翁德衡虽被砸压，动弹不得，但尚能发声呼救。同志们冒雨跑来抢救，先救出翁德衡，其被捡回一条性命。为救雷家钰、曹志明，众人在雨夜里刨挖了一宿。因木料、泥石太厚，层层扒开时，躯体已经青紫，人已气绝身亡，回天无术了。雷家钰，四川人，四川大学毕业生，共青团员。曹志明，辽宁人，辽宁农业专科学校毕业生，共青团员。县代表常希文闻讯赶来，先安排救人，给翁德衡洗伤、涂药、包扎，安抚，稳定他情绪，不久痊愈。对于为消灭牛瘟而牺牲的雷家钰、曹志明，发电报征求家长意见，按汉族习惯厚葬。

牛瘟流行几千年，病革不息，生灵涂炭。生老死劫谁能躲？众生相托，禅师无措，唯有当代青年救生灵。志明不求易，遇事不避难。家钰落巴颜，为民除瘟顽。不测风雷绝命雨，天埋英雄尼呷楼。光荣归国家，生死护中华。二人均系汉族，长眠于雪域高原上。哀泪悲歌悼英灵。县政府为他们筑坟立碑，刻铭巴颜喀拉石，永作蕃人范儿。

噩耗于7月5日传至曲则全那里。当时防疫队箭在弦上，准备出发，他只把信息悄悄告诉了尹德华。农牧处怕噩耗引起百余人的防疫队情绪波动，没人再敢去石渠而秘而不宣。防疫队到达石渠之后，不断有人询问先期来的队员。战友殉职的事迹再也封锁不住了，也没有必要隐瞒了。曲则全向大家通报了先遣队的业绩，县政府、藏族同胞感谢他们、感谢毛主席，为我们今后的防疫工作奠定了坚实的群众基础。做好队员们的政治思想工作，安定军心。40名队员无不动容流泪。8月8日巴登副处长带领曲则全、尹德华和十几名干部看了他们的牺牲地，拜谒了二烈士的塚丘。尹德华致悼词，宣誓"不消灭牛瘟决不收兵"，和遇难烈士的亡灵告别。

仪式结束后，在常希文的主持下召开防疫工作动员、部署会议，巴登、曲则全、尹德华及全体防疫队员参加，县工委派出的15名干部、区县派出的20名干部及县兽医站全体人员参加防疫。先在石渠做准备工作，示范制苗、打针、观察、登记，进行演练。然后将大家混合编队，分成西区队和中、东区队两个防疫队，由当地干部和兽医带路，8月15日分头下去，全面开展防疫工作。按康定来的防疫队员，分组如下：

西区队防疫队15人：干部8人、学员7人。分工防疫线路是：尼呷镇→蒙宜→德荣马→色须村→俄多马→巴格马→长沙贡马村→呷衣村→八若寺→格得安马村→格则贡马村→格孟。

中、东区防疫队26人：干部8人、学员18人。分为两组，防疫线路分别是：

第一组：洛须镇→麻呷→起坞→虾渣→觉悟寺→阿色→格拖贡马→瓦须→正科→奔达→真达。

第二组：温波札尼→温波札什→长沙干马→长须贡马→长须干马→阿日札→本日→蒙牛→蒙沙。

防疫队遵守解放军的三大纪律八项注意，纪律严明。自带帐篷，自炊自食，不扰民，不犯民。每到一处，首先向当地政府和头人讲明来意，取得支持，由他们组织牧民，积极参与牛瘟防疫。工作结束，向他们汇报，征取意见，善始善终，以示尊重。和牧民交往，买卖公平，借东西归还，损坏东西按价赔偿。草原严禁抽烟、乱扔烟头、使用明火，以防火灾。帐篷搬家，必须将火浇灭，不留后患。为民防疫、治病一律免费，不收受馈赠。

防疫工作有条不紊，逐村逐乡打针。对于越境放牧的牛群，实施属地管理。在哪个乡，哪个乡的防疫队给予免疫注射，不放过一头牛。步步为营，将防疫区域逐渐连片，构筑牢固防疫带。

中、东区防疫队由王峻尧带领。第一组防疫队到长须贡马村。这里是查加部落，他们保持着18世纪以来的一些习俗，查加寺还是移动寺庙（帐篷寺庙）。里面供奉着佛像、法器、五颜六色的经幢，布置着幡幢、酥油灯，民风纯朴，待人诚恳。防疫队刚来长须贡马村时，村长尼勒平措拒绝给打牛瘟预防针。1952年打牛瘟山羊化疫苗的结果令僧侣们生畏，打了针的牛，有的产生了牛瘟症状，部分死亡；有的则出现神经质，攻击人，成了"野牛"。经过县兽医站的人做说服工作，并保证"产生了病牛、死牛，按市价赔偿"，尼勒平措才同意"抓几头试试"。

试验结果使村长和僧侣们相信了防疫队。当时恰有牛群发生牛瘟，村长提出请防疫队诊治。这正是疫苗发挥威力的大好机会。村长接受防疫队的安排，先给周围健康牛群打疫苗，形成防疫包围圈，而后打病牛群。病牛注射痊愈牛血清，健康病牛打疫苗。打针以后，牛的反应正常，无牛瘟症状，更没有"发神经的牛"。1周以后牛瘟停止流行，再没有新病例。与天相保无穷极，积学所致非鬼神。村长和僧侣们心服口服了，竖起大拇指夸赞"牛瘟新嘎波好，防疫队是活菩萨"！

8月26日晚上7时多钟天气骤变。阴风吹翻贡马河，云盖草原一天墨。闪电九天垂降地，雷声轰鸣利山摇。密雨散丝夹冰雹，暴雨倾盆决河倾。迅霆不暇闭目，疾雷不及掩耳。一道闪电直击防疫宿营地，县工委4名干部住宿的帐篷里突然传出"死啦！死啦！……"的惨叫声。

王峻尧等人就住在不远处的帐篷里。风声、雨声、雷声、呼喊声交织在一起，他们以为喊的是"湿啦！湿啦！……"。大雨滂沱，帐篷"湿了"有什么大惊小怪的，起初未予置理。但是，叫喊声不断，愈来愈凄惨，似哭似喊，王峻尧他们才感到不对劲儿，可能出大事儿了，急忙冒雨出来查看。声音是从县工委干部住的帐篷里传出来的。帐篷里被雷电烧得满目狼藉，托日被雷电击中，死啦！另外3人被雷电烧伤：泽旺的头部烧伤，头发变焦，右眼看不见人，呆坐那里不能动；索多的脖颈、面部烧伤。俩人都喊不出声了；彭错的双腿烧伤，是伤势最轻的一个，呼救声是他喊出来的。

原来，雷电是沿着支撑帐篷的中心立柱打进来的，火光落地开花，将里面一锅焖了。伤势轻重不同，一个人都没能幸免。

此情此景，救人要紧。树荆棘得刺，栽桃李得荫。附近帐篷里的僧侣们闻声也冒雨赶了过来。王峻尧招呼队员们抢救受伤战友。几个人给托日做人工呼吸，其他人将泽旺、索多、彭错转移到其他帐篷疗伤，安定情绪。

次日雨过天晴，查加人按部落最高礼遇给防疫队送来藏式帐篷、干牛粪、鲜牛奶和酸奶、奶茶，尼勒平措宰杀一头牦牛，慰问防疫队，安抚伤者。

托日经抢救无效，为防治牛瘟奉献了宝贵的生命。风雨无情，霎时间痛丧元良，全队悲恸悼战友，泪水落地惊石渠，满天血泪寒风哀。县工委、防疫队和瓦须贡马寺的主持商议为托日举行送别仪式。最后，大家尊重民族习惯和藏传佛教查加部落的教规，为消灭牛瘟而牺牲的功臣托日举行天葬。

次日，查加寺众僧在主持的带领下，身穿袈裟，来到防疫队驻地，长号齐鸣，为防疫队除邪、搬家避灾。把托日带进寺里，酥油灯通明，焚香诵经，为逝者沐浴更衣。选吉日，8月28日，经幡飘扬，喇嘛诵经，长号高奏，为托日举行天葬。青天碧海恫招魂，白衣素裹上天台。扫榻飞烟召仙鹤，驾鸳腾空，乘鸾升天。时事伤心，风号鹤唳人何在，肃立垂首盼魂归。牦牛有情亦落泪，巴颜无语也恸悲。

送别托日，3个烧伤战友不久治愈。出师即遇不幸，防疫队再次聚首，通报各队情况，交流经验。获悉托日牺牲，大家起立默哀，悼念冥福。县代表、巴登和尹德华再次向牺牲的战友表达敬意，安抚军心，搞好团结。瘟疫未灭，何日重生此才？后起大有人在，再接再厉，消灭牛瘟建功业。

牛瘟兔化绵羊化疫苗在长须贡马村的免疫效果、防疫队员们的献身精神，感动了村长和僧侣们，为周围牧民树立了鲜活的榜样。从此以后，东区防疫工作进行得很顺利。

战地相邀

第二次全国防治牛瘟、口蹄疫座谈会结束后，苏林、沈荣显受农业部畜牧司派遣，到青海省做牛瘟疫苗免疫牦牛试验。他们同西北畜牧部的王济民、陈家庆、青海畜牧厅的李仲连等在青海畜牧厅长程建民的领导下，1953年2月开始在西宁试用牛瘟兔化绵羊化弱毒疫苗免疫牦牛，并证明该疫苗安全有效。

绵羊化毒接种青海省三角城牧场藏系绵羊，3次试验共接种42头，产生标准热反应35头，轻热反应5头，总感染率95%。

绵羊化毒对大通县牧场1~6岁牦牛安全试验：2批次共计200头。无牛瘟临床重症反应牛，产生高热反应110头（55%）、轻热反应25头（12.5%）、无热反应65头（32.5%）。

绵羊化毒对哺乳犊牦牛（3~7月龄）的安全试验：2批次，共接种74头牛。无牛瘟临床重症反应牛，重反应（高热）55头（74.3%）、轻反应11头（14.9%）、无反应8头（10.8%）。

绵羊化毒对泌乳牛产奶量的影响试验：2批次共计67头，另有10头对照牛。接种疫苗后，产生高热反应的牛其泌乳量最多减少89%；产生轻热反应者最多减少47%。减产主要集中于打苗后的第5~9日，以后逐渐恢复。

绵羊化毒对牦牛的免疫力试验：试验5批次，共用牛30头，另设对照牛6头，观察13~24天后，以牛瘟强毒攻击（人工接种）。30头免疫牛全部保护，而对照牛死亡5头，1头耐过。

1953年7月中央农业部派遣鲁荣春、彭匡时，并组织中央兽医生物药品监察所、哈尔滨兽医研究所、西北畜牧部、兰州兽医生物药厂、西北兽医学院、青海畜牧厅组成试验组，在青海畜牧厅领导下，进行牛瘟绵羊化弱毒疫苗扩大区域试验。工作3个月，试验顺利完成。结论是：绵羊化弱毒对牦牛安全有效，可以在牦牛产区广泛应用（沈荣显、苏林、李仲连等），紧接着在全省开展全面牛瘟防疫工作。

青海省玉树州流行牛瘟的历史无从考证，中华人民共和国成立以后也从未间断。1953至1954年8月，全州疫区367处，5 036户牧民共有病死牛38 620头。1954年8月农业部组织的青海牛瘟防疫队正在玉树攻坚克难。程绍迥根据青海和康北牛瘟防疫进展情况，指示鲁荣春、彭匡时在玉树召开青藏、康藏防疫队联防会议，交流经验，围歼牛瘟。

石渠县西部与青海省玉树地区交界。两地牧场交错，牧民联姻，往来不断。玉树是青海省家畜传染病的重灾区，和石渠县相互传染，两地都是防疫的重点区域。

尹德华和鲁荣春原来同在东北农业部畜牧处工作，1953年先后调入北京中央农业部。尹德华这个"空中飞人"，1953年1月受农业部派遣从东北直接到了四川，支援川北防治口蹄疫，下半年转战到康北防治牛瘟。鲁荣春调入农业部不久，即和彭匡时到青海省做牛瘟绵羊化疫苗田间扩大试验。接程绍迥指示，鲁荣春即刻给尹德华写信，联系在玉树召开联防会议事宜。

石渠县地广人稀，绝大多数人没有受过教育。除了政府机关，极少有人订阅报纸，无书信往来。交通不便，业务量少，邮局1星期左右送一次邮件是常事。防疫队员住行军帐篷，睡行军床，点煤油灯。饮食不定时，睡眠无定制。深山无历日，工作没假日。听不到广播，看不到报纸，通信无设施，音讯全封闭，十天半月才盼来一次书报和家信。从甘孜到石渠走唐蕃古道，骑马单程需要7～8天。报纸来了也成了历史资料。尽管如此，读一次书报，大家戏称是"文化生活打牙祭"。

防疫队到达石渠不久，8月5日尹德华收到正在玉树防疫的农业部的同事鲁荣春的来信，约定两省到玉树会师，交流防疫经验，商定联防事宜。防疫连数月，家书抵万金。能收到家信或单位的信函，是防疫队员的最大慰藉。尹德华接到来信后，非常兴奋和感慨。我处金沙江东，君在金沙江西。我位西康省，君于青海省。防牛瘟，青山一道同云雨，明月何曾是两乡。隔了条雀儿山，见见面，谈体验，竟是如此之难。他立即向巴登和曲则全汇报此事，安排参加联防会议的人选和行程。

西康省大面积防治牛瘟工作刚刚开始，需要在工作中总结经验，带上防疫成绩参会，和大家交流心得，共同研究联防的具体办法。尹德华提出以下提议：

（1）趁夏季气温较高，操作方便，抓紧防疫工作，一定要在大雪封山之前完成全县的牛瘟疫苗注射。因此，在防疫途中，顺路赶赴玉树交流经验，共商联防。

（2）起步阶段"宁肯少些，也要好些"，工作愈细愈好，起示范作用。用事实服众，消除头人和僧侣们对牛瘟疫苗的误解，使他们自愿接受防疫注射，配合工作。严格执行党的民族政策，禁止强迫命令。

（3）西区防疫队的防疫范围恰与青海省的玉树州毗邻。防疫到呷衣、八若寺一带，大部分注射任务完成时，过境去玉树参加联防会议。时间在9月底或10月初。

（4）西区防疫队的队员就是参加联防会的成员。

巴登和曲则全同意尹德华的建议。商定由尹德华写信向农业部畜牧司、在玉树的鲁荣春报告参加联防会的西康省人员及行程安排，巴登写信向西康省政府汇报工作。

与死牛同榻

西区防疫队从县城尼呷镇及附近的蒙宜村、菊姆村开始工作。

1953年、1954年西区的牛瘟连续不断。牧民除了搬迁逃瘟、拜佛求神保佑之外，唯一的招数是灌"嘎波"。所灌嘎波是牛瘟的天然"弱毒"，毒力不稳定，且没有固定操作方法。常常因灌"嘎波"而引起牛瘟传播、蔓延。

由于1952年注射牛瘟兔化山羊化弱毒疫苗不良反应的阴影没有消除，因此村长和牧民们对注射牛瘟兔化绵羊化弱毒疫苗信心不足，兴趣不大，组织工作不力，防疫进展不快，甚至有的牧民赶着牛群躲避打针。

当时菊姆村发生了牛瘟，尹德华派易坤俊和翻译前去查看，并给他们部署攻克方法。

易坤俊，年轻气锐，上进心强。1954年春，兽防站田英劼到玉树学习牛瘟绵羊化疫苗制作技术，回来后易坤俊和他一道培训人员，在城区附近试点。村长泽仁常来看他们的试验，兴致勃勃地将自家的牛一半接种了牛瘟绵羊化疫苗，另一半当对照。几天后，将它们混入邻居家病牛群放牧。结果，打了苗的牛都不发病。这在群众中影响很大，城区试点把牛瘟防治工作向前推进了一步。年轻娃子扛碌碡，正在劲头上，到菊姆村做工作，易坤俊是不二人选。

他们找到了发生牛瘟的农户，帐篷外栓了一排病牛，一家人正在请喇嘛念经。主人告诉易坤俊："牛得了炭疽、出血性败血症、牛肺疫。"藏民视牛瘟为凶神恶煞，忌讳说是得了"牛瘟"。

问及病因，畜主对佛虔诚备至，喇嘛说是"得罪了山神，念七天经就好了"。他们讨厌来人干扰佛事，下逐客令说："天怪冷的，你们回去吧！"

易坤俊诚心诚意地想帮他们，介绍牛瘟现代防治方法而不肯离去。天晚了，主人懊丧，给他们指定了一个帐篷过夜，从此再不和他们见面。易坤俊进帐篷一看，里面堆了好多病死的牦牛。不由得一愣："是憎恶？是凌辱？是诅咒？是恐吓？想用死神吓跑我！我们是干什么的？专治瘟神的兽医！"他们不计较主人的所作所为，毅然住了下来。

这座帐篷与主人家仅隔一条小河沟，那排病牛就拴在河边。易坤俊仔细观察畜主的动静。每到夜深人静，畜主都要察看病牛。每天死牛都在二三十头，这使他捶胸顿足，7天要死多少牛！虽然他谢绝和易坤俊谋面，但小喇嘛却常到易坤俊的住处来，继而喇嘛也来拉家常。易坤俊毛遂自荐："若门巴是专门医牛的。你们诵经求神保佑，我们给牛打针治病。咱们神、药两改，不出三五日，可救牦牛出水火。"喇嘛连连点头，高高兴兴地回去了。

让人始料不及的是，隔日畜主下了逐客令，拆了死牛帐篷。易坤俊和翻译只好收拾行李，去找村长谈防疫。村长开明，非常赞同"防重于治"的主张，召开村民大会，布置牛瘟防疫，命令患牛瘟的家庭到县政府取血清紧急施救，其他牛群打疫苗预防。工作顺利完成。

东边菊姆村防疫还没完，西边德荣马村又告急，20多户的牛群发病。邻居们忙着灌"嘎波"，而邻村扎多、色须村的人则闭门不出。因为1952年牛瘟山羊化疫苗的严重反应，因此色须村长连兽医站的人都不接待。

色须村是色须寺的所在地，它是西康省最大的寺庙，设有显宗、密宗两大学院，有活佛10多名、堪布数名、僧侣千人。是康区唯一有授理"格西"学位的格鲁派寺院。山色秀美，物华天宝。活佛、高僧众多，朝圣者络绎不绝。色须村的一举一动，对周围影响很大。

防疫碰到了硬骨头，尹德华和巴登商量攻坚办法。

祖祖辈辈能在世界屋脊人类生存极限条件下繁衍生息，本身就应当受到尊重。他们的信仰、生活习惯是一代代人传承下来的，要变革也应当是发自内心的改，而不是别人强加的。因此，防疫队不再对他们做说服动员工作。尹德华指挥防疫队跨过这几个村，到俄多马村、巴格马村防疫打苗，建立包围疫区的防疫带。等待时机成熟时再解决色须村的防疫问题。为了阻止色须村牛瘟外传，派人在其外围进行检疫监控。

易坤俊负责检疫。草原连云牛羊哞，沟壑纵横山连山。草地无路任人行，四荒八极道通天。检疫工作太难了。

他们选四冲之地，占山头制高点，看得远。有僧侣赶着一群驮牛路过，老远看见检疫的人便绕道而行。易坤俊呼唤赶牛人，愈喊他们跑得愈快，拒绝检疫。情急之下，忘了高原缺氧，跑步追上前去阻拦。哪料到没跑几步，眼前一黑，"嗡"地一下天旋地转，脸色煞白，一头栽倒在地，不省人事。同志们赶来施救，把他头朝低处放平，躺在草地上，让血液往头部集中，做人工呼吸。待他醒来时，围拢在身边的人长出了一口气，大眼瞪小眼，紧绷的神经才松了下来。

巴格玛尼墙下显神威

色须村西邻俄多马村，北邻巴格马村，毗邻青海省，也是牛瘟的重灾村。这里有世界驰名的巴格玛尼墙、松格玛尼墙。它们像巨龙耸立在扎嘉神山脚下这片郁郁葱葱的札溪卡草甸草原上，高3米开外，宽2～3米，长2 000米。在湿地草甸上的玛尼石依自身的重量下沉，一半在地上，一半沉入地下。因此，巴格玛尼墙地上有多高，地基就有多深，被称之为"世界屋脊的长城"。

巴格玛尼墙是300年前（1640年）巴格活佛一世受莲花生大师托梦，在这块草甸上放了第一块玛尼石，接踵而至朝拜的无数信徒们放的玛尼石堆砌而成的。它和拉萨的大昭寺、阿里的岗仁比齐，并列为三大圣地，是藏民朝拜的中心。巴格玛尼墙随着朝拜人群不断堆砌而长长、长高。

藏民带来的每片玛尼石头上都刻着朝拜人请朵多（石刻艺人）为自己精心雕制的人生箴言及《甘珠尔》《丹珠儿》经文选段，蕴含着供放者的各种夙愿、乞求、信仰，也是精神寄托。

墙的两面镶嵌着很多神龛，供奉着各类充斥天地的神灵、佛像。绵延不绝、虔诚的僧侣们将自己的企盼，通过磕长头、转神山、转神湖、摇转经筒、恭恭敬敬地堆放玛尼石、系挂哈达、经幡，交给神灵。其中驱除牛瘟和各种瘟疫是最大的愿望之一。朝拜者相信神灵会以神的方式接受拜谒，将福祉源源不断地抛授给喃喃祈祷的信奉者。他们的心灵得到净化、升华。神龛里的佛祖看着人来人往，巴格马尼墙却不发一言一语。有道是，千百年过去了，牛瘟、天灾依然威胁着人畜生命、安危，信徒们却安之若命。有哪个信奉者能悟出"你求名利，他卜吉凶，枉费了多少精力和钱财，供奉的玛尼石哪个有心肝，出得好主意，帮人消灾解难"？

科技显神威，雪域高原飞祥云。如今防疫队来了，带来的是神器牛瘟兔化绵羊化弱毒疫苗。顶礼膜拜的香客们，今后在牛瘟面前不必再言"万般皆是命"了。

疫苗看来不起眼，似乎不甚宝贵，然而打一针效应如神，牛体内确能建立坚固的抗病"城墙"。这道墙在体外看不见、摸不着，对于灵石崇拜的藏民们，它是难以理解、难以接受的。他们在巴格玛尼墙下、神像面前焚香顶礼，恍若隔世。祭神如神在，一草一世界，一石一天堂，有超常神秘的宗教感和想象力。但是在现代科学面前愚眉肉眼，难以接受，或举步不前。不富无以养民情，不教无以理民性。只有免疫牛在牛瘟魔爪下岿然不动时，他们才会逐渐承认现实，接受新事物。

尹德华认为，这里是朝拜圣地，人来人往如闹市，巴格玛尼墙下发生的每件事均可以影响到几个省。牛瘟防疫搞得好坏，直接关系消灭牛瘟战役的成败。他和巴登、曲则全等商议，打好这一战役是牛瘟防疫工作的突破口。只能取胜，不可有一丝马虎。

俄多玛村村长夺瓦很开明，支持防疫队来给牛打针。他亲自动员、组织牧民集中牛、圈牛、抓牛，配合防疫队打针。他带头提供自家的绵羊给防疫队造苗用。在他的带动下全村的牛瘟防疫进展很快，3天注射了18 000头。打了苗的牛都很安全，没出现严重不良反应。牧民们心肯意肯，没有一丝牵强。

防疫工作正在如火如荼进行时，一天晚上突然传来县里一份急件，命令暂停注射。原来是临近的色须村得知又要注射牛瘟"什么化"疫苗，村长和牧民们对1952年注射牛瘟"什么化"疫苗的结果心存芥蒂。一朝挨蛇咬，十年怕井绳。他们对检疫监控很不满意，认为是限制放牧和行动自由，因而紧急上书县政府，拒绝打苗。现代科学理念和宗教思想在色须村发生了激烈碰撞。

怎么办？巴登召集大家商量对策，是停还是继续干？党的民族政策是："有关藏区的各项改革事宜，中央不加强迫，由西藏地方政府自动进行改革。"眼前的情况是，俄多马村欢迎防疫，防疫过程很正常；而色须村拒绝打针。形成鲜明对照。心疾难医，心病还须心上医。尹德华的意见是：工作不能停。最好在封冻之前完成防疫任务，牛只产生免疫，抗击下一个流行季节的到来。

尹德华立即回县如实汇报情况。愿意注射疫苗的村继续防疫工作，拒绝注射绵羊化牛瘟疫苗的村，依自己的方式进行防疫。对用"灌花"法防疫的村要严密监视，尽量降低"灌花"严重反应牛瘟病牛对临村的影响。

为了稳妥，可以暂时放慢脚步，把工作做得更细。跟踪观察打苗牛群的反应，不放过疫苗质量的任何瑕疵。

按尼呷村和菊姆村的办法，将疫苗免疫过的牛群赶到草场，有意识地与色须村、札多村的病牛群混牧，或交差放牧，考验疫苗免疫效果。用实例攻破两村头人和牧民对牛瘟绵羊化疫苗的精神防线，让他们自觉自愿地接受牛瘟疫苗防疫，摒弃过时、操作粗放的牛瘟"灌花"。

建议县里主管领导组织各村村长到俄多马村实地考察，由夺瓦现身说法。

县代表常希文听了汇报，对西区的防疫工作非常支持，当即决定增派县工委15名干部驰援防疫。

俄多马村的防疫效果对周围村影响很大，在巴登、曲则全的指挥下成了防疫示范村。周围村的牧民纷纷要求给牛注射"新嘎波"。

不到乌江不尽头，色须村坚持给牛"灌花"而不打疫苗；而且色须村收取"灌花费"，每头牛1银元大洋。

色须村和俄多马村毗邻的一农户给牛"灌花"时，为了避免"灌花"不良反应引发牛瘟，防疫队应允这家农户，免费同步给牛注射抗牛瘟血清，作为紧急预防，以免"灌花"反应造成死亡。与人以实，虽疏必密。畜主因为害怕死牛，同意这样做。防疫队给注射了血清的牛每天测量体温，它们都有热反应，说明疫苗起作用了，很安全。畜主非常满意，对防疫队的态度由疏远变主动亲近。因为牛瘟绵羊化弱毒疫苗免费防疫，打飞针，比"灌花"的操作简便，效果也好得多，畜主纷纷"倒戈"。次年，1955年，色须村的村长终于"动摇"了，主动要求注射新嘎波防牛瘟。

防疫队严明的组织纪律、精良的操作技术及疫苗的神奇防疫效果，很快拉近了与藏民们的距离。藏民们不仅主动请防疫队给牛打针，连藏民之间发生的争夺草原的纠纷也请求他们解决。在呷衣村防疫时，从开动员会到工作结束，不到6天时间注射了近万头牛。临走之前区长特意跑来，向防疫队诉说："他们有5头牛被相邻的拥龙色依村的人割了尾巴。"太阳部落冤家之间相互割牛尾巴是宣战的信号，仇人相见格外眼红，预示一场械斗不可避免。

遇急思亲戚，临危托故人。区长的信任是防疫队群众工作的丰硕成果。巴登和尹德华对此非常珍视。他们将防疫队一分为二，命曲则全、易坤俊带领一个分队多留一两天，调解草原纠纷，然后向北挺进防疫。他们请来了两村的头人，制止了一场草原流血冲突。其他队员由巴登、尹德华带领，渡雅砻江到八若寺村防疫。

9月上旬曲则全和易坤俊防疫到格则贡马村。工作刚结束便接到省上通知，命全组人马回康定。恰在这时下起了连阴雨，似乎老天爷也想挽留他们。雨势大，麻摩柯河水位猛涨，波浪翻滚，返回县城尼呷镇的路受阻。为了感谢防疫队，少耽误他们的宝贵时间，村长中让组织了一班青壮年在河边搭起帐篷，观察水势，坐镇指挥渡河。他们选择清晨河水水位较低、波浪较小时，护送防疫队过河。在河的上游河床狭窄处，牧民将一群马赶入河中，在河里似一堵活动的水坝，阻挡水势。在下游河面宽、水流平缓处，防疫队员骑马过河。马腿较高，马身承受的冲力较小。每位队员两侧有骑马的牧民并行保驾，一路呼喊着过了河。整理好被河水打湿的行李，回头看对岸，中让和牧民们站在岸边，频频向防疫队挥手告别。

瑶池洁身，人间仙境放豪志

雅砻江发源于石渠县巴颜喀拉山南麓，主要是雪山的积雪融化而成。夏季冰雪融化，渗入草地，形成草甸沼泽地。星罗棋布的水坑、涓涓细流的小溪，汇合成河流，奔腾澎湃地流向下游，这就是长江上游的支流之一雅砻江。江水到达呷衣村，河水深，水温很低，河床落差大，水流湍急。巴登和尹德华带领的防疫队9月13日从呷衣村渡河向八若寺进发。队员骑马，行李则由牦牛驮运过河。牦牛腿短肚大，水深处蹄不着地，成了泅渡，所驮行李物品全部被水浸湿。渡河后支起帐篷，埋锅造饭，整理行李，晾晒物品，靠羊皮大衣和雨布"打野"（野外露营）。巴颜逶迤峰刺天，札溪草原天地宽。明月入怀防疫队，人困马乏睡眠酣。次日凌晨出发赶路，下午到达雅龙。草甸无路处处路，就看会走不会走。沼泽陷阱谁人识？惯住湖边的人夜间也不敢走。整理行装，晾晒物品，再露营一夜。15日终于到达八若村牛场。选河溪边向阳、背风的草坡上安营下寨。尺璧非宝，寸阴可惜。安顿好帐篷，尹德华即刻将疫苗种毒接种了4只绵羊，着手制苗。

16日阴雨天，老天爷给大家放假一天。队员们拿出各自的绝活做饭，请村长日娃来帐篷做客，宣传民族政策，动员防治牛瘟，注射疫苗。一提及防治牛瘟，日娃求之不得，原来真菩萨就在眼前。日娃非常兴奋。病笃乱求医，着意寻不见，今日佛送来。千里来稀客，见面成嘉友。以茶代佳酿，未言心相醉。他当机立断，说干就干。当晚召集各户牧民，开动员会。牧民们对牛瘟防疫队和牛瘟绵羊化疫苗的神奇效果已有所耳闻，不待动员，交口称赞。经商议，决定将牛分5个地点集中，防疫队逐一去打针。

17日雨天变为雪天。防疫队顺乎天，应呼人，不畏严寒，按既定时间、地点给牛打针。僧侣们感佩他们雷厉风行、说到做到的工作作风，端来奶茶、酸奶和手抓羊肉款待防疫队员，献出自家绵羊供他们造苗。

札溪草原气象多变。17日亥时狂风骤起，阴风荡涤山鬼啸，劲吹乱飑石头跑，防疫队的帐篷被吹倒。瑟缩冷风里，队员们搬来石头将倒塌的帐篷四周压住，保护住帐篷里的制苗设备和行李。日娃关心防疫队，顶着风暴把队员们请到家里，饮酒暖身，吃肉拉家常。酒逢知己频添少，话若投机不厌多。日娃酒肠宽似海，喝到兴致处，口无遮拦吐真言："前年打'什么化疫苗'，把牛打成了疯牛，真不敢再打苗了。色须寺给牛灌'嘎波'，每头牛收1银元大洋不说，死牛太多，着实用不起。毛主席派来的防疫队，打苗不收费，安全，管事，我们放心。"

酒能成事，也败事。队员们牢记民族地区行为准则，酒在肚里，事在心头。18日晨，风和日丽，在牧民们出牧之前，日娃带着几个人协助防疫队将帐篷支架起来。下午解剖羊，采毒，造苗。

19日到查曲卡村打针。上海来的张永昌发现远处一个山坳里似有一团团蒸气升腾，好奇地和队员们议论"那是瑞云升天，好兆头。下午完成了防疫注射，跑去看个究竟，也好讨个吉利。"尹德华关心队员们的生活，询问巴登："附近是否有温泉？"

巴登对藏北的一山一水、一草一木很熟悉，他自豪地说："这一带温泉很多，甘孜人间仙境卡加温泉、圣湖西天瑶池新路海、玛尼干戈加卡温泉……它们是札溪卡草原上的明珠，像姑娘们脖子上的绿宝石项链。此地是格萨尔王屯兵的地方。附近有个查曲卡温泉，也叫八若泉，是格萨尔王和他的爱妃珠姆沐浴玩耍的地方。八若泉里洗个澡能受到珠姆的温柔，获得格萨尔般的刚毅。"他手舞足蹈，滔滔不绝的话匣子把大家引诱得浑身发痒，恨不得立马跳入池中，享受世界离天最近地方上帝的恩赐，活着体验一下西天瑶池的滋味。

果然，那是一池温泉水。喜出望外，大家欢呼着、蹦跳着冲向泉边。泉水清澈见底，伸手一试，40来度，爽！多半年了再没洗过澡，机会来了。已是夕阳西照，环顾四周空无他人，大家索性光了腚子，跳入水中。八若泉碧波荡漾，昔为王妃享；今天，洁身池热浪氤氲，供队员沐浴。高谈四座吐壮志，天王佛爷也服气。

有日娃和众牧民的大力配合，连续免疫注射到9月22日，共免疫5 000多头牛，顺利完成八若村的防疫任务。天天澡身浴德真惬意，来日玉树交流经验大会师。

玉树会师

8月初西康省政府接到中央农业部在青海省玉树召开牛瘟防治经验交流会的通知，以及尹德华和巴登准备参加经验交流会的计划。农牧厅厅长陈少山和副主席桑吉悦稀对此很重视。根据牛瘟防疫任务艰巨，到玉树交通不便，决定只从离玉树最近的石渠防疫队里选将参会。最佳人选就是农牧处长巴登、兽医科长曲则全及农业部专家尹德华。其他人员则抓紧在冬季来临之前的黄金时间防疫。因此，急调曲则全回康定领命任务，筹措差旅费用。

从八若村到玉树，要穿过巴颜额拉山的崇山峻岭、沼泽湿地，虽说路途只有160多公里，但出门即有碍，路歧之险夷，必亲身亲履历而后知。根据省政府的安排，尹德华和巴登、翁修参会，其他队员由副队长廖德元率领，张永昌为技术指导，按原定路线继续防疫工作。

9月23日尹德华、巴登和翁修从八若村出发，赶赴青海玉树参加联防会议。在八若村，防疫时间虽短暂，但僧侣们感恩情依依。春草明年绿，北京若门巴归不归？日娃热情地给防疫队介绍行走路线，到青海称多县查雍公路时，可搭乘过路车到玉树，并安排一青年牧民带路出省界。

不料，带路青年一过省界就犯迷惑，瞎子望天窗，不明不白地给他们指了一条路就返回了。按所指的路，走到了称多县伊西呷马村的阿尼。天色已晚，乌云密布，飘起了雪花。雾重难前进，风疾路难认。大山深处鲜见炊烟，幸遇竹节寺的一个贸易小组在此扎营歇脚。听说是牛瘟防疫队的若门巴，热情地容留他们，住帐篷避雪。

次日好不容易找来一个治安委员，请他帮忙雇马、带路到竹节寺。但治安委员见3人穿着有别，说话不俗，好说歹说就是不答应。出门在外，好处安身，苦处用钱。最后还是"袁大头"（银元）起作用，治安委员勉强应允"明天启程"。

荒郊野岭，巴登答应治安委员："明天就明天吧，好饭不怕晚。"

第2天治安委员把他们带到一处不知地名、不见人烟，像是公路的路边停下脚来，时间已过中午。

称多县位于青海省的东南部，南和玉树县接壤，东与西康省的石渠县毗邻。昆仑山脉的中支巴颜额拉山横亘北方，地形复杂，地势高亢，县内主峰高5 267米。全县平均海拔4 500米。土地面积1.53万平方公里，中华人民共和国成立之初人口3.5万，人烟稀少。自古以来称多县是西宁到玉树、青海通西藏的必经之路，历史上来往频繁的汉藏使者、传经布道的僧侣、求神拜佛的虔诚信徒、南来北往的商贾，经常风尘仆仆地走在这条古道上。虽说这是条公路，但中华人民共和国成立前后这里汽车极少，三五天甚至一星期才有一辆车经过。广袤的羌塘大草原在这里是沼泽地，水坑粼粼，小溪网布，车辆过后留不下车辙。在这前不着村后不着店的地方，治安委员鹭鸶腿上割股，似乎又要说什么。恰在这时过来一辆卡车。截车一问，是西宁去玉树的。过河碰上摆渡人，巧极了。

巴登请求搭顺路车。司机问："你们是做什么的？到哪里去？"巴登直言无隐："我们是若门巴，给牛打针防治牛瘟的。现在去玉树开会，请求搭个顺路车，请你行个方便。"

司机也是牧民出身，对牛瘟的危害深刺腧髓。今日巧遇若门巴，同声相应，同气相求，爽快地答应他们上车："驾驶室没有位置了，只能委屈你们坐车厢货物上面了。"

有汽车坐已经是很幸运的事了，3人异口同声地感谢司机。

称多县地处三江源自然保护区，保护区纪念碑就矗立在县内。在草泽公路上开车全凭经验了，司机非常谨慎，车速很慢。太阳一下山便停车，住工棚，不敢在泥泞的路上开夜车。

次日早晨又遇阴雨天，雾蒙蒙，路泥泞，车行2公里即陷泥坑。大家下车，推的推，拉的拉，司机加大油门轰车，同心协力挣脱险境。谁知愈挣扎陷得愈深，前进不得，后退不行。只好从远处一块块地搬石头，轮前垫石头，轮后掏泥土，石头置换了泥土，忙了大半天才把车开出来。人成了泥猴，天也快黑了，只好求宿于道班的工棚里。第3天小心翼翼地开车行驶30公里，终于到达竹节寺公路段上。此时雨还在下，只好再求宿于道班的帐篷里，安歇一夜。瑟缩帐篷里，帐外下大雨，帐内下小雨。帐外雨停了，帐内还在下雨。

坐车不如骑马快。在竹节寺找到头人"肖卡长"，请求雇马到歇武。哪知肖卡长蛇心佛口，也是个鹭鸶腿上割股的主儿，要价更狠。雇不起马，3人只好再上卡车。晚上9时车过雁子山，公路如同悬吊在山坡上的栈道，上望一线天，下看山谷似深渊，路窄坡陡，雨天道滑，险些翻车。路当险处难回避，事到头来不由己，第5天中午提心吊胆地到达歇武。几天来吃了头一顿热饭、热菜，下午3时到直门达渡口，等船渡过通天河。

通天河，藏语称"直曲"，意为犁牛河。在玉树段800多公里，穿越于唐古拉山和昆仑山之间的宽谷。楚玛尔河汇入通天河之后，河道变窄，两岸山势高峻。从楚玛尔河口直至门达渡口150公里，海拔由上游的4 000米降至3 000米，水流比降增大，水势汹涌，成为典型的峡谷河流。

《西游记》传说唐僧西天取经回来的路上，路过此地。"传说"将通天河的河宽说成了八百里，其实不是那么回事，只不过二三百米宽，"河水波涛汹涌"倒是不假。唐僧师徒四人乘坐老龟过河，行至河中央，老龟责怪唐僧忘记了他曾经的嘱托而将其"翻到河里"，倒是靠谱的事。河对岸巨大的晒经石、经石旁边几棵大松树及树上挂的哈达清晰可见。今天老天作美，风和日丽。微风中，树上的经布飘扬，似乎在向防疫队员们招手致敬。大家牢记人民政府的重托到玉树吉古镇开会师会，向牛瘟宣战，不像唐僧竟把老龟嘱托的大事给忘了。他肯定会保佑我们。河水奔腾咆哮，似雄壮的军乐助威，傍晚渡船将他们安全地载到了对岸。身边晒经石上的经文清晰可辨。故人故事成千古，新人新事看今朝。

尹德华急于和战友会师，和巴登商量行程，决定不再露宿野外，无论如何当日都要赶到玉树吉古镇。顺德者吉，逆天者凶。赶路碰上客车了，遇了个巧。下午7时搭上一辆去吉古镇的车。地有远行，无有不至，9时半到达目的地，住到公安队的宿舍。5天行程160公里，悬着的心总算落地了。见到鲁荣春同志，战友久别重逢，情不自禁地拥抱起来。鲁荣春修地主之谊，安排盛馔，为西康来的客人接风洗尘。大家互致问候，谈论最多的还是牛瘟防疫。防疫工作在各级党政领导的大力支持下，群众全力配合，进展顺利。农业部先后派来的张林鹏、苏林、沈荣显、彭匡时等都已经返回原单位。

第2天，9月30日，鲁荣春把尹德华、巴登、翁修引见到玉树州政府机关食堂，和青海省畜牧厅兽医科长郭亮、玉树州政府兽医站长王士奇等见面。主人小灶招待远来的战友和客人。时逢国庆佳节，青海省畜牧厅特意运来苹果、梨、葡萄和新鲜蔬菜、各类罐头，慰问防疫前线的将士。尹德华快2年没见到这些食品了，过国庆如同过年。长时间没享受假日休息，习以为常了。今天提及"国庆节"，尹德华思想豁然开朗，提议"休息一天，去拜谒文成公主"。大家异口同声地赞同。

文成公主是唐太宗宗族室女。远嫁吐蕃王松赞干布，对增进汉藏间的民族团结、传播盛唐文化、促进藏族社会发展起了重要作用。当年她从长安出发，经西宁、翻越日月山、过亘古天堑通天河后，当地首领和众僧侣为她举行隆重欢迎仪式。公主倍受感动，决定在此多住几天，教众僧耕作、纺织技艺。文成公主离开玉树，进到拉萨后，玉树地区各族民众依据公主的画像，在白纳沟的岩壁上镂雕了一尊她的巨大石塑，表达对她的怀念之情。以后遂又建成庙宇，这成为藏、汉族团结的象征。

文成公主庙又称加沙公主庙、大旦如来佛堂，坐落在吉古镇南的白纳沟。历史留胜迹，我辈复登临。

白纳沟是个峡谷，海拔3 700米。今天是好天气，蓝天白云，两侧高山不见边际，谷底河水潺潺袅袅。登高鸟瞰天地间，河水哗哗去不还。寒露秋草山坡黄，牛哞哞，羊咩咩，骏足驻长岅。"云来山更佳，云去山如画。山因云晦明，云共山高下"。这里是玉树草原上的洞天福地（编者注：后四句词来自元朝张养浩的《雁儿落带得胜令——退隐》。意思是云来了山色更美，云去了山色如画；山色因云的有无，而忽明忽暗；云则随着山的高低而忽上忽下）。

公主庙是倚岩崖修建而成的藏式建筑，面积五六百平方米。山上松柏如画，山下河水如歌，周围环境幽静。庙四周所有的悬崖峭壁、巨石上都刻着经文。可惜的是，肉眼凡胎的缘故一个字也不认识。

庙里文成公主石雕端坐在中央狮子莲花座上，高8米开外。雕像镂月裁云，将一位冰肌玉肤、品貌端庄、气质高雅的唐朝宗室里的国色天姿美女表现得栩栩如生。两侧各站立4尊佛祖，每尊高约3米。前来朝拜的藏、汉族僧侣络绎不绝。佛殿上香火缭绕，酥油灯昼夜通明。1 300多年过去了，各族群众对文成公主崇德报功，感今怀昔。牛瘟防疫工作，尹德华忙里偷闲，拜访公主庙，感慨万千：文成公主之所以一直受吐蕃各族人民敬仰，不仅是她带着价值连城的嫁妆远嫁松赞干布，唐朝和吐蕃友好相处，避免了战乱，人民过上和平日子；而且她带到吐蕃一批文士、乐师、农技人员、苗木、良种，将盛唐的碾、磨、纺织、酿酒、造纸、陶瓷制造技艺，汉族的先进文化传播到西南边陲，促进了当地的社会进步、文化发展。今天受农业部重托来康藏高原消灭牛瘟，祛病消灾，救牛羊于水火，传授先进的免疫理念和方法，巩固新生的人民政权，同样重任在肩，只能做好，不能有丝毫懈怠。

10月2～3日在玉树州政府畜牧科开联防会。其实在9月30日大家交谈时，玉树兽医站站长王士奇已经详细介绍了2年来的牛瘟防疫过程、结果和目前牛瘟流行概况。为了培养少数民族干部，尹德华不仅教他们牛瘟疫苗制造规程、质量检验程序和标准，组织牛瘟防疫、防疫效果观察和评定、数字记录；而且还教他们整理数据，书写总结。这次联防会尹德华请巴登副处长代表西康省发言，介绍情况。2天的座谈，大家热烈讨论，达成了联防协议。主要内容是：

（1）2年来（1953—1954年）牛瘟兔化绵羊化弱毒疫苗在世界屋脊牦牛主产区试用，开局良好。注射的各类牦牛、犏牛无严重疫苗不良反应，免疫效果确实可靠，免疫牛可以抗自然流行牛瘟感染而不发病。牧民盛赞牛瘟"新嘎波"好。疫苗可以担纲牦牛牛瘟防疫的核心技术。建议各级政府防疫部门积极推广使用。

（2）牛瘟兔化绵羊化弱毒疫苗扩大区域试验培训了一批防疫技术人员。他们已经能够熟练地掌握牛瘟兔化绵羊化弱毒疫苗的制造、检验、防疫注射、防疫组织、防疫效果观察和评定。工作中，他们受到了藏族牧民、僧侣和当地首领的高度赞扬，称他们是"毛主席派来的好门巴"，有能力担当今后牦牛牛瘟防疫的技术骨干。

（3）开展牛瘟兔化绵羊化弱毒疫苗免疫区域试验的各县，配合牛瘟综合防治措施，试验区内控制、扑灭了牛瘟，牧民得到实实在在的好处，防疫热情高涨，带动了周围村镇、县牧民防疫，他们纷纷主动要求牛瘟防疫队给牛打针。群众发动起来了，奠定了日后防疫工作的群众基础。建议各级政府抓住机遇，顺天应人，开展大面积的牛瘟防疫，实现第二次全国牛瘟、口蹄疫防治座谈会提出的1957年消灭全国牛瘟的战略目标。

（4）牛瘟兔化绵羊化弱毒疫苗区域试验目前仅限于个别州、县。牦牛牛瘟在雪域高原广大地区还在流行，牛瘟防疫任务艰巨。建议各省、各级政府把牦牛牛瘟防疫工作纳入重点工作，给政策、定任务、提供资金、物资、装备、交通工具、通讯设备和人员。把防治牛瘟工作作为巩固人民政权、提高农牧民生活、搞好民族团结的头等大事来抓。

（5）各级政府防疫部门要积极宣传"防重于治"的方针，动员农牧民主动接受疫苗注射，配合家畜防疫工作。

（6）各省、各地发生疫情，要以最快的方式、方法相互通报，互相支援，共同扑灭。不得隐瞒，不得推诿。

（7）对于过境放牧的牲畜实施属地管理，在谁的草原上就由当地的防疫部门予以免疫注射。畜主不得拒绝，防疫部门不得推辞。

联防会结束后，以玉树州委书记冀春光、州主席扎西才旺、多吉为首的牛瘟防治委员会全体成员聆听联防会的汇报，肯定成绩，鼓舞士气。10月3日再次款待远道来的客人，晚上播放电影《智取华山》为大家回程壮行。

程绍迥在农业部听取了这次联防会议的电话汇报，非常满意地说："大家辛苦了！牛瘟绵羊化弱毒疫苗扩大区域试验获得了圆满成功，为彻底消灭雪域高原牦牛牛瘟奠定了坚实基础。会议开得好，总结得好。进入10月，世界屋脊已是冬季，大家一定要注意安全。要在结冰、大雪封山之前撤回到安全地带，结束工作。将疫苗种毒、制苗方法、免疫技术交给地方防疫部门。11月写出书面总结，向各级政府汇报工作，征求意见，返回北京。"

闯过寒彻骨，迎来硕果香

10月4日，满载玉树经验和双方边境联防协议，搭马起程回石渠。回程按来时的路线走，依然是困难重重，险象环生。

中华人民共和国成立之初，国民党残匪没有肃清，当地土匪也不少。藏族牧民外出，出于自卫或打猎的需要，往往也带叉子枪、砍刀。因此，在野外好人坏人难辩。尹德华、巴登、翁修3人出门在外，势孤力薄，格外小心。凡是遇到带武器的人，离老远就绕开走，或爬山躲避，以防不测。在崇山峻岭里，边走边唱，或吹口哨、高声呼喊，弄出响动来，野兽老远听见会自动躲开，以免和藏匿的猛兽正面冲突。旅途中只住驿站、护路人的工棚，不随便打野露宿荒山。10月6日在歇武换马。马主人要价很高，此时无处再找马，势成骑虎，割肉也得忍。过了省界进入石渠县境，下起了大雪，急行军，但始终见不到牧民帐篷。天黑了，雪茫茫，路难认，沼泽地陷阱多，饥肠辘辘，人困马乏，啃几口牛肉干充饥，只得露宿山坳背风处，来日再作计议。10月，色须草原已是深秋。牧民们进入冬季牧场，往日喧嚣的夏季牧场上不见了人畜影踪。野云千里无炊烟，雨雪纷纷遮大山。第4天快到色须寺时才遇到贸易商贩的帐篷。听说是牛瘟防疫队，商贩悬榻留宾。巴登、尹德华一行3人悬心吊胆之心总算平静了下来。连日大雪，找不到人，雇不到马，没有通讯设备，耐着性子一连等了5天。厚雪封路，12日挣扎着赶到德荣马村，13日跌跌撞撞地到达呷衣村，14日精疲力竭地到达呷衣喇嘛寺，住进县政府的空房里，这时才打听到防疫队的去向。15日赶到格得贡马村找到防疫队。如同失散多日的孤儿回到家一样，大家异常高兴。嘘寒问暖，共述半个多月来的工作和经历。11月初，3组防疫队陆续完成任务回到县政府，汇报、总结工作。

县代表常希文、副县长翁岛及活佛们对牛瘟防疫队大加赞赏，表扬他们远道而来，吃苦耐劳，克服高山缺氧、生活单调、饮食不习惯等困难，为藏区防治牛瘟，解决了千百年来没人能解决的大难题，牧民归心，感谢牛瘟防疫队，感谢党中央、毛主席派来的好门巴。常希文传达了省府的指示，要求防疫队结束工作，回雅安总结工作。并代表县政府和石渠人民，盼望大家明年再来石渠、西康。

邓柯县防疫队也在回程中路过石渠，大家汇合，畅叙工作，交流经验和心得体会，一起返回康定。休整半个月，返回雅安，向省农林厅汇报。

西康省政府对这次牛瘟疫苗扩大区域试验非常满意。省主席廖志高，副主席夏克刀登、桑吉悦希，农林厅长陈少山等省政府主要领导悉数出席汇报会，并接见防疫队全体成员。

会议充分肯定了半年来牛瘟防疫工作的巨大成绩。1953年农业部派尹德华来西康主持牛瘟兔化绵羊化弱毒疫苗安全效力试验，在西南农林部的领导和支持下，尹德华克服重重阻力和困难，在乾宁县试验获得巨大成功。在中央农业部畜牧局的周密安排下，连续作战，从华东、中南、华北调精兵强将支援牛瘟防疫，为西康省培训了一支130多人的防疫骨干，在甘孜州各县作疫苗扩大区域试验。半年来在甘孜主要牧场共免疫326 620头牦牛，超额完成注射任务的1.5倍。疫苗反应死亡率0.02%，远低于允许的死亡率。注射区迅速扑灭了疫情，保证了康藏运输线的安全和畅通，受到牧区僧侣的广泛赞誉。自治区党委书记李春芳在总结这次防治牛瘟工作时说："这不是简单地打一针牛瘟预防针，这一针把党的民族政策送到了千家万户。"

牛瘟兔化绵羊化弱毒疫苗在牦牛产区试验成功，为今后彻底消灭牛瘟奠定了基础，坚定了信心。州、县、村各级政府的领导称赞牛瘟防疫队是党和人民政府的宣传队，为民族团结做了大量工作。藏族领袖、广大僧侣称赞防疫队给他们灭病消灾。省政府特别感谢中央农业部及从各省抽调来的专家，带来了如此好的疫苗、精湛的防疫技术和宝贵的防治经验，为西康省带出了一支作风优良、技术过硬的牛瘟防治队伍。康省政府表示要趁热打铁，尽快安排全省牛瘟防疫工作，2年内彻底消灭牛瘟。

西南农林部、四川省、西康省的领导和尹德华及各省支援西康防疫的专家们、战友们话别。不是一番寒彻骨，哪有今日硕果香。大家怀着强烈的成就感，各自要踏上归途了。从事兽医事业聚散寻常事。但是没有哪一次能比得上这次试验将大家凝聚的友谊更深厚。问人间，谁管别离愁？杯中物。

尹德华两年多没和家人见面了。归梦如春水，悠悠绕家人。家庭何处在，忘了除非醉。露已变成霜，月是故乡亮。不知何处洞箫响，一夜征人尽望乡。

两年来家里发生了多大变化？尹德华虽然已知爱人和孩子们把家搬到了北京，脉脉人千里，雪域瘴疠地。两年少信息，未知家门朝何方？人作殊方语，声为藏域音。近京情更怯，不敢问他人。

尹德华的爱人安玉芝和孩子们到农业部宿舍大院门口迎接，正见离别人。从别后，忆相逢，几回魂梦与君同，春心相向生。胸中聚积千般事，到得相逢话语无。程绍迥亲自到家里慰问回家的英雄。程司长紧紧握着尹德华的手连连说："干得好，辛苦了。农业部感谢你们！"

尹德华凯旋，从青海防疫回来的鲁荣春、彭匡时到家里看望战友。得知英雄归，司里领导韩一均、李韬、陈凌风等都来慰问。时任副部长蔡子伟、张林池和刘瑞龙也来嘘寒问暖。其中大部分人还是第一次和尹德华谋面。尹德华很受感动。刚到北京工作，做了点应做的事，就受到领导和同事们如此的关心，过誉了。他急切地询问程司长："安排什么时候汇报工作？"

程绍迥说："不着急，好好休息几天再说。"但是尹德华一天也不肯休息，白天上班，晚上熬夜写工作总结。

奋进不息，成功可待

其实，程绍迥是一位"不让一日闲过的人"，他知道尹德华也是个闲不住的人。青藏、康藏两支防疫队出色地完成了牛瘟兔化绵羊化弱毒疫苗扩大区域试验，他倍受鼓舞，实现第二次防治牛瘟、口蹄疫座谈会所订"五年内彻底消灭全国牛瘟"目标信心满怀。明晰昨天，慎谋明天，脚踏实地地干好今天。刚明果断罔逡巡，运筹划策如转轮。他筹划着开好牛瘟疫苗区域试验总结、表彰会，一定要请主管部长到会，鼓舞士气。

汇报结合年终总结会进行。两支牛瘟防疫队分别报告了牛瘟绵羊化弱毒疫苗扩大区域试验的过程和结果。程绍迥则报告了试验的组织实施过程和今后彻底消灭牛瘟的安排，其要点是：

全国农区、半农半牧区黄牛牛瘟控制或消灭之后，1952年12月农业部适时召开了第二次防治牛瘟、口蹄疫座谈会，着重解决牦牛牛瘟免疫问题。

牦牛产区分布在我国康、藏、川、甘、青、滇、黔诸省的雪域高原。那里气温低，冬寒夏冷，没有严格的无霜期。高山缺氧，交通不便，通讯不畅。自然条件严酷。

藏区人民政权建立不久，政府机构不健全，残匪没有肃清，社会治安混乱。1951年中央人民政府和西藏地方政府签订的《关于和平解放西藏办法的协议》，即《十七条》规定，西藏的各项改革由地方政府自动进行，中央不加强迫；而驻藏部队、公职人员的供给则由中央政府负责。

中国历朝历代的中央政府由于解决不了进藏人员的供给，只能派边疆大吏代表中央政府管辖西藏。管辖？言之非难，行之为难，徒陈空文。如今西藏地方政府的达赖等人效颦学步，从人脚跟，以为解放军用不了几天便会自动撤离。岂知，解放军很快修通了青藏和康藏两条公路，组织每天有10万头牦牛值守的驮运队，接力向拉萨方向提供物资，为西藏真正在人民政府管理之下提供物质基础。然而牛瘟横行无忌，死牛相枕，是对运输线的最大威胁。消灭牛瘟，为驮牛队保驾护航，是畜牧兽医工作者义不容辞的义务。

旧中国兽医科研几乎是空白，技术人员凤毛麟角。识时务者为俊杰，非贤者莫能用贤。蒋匪溃逃台湾时，大部分兽医技术人员识时达务，留下来为中华人民共和国服务。祛病除疾，物阜民安，定当竭力。同声相应，同志相从。

第二次防治牛瘟、口蹄疫座谈会的与会者们同明相见，同气相求。雪域高原气温低，利于病毒保存、潜伏。知天知地，胜乃不穷。既然农区、半农半牧区消灭了牛瘟，只剩下雪域高原牦牛产区的牛瘟。离完胜牛瘟只剩一公里，一定要斩草除根，不让它再有兴风作浪之机。

从马闻天入藏做牛瘟兔化苗试验，到绵羊化疫苗扩大区域试验取得成功，农业部先后派了几批人马进藏，大家志同道合，心系牛羊。能挑担，勇挑担，挑好担，成大业。

选择了创业，就等于选择了辉煌的人生之旅。艰苦环境能磨炼人的意志，不断实践能增长人的才干。雪域高原的困难没有吓倒我们的兽医科技人员和防疫工作者。会议一结束，张林鹏立即率队进驻青海，进行牛瘟疫苗试验。他在座谈会上得知，哈尔滨兽医研究所将牛瘟兔化山羊化弱毒疫苗种毒转适应于绵羊，解决了对兔化毒敏感的朝鲜牛免疫问题，建议农业部畜牧司将牛瘟绵羊化疫苗试用到牦牛身上。这一建议得到了农业部和哈尔滨兽医研究所的大力支持。农业部加派力量，组织西北畜牧部、西北兽医学院师生参加，哈兽研派沈荣显为技术指导，在青海省做牦牛免疫试验一举成功。接着在青海、西康做疫苗免疫扩大区域试验，重点保护进藏公路沿线的牦牛。事实证明，我们的疫苗安全及效力性能是可靠的、一流的。种毒对各品种的绵羊适应性很强，便于在不同地域制苗，使用很方便。

我们的兽医队伍是一支精干、勇于担当、特别能吃苦的队伍。尹德华同志独当一面，在雪域高原连续出差两年不回家，不叫苦，不喊累。进取是快乐，成功是理想，勤奋刻苦钻研技术，造福藏族同胞作贡献。创了出差世界屋脊时间长的记录，是我们大家学习的榜样。

这支队伍组织纪律性强，严格执行西南军政委员会和农业部的指令。一声令下，十八军卫生部防疫队、西南农林部防疫队、西康省防疫队无条件合编，而后分队，奔赴各试验县执行任务。聚、散得心应手，拉得出，打得赢。

大家学中干，干中学，学得活，用得上。为各地培养了一批技术骨干，他们是今后防疫的中坚力量。为快速培育中华人民共和国的防疫队伍趟出了一条道。

程绍迥深情地说，防疫是政府行为，政府出钱制疫苗，派专家免费注射疫苗，这在旧社会是从来没有过的。防疫队员们给牛打疫苗，疫苗打在牛身上，队员们的行为风范把党和人民政府的形象深深植根在了藏族民众的心底里。人民政府一苗得而天下服，一苗定而天下听（注"听"读第四音）。你们出色地完成了任务！大家辛苦了！

程司长满怀信心地说，牛瘟绵羊化疫苗在青海、西康的扩大区域试验，为消灭牦牛牛瘟开了个好头。实现第二次牛瘟、口蹄疫座谈会提出的"五年内彻底消灭全国牛瘟"的崇高目标，大家底气很足。这将是中国畜牧兽医史上的创举。科学发展重实践，认定目标加快鞭。

我们有学不完的知识，走不完的路。奋进不息，成功可待。兵胜似水，勇往直前。

后记

1949年到1956年，尹德华参加了内蒙古、东北、宁夏、四川和西康等省和自治区消灭牛瘟和口蹄疫的主要工作，做出了出色成绩。为此受到的奖励如下：

1956年全国评选先进工作者时，尹德华毫无争议地被评为"全国先进工作者"，光荣地出席了"全国先进生产者代表大会"。带上了大红花，佩带奖章，受到党和国家领导人毛主席、刘少奇、周恩来、朱德等的接见。参加了在天安门举行的五一劳动节观礼活动。会后，农业部多次组织报告会，请尹德华报告他的先进事迹，大家备受鼓舞和教育。

1951年协助宁夏扑灭口蹄疫及羊驱虫试验，荣获西北口蹄疫防治委员会宁夏省分会的通报表扬。

1953年协助四川扑灭口蹄疫，1954年协助西康防治牛瘟。接受了农业部李书城部长给予的"优秀工作者"奖励。

1979年4月荣获四川省科委及省革委会为1953—1954年在康藏高原研究推广牛瘟绵羊化毒及其牦牛反应疫苗，预防牛瘟，做出优异的成绩，授予科技荣誉奖。

1989年10月1日荣获内蒙古自治区农委为1949年至1950年在内蒙古研制牛瘟兔化毒牛羊反应疫苗推广防疫注射，在全区消灭牛瘟做出贡献，授予的可作为工作、技术考核和职称评定依据的荣誉奖证书。

1993年10月荣获国务院表彰"为发展我国农业技术事业做出突出贡献的专家奖"，享受国务院政府特殊津贴，并颁发证书。

田增义同志系中国农业科学院兰州兽医研究所研究员。

做事到愚是圣贤

田增义

恭贺《中国消灭牛瘟的经历与成就》一书出版。这是中华人民共和国畜牧兽医事业的奠基者们留给我们的宝贵财富。

中国流行牛瘟的历史久远，消灭牛瘟的道路漫长。然而，在中国共产党的领导下，中华人民共和国成立后仅仅用了不到七年时间，就彻底消灭了这个横殃飞祸、危害农牧业最为严重的瘟疫。这是中国消灭的第一个重大家畜传染病，是值得在史册里写一笔的辉煌成就。

中华人民共和国成立初期消灭了牛瘟，不仅具有重大经济意义，救活一头牛，盘活一个家；更重要的是老一代兽医工作者们接受党和国家的重托，在社会治安形势严峻，交通、通信、物资、装备极差的条件下，深入农村、牧区，为农牧民消灭了为之"谈虎色变"的牛瘟，树立了党的干部的光辉形象，密切了党群关系。光辉业绩应当记载，经验应当发扬光大。然而，由于当时社会条件所限，特别是中华人民共和国成立前即从事这方面工作的老先生，经历了战乱，部分资料在报刊上发表了，还有相当多的宝贵资料散落在个人手里或者没有详细记载，中华人民共和国消灭牛瘟伟大工程的系统资料一直没有面世。如再不搜集整理，历史上的这一不朽勋业、宝贵经验、技术资料将有遗失之虑。

老一代兽医工作者们怀着对事业的执着追求，对党对人民的高度负责，由程绍迥、陈凌风、尹德华、鲁荣春等发起，20世纪90年代初酝酿、发动健在的当年防疫骨干，挥笔泼墨，或提供资料，纂写中国消灭牛瘟的光辉业绩。1993年在农业部畜牧局的组织领导下，成立编委会，通知各省（市）畜牧局参加收集、整理、提供资料。组织编写《中国消灭牛瘟的经历与成就》的工作进入实施阶段。

书名是编委会的老前辈们经过反复讨论确定的。"中国消灭牛瘟"其意义有两点：一是说明中国人民在中国共产党领导下短期内消灭了牛瘟；二是中国消灭牛瘟有独特措施和经验，不同于其他国家。"经历"二字表明这本书记载的是历史和经验，是中国消灭牛瘟的历史性总结。中国消灭牛瘟的倡导者、组织者、领导人、农业部原畜牧兽医局局长、中国农业科学院副院长程绍迥博士，前农业部畜牧兽医局副局长陈凌风研究员一再叮嘱："请过去防疫牛瘟和弱毒疫苗研究且现在还健在的老战士们，一定要把消灭牛瘟的全部经历、成就、经验、技术资料等总结出来，编印成册，留给后人。"并且强调："消灭牛瘟是在中国共产党领导下进行的，中央农业部尽其责，各省（市）、自治区尽其职，兽医、畜牧工作者尽其力，广大农牧民群众密切配合，舍生忘死，努力工作，才成就了这一伟大的事业。"

从消灭牛瘟到酝酿写书，老防疫人员，健在者多数都进入古稀或耄耋之年。当他们听到编书的号召时，精神为之一振，积极响应。的确，那时参加防治牛瘟的、时下健在者，身体状况好的也老眼昏花，身体状况差的也常卧病榻，心有余而力不足。有的则在历次政治运动中丢失了资料，下笔难。各省畜牧厅（局）早已是新人辈出，当政者从没见过牛瘟，甚至很少听说。检索局里技术档案的有关记载很少。还有的省，因时间久远，过期档案已作了处理，有关牛瘟的材料连只言片语也没有，编书工作确有困难。程绍迥、陈凌风、尹德华、鲁荣春、彭匡时、沈荣显、张林鹏等兽医界元老们，他们既是当年消灭牛瘟的参加者，又是组织指挥者，不顾年迈多病，身先士卒，振笔直书。莫道桑榆晚，微霞尚满天。

90高龄的程绍迥全然不顾肺心沉疴随时会发生的生命危险，联系、鼓励老战友们写文章，自己更是利用一切时间去做最后一搏。在家整理记录，找人谈话回忆当年工作细节，写回忆录夜以继日，甚至把书稿带进病房。他说："老天爷留给我的时间不多了，得珍惜它。"1993年6月底，住医院半年多了，沉疾不见好转，他感到"这回难过鬼门关"的时刻，把他最可信赖的战友尹德华请到病榻前，从抽屉里取出手稿，交给他，说："我不行了，你替我完成吧，你们接着干吧。"并且用颤抖的手在稿子结尾空白处，庄重地签下"程绍迥"三个大字和日期。这是程老写的最后几个字。

尹德华，灭牛瘟一身转战三千里，疫苗曾救百万牛，接过手稿望着他最为敬重的老领导，心里一阵酸楚，眼泪差点掉下来。捧着这沉甸甸的书稿，安慰程老："放心吧。保重身体，安心养病，一切会好的。"1个月后程绍迴书稿未完，中道殂谢，享年92岁。留下遗言："不开追悼会，遗体献给医学事业。"为发展祖国的畜牧兽医事业，程绍迴捧着一颗赤心来，不带半根草秸去。尹德华接过接力棒，深感责任重大。完成出书任务，把消灭牛瘟的宝贵经验留给后人，是一代老兽医工作者们的共同心愿，此事只能做好，不敢有丝毫懈怠。

尹德华1941年毕业于前奉天农业大学兽医科。一毕业就遇到牛瘟，被派到内蒙古西科前旗防疫。1948年东北全境解放。1949年3月东北农业部畜牧处长兼哈尔滨家畜防疫所所长陈凌风把尹德华派到该所，参加由他主持的"牛瘟兔化毒"快速传代致弱及"牛体反应弱毒"疫苗试验。同年6月将弱毒种毒带到内蒙古进行牛体试验，结果非常成功。内蒙古自治区农牧部如获至宝，高度重视，派主管行政领导、兽医干部和防疫队员，密切配合哈尔滨家畜防疫所尹德华等的工作，到兴安盟、呼伦贝尔盟等地扩大试验，推广牛瘟弱毒疫苗，建立免疫带。防疫队甘冒残匪的威胁，勇于克服工作和生活条件的各种困难，全心全意为农牧民防疫、治病的崇高精神，深受广大农牧民欢迎、爱戴。有各级政府的领导、精心组织，有广大农牧民的支持和密切配合，仅用了2年时间，就消灭了东北和内蒙古恣睢无忌的牛瘟。

1952年农业部召开第二次防治牛瘟、口蹄疫座谈会。会议制定了消灭全国牛瘟五年规划；揆情度理，安排了消灭牛瘟的战略决战在青藏、康藏高原；决定推广东北、内蒙古建立免疫带的成功经验；确定在牦牛主产区推广使用更为安全的"牛瘟兔化绵羊化"弱毒疫苗。1953年初农业部派尹骏声、苏麟、张林鹏、沈荣显、彭匡时等组成工作组，赴青海进行牛瘟兔化绵羊化弱毒疫苗对牦牛的安全效力试验，并指导牛瘟防疫工作。试验结果非常成功，奠定了消灭牦牛主产区牛瘟的基础。尹德华1953年1月奉命从东北战场转战到川藏高原防治口蹄疫，1953年下半年马不停蹄地又转战到康藏高原，协助地方政府组织、指导消灭牛瘟的最后决战。1954年初，农业部从东北、内蒙古借调一批兽医骨干力量，以哈尔滨兽医研究所沈荣显为技术指导，派鲁荣春、彭匡时带队，再赴青海协助防疫。

由于康藏高原交通极为不便，西藏刚刚和平解放，土匪和反动势力骄蹇不法，雪域高原老天喜怒无常，时而晴空万里，时而雷雨交加，时而又鹅毛大雪，进出异常艰险。防疫队紧紧依靠当地民主政府，团结广大农牧民，说服宗教头人，齐心协力消灭牛瘟。住帐篷、吃糌粑，汉藏一心灭牛瘟。翻山越岭，爬冰卧雪，历练意志建功勋，尹德华一干两年不回家，全仗领导关心，家人支持。如今接过程老的嘱托编书，心坚石穿。想起防疫历程中牺牲的战友，自己也几度遇险，绝处逢生，得来的胜利意义重大。如今总结、写书，有些老战友、老防疫队员还健在，亡羊补牢，未为迟也。把消灭牛瘟的经历与成就写出来，不言写作苦，常恐负所怀。

　　尹德华、鲁荣春接受编书重任时都已年过古稀，最感困难的是心有余而力不足。他们是医院的常客，每年都要进出几次病房。尹德华除了自己有心脑血管病外，还要悉心照料瘫痪十几年的老伴。现在老伴已经躺在床上度过了二十个春秋，尹德华解衣推食，邻里为之动情，夸赞他们创造了吉尼斯世界纪录。作为《中国消灭牛瘟的经历与成就》的主编，收到了大量文稿，每篇文章都饱含着当年防疫队员们艰苦奋斗灭牛瘟的智慧和汗水，寄托着对新一代兽医工作者的殷殷期望。良马不念秣，烈士不苟营。尹德华白天难以静下心来写作，更难以形成完整的文章构思，夜深人静好看书。为了不负众望，每天晚上都工作到半夜以后，甚至通宵达旦，这成了他的生活习惯。进入耄耋之年，他常感到头昏，四肢无力。经医生确诊为弥散性脑阻塞。鲁荣春得的是心脏病，买了台吸氧机，每天定时吸氧，感觉精神好多了。他向尹德华推荐，现在吸氧机成了他们离不开的保命机。每当感到头昏眼花，无法工作时，唯一的办法就是吃点药，躺到床上，静下心来吸氧。好心人看他们这么硬撑着干，感慨的同时劝慰他们："到医院或疗养院去享清福，又不是没资格、没条件。谁还干这种蠢事呢，一不挣钱，二没人看。愚！"但尹德华等人的信念是，世界需才，才亦需世界。欲除烦恼需无我，大业铸就，还愁写不出文章！长安何处在？只在马蹄下。

　　《中国消灭牛瘟的经历与成就》终于在2003年出版了。这了却了老一代兽医工作者们的一桩心愿。英雄毅力，志士苦心，做事到愚是圣贤。功昭昭在民，心耿耿于国，人民期许此公仆！

生命有终点　　德华无止境

——感谢尹德华教授为中国农业科学院兰州兽医研究所图书馆赠书

田增义

　　中国共产党的优秀党员、知名兽医学家、农业部前畜牧兽医总局高级兽医师、中国畜牧兽医学会理事、中国畜牧兽医学会口蹄疫分会发起人之一、前理事长尹德华教授于2014年12月19日逝世，享年93岁。生前留下遗言，将他保存的图书、资料全部捐赠给有关图书馆。他非常爱惜书籍，从不轻言"废弃"，而是经常教导我们："书到用时方恨少。你不用，他用，总会有人用。"

　　中国农业科学院兰州兽医研究所得知消息，所领导认为尹德华教授高风亮节，为我国畜牧兽医事业做出了突出贡献，是我们学习的好榜样。能获他的捐赠，是对兰州兽医研究所的关怀、爱护和期望。我们欣然接受捐赠，并把它作为我所文化建设的重要内容，教育职工学习老前辈工作认真负责、踏实勤奋、任劳任怨的革命精神。

　　2011年尹德华教授90华诞之日，兰州兽医研究所派人专程为他祝寿，传达接受捐赠的决定。那时，尹德华已经重病缠身，语言障碍严重，不能和大家正常交流。但他神志清楚，感情丰富。当他得知兰州兽医研究所接受捐赠时，激动得老泪纵横，连连点头，嘴唇在动，只是说不出话来。

　　尹德华参加了消灭全国牛瘟工作，做出了卓异成绩，积累了防治家畜重大传染病的丰富经验。紧接着，农业部派遣他到刚刚成立的兰州兽医研究所，协助建立口蹄疫研究室。召集重点省区的兽医精英汇集兰州，开办口蹄疫诊断学习班，研究制造口蹄疫疫苗。他亲自带领一班人研究制造口蹄疫结晶紫灭活疫苗，指导口蹄疫病毒鼠化弱毒疫苗及兔化弱毒疫苗研究工作。在兰州、青海驻扎3年，深入农村和牧区防疫注射。他是我国口蹄疫防治研究工作的开拓者之一。

尹德华和中华人民共和国农业部畜牧司第一任司长、中国农业科学院前副院长程绍迥等专家倡导成立了中国口蹄疫研究会，尹德华亲任第一届研究会秘书长，同时兼任国家消灭口蹄疫总指挥部的农业部首席专家，参与指导消灭工作。与兰州兽医研究所的科技工作者接触最多，感情深厚。

尹德华治学严谨，工作认真，记录准确及时，即使在西康石渠县雪山草地防治牛瘟非常艰苦的条件下也不忘作记录、写日记，一生的工作历程和成就都在他的资料中。几次搬家，连一片纸都舍不得丢。在生命即将走到尽头的时候，得知集攒一生的书籍、资料能在兰州兽医研究所图书馆保藏，馆际互借，他的见地能和兰州兽医研究所及全国的兽医工作者们面对面，因而心潮澎湃，激动万分。了却了他一桩最大的心愿。

尹德华子女在悉心甄选下，将尹德华遗留书籍装了11箱，并抄写目录。农业部老干部局和东大桥活动站对尹德华的义举给予高度评价，非常重视。5月22日下午，老干部局派专车前来帮忙。东大桥活动站的张建森同志和兰州兽医研究所的田增义同志不辞辛苦，把一箱箱沉重的书籍和资料搬到车上，一路护送到北京西客站，并托运到兰州。

现在，尹德华的书籍已经完好无损地到达了中国农业科学院兰州兽医研究所图书馆。可以告慰老先生的在天之灵了。人生有终点，修德无止境。书落兽研所，百卷树标杆。

此文获2015年第七届《祖国好》文学艺术大赛银奖。

第二部分

友情篇

程绍迥院长的来信（一）

德华同志：

我在昆明时，听说您到四川、云南等省检查工作且很忙。各省均在准备召开口蹄疫指挥部会议，都希望总指挥部的人员参加会议。这次您到这两省，很可能参加他们的会议，对开好会议一定有很大作用。祝您视察工作得到最大成功。

我到保山讲学，题目是《口蹄疫》，也了解云南一些边境县防治口蹄疫的情况。地方搞兽医工作的同志很有劲头，有中央重视，他们很高兴。把守边疆，对阻止口蹄疫内侵也有信心，也有一些经验。但他们也有困难：一是经费不足，二是有效而安全的疫苗尚缺。希望中央给以解决。据说云南也拿出几十万元，但由于地面颇广，每县得到的经费几万元就数字不大了。不知中央总指挥部有何好的解决问题的办法。

祝您工作胜利！早日消灭口蹄疫！

此致

敬礼！

程绍迥

1983年11月2日

程绍迥院长的来信（二）

德华同志：

《美国的口蹄疫法规》我没有。我只有一篇美国农业部官员（美国农业部部长、外国动物病顾问委员会委员）写的文章，其中谈到对口蹄疫病畜和可疑畜必须焚烧或深埋的处理办法。还有一条是对畜主的损失予以补贴，这是我国所无的。现寄上，不知有用否？

程绍迥

1986年9月24日

尹德华在信封背面注释：

程老来信赠送美国人的一篇防治口蹄疫文章，强烈提出焚烧深埋处理尸体的意见，可供参考。所附图像很好。

这封信是程老的遗笔，很有纪念意义。

尹德华

1986年9月

这是程老寄到西四西黄城根九号院防五总部的一封信。

程绍迥院长的来信（三）

德华同志：

关于敌伪满洲国的教育和研究史料已收到。谢谢！

现接靳诚同志来信，提出研究西藏地区口蹄疫流行病学的几个问题。我想由于西藏高原气候和环境的缘故，口蹄疫病毒的特性是否有些分别。流行情况是否有异？可能还有些问题可以研究的，不知你的看法如何？特将信转上，请以考虑，提意见。

因信中还有些其他资料，请阅后寄回为荷。

祝消灭口蹄疫取得胜利！

此致

敬礼！

程绍迥

1988年6月20日

尹德华注：意见很好。目前是否顾得上抓远地远期研究工作，待研究后向领导汇报，得到反映后再回告。

又注：开过研究工作专家会议。没有把会开好，程老因故未到会。

1988年

程绍迥院长的来信（四）

德华同志：

　　你好！

　　兹送上关于编写《中国消灭牛瘟的经历与成就》一书的个人想法，请斧正。并请征求凌风同志意见，然后进一步推动，以求其成。

　　祝身体健康！

　　此致

敬礼

程绍迥

1991年10月13日

陈凌风局长的来信

德华同志：

来信悉！非常意外地看到某某省防治五号病的通知内容！也是怪不得省外贸不同意搞试验的原因。看某某省通知的做法也不会有好结果，不做也罢！以免出现副作用。

根据目前的情况看，做比较试验是必要的。关于做试验问题有如下几点意见：

（1）据您来信提到的乳化情况不好，制了疫苗效果也不会准确。用它免疫的猪，不能说明问题。现已注射，但不宜攻强毒，以免由于效果不准确而留下副作用。

（2）请做10％铝胶、20％铝胶和10％液体石蜡配苗，含毒量按您原定计划办，某某省通知的含毒量和我局通知的含毒量作对比，希重复做两次。

（3）乳化方法要进一步研究。以后可以由××（编者注：字迹不清）制成后和原苗一齐挥发，这样疫苗的质量更有保证。关于乳化方法可做以下试验：

①乳化时，各项材料的温度维持在37℃左右或更高一些，最好连室温也维持在37℃左右。这是根据前次他们在五六月做时的气温推测，该次乳化得很好，可试一下。乳化好后贮存备用。

②乳化时的搅拌速度可能也是一个原因。因此可试一下不同速度，一个快的和一个慢的比较。

如乳化方法成功后再试麻油和菜籽油。

关于××××（编者注：字迹不清）测温，请您将他们最近的试验结果（就是我最近从北京转给您的那份某某省材料）分析给他们更好。

此致

敬礼

陈凌风

1981年11月4日

再者：如两项的第一次结果含1万×（字迹不清）LD50的反应不大时，重复试验时可不做（不重复）LD50，可提一个"万"的值（即某某省通知中的含毒量）。

关于《中国消灭牛瘟的经历与成就》一书的信件往来

老尹：

　　您好！11日的信，今天（16日）才收到。材料写得很好。我仅作了一点小小的修改，请审核。

　　您在这本书上花了不少功夫，不仅我一个人，我相信全兽医界都感谢您！

　　希多多保重身体！

　　祝

全家好！

老战友：陈凌风

2003年3月16日

此为农业部原畜牧兽医总局陈凌风局长的来信。

尹德华在信封后面写：老首长来函，太谦虚客气了！陈老为全国消灭牛瘟，研究推广"弱毒疫苗"及"动物牛羊反应疫苗"，功劳甚大。待此书补写时再补记一些。

马闻天所长的来信（一）

德华同志：

　　您好！

　　近年来记忆力极度减退，提笔忘字。写点普通的东西，也要借助字典，所以很懒于写信。也就是因为这个原因，收到来信，未能早日奉复，尚望见谅。

　　我国于1955年就消灭了牛瘟，这确实是我国兽医工作中的一件大事，是一个重大贡献。应该予以文字记述，留给后人。

　　这是一项繁重的工作，您不辞辛苦勇敢地承担这一工作，完成程老遗愿，深表致敬。参加过牛瘟防治和科研工作的同志，都会积极支持。我也曾对防治牛瘟做过少许工作，当可尊嘱写一篇简单回忆稿。

　　对于编写提纲我没有意见，希望同志们积极努力完成。如有需要，我当尽力而为。

　　谨致
敬礼！

马闻天

1993年8月23日

　　尹德华在信纸上注：马先生是我国著名的兽医微生物学和生物制品专家，研究牛瘟多年，颇有成就。

马闻天所长的来信（二）

德华同志：

　　您好！

　　嘱写《中国消灭牛瘟的经历与成就》的回忆录，我很惭愧。我没有做过多少工作，更谈不上什么贡献。现尊嘱，谨以附文滥竽充数，尚望指教。

　　即此。

　　祝

身体健康！诸事顺利！

马闻天

1994年11月8日

给日本老师的一封信

尊敬的藤田俊夫老师：

首先向您和夫人问好！当此炎夏之际，请多保重身体。

今向老师报告喜事：老师为中日人民永远友好，春天寄来保存66年的3张照片。沈阳市皇姑区邮电局经过近3个月努力，终于找到已故多年的养驴老人关乐亭的孙子关志杰，并把照片交到他手中。现将7月27日《沈阳日报》发表的文章（影印件）和皇姑区邮电局发投分局李广局长送交关志杰相片时的合影寄给老师，您定会高兴。

这件事令人感动，藤田老师一生为中日人民永远友好做了许多有益于中国人民的好事。早在20世纪30年代，您还年轻时就在旧奉天农业大学为培养兽医系学生而尽心努力。您对学生们热情爱护、耐心教导，给学生留下了深刻印象。您对邻村村民也很友好，关心他们养的家畜。记得老师喜爱中文和古书，在80年代翻译了《红楼梦》的部分篇章，90年代的信中曾引用过中国古代汉诗《行行重行行》。

现在老师又想起，要把60多年前在塔湾村拍的养驴老人的照片赠与其子孙。这都是老师致力于中日友好的表现，令人敬佩。其实当年的老人已故，有记忆力的少年现也是七八十岁的老人了。对60多年前没有姓名、住址的老人照片，有谁能辨认出呢？真像大海捞针一样难。邮政局下决心入海摸吧！

为寻找养驴老人的子孙，沈阳市皇姑区邮电局的局长和投送分局李广局长极为重视，并认真负责，带动发投人员在业经60多年的时代变迁、人口的流动和古老村庄的改造，现在全是新街、新楼房林立的地方，挨家挨户寻找。

所幸照片被一位85岁的老人辨认出来，照片上的二位老人分别是关首田、关乐亭，但都已故多年。查知关乐亭的孙子名叫关志杰，早年曾在百公里外铁法市矿务局工作的线索，他们又驱车赶到铁法市寻找。在铁法市邮政局的帮助下，进一步查明关志杰的去向，最后在沈阳市小河沿路××找到了关乐亭老人的孙子——关志杰。他现年59岁，早已退休。前几个月为其母亲办丧事回到沈阳，李广局长当面把相片交其手中。

关志杰突然看到照片上的爷爷时，感情激动，热泪盈眶。他感谢藤田老师为他爷爷拍照，并精心保存了66年，还送回沈阳老家留给子孙。关志杰表示，要把3张照片世世代代传下去，希望中日人民世代友好。他向藤田老师致以衷心的感谢。并对皇姑区邮政局的董光泽和李广局长及投送人员的为人民服务、为中日友好铺路修桥的敬业精神，表示敬意和感谢。

盛夏炎热，我因身体欠佳，未及时写信奉告、问候，请原谅。

尹德华敬启

2005年8月13日

老战友忆当年（一）

——尹德华给易坤俊的信

坤俊老战友：

多年不见了，贸然写信问候，幸得复信，不胜高兴。回忆当年为消灭牛瘟共同在康藏高原上防疫战斗的情景，记忆犹新，迄今50年了（1953—2003年）。

每当谈起牛瘟，我便想起当年一起防疫战斗的100多位战友们。那时我们都还是二三十岁的青年干部，现在都已是七八十岁了。甚至有些老同志已年高90以上或不幸早逝。心想，再有机会聚会言欢，可能比上青天揽月还要难了。

为怀念战友们消灭牛瘟的功绩和战斗友谊，幸有当年的工作笔记没有遗失，找出来，把当时所记牛瘟防疫的全部过程和情景及104位战友的芳名摘录下来，写入我的回忆录中，载于《中国消灭牛瘟的经历与成就》书中。作为史料留给后世，以示纪念吧！此书已定稿，交由中国农业科技出版社排印中，将由新华书店发行，可供今后消灭其他疫病和尚有"牛瘟"国家消灭牛瘟参考或借鉴。出版发行后，我作为编者必会优先拿到手，届时定会寄您1册，请指教。

从来信得知，你不仅在康藏高原消灭牛瘟立下功绩，而且在调回为犍为县的兽医防疫发展及畜牧业生产又做出了许多突出成就并获奖，还被推荐名载《中国世纪专家》辞书。特向您表示祝贺！这也是兽医界的共同荣誉。写到这里，我想起一个小故事。

1953年春，我奉派协助四川省扑灭口蹄疫期间，农林厅长和办公室郭主任请我到你们的母校四川大学兽医系开座谈会，动员同学们安心学兽医专业。郭主任事先告诉我："四川大学兽医系一年级同学不安心学兽医，不少人提出改行转业，要求转到别的系或离校。"要我讲一下学兽医的光明前途，讲讲我为什么学兽医和自我感受，启发同学们的思想觉悟，使能安定情绪。

当时一年级和高年级同学都参加了，不知你是否也在场？当时我讲道："中华人民共和国在共产党的领导下，职业无贵贱之分，行行出状元。做兽医工作已不是旧社会被歧视为'下九流'！在中华人民共和国，都是为人民服务的勤务员，各行各业都有光明前途，一律平等。"

这时，有一位同学举手提出一个问题："报纸上常见到青岛纺织厂一位纺织女工郝建秀被表彰为全国劳动模范，很受人尊敬。可从来没有见过兽医界有某人被称为模范，登报表扬的事例呀！怎么能说学习兽医也是光荣有前途的职业呢？"

这个问题提得很尖锐。同学们都看着我，等我解答。这时，我只能以自我检讨的口气回答。我说："兽医界还未见到被提名为'劳模'受表扬的事例，并不是兽医这个职业本身问题，那是我们这些老一代兽医工作者未做出突出贡献的缘故。我自己就要作自我检讨，不能怪党的政策。我们的人生观是为人民服务，并不是为个人呀！"

然后，农林厅郭主任也作了解答。这位同学的姓名，我未记住。如果他能见到您的光荣事迹，他肯定会有所感动。如果我能见到他，也容易答辩了。其实他的提问，也鼓励了我奋发图强，努力工作。

不瞒你说，我于1956年被农业部评为"全国先进工作者"，出席过1956年"全国先进生产者代表大会"。出席了开幕式并受到了毛主席、刘少奇、周总理等党中央领导同志的接见。如果在1956年以后和同学们开座谈会，我就有话和事例交谈了。为研究口蹄疫疫苗20世纪80年代我曾获得国家科学技术委员会、国家农业委员会荣誉奖，90年代荣获国务院表彰："为我国农业生产在科技方面做出突出贡献，授予国务院'特殊津贴'"。这体现了国家对兽医工作是同样重视的，没有贵贱之分。

相信你在犍为的工作成就和贡献及多次受奖，四川兽医工作者定会受到很大鼓舞，感到光荣。这也是全国兽医界的光荣啊！

今天的青年学生报考兽医专业已不再是冷门，而是热门了。近年来，北京农业大学动物医学院报考生中，十几名才能录取一名。全国高校报考兽医专业再也不用动员了。这是个很大的转变。

你在退休后，老有所为，编写出了《犍为畜牧志》，又钻研山水画并获奖，值得祝贺和学习。并蒙赠留念，仅表衷心感谢。我已把画挂在卧室墙上。"远看山有色，近听水无声"，深受教益。多谢！

老战友：尹德华

2003年4月12日

老战友忆当年（二）

尹老：

函悉。不胜感奋。因有些社会活动，未及时复信，希谅。

回想当年，感慨系之。您老一生专攻兽疫防治，功勋卓著，誉满全国，诚为我辈之楷模。

记得我在四川大学时，马闻天在血清厂，农业部畜牧兽医总局技师吴庚荣来我们系讲防治牛瘟的情况。那时，我们当学生也不敢提问。1953年到石渠，叫我带个"通司"（译员兼向导）在西区设检疫站。1954年田应劼从青海学习绵羊痘回石渠，就地制苗开展牛瘟预防工作。吴绍远押运血清到石渠，从德格玉隆用牦牛驮运，沿途血清冻坏不少，有苦难言。现在想起来，那时的防疫条件真是太艰苦了，我们有时也苦中作乐。

自1955年到农牧处工作，主要是开展口蹄疫防治工作。经历了3次甘孜州口蹄疫流行。一是1959年9月由昌都传入，另由青海果洛传入，历时1年零4个月，蔓延18个县。二是1958年11月乾宁发生，染及康定、丹巴部分地区，于1959年5月扑灭。三是1960年1月石渠发生，蔓延19县，历时12个月。两次大流行，坐镇瓦斯沟防疫，口蹄疫未传入泸定县。

3次口蹄疫流行均未传入内地。我到犍为工作后，乐山地区防治口蹄疫，说是由色达传入夹江县引起的。反正已有疫苗可以预防了。内地畜牧业，猪为六畜之首，好在甘孜州下放劳动，养猪有所创获，所以在犍为也有所为。叫做"学以致用"吧。

您老荣获"首届全国先进工作者"称号，特别是荣幸地得到毛主席、刘少奇、朱德、周总理的接见。又荣获国务院、科委、农委的表彰和奖励。享受国家专家特殊津贴。确是兽医界的"首富"了！更何况大作《中国消灭牛瘟的经历与成就》即将问世，可喜可贺！

在此，我特感谢大作出版后相赠，将细心拜读。

北京"非典"肆虐，我们特别关心。您老在家休养，亦需注意防护。抄录了一点资料，供参考。

若见到全国畜牧兽医总站的陈长余、李志勤两位副处长，请代为问候。

敬祝

健康长寿！

易坤俊

2003年5月11日

易坤俊同志系四川省犍为县政协委员，高级兽医师，原甘孜州防疫队组长和石渠县兽医站站长。

回忆石渠防牛瘟

牛瘟是草原的一大灾难。在石渠，除边远的一两个村子外，26个村都曾遭受牛瘟之害。民谚有"三年难以致富，三日即可变穷"。一说草原上的人们无不谈"瘟"色变，唯有听天由命。一是"逃瘟"，搬帐篷，迁草场，老弱病残牛多被沿途遗弃，以致扩大疫情；再就是灌"嘎波"，但因"嘎波"毒力不稳定，效果往往事与愿违，为了防牛瘟反而诱发牛瘟，得不偿失。

1953年石渠又发生牛瘟，德荣马村有20多户的牛染疫，邻近人家忙着灌"嘎波"，而色须村村长闭门不出。因为1952年"山羊苗"（山羊化兔化牛瘟病毒疫苗）的事，也不愿接见兽防人员。虽然村长家的牛得牛瘟已经死了50多头小牛。这时，兽防站从全县考虑，采取封锁疫区，同时进行紧急预防。我带着翻译（藏汉语口译）被派往疫区外围进行检疫。

空旷的草原，沟壑纵横，四通八达。我们只好选择一个山头，这样才能站得高，看得远。有老乡赶着驮牛路过，一见我们便绕道而行，跟他打招呼，他们也不听。我便跑步追上前去，忽然眼前一黑，倒在地上。我当时刚从四川大学毕业，被分配到邓柯兽防站，该站主管着邓柯、德格、白玉、石渠4个县的防疫。我刚到高原工作，很不适应——呼吸困难，走路都喘。当时年轻气盛，一着急就跑起来，出现"高原反应"。待我醒来，老乡和翻译站在面前，目瞪口呆，真叫人哭笑不得。在"土司""头人"的领地搞检疫，困难可想而知。

于是我们转而用"抗牛瘟血清"作紧急预防。但是要把血清运到石渠亦非易事。从甘孜到石渠（不通公路）的马程8天，就是说骑马也得走8天，所有物资全靠牛、马驮运。长途运输，难免不受损失。而且驮运亦受季节性限制，民谚所谓："正二三雪封山——冰天雪地，积雪深厚，山路断绝；四五六淋得哭——入夏进入雨季，时而狂风暴雨，间或冰雹狂泻，人畜避之不及；七八九正好走——秋高气爽，晴空万里，山花烂漫，正是郊游耍坝子（野外活动）的时节，但昼夜温差大；十冬腊学狗爬——天寒地冻，江河冻结，行人冰上滑行常跌倒，有人匍匐而行。"

运石渠的一批血清，正好赶在秋末冬初，或冰冻，或破损，损失很大。此时色须喇嘛寺正在灌"嘎波"，每头牛收大洋（袁大头）1元；我们则动员附近牧户紧急预防，以之作为防疫带，还主动给灌"嘎波"的牛测体温，无热反应（说明该"嘎波"失效）。我想到"科学一定会战胜蒙昧"，开心地笑了。喇嘛也尴尬地笑起来。

得知蒙沙村发生牛瘟，我和翻译则一同前往。一家牧主请喇嘛在念经，告诉我们：牛不是得了"牛炭疽""牛出血性败血病"，就是得"牛肺疫"（就是不说牛瘟）。说是："得罪了山神，念7天经就好了"。又说："天寒地冻的，你们回去吧！"见我们不走，就把我们安排住在堆放病死牛的帐篷内。与牧主家仅一条水沟相隔，沟边拴了一排病牛，每到夜深人静，牧主便来查看。每天死牛不下二三十头。牧主不和我们见面，也谢绝别人上门（当地风俗习惯——家有不幸之事）。只是小喇嘛常到我们住处来，继而有喇嘛来和我拉家常。我说："'若门巴'（牛医生、兽医）是医牛的，你们念经求神保佑，这叫做'神药两改'。"喇嘛连连点头，高高兴兴走了。哪知次日牧主下了"逐客令"，撤了堆放病死牛的帐篷。我们只好收拾好行李，去找村长（当地上层人物）召开村民大会。他很赞同"防重于治"，令牧主家派人到县上取血清作紧急预防。与此同时，全村顺利地进行了预防注射。

1954年上半年，兽防站派往青海玉树学习制苗（绵羊化牛瘟弱毒疫苗，简称绵羊苗）的田应劼等同志归来，先是培训制苗人员，然后在城区附近试点。

菊母村的泽仁常来我处参观，兴致勃勃。他把自家的一些牛接种"绵羊苗"，一些牛灌"嘎波"，另一些牛作对照，一同混入邻家牛瘟病牛群，结果只有注射"绵羊苗"的牛安然无恙。事实最有说服力，这在群众中影响很大，城区试点将防牛瘟工作向前推进了一步。及至中央和四川的同志前来支援，石渠防牛瘟始全面开展，成果累累。

1955年继续进行预防注射，工作见成效，群众满欢迎。在石渠很有影响的色须喇嘛寺也要求预防注射，更何况他们的牛多数是奶牛。他们抛弃顾虑——奶牛注射疫苗后，会减少出奶量，母牛会流产，大力协助我们一鼓作气用"绵羊苗"注射奶牛1 008头（有些牛劲头大，不好控制）。还有好些群众告诉我们，去年注射"新嘎波"

（绵羊苗）后，牛没有得牛瘟，今年还要注射，他们盼望早日消灭牛瘟。

我们在嘎依村，从开群众会到工作结束，还不到6天共注射9 732头牛。临行前，区长（当地上层人物）来兽防队，说是他们有5头牛被割了尾巴（打冤家发出的信号），双方正"调兵遣将"，准备"大打一架"，形势紧张。我们立即为其调解草场纠纷，制止了械斗。

有一次，我们骑马到温波，要过江。只见江面宽阔，水势平稳。哪知水深，马亦胆怯，往后退缩。我们一伙人不会游泳，过江时便大呼小叫，借以壮胆。我骑着马侧身泅渡，我紧紧抓住马鬃，半身湿透，虚惊了一场。

9月初，我们到了格则贡马，工作刚结束便接到通知——叫全队人马回康定。那时，连日大雨，河水猛涨，银浪翻滚，我们返县城受阻。村长中让（上层人物）带着人马在河边搭起了帐篷——"安营扎寨"，坐镇指挥。过河选择清晨，河水小一些，放了一群马到上游以阻水势。我穿短裤骑在马上，四周有骑高头大马的老乡围住，左右一边一人抓住我的胳臂，顺势护送我过河。到达对岸，回头看，村长和一些人站在河边，频频向我招手。回想起来，感慨万千。

1955年7月18日至9月15日，用绵羊苗共预防注射70 019头牛，仅死亡3头。9月下旬，我们始从甘孜返回康定。

易坤俊

2014年8月

可敬的严师

　　1960年春节过后，我刚上班，室主任就通知我到河南省出差防疫，具体工作到所长办公室找秘书才知道。我疾步去所长办公室，一边走一边自言自语："完了，完了，不好了！我刚出大学的门，什么都不懂，出差干什么呢？"经所长秘书的一番指点，我才有点明白。那时尽管立春已过，北京的气候仍然酷冷，滴水成冰。

　　翌日，我带上行李跟随农业部的尹德华先生出发。他衣冠端正，年轻英姿，强壮健步，和蔼可亲，看上去像一位老师。我见到他，彬彬有礼地打了招呼。

　　虽然过了春节，但还有年味，车站的人流量还是很大，卧铺车厢里也挤满了人。一路上，我喋喋不休地问尹先生防疫的问题，想收获些"元素"作为"资本"，他孜孜不倦地一一回答。嗨！他不但是国家干部，更是一位博学多才的老师！经过一天一夜的旅途，我们终于到了河南省新乡市。

　　在当地政府部门的领导下，邻省派来的科研员和技术人员也都到位。尹先生把我们组成了实验室"团队"，并作重要指示："疫情等于战情，作战要枪支弹药，防疫要疫苗，实验室工作的责任大，任务重，必须按规章制度办事……"他带着疲惫的身体，夜以继日地赶往乡、村各个疫点，制定"作战方案"，指挥战斗。

　　我们这个团队中，我年龄最小，刚走出大学之门，可以说没有一点工作经验。才疏学浅，就参加如此重大的防疫工作，因此我在各方面都告诫自己：万事要小心翼翼，虚心向同行学习，按照操作规程，认真思考、认真记录。

　　实验室在一排平房内，我们分头作战，接毒、收毒、磨毒、配比、灭活、无检、安检、效检等一系列工作，包括饲养实验动物。相互配合默契，人人发挥正能量。

　　尹先生工作繁忙，回到实验室检查工作时，他和颜悦色地询问实验动物有否检疫，大家都支支唔唔，张口结舌。他一脸严肃地质问："为什么没有检疫？"他刚中有柔，耐心地给大家讲了很多不检疫的危害性。紧接着又说："进行科学研究，决不能有丝毫差错，缺少试验和数据的差错就会造成严重的后果。失之毫厘，差之千里。你们在试验中需要什么器材、动物可向领导申请购买，绝对不能凑合……"啊哟！他真是一位经验丰富、认真负责的严师！

他进了实验室，甚至连制苗灭活的温度也要检查。一边看着温度计，一边叮嘱："你们进实验室的第一件事就要先看温度，一天记录3次。温度偏高偏低不稳，会严重影响疫苗质量，甚至制好的疫苗要废弃。"

尹先生做事以身作则，言教身教。在动物房，他走到要扑杀的接毒牛前，不需要别人保护就拍拍牛头，用自己的两只手分别抓住牛的左右角，将牛头抬扛到自己的左肩膀上，再将牛头向左侧一扳，不费吹灰之力，顷刻间一头100多公斤的牛就被摔倒在地。大家都瞠目结舌："啊哟！有本事！"其中一位工作人员喊了起来。尹先生笑着说："没事！牛抬头就无力了，低头就力大无穷。"接着又讲一句："看过斗牛吗？"真是不经一事，不长一智啊！要不然，我们几个人都推不倒一条牛啊！

又有一次，在实验室工作后尹先生问大家："谁能给豚鼠足掌皮内注射，因有的病料必须皮内接种才能感染。"停一会儿，他看看没人回答，接着问："老张来试试？""喔！我不行。"尹先生一边说话，一边请人帮助固定豚鼠，自己动手，我们都全神贯注、目不转睛。尹先生轻轻松松地将针尖插入豚鼠足掌，针面与足掌面平行而进1.5厘米，然后慢慢拔出针头的同时将病料轻轻注射，当拔出针头的同时可见豚鼠足掌面有一条透明物。这使我深深地体会到"知识的可贵在于实际应用，不在于书本上"的含意。他对我们说："学而不厌，学无止境！只有自己不断努力学习、工作，不畏艰辛，勇于摆脱逆境，才能走上美好的人生之路。"

尹先生似乎永不疲惫，一次又一次马不停蹄地赶往疫点，一双坚定不移、消灭疫情的脚早已被磨出茧子。"决心消灭疫情，实现自己的人生价值"是他一生永恒不变的坐标。在那段时间里，他给我们的工作和学习染上了丰富的色彩。

丰收的时节终于来临，我们制备了19批疫苗，近200万毫升，全部合格，被提供给"前方"用于消灭疫情。

不经意间，春天已过去了，夏天悄悄来临。我相信，勇气与信念会发出金子般的光，像老师一样，要成功一件事业，必须花掉毕生的时间和终生的努力。正如鲁迅先生所说，"石在，火种是不会绝的。"

联想自己，虽然受过高等教育，但是缺少实践经验。此次防疫使我受益匪浅，给自己今后工作奠定了科研和教学的良好基础。在这方面，尹先生是我的启蒙老师。

当我们已扑灭了疫情要返回时，为了避免有传播疫情的可能性，这位才华横溢、德高望重的老师，还要我们将所有的行李、衣服、日用品、书籍、记录本、笔等，在高锰酸钾福尔马林蒸汽间消毒后才让回到原单位工作。

回到中国兽医药品监察所后，我和老师经常联系。工作上、生活上遇到难题，我就向他请教，我们成了忘年交。我调到母校南京农业大学后，我和我爱人经常向老师写信请教问题，也经常与老师通电话，我家的喜事、忧事都向他叙说。他是每问必答，每信必回。我和我爱人到北京出差或带着儿孙旅游，就到老师家看望，有时还小住几天。

弹指一挥间，半个世纪过去了，我从一个书生气十足的女孩变成了一个白发苍苍的老奶奶。但老师的人品、老师的敬业精神、老师对我的帮助却深深地刻在脑海里，像冬青树一样永远常青。

老师一生忠于人民，忠于党，勤勤恳恳，任劳任怨；在他人生走到低谷时，相信人民，相信党，看到了前面就是光明，就是康庄大道。老师是事业和生活的强者，他永远是我们的楷模。

一日为师，终身为父，师恩不忘，友谊长存！

南京农业大学动物医学院教授虞蕴如

2014年3月27日

老骥伏枥

德华仁兄：

您好!

你于2月22日的来信，我于3月2日方才收到。见信得知，你近两年来带病写书，我甚为感动，也感不安。同时也为不能与你分忧、助你一臂之力而感内疚。

因为我们都年龄太大了，我今年77岁，陈、彭二老都80多岁，鲁荣春76岁，沈荣显75岁，你大概也将近80岁了吧（编者注：76岁）？我们这样大的年纪，无论体力精力、脑力都不能与青壮年时期相比，况且爬格子、写书稿还是极其费神的工作，而你又有心脏病和脑梗死这样的大病，更不能操劳过度。希望你留有余地，量力而为吧!

现在我想讲一个小故事。在"文化大革命"期间，姚雪垠写了长篇小说《李自成》(第一卷)，当时没有人敢出版。姚雪垠就上书毛主席，主席看后批示没大问题，才公开发行。后又写了二卷、三卷。邓小平复出后，得知他写书很困难，帮他解决了北京户口和住房问题，给他创造了一个比较好的写作环境。可是姚雪垠已经80多岁了，自己写成四卷、五卷，也感体力不支。于是他就想了一个办法，找了一两位有一定文学基础的年轻人帮他写书，他口述录音，由青年人代笔整理，最后经他过目润色定稿，我看这个办法很好。

咱们写的书稿，既然姜春云副总理已经批示，刘江部长也重视，这就好办了。我看可否通过贾司长同意，请一个年轻人，帮你整理稿件？我们的稿件不是文学作品，只要立论清楚正确，文字通顺就可以了。起码年轻人可以帮你誊写和校对稿件，这可大大减轻你的负担。不知此建议是否可行，请考虑。

关于1952年兰州全国牛瘟座谈会的情况，我的记忆也很淡薄了。记得当时是由农业部畜牧兽医司主持召开的，吃住都在兰州市张治中别墅内。只记得参加人员中有一位苏联专家，会议由程老主持。哈尔滨兽医研究所袁庆志，西北人民政府兽医处处长王济民及陈家庆，兰州兽医生物药品厂谢国贤、杨圣典，还有各省、市派的人等参加。各省市参加人员我都没有印象了。当时讨论的问题，除各省、市汇报有关牛瘟防治情况外，主要讨论青海、西康等地牦牛的免疫问题。因为1951年马闻天等人在西康试验发现牛瘟兔化毒接种的牦牛，除体温反应外，接种牛还出现不同程度的神经症状，兔化毒不适用于牦牛防疫注射。牧区防疫怎么办？青海牦牛是否也像西康牦牛一样有神经症状？今后决定组织人员到青海去做试验。

我记得散会时快到春节了，谁也不愿意去青海做试验。我当时在中国兽医药品监察所工作，程老的意见是让我负责去做试验，我欣然从命。会后马上组织试验小组，并由我负责。参加人员有兰州兽医研究所的陈家庆，兰州兽医生物药品厂的佘效曾，青海畜牧厅李仲连、祁文光等人。试验经过了3个月，首先证明兔化毒对青海牦牛也有神经症状，接种的18头牛中有11头出现了不同程度的神经症状（占61%）。与马闻天等人在西康的试验结果大致相同，此疫苗不能单独使用。

山羊化兔毒对牦牛反应剧烈。28头牛中严重反应的有5头，高热反应的有11头（有4头死亡）。山羊毒与小量牛瘟血清（10～20毫升）共同注射时无严重反应，比较安全；但推广应用有一定困难，难以大规模推广应用。在当时没有办法的情况下，想起了哈尔滨兽医研究所还有一种"绵羊适应毒"，经苏林与该所联系，将绵羊毒寄来。当时只剩下10头小牦牛了，全部接种1∶10绵羊淋脾毒。试验结果发现绵羊毒远较山羊毒毒力缓和，试验牛除有体温反应外，精神、食欲、粪便一般并无显著变化，也无兔化毒引起的神经症状，免疫效力也良好。试验初步证明，单独使用绵羊毒对牦牛的免疫可能性较大。后又在大通牧场进行了小规模的区域试验，也证明安全，结论是可以推广使用。后苏林、沈荣显、彭匡时等人在青海进行了大规模各种试验，都证明绵羊毒对青海牦牛安全有效。随后在青海全面免疫注射，迅速控制了青海的牛瘟流行，进而达到了最后消灭我国牛瘟的目的。

再则，你提到的兰州牛瘟座谈会合影照片问题，由于散会后我立即到青海做试验，因此我一直没有见到，也没有收到这张照片。至于写上照片中人员的姓名，我看很不好解决。如果畜牧司没有当时的存档，恐怕谁也认不全所有人员的姓名。40多年了，有些人恐怕已不在人世了。如果把照片上的人名都写出来，太难了。哪个省市谁参加了1952年牛瘟座谈会，大多数省市恐怕都是一问三不知，除非他本人是参加者。我的意见，相片可以附上，关于人员姓名：一是全不写；二是只写主要参加人员，如程绍迥（10来个人的姓名）等。苏联专家的姓名，我看也不用写。不知你认为可否。以上拉杂写了一些意见，仅供参考。

最后希望你多加保重身体，不要太累了。再谈！

此致

敬礼

又附

另外袁庆志、杨圣典等人不知是否还健在?《1989年生物制品人名录》上没有看到他俩的名字。我家还没有安装电话，我已年老耳背，电话中交谈，有时听不大清楚。

张林鹏谨上

1997年3月6日

张林鹏同志系中国兽医药品监察所研究员，防治牛瘟的老战士，已经病故。

张林鹏的来信

德华老兄：

春节好！

您1月19日的来信，我于21日就收到了。内容尽悉。

知你身体病后渐愈，深感欣慰。还望多加保重身体，早晚到附近公园散心、散步，加强锻炼为好。

您信中所提，想让我把中国兽医药品监察所早期——中华人民共和国成立前后发表的重要文献、报告摘录出来。我也很同意。我于春节前，将中国兽医药品监察所先后在学报及杂志上发表的12篇有关"牛瘟兔化毒""山羊化兔毒""绵羊化兔毒"的学术报告，以摘要的方式赶写出来。因时间仓促，内容、文字可能有不当、遗漏之处，请改正。现随信寄去供参考，录用。

另外还有一篇综合报告，是我国关于《兔化牛瘟病毒疫苗的研究》发表在1955年《科学通报》第10期上，以周泰冲、苏林、张林鹏之名发表。因文字太长，没法摘录出来。不知是否需要，也不知你那里有没有这篇报告。如有需要来信，我即寄上。

惊闻中国兽医药品监察所原所长马闻天因病不幸逝世。我于今年1月份才听说，没有最后见上一面，很是遗憾。关于金森同志，我于1980年，在他从陕西生药厂退休回京时曾见过一面。他家住在海淀区。十几年来没有联系，他现在的住址及近况不详。

关于照片上的人名问题，1952年牛瘟座谈会后，我与陈家庆等人到青海畜牧厅做牛瘟弱毒疫苗免疫牦牛试验去了，我没有收到，也没有见到过这张照片，照片上的人名也认不出几个来，只能让它遗漏吧。

最后祝嫂夫人贵体安好。

仅此再祝

阖家春节快乐！安康！

张林鹏敬上

1998年1月30日

老战友彭匡时的来信

老尹：

你好！今天高兴地收到寄来的稿费，为数不小。真是太麻烦了，衷心地十分感谢！本来现在大家都有退休金，生活很好。我想该书作者都不会在意稿酬的多少，你也不必为此担心。我准备用这点钱买几本书看看。

近些年来，你身体不是太好，几次住院，你爱人又重病卧床，需要人照顾。但你还是坚持工作，艰苦奋斗，完成了程老交给你的任务。别人不知道，我作为你的一个不堪称职的战友，是应当了解和敬佩的。

《中国消灭牛瘟的经历与成就》一书虽然错字不少，但保存了中华人民共和国成立前后兽医事业的珍贵资料，你功不可没。

贺年片及来信均已收到。你比我小几岁，但看来精神和思路还是不错。希望今后多注意保养身体，共同争取再多活几年，过着太平生活。并与纪良及荣春同志共勉之。

余不及，即祝

康乐！

彭匡时

2006年3月21日

彭匡时同志系农业部青岛动物检疫所高级兽医师。纪良指朱纪良同志，系农业部原畜牧兽医总局高级畜牧师，2014年病故。荣春指鲁荣春同志，系农业部原畜牧兽医总局高级兽医师，2012年病故。

历史要人去创造

尹德华老师：

您好！

去年由熊显庭同志转来的信，谈到《中国消灭牛瘟的经历与成就》史书已出版，并委托熊送我一本，说明老师对我关怀备至。当时我写了书信，想必收到。

本月8号，我很高兴接到熊寄来了此书。此书真是对中国全面彻底消灭了牛瘟的历史性总结。这项伟大光荣的任务，不知花费了老师多少心血。回忆与老师在一起时，老师的为人处世令我们深表敬佩。消灭牛瘟在兽医界是一项丰功伟绩。如果没有几位老前辈，特别是没有老师在整个过程中承上启下、身体力行，此项事业就难成功。成功了也总结不出，就可能石沉大海。

在此，我特别感觉到了一个真理——历史要人去创造，也要人去总结。只有这样，历史才会存在，才会发展。我深深体会到了人和人才的重要性。

我在书中见到了50年前与老师和同仁的合影，真是高兴。上次老师说，要靠拐杖活动，我很挂念。但愿老师能心情愉快，好好保养，一定能健康长寿！

敬祝

身体健康！家庭幸福！

林振球

2004年3月

尹德华2004年注：林振球是江西兽医生药厂派到西康参加消灭牛瘟的老战友，当年是年轻的小伙子，现在也近80岁了。

统筹全局，心系江苏

——尹老在全国防治五号病指挥部工作的回忆

1982年，在商品流通快速增多的情况下，猪的口蹄疫病在全国很多省市地区迅速传播蔓延开来。在国务院的领导下成立了"全国防治五号病指挥部"。指挥长是国家经济贸易委员会副主任李瑞山，工作人员有商业部的李羡豪、（国家经济贸易委员会）农业处处长周明甫、全国兽医总站副站长吴兆麟、农业部畜牧兽医总局的闫秀岩，另外还有农业部畜牧兽医总局的兽医专家尹德华。尹德华先生是首席兽医专家。

在疫情迅速传播蔓延的形势下，全国31个省市都成立了防治五号病指挥部。江苏省防治五号病指挥部的指挥长先后是第一任省长陈克天、第二任省长顾秀莲。我当时在江苏农林厅畜牧局工作，成立防治五号病指挥部后，被派到江苏省防治五号病办公室工作。

1982年，第一次全国防治五号病会议在江西南昌召开；1983年，第二次防治五号病会议在南京召开。当时江苏的疫情很严重，有几十万头病猪，位列全国首位。我和我的同事们负责组织会议，调度车辆，买飞机票、火车票，安排食宿等会务工作。我和尹老接触很多。他对工作认真负责，对晚辈关心爱护，这给我留下了难忘的印象。

尹老对江苏的疫情非常重视，非常焦急。我们办公室的同志每天电话汇报疫情，有疑难问题也随时向尹老请示汇报。他是防疫工作的技术总指导。有关业务问题、防治方法，尹老都及时给予指示、给予帮助。

他亲自到江苏指导工作，和我们一起跋山涉水，顶风冒雨，逐县、逐乡、逐村、逐栏地检查指导。他不怕脏累，不辞辛苦，到现场指导参加扑杀病猪、深埋消毒等具体工作，江苏的很多田间地头、猪圈牛棚旁都留下了他的足迹。

为了解决肉联厂冷库消毒液凝固的问题，尹老在北京千方百计寻找消毒、高分子化学、有机化学等方面的专家，并且虚心向他们请教。讨来了好办法，就立即用电话告诉肉联厂，帮助他们尽快地解决了冷库消毒液凝固的问题。他对工作尽职、尽心、尽力，永远是谦逊、科学的态度。

江苏的防治五号病工作，在全国防治五号病指挥部和江苏省防治五号病指挥部的正确领导下，在全省人民的大力支持下，疫情逐渐减弱，直到被扑灭。我们多次受到表彰。1985年以后，8个月无疫情、此时我被调到南京兽医药品监察所工作。

尹老知道我的情况后，给我寄来了1950年、1952年、1958年、1978年的兽药规范。他还寄来一些有关兽药的书和其他科技资料。他鼓励我多学知识，积极进取。

尹老作为兽医界德高望重的老前辈，对我们晚辈百般关心，百般照顾，悉心指导，谆谆教诲。几十年过去了，我和尹老还经常通信、打电话互相问候。我有疑难问题就向他求教，他像老师、慈父一样关心指导我，我们成了忘年交。

尹老的老伴瘫痪卧床后，尹老不离不弃，20年如一日，无微不至地照顾。我们对他的高尚品格非常敬佩。

他的敬业精神，他的吃苦耐劳，他的平易近人，他的诲人不倦，他对家人的无私和忠诚，深深地感动了我，他是我人生道路上学习的好榜样。

江苏省农林厅畜牧局高级兽医师（退休）：林季琛

2014年4月

我的良师益友

　　我和尹老相识缘于一次会议。大约在1992年，当时安徽省政府在合肥市召开全省防治牲畜五号病（以下简称"防五"会议），尹老作为国家"防五"指挥部的代表参加了这次会议。我时任安徽省宣城地区畜牧兽医站负责人，并兼地区防五指挥部办公室主任，因此也参加了这次会议。我有幸认识了尹老，了解了尹老。

　　我们相遇确实是缘分，当时不知为什么，我们一见如故。尹老的慈祥、真诚、热情、随和都深深地吸引了我。特别是尹老在会议期间及各种场合的发言，讲话都充满了哲理。既实事求是，又深入浅出，通俗易懂。用现在的词叫做很接近地气，充分体现了一位老知识分子热爱祖国、热爱共产党、热爱人民的伟大情怀。

　　他是农业部派来的代表、学者、专家，而我是一个基层代表、基层畜牧兽医工作者，但我们却一下子就拉近了距离。从我接触和了解的有关资料来看，我感觉到尹老作为老知识分子在畜牧兽医界享有很高的声誉。他为了防治牛瘟，防治动物传染病，不辞辛苦，跋山涉水，克服了很多艰难险阻，为中国的畜牧兽医事业做出了很大贡献。他深入基层，联系群众，不怕困难，艰苦奋斗的作风与精神，赢得了人们的赞誉。他无愧为畜牧兽医战线老知识分子中的杰出代表之一。

　　记得会议期间，尹老向与会代表详细地介绍了全国"防五"的形势，从发病时间、地点、范围、规模及防治情况、政策、措施落实情况，讲得十分透彻，受到与会代表的好评，特别是对我们基层来的代表更是受益匪浅。

　　在小组讨论中，我也较详细地向他汇报了宣城地区的"防五"情况，也提出了一些建议和要求，并谈到了一些困难和部分畜牧兽医工作者存在的厌战思想。听后，他耐心地逐一解释，指导。他说："防治牲畜五号病，一定要坚持以预防为主，防重于治、防治结合的原则，不能有丝毫的怠慢。那种认为损失不大，耗费人力、精力、物力、财力的厌战思想情绪要不得。一定要从大局出发，从全省、全国大局利益着想，从对外贸易、国际声誉大局着想。不能只看到你们一个地区、一个县的情况，只顾本地区利益而忘记大局利益的思想是错误的。决不能护小失大……"特别让我感动的是尹老当时已年过七旬，但是他对全国各地及基层情况却了解得十分清楚、真切。

我们地区位于安徽皖南山区，尹老当时就指出："你们山区牲畜五号病的发生，多为散发性，大面积、大区域流行一般不会发生。这主要局限于商品流动性、人员流动性。但是不能轻视，一定要做到早发现、早消灭，把损失降到最低程度。"他还一再强调防治过程中"要注意生态环境卫生，防止人畜交叉感染，防止人员中毒等现象"。他还说："业务部门不能单打一，要各有关部门配合，要综合作战、综合防治，政府部门特别是乡、村都要齐抓共管。发生了疫情不可怕，怕的是不重视。因此要提高防治的管控能力、应急反应能力。总之，我们要预防手段现代化，治疗手段科学化。"他讲了许多，我听了深受启发和鼓舞。

会议结束，我邀请尹老去皖南山区指导工作。我说："宣城地区风光秀丽，人杰地灵，有许多值得参观的地方，我也接待过不少领导、专家、学者前往。"他说："皖南山区确实不错，值得一看，但是这次我不能去。我要到皖北重灾区看看，以后有机会再说吧！"因此那次尹老没有去，后来也一直没有来过皖南。我虽然感到失望，但却对他肃然起敬。更加感到尹老这位老知识分子对工作兢兢业业、对自己廉洁自律的优良作风和崇高精神，我深受教益。这件事我终身难忘。

我退休前经常出差去北京。每次我见到尹老都有讲不完的话，我们谈事业、谈人生……我单位的同事凡是见过尹老的人都十分钦佩他，都感到他慈祥和蔼，豁达真诚，讲话富有哲理，切合实际。

大约在1996年，我妻子带领旅游学校旅游专业的学生去北京总后勤部有关宾馆实习期间，她常被尹老邀请去家中做客。她回安徽后就跟我说："尹老真是一位大好人，一位可敬可亲的老师、长辈、学者。"

我退休后，和妻子去浙江宁波帮助女儿照料小孩上学。尽管和尹老见面的机会少了，但是我们每年都有书信、电话联系，感情也更加深厚。

最近听说，尹老的文章及回忆录即将编辑出版，我十分高兴。我想尹老已是90多岁了，他继承和发扬了前辈的精神，我们要一代一代传承发扬光大下去。特别是在畜牧兽医战线，社会上仍有不少人不了解、不理解。因此广泛宣传畜牧兽医界的先进人物、老知识分子中的先进代表还是十分必要的。这本书的出版一定会进一步弘扬老一代知识分子爱国敬业、艰苦奋斗的精神，激励年青一代畜牧兽医工作者进一步继承发扬这种精神，为祖国畜牧兽医事业做出应有的更大贡献。

我和尹老年龄相差20多岁，不在一个单位工作，也不在一个城市居住，见面机会也不多；但他对理想、信仰、事业的追求精神，他的廉洁自律、正直无私的人格魅力却深深地影响着我。我们从相识、相知，到心心相印，直到成为忘年交。古人云："人生得一知己足矣！死而无憾。"

借此机会，我再次祝愿我的良师益友——尹德华老师早日康复，下次我到北京还要和您谈事业、谈人生……再聆听您的教诲呢！

安徽省宣城地区畜牧兽医工作站原站长

安徽芜湖出入境检验检疫局退休干部杨崇秀

2014年6月29日

雅砻江畔的记忆

　　2003年4月13日尹老来信，忆及当年一同战斗在康藏高原防治牛瘟的同志，无比思念，并说他主编的《中国消灭牛瘟的经历与成就》一书记载了四川省参加消灭牛瘟工作人员的名单，还提到我前些时候送他的画。

　　那是我画的一幅水墨山水画，题词录自孟浩然诗句——《千峰划彼苍》。他很喜欢，挂在卧室观赏，还题上了古诗——远看山有色，近听水无声，春去花还在，人来鸟不惊。

　　尹老德高望重，平易近人，我们称呼他"尹先生"，有时叫"老尹"。他一生学以致用，积极进取，勇于实践，任劳任怨，继消灭牛瘟后即投入防治口蹄疫，功不可没。1956年获"全国先进工作者"殊荣，继而荣获国家科学技术委员会和国家农业委员会农委奖励，并荣获国务院对发展农业生产科学技术做出突出贡献的表彰，享受国务院政府特殊津贴。他当之无愧，值得庆贺，是我辈兽医界学习的榜样。

　　回忆石渠县防治牛瘟，思绪万千。1954年先生带队，由中央调派一些省的技术人员和四川省的同志参加。他们跋山涉水，历尽艰辛。当时开展工作并非易事。那时自治区（今甘孜州）尚未民主改革，办事要执行民族政策，尊重上层人物的意愿。当时，我们把一个地区叫做一个"村"，一村所辖地域十分宽广，"一村之长"都把它视为自己的"领地"。我们进村得先"请示"——争取支持，工作结束后要"汇报"——征求意见。按自治区领导要求："工作只能做好""宁肯少些，但要好些"。

　　平原地区的同志来到康藏高原实属不易。石渠县属高寒地带，县政府所在地海拔即达4 300米。我们工作所到之处，有的海拔在4 800米。高原空气稀薄，呼吸亦感困难。这里山高陡峭，雅砻江水深流急。石渠县地处雅砻江畔，兽防队过江渡河是常有的事。

　　这里草原辽阔，人烟稀少，交通不便。交通工具全靠马和牛，人们常以马代步。

多数同志不会骑马，这些藏胞就照顾我们，所雇之马特别温驯。我们骑"老太爷马"，自得其乐！而且编了"顺口溜"——上山不骑马，下山马不骑，平地牵着走，天天有马骑。

我们过的是野外生活，住帆布帐篷，睡行军床，点煤油灯。进食不定时，工作无假日，音讯闭塞，十天半月好不容易盼来报刊、书信，笑称"打牙祭"。有时转移驻地，路远难行，人困马乏，只好"打野"——野外露宿。有道是："明月当头照，夜静瞌睡香。"有次行军途中，见到热水塘（温泉），我们喜出望外，大家不约而同地跳入塘中，洗了个热水澡，自诩"特殊享受"。

再说石渠县防牛瘟，兽防站进行试点，初见成效，用绵羊苗（绵羊化牛瘟弱毒疫苗，藏民叫"新嘎波""北京嘎波"），接种牛41 000多头。无疑因为先生带队前来支援，所以才有力地推动了石渠防牛瘟工作的全面开展，并总结了许多经验，这令我获益匪浅。

我曾经在俄多玛村预防牛瘟，得到该村头面人物夺瓦的积极支持。他亲自组织动员群众，仅3天时间全村就接种牛18 000多头，皆大欢喜。

有天晚上，县上送来急件，令暂停接种绵羊疫苗，待研究再定。

关于1952年色须村接种山羊苗（山羊化兔化牛瘟病毒疫苗）失策之事，我毫不知情（1952年我还在四川大学读书，1953年我被分配到石渠）。现在我们已经注射了绵羊苗，木已成舟，便如实向县上汇报。同时加强"注射反应"检查，幸好平安无事。先生当时在县里指导防疫，肯定为我捏了一把汗。略感安慰的是俄多玛村带动了全县，历时3个月（8月15日至11月15日）共接种22万多头牛。完成任务15万头的151%，反应死亡率仅0.02%，大大低于原计划的0.2%。自治区李春芳书记在总结会上说："兽防工作担当了一定的政治任务，不是单纯的技术工作，是为了发展生产，加强和改善民族关系。"并说："这不是简单地打一针牛瘟预防针，这一针把党的民族政策送到了千家万户。"

光阴似箭，一晃60多年过去了，人们对牛瘟已经淡忘了。我也是凭当年的笔记回忆往事。1954年，石渠有5 795户，45万头牛，2 000多万亩草场。兽防队预防注射3 378户，共226 783头牛。当时都有记录。因为牵涉"注射疫苗反应死亡"赔偿问题，直接关系牧民的切身利益。

现在，我已80多岁，头发花白，听力差点，视力尚可，或许在高原生活20多年得来之福。曾记得无锡梅园有副楹联，我最欣赏其上联："发上等愿，结中等缘，享下等福。"我的今译是："服务人民，助人为乐，知足不辱。"作为自勉，抑或先生也有同感。

"但愿人长久，千里共婵娟"。

易坤俊

2014年7月10日

易坤俊同志原为甘孜州兽防队组长，石渠县兽医站站长。退休前为四川省乐山市犍为县畜牧局副局长、犍为县政协副主席、高级兽医师，退休。

杨毓灵的来信

尹老：

　　您好！

　　来信收到，内情尽知。您主编的《中国消灭牛瘟的经历与成就》一书即将出版，这里特向您表示衷心的祝贺。

　　此书的出版，是我国兽医发展史上具有重要意义的一件大事。它如实地、全面地记载了中华人民共和国成立初期，党和政府在极其困难的环境中，从全国抽调兽医专家，在资金、物资等方面大力支援防治牛瘟的工作。党和政府组织广大干部、兽医人员深入牧区。兽医人员采用预防牛瘟最先进的免疫技术和其他防疫措施，认真扎实工作。在短短的3年内一举消灭了牛瘟，创造了空前未有的奇迹，将疫区遭受牛瘟灾害的牧民从水深火热中解救了出来。

　　这个史无前例的工作不仅消灭了牛瘟，更重要的是使广大牧民群众深深感受到党和政府对他们的关怀，也进一步密切了党群关系、进一步巩固了政权、有力地促进了畜牧业生产的发展。

　　尹老，您为了总结消灭牛瘟的工作，夜以继日地编辑写作。您不顾年事已高，身体有病，而是鞠躬尽瘁、壮志不已地忘我工作。您的不完成任务誓不罢休的精神，实在叫人感动和佩服。

　　当我看到您的来信，知道了您让我办的事后，我立即着手去办。我虽年过70，体力欠佳；但当天下午就出门，找有关单位和同志，寻找需要的照片。说老实话，事情已过50年，这件事有很大的难度。参加过当年消灭牛瘟的同志现在越来越少了，当时最年轻的人现在也已过了70岁。今年，西宁地区参加防治牛瘟的同志——李仲连（50年代兽医诊断室主任）、赵云陔已去世了。

　　当时在防治牛瘟时，基本上没有用照相机把现场的真实情况拍照下来。现在找到的照片：一张是防疫队员把身体挂在牛皮拧成的绳索上，手扶缆绳冒险过河。这也反映了当时交通上的难度。另一张是西北畜牧兽医学院学生赴青海玉树自治州防疫，乘车路过巴颜喀拉山的查拉坪的留影。是否有用，请您酌定。

提供照片的何懋铃同志未提任何要求，只要求书出版时，给一本就心满意足了。这也是王士奇和我等人的一点愿望。这两张照片太小，又无底片，只好拿到照相馆重新拍照放大加印后寄给您，以便采用（附何懋铃为两张照片写的说明）。

情况就这些，有不清楚之处或还要办什么事，请来信，我再作补充。

最后祝您

健康长寿！全家幸福！

杨毓灵

2002年12月6日

尹德华2002年注：杨毓灵、何懋玲是青海畜牧厅兽医处的干部。他们为消灭牛瘟出力有功，为《中国消灭牛瘟的经历与成就》一书出版提供照片和文章，特此感谢。

永远的记忆

尹德华先生是我非常敬重的长者，是一位和蔼可亲的人。他几十年如一日，奋战在历次重大疫病的防控中，不论是五六十年代消灭牛瘟，还是七八十年代控制马传染性贫血病、马鼻疽、口蹄疫等动物疫病，从制定技术路线防治方案到具体实施，防治工作的各个阶段都留下了他的聪明才智和辛勤汗水。

20世纪80年代初期，我刚到农业部畜牧兽医总局兽医处与他共事时，他已是60多岁的人了。不论开会、出差、蹲点、大事小事，他都身先士卒干在前。尤其是在基层搞疫苗试验，他带领我们钻牛棚、跳猪圈，观察疫苗反应。连续几个月下来年轻人都觉得吃不消，可他每天都是白天工作、晚上整理资料，唯恐哪个环节出现纰漏或有不实之处。

他工作认真负责、实事求是、兢兢业业、任劳任怨，为我国的兽医事业做出了巨大贡献，在他身上充分体现了老一代知识分子视事业为生命、无私奉献的高风亮节。给我留下深刻印象，并对我以后的工作作风和生活态度产生极大影响。

生活中的他更是让大家感到敬佩，老伴中风瘫痪卧床20多年，尹先生下班后或出差回来的第一件事是伺候老伴吃喝拉撒，翻身按摩，一年四季从不间断。大家都很感慨地说："不是老尹这么精心伺候，一个瘫痪卧床的病人不可能又活了20多年。"曾有人开玩笑地跟他说："老尹，你不觉得老伴是个包袱吗？"他很伤心地说："如果我那样想，还是个人吗？"大家听后肃然起敬，作为一个高级知识分子的男人能对一个家庭妇女的老伴如此情深，让人钦佩敬重。

我和尹老相识相知已经30多年了，他已是耄耋之年，现在重病卧床，已经没有多少认知。但我去看他，却能感受到他眼皮在跳动和大脑的反应，我想他是知道我去看望他了，心里很不是滋味。

我想到了作家奥斯特洛夫斯基说过的一句话："人的一生应当这样度过，当他回首往事时，不因虚度年华而悔恨，也不因碌碌无为而羞愧。"尹老把自己的一生献给了中国的兽医事业，无论是在顺境还是逆境，都踏踏实实做他分内的事，他是我们大家学习的榜样。

农业部兽医局退休干部：刘慧

2014年4月14日

父亲尹德华今年的病情有好转，他脑子反应快多了。别人喊他，他立刻睁眼找人。问他冷暖、饱饿，他会通过点头、摇头表示自己的意思。看他的嘴型，知道他说话的内容。他哪里不舒服了，会"啊啊"喊叫。朋友来了，他就很激动，握住人家的手，紧紧不放。量血压时，他会把胳膊放松，配合别人；打开电视，他能看上半个小时……但愿他慢慢恢复得更好。

在天星宿是牛郎

——王述尧的诗词

接尹德华贺年卡

幽斋静待水仙开，

千禧龙年贺柬来。

盛世黔黎沾雨露，

闲人门闾远氛埃，

久居僻邑常怀旧，

遥向京华举祝杯。

珍重夕阳无限好，

高吟莫待百花催。

2000年2月22日

望远行

——致尹德华兄

转眼春残思寂寥，长恨知交路遥。空斋但有杜鹃娇，红樱素李逐风飘。新恙扰，暗心焦，恐负殷殷相邀。故都新貌倍妖娆，西窗剪烛兴尤高。①

王述尧注：①李商隐《夜雨寄北》："君问归期未有期，巴山夜雨涨秋池。何当共剪西窗烛，却话巴山夜雨时。"

2000年4月26日

尹德华八十大寿

一

在天星宿是牛郎，来到人间走一场。

铺筑牧民奔富路，何辞劳瘁半生忙。

二

余山佟水蕴刚柔①，合育雄才惠九州。

风顺一帆接日月，丰功卓绩织春秋。

三

少年朋辈出豪英，道德文章举世惊②。

不傲不矜尤可敬，白头未减故人情。

四

照眼榴花整丽妆，先生华诞近端阳。

临风把酒遥相祝，柏翠松苍寿而康。

王述尧注：①辽宁桓仁五女山又称五余山，浑江又称佟佳江。

②尹兄曾主编的《口蹄疫及其防治》和《中国消灭牛瘟的成就和经历》已问世。

2002年5月

见榴花思德华兄

去年五月为君寿，每见榴花便忆君。

不觉金凤花尚绽，犹君仁寿两超群。

2003年5月

夕阳恋

——读德华兄信，情挚感人，以诗记之

伴侣廿年病榻间，旦夕护理倍熬煎。

奈何耄耋偏多病，住院离家两挂牵。

万念俱灰归去也，我死抛她更可怜。

不死不死不能死，为她再活二十年。

精神振作出奇迹，天不佑人人胜天。

白头恩爱深如此，绝胜月下与花前。

2002年5月

千秋岁

——寿德华尹兄

朝霞曙色，雨后风光好。花枝俏，莺舌巧。皓发长眉曳，豪气萦怀抱。华堂宴，儿孙拜寿添欢笑。屈指知交少，海角天涯老。最难忘，君佼佼。丹心与壮志，争肯输年少。何日聚，仰止高山情未了。

2003年5月

谢尹德华春节馈赠

屈指知心剩几人，峥嵘岁月付烟尘。

青春旧事诚堪恋，白发挚交犹可珍。

喜浴夕阳无限好，欣逢寰宇一番新。

深情远胜东风暖，长使天涯若比邻。

2003年5月

一丛花

层林风雨易秋容，不废梦魂通。异乡同赏中秋月，怅依人独剩娟红。砌下寒螯，檐前倦鸟，软语慰衰翁。音书飞至亮双瞳，字字透情浓。旧谊重叙机缘好，憾依然无奈重重。困守萧宅，聊拈吟管，搔首望遥空。

王述尧注：得尹德华兄信，有机会来筑参加学术会议，无奈年迈体衰，病侣在床，无法成行，诚憾事也。

2003年9月20日

浣溪沙

——春节寄尹德华兄

六十余年厚重情，八千里路两心通，繁星皓月鉴精诚。馈我京华琼浆酒，赠君苗岭雾峦茗，灯前细品醉春风。

2007年9月15日

复尹德华兄

耄耋操觚字字辛，一封书信抵千金。

搜求医策疗顽恙，邀请游京晤故人。

斗志昂扬坚似铁，关怀真挚暖如春。

电波时时传衷曲，知己天涯成比邻。

王述尧注：德华拿放大镜写两页信，并寄来《老年健康指导——糖尿病》复印件。

2007年9月13日

祝尹德华兄九十大寿

风雨桑梓两相投，盼来盛世共白头。

宏图大展君驰骋，歧路蹉跎我愧羞。

志士仁人宜寿永，春花秋月且歌讴。

当兹松鹤延年际，遥祝康宁献打油。

王述尧

2011年5月26日

王述尧同志系父亲的同乡、同学。现任贵州省贵阳市冶金部第七冶金建设设计院副总工程师，已离休。

志士

——尹德华轶事

牛马华佗事可夸，

传医授术走天涯。

山川雁影十年汗，

风雪驼铃千里沙。

夜月烹茶牛粪火，

糌粑果腹帐篷家。

草原欢笑君白发，

宏愿犹驱乞岁华。

王述尧

2014年2月18日

第三部分

家庭篇

我的学生时代及家庭

　　我1921年5月3日（阴历）出生在辽宁省本溪市桓仁县南路普乐堡乡大雅河一面城村。一面城村是一个只有五六户人家的小村庄。大雅河南岸有立陡的石头大山，远看像一面城墙，故习惯把此地叫一面城。河北岸老学堂东侧有一排五间草房，那就是我的家。

　　我9岁时，人口兴旺起来，有27口人。我这一辈共有9个兄弟，我排行老六，另外还有9个姐妹。我父母生了二姐和我，还有七弟。

我的兄弟姐妹

　　我们九个兄弟中，三哥最富有传奇色彩。他自幼聪明伶俐，品学兼优。他是大伯父的儿子，原名"尹德锡"，后来改名"尹忠顺"。

　　中华民国初期，他于桓仁南路高等小学毕业，考入凤城师范读书（凤城现在是县级市，属于丹东市管辖），还未毕业就去报考沈阳的两所大学。一所叫冯庸大学，另一所叫东北大学。他先考上冯庸大学，这是一所私立公益性大学，感觉不满意后又报考东北大学。东北大学对学历的要求很严，当时他中专还未毕业，没有毕业证，不够报考资格，他就借用上一届毕业生"尹忠顺"的文凭考中录取了。于是就改名叫"尹忠顺"。1931年"九·一八事变"后，他跟随东北大学的流亡学生到了北京清华大学电机系读书。开始是"旁听生"，后因学习努力转为"正式生"，他以优异成绩毕业于清华大学。

　　中华人民共和国成立后，他在湖南长沙有色冶金设计院担任总工程师。1959年他被选为全国群英会代表，到北京开会，受到党中央领导人的接见。他是湖南省政协委员，但还有其他"头衔"。70年代中期，他因病去世。

　　其他兄弟大多数是农民。五哥年轻时，被国民党抓了壮丁，据说早已阵亡。八弟在矿山工作（编者注：八叔前两年病故）。九弟很能干，他在改革开放后搞养鸡孵化，很快就成了万元户。

由于当时没有条件读书，九个姐妹长大成人后都各自出嫁（编者注：我的9个姑姑现均已辞世）。

我的童年

中华民国初年，乡里废除私塾，兴办了一个学堂，该学堂位于一面城大雅河北岸山坡下。有一窄条平地，位于狼洞沟外高家店东南，北有高台子、谭家沟、魏家沟。往东有拐磨子村，河边有香磨。

当时安家开办商店做买卖，有空地，空房。安家较开明，献地兴办学堂。由其长子安绍堂（字安祝尧，其妹安玉芝后来成为我的妻子）及县里派来的两位教员办学招生，强制一些家长送孩子上学，因此共招了20人。学生大多数为走读生，极少数因家远住校。我8岁（虚岁）还未上学，常在学堂周边玩耍或跟随老猪倌到河边或北边山脚下放猪。放牧1头母猪，10多头小猪，还有两头"去势"后的小公猪。我见到学堂里童子军操练很好看，就想上学，但父母不送我上学，怕年龄小受欺负。

我每年（大多是夏天、秋天）跟随母亲到库仓沟里的山上姥爷、姥娘家住上个把月（母亲幼年时其亲生父母病故，她由叔叔、婶子抚养长大）。姥爷、姥娘家是个农民大家庭，不富裕，但还能维持生活。四姥爷当家，为我们宰山羊，吃肉喝汤。七姥爷和六舅、七舅、二舅妈常给我吃山梨干（又叫梨砣子）、核桃、榛子、野葡萄、山樱桃、圆枣子、山楂、山里红等野果子和野菜。

1928年，土匪胡子多起来了，乡里不太平。牛毛沟、普乐堡的大粮户胡大麻子、丁大麻子有炮台大院，雇打手，有枪。这些富户人家人多有势力，胡子不敢动他们，便找老实人家的麻烦。有的人家遭到了绑架、抢劫，乡民的安全受到了威胁。父亲张罗为叔伯三哥、四哥办完婚事后就搬进县城郊区，另外租地自种，以躲避匪患。冬天，三哥寒假回家。1928年正月，他同干沟子李老坦家的闺女结婚，按旧风俗坐轿、拜堂，很热闹。办完喜事，我父亲雇车搬家到县城东南山下西杨家东边，租三间草房和十几亩地住下了。唯独大伯、二伯舍不得流血流汗挣来的老房和耕地，不肯搬走。

　　三四月间，叔伯家的二哥赶马车回老家拉烧柴（榛柴、木头棒子），夜间被盗了3匹马——灰黄色大辕马、枣红色里套卡马子、栗色外套大马。次晨，二哥发现失马，向南沿大路查找，通知父亲由城里向城北一路追找个把月，不见踪影，也问不到下落，报警无人过问。家中无柴，父亲每日带着竹扒子到城东歪头山上扫树叶子，捡断下来的烂树枝，背回家中烧饭。到种地翻地时，带上镐头到地里刨玉米根子当柴火烧饭。后来买稻糠，拉风箱烧饭，生活很艰苦。

　　入夏后，一天突然由乡下带来口信，大伯父和二哥被胡子夜间绑架拉走了。方向不明，留话拿钱赎人。报警无用，只好到处求人想办法筹款。过了几天，胡子把大伯父放回来了，叫他筹备钱，留二哥于深山匪穴作人质。深秋后，胡子见不到钱，就把二哥的小手指剁下一个，用高粱叶子包扎送来一面城老家。威胁说："赶快拿钱赎人，过期就杀头！"父亲和大伯到处借钱，卖地。为卖粮，父亲到过安东找我叔伯大哥想办法托人借钱，以粮和土地抵押。千方百计把钱凑上，送去了，土匪还是不放人。

　　过了一年，拖到1929年夏天，求官方同意，派出几个兵，持枪到山区匪窝，作出假装抓匪的架势，空放几枪，胡子把二哥放下山来。官通匪，匪通官，拿够了钱，放了人，家也破了产。

　　这年，我9岁多了（虚岁），无钱上学。8岁在普乐堡一面城农村度过去了。1929年春节后搬到城郊，又遭到家中不幸破产，拖了一年未能上学。

我上学了

　　1930年过完年，正月开学时父亲许我上学。自己跟随叔伯家的五哥到东关新建的县立职业中学附设东营小学校报名。由古亲（安家和尹家老一辈是姻亲）安祝尧——中学老师给起了名字："你就叫尹德华吧！"中午回家，大家都问："起了个什么名？"嫂子们和大伯母议论起来说："叫什么名都比'华'好听，什么大滑、德滑、油滑？"他们不识字，可能把"华"当成了"滑"。我自己无所谓，有个名便于老师同学喊叫。下午回校上课，启蒙老师班主任龙玉华老师接待安排座位，教学第一课是："人手刀足尺，手招手，来来来，大狗叫，小狗跳。"

　　学校离家二三里路，走读，路经西杨家炮台大院、崔家炮台大院。狗很厉害，出来吼叫咬人。还要路过一个魏家小村子，狗多乱吼。早晨上学要半路等上几个同学搭伴过去，放学回家有一帮学生同行，就不怕了。一年级就是背诵国文，学习算数、图画、体操、唱歌，觉得好玩。小学只有两个班级，中学三个班级，大孩子跟我们逗着玩，也很有趣。校长张毅臣每早拿着手板考中学生的英文。不会就打手板，罚跪，令人可怕。

抗日救国自卫军和大刀会

1931年，我上二年级下学期时，发生了"九·一八"事变，孩子们不懂，大人们议论纷纷："日本军进驻后，我们就要当亡国奴了！"到处有游勇散兵、土匪，但仍有政府。学校照常上课，有活动时照唱国歌，校长张毅臣宣读孙中山遗嘱，学生穿制服，帽子上带有孙中山像的帽徽。

1932年正月，叔伯家四哥结婚，娶了干沟子马家窝棚的闺女，其由马车送来成婚。

四五月间，兴起了抗日救国自卫军。张学良军队由沈阳逃来一个团，团长唐居伍带兵进驻桓仁，招兵买马。司令部设在东关官银号斜对面的一家商店门房大院，下设南北两路军和大刀会，唐居伍自任总司令。北线管到通化，南到宽甸，西线管到新宾县，东至鸭绿江边沙尖子。号召抗日作战，练兵。十月份日军从沈阳、安东出动千余匹马队进攻宽甸、桓仁，自卫军溃散四方。

自卫军进行抗日活动，群众甚为高兴，积极响应，支援军粮、军衣、军饷。老百姓对自卫军很支持，但是见他们未打大仗即逃散，又为之惋惜。老百姓为了"跑飞机"（编者注：防止飞机轰炸），到歪头山下躲炸弹。

1932年10月下旬，日军进城，把自卫军留住南关学堂的伤病员集中到野外深坑，放军犬咬死或枪杀。老百姓遭了殃，被杀害者甚多。日军大批骑兵北进通化，留有守备队百余人驻东关，设有守备队队部，时常到学校操场操练，或到东炮台山上射击演习。机枪、步枪实弹射击，威胁百姓。

县政府有了日本参事官，管县政、治安。南关师范中学、东关职业中学，派来了日语教师，是个日本人，名叫乌山。教员们皆警惕日本宪兵特务，担心受害。县长姓常；教育局长姓邱，外号"秋白梨"。

我的小学和中学

1932年春，全家由东杨家五间房迁居到西杨家丝房子东侧靠路边的邻院，租瓦房住下了。租种杨家土地，种高粱、玉米、谷子及蔬菜。1932年读三年级，边玩边上学。

1933年读小学四年级，班主任是步老师。当年夏季祖母病逝当时她发烧，腹泻，说是伤寒。1个多月发烧不吃东西，什么病也说不清。一天我刚下课，安祝尧老师告诉我："你奶奶病死了！快回家看看吧！"我赶快背上书包跑回家，奔向奶奶房间大哭，守灵3天，出殡。

同年冬，终因家庭人口众多，生活比较困难，难于维持。老少两代协商分家。老一代兄弟三人分成三户。大伯、二伯又同其儿子分家，大伯父母与长子分两户，二伯又同其长子、次子、三子分成三户。各找住处，独立生活。我父亲于1934年春天，迁居城里东棺材铺东侧大院租住一间半房，与富家商人的弟弟为邻。同年我小学提前一年毕业，考了第二名，校长请来县长常某发奖。

1935年正月提前升入中学，课程吃力，主攻数学、物理、化学、英语、日语。国文方面就放松了，体育、音乐、农业等课就顺其自然，应付过关。职业中学并不把学生升学作重点培养，当地无高中，省城高中又难进，无钱念不起。职业中学的课程有养蚕学、养蜂学、果树园艺学、蔬菜园艺学、土壤学、农作物学。在当时来说，学生和家长都感兴趣，愿意学技术。老师教书认真，师资较好。数学、物理、化学老师藏乾元，教书严肃认真，会讲，易懂，学生爱学。养蚕学、蔬菜园艺课老师黄功乙，教种桑、养蚕、纺丝和种菜。果树园艺课由藏乾元兼课，教授果树嫁接、种植管理，并教养蜂、分群采蜜。国文老师姜春阳，历史、地理任课老师安祝尧，英文老师孙凯臣，日文老师乌山。学生们听课认真，也爱到农场实习。除可以看到大自然风光，还可以游耍，呼吸新鲜空气。

1935年，我家搬到南关租种菜园，自盖草房三间。给地主一间半，自己免费住一间半。第二年春季盖新房三间，父亲自己做土木工，就地取泥打墙，自做大梁、立柱。请人帮忙选吉日架起来，盖上房草，贴上对联，择吉日迁入。出租一间半，自住一间半，准备给我结婚用。3年后，房子归地主。

1936年，我读初中二年级。数学、物理、化学和英文难度较大，我感到吃力了，靠加班加点自学和复习，争到榜前。二年级以后，每年考到第二名，得到荣誉。这一年5月，遵家父家母之命结婚。增加一名劳动力干家务活，推碾子拉磨，做饭喂猪，维持艰苦生活。

虽然父亲在南关盖了两次房，但自己还是没有房子住。只好又再次找地方，再盖新房，1939年搬入。

日军宪兵抓走校长和老师

1936年暑假，日军宪兵搜捕爱国人士，在两个中学抓了一批教员。校长吕继武（原来的校长张毅臣已于1933年调离），教员安祝尧、藏乾元、孙凯臣被捕入狱，被奉天法院判刑，送进抚顺监狱。定罪"参加抗日救国会，反满抗日"，校长被判处死刑，教员被判处6~8年徒刑。县城和学校里，一片白色恐怖，学校调整了教员。

考上了安东的高中

1937年，职业中学改称安东省立桓仁农业中学。职业中学的课程是农业课程的一部分，改农业中学增加了课程，如农业课、土壤课和造林学、畜产学。新派来了一位教授林业课的日本老师，名叫佐藤××，是日本北海道大学林业本科毕业生。这位日本老师住学校宿舍，自炊自食，为人老实，接近学生。不久又派来一位日文兼讲农业的日本人老师西村××，他是日本某农业学校毕业，资历浅，但精明。西村××对学生和老师都能和气相处，比较友好。不久，佐藤因身体不适应，调整到其他城市工作，有的说，已经回国。

这一年的学习很紧张，随着学制改变，要准备升学考试。只能报考安东农科高中、安东商业高中或凤城师范学校、通化师范学校任选其一。临考前，学制又改变为四年制中学，校名皆改称国民高等学校。农科叫一高，工业叫二高，商业叫三高。顺理成章，我报考安东一高四年级。桓仁农业中学同班毕业19名学生，只被录取2名。第一名是盛传德，第二名是我本人。

1938年春节过后，我与盛传德搭伴，坐车经过新宾县永陵到南杂木，换乘火车到安东。在沈阳（奉天）住一夜（住在大西便门旅馆），到安东后住一夜小店。

入学后，得到桓仁同乡同学林科高中三年级的张培洁和王潭恩的照顾，住进了同一宿舍。入学1个月左右，看到班主任永田老师态度和蔼，关心学生，大家对他印象不错。因此，我便向他提出，为桓仁农业中学增加一名录取名额。学校同意桓仁农业中学毕业考第三名的学生宋居秀来入学，上四年级。学校用日文拍了电报通知，可惜宋已到通化上学，只好作罢。还有一名同乡同学自青岛其三兄处归来，经我向老师介绍，转学成功，入二年级读书。

意外惊喜，考上了奉天农业大学

1938年，我于安东一高毕业。因为小学跳级，中学也跳级，所以基础课较差。英文、日文、国文、数学、物理、化学课程均不及他人，毕业成绩中等。高考时，费劲很大。发榜时，名落孙山。建国大学未录取，农业大学也落榜，只能回家待业或下一年再考。

回家后，正赶上县里采用小学教师，要报名考试。笔试答卷，我分数第一，被录用了。受训10天，分派到东路横道川村马达营子小学教书。校长是邢绍堂，另一名老师便是我。二人合作教两个班。

想不到，喜从天降！1个月后，奉天农业大学发来了入学通知，我作为候补生被录取入学。我高高兴兴辞别学校的学生、校长及学生家长。学生列队送出1里之外。我回到县城教育科办了辞职手续，即奔赴奉天农业大学入学。

学生科长、日本老师中原早在桌上玻璃板底下摆好了录取生的相片，并注上了姓名。一进屋，他就喊出了我的名字。老师说了一声："你来了！等你好几天了！祝贺你，去兽医学科上课吧！"他叫管理人员小张把我送到兽医科宿舍，安排好食宿，定了床位。我从此开始了兽医课程的学习。

因为赶路坐火车，太疲乏了，所以睡了一夜，早上未醒。同学们吃完早饭回来准备拿书本上课时，我才被惊醒。忙吃早餐，到兽医科班主任室报到。一年级班主任名叫千叶正顺，很楞。第一句说："你来了！你有女友、情人没有？好好去上课听讲吧！基础课有家畜解剖学，我主讲，去教室里坐吧。教室按姓名笔画排座席，你是第一张桌。"

我到教室里，找到座位坐好后，千叶先生进来了，他带来了一个人的头骨。点完名后开讲："这是人的头骨，每个突起、小节、小小的坑窝都有专门的名词和特别用途，都必须记住其部位。另外，还要和其他动物的头骨作对照比较，这就是比较解剖学。今天从头骨讲起。"进入奉天农业大学的第一节课就是讲头骨，我一生难忘。

不久，一位先生带学生到解剖室，放血致死一匹日本大马。千叶先生讲课，剥离肌层，告诉同学每条筋的起止和作用。先按顺序找出血管、神经，再剖胸腔、腹腔，切除内脏，讲内脏器官……对照图解讲其部位的起止点和用途，并要求我们背诵。

再杀第二匹马，血管内打入药品和淀粉，血液凝固。解剖后找出每条血管和神经，记住其位置和用途。先生取出内脏，切开主要部位再讲，课本对照图解，实习3天。前半年学习生理学、胚胎学，还有内科诊断学、药理学、化学、畜产学……基础课和日文。每学期都增加新课程，实习也很多。

这个班定员30名学生，先期到校28名，又候补2名。第一学期期末发榜，我的成绩第19名，进入前20名。作为候补生入学，前进了11名，很不易。第二学期发榜，名列第9名，又前进10名。这对我的鼓励很大。成绩上去了，日夜加点复习功课。第二年头学期名列第5名，又进了一步。下学期名列第2，但我毫不骄傲。三年级时，被选为副班长、兽医科副代表、全校副学生长。一直到毕业，皆名列第二。第一名是韩师斌，南满中学堂毕业，又当过2年教师，日文很好。相比之下，我也就算不易了。

毕业后，学校保送我和第一名同学到长春大同学院学习，1年后毕业。为了就业，我参加了当时国务院举行的考试，获"荐任高等（技术）文官（试补）"职称。1942年被分配到伪满洲国兴安南省实业厅畜产科兽医股工作（现在的乌兰浩特，当时是兴安南省的首府）。工作2年后参加技术考试，获"三等技佐"职称，连升三级。从此，我走上了一生做兽医的工作之路。

全心全意为人民服务

我的学生时代是在日本侵略者统治下的东北度过的。东三省的老百姓当了14年的亡国奴，受尽了欺凌和屈辱。为了生存，为了养家糊口，我学了"兽医"这门技术。在那个山河破碎、民不聊生的年代，兽医工作是不被重视的，"兽医"也是被人看不起的。

祖辈、父辈逃荒要饭，颠沛流离，饱受磨难。共产党把我从苦难中救了出来，使我走上了革命的光荣路程，过上了幸福生活。参加革命工作以后，我在党的教导和培养下，全心全意投入到为人民服务的兽医工作中，为国家、为人民尽了自己的一点微薄之力。共产党是人民的大救星！我要永远跟党走，生命不息，奋斗不止！

尹德华

2005年5月

"安东"即现在的"丹东"。安家祖籍是山东省海阳县，清朝末年跟随灾民闯关东到了本溪桓仁县。

莫忘本

祖先讨饭闯关东，
抗活垦荒谋生存。
勤俭持家庄稼汉，
辈辈忠厚老实人。
得到温饱莫忘本，
天下还有穷苦人。
艰苦朴素勤劳动，
时刻想着为人民。

甲戌中秋赏月望乡有感

潘辰随笔

父亲亲自写的家训——《莫忘本》。

病　牛　　作者 李刚

耕型千亩实千箱　力尽筋疲谁员伤

但得众生皆得饱　不辞羸病卧残阳

　诗意说既便筋疲力尽病倒在夕阳里也

甘心情愿当老牛决不推卸。

　注：作者李刚(1083—1140)邵武(在福建)人．

主张抗金革新内政,靖康元年(1126)镇守东

京汴梁抗击金兵,南宋初年任宋高宗赵构

的宰相，由于投降派排挤被罢相多次上疏主战未被採纳忧郁而死。

① 实一充实,装满千箱许多粮食．

② 谁员伤 — 有谁来同情呢？

③ 不辞 — 不推卸，羸(音雷lei)病一瘦弱

多病，残阳一夕阳，比喻自己晚年。

父亲喜爱的诗词，抄写于晚年。

石灰吟　作者于谦

千锤百凿出深山

烈火焚烧若等闲

粉身碎骨浑不怕

要留清白在人间

注：作者于谦（1398年~1457）钱塘（今杭州）人，明永乐年间进士，历任监察御史，河南山西巡抚，平反冤狱救灾赈荒深受百姓爱戴正统十四年（1449）瓦剌军在土木堡（今河北怀来县）俘明英宗祁镇，进逼北京，他议立景帝固守北京击退瓦剌，升兵部尚书。加少保英宗复位后，以谋反罪被害。他的诗气质刚正明白如话，这诗借石灰作比喻颀述自己为国忠诚清白坚强不屈不怕牺牲的意

愿。从作者一生的言行看，这首诗成了他的真实写照，诗句铿锵有力气势坦荡。

①千锤百凿－锤打凿凿，形容石灰出山不易。

②等闲－平常

③浑－全，浑不怕－全不怕。

父亲喜爱的诗词，抄写于晚年。

父亲的故事

父亲叫尹德华，1921年5月3号（阴历）出生于辽宁省本溪市桓仁县，祖籍是山东省登州府蓬莱县。

祖辈闯关东，逃荒要饭

清朝后期，山东连年旱灾，饿殍满地，民不聊生，大批难民闯关东。我的高祖父尹明福和他的一个弟弟从蓬莱挤上木船到辽东复县（现在叫瓦房店市，属大连管辖）。海上风浪大，人又多，一只船行到半路就翻了。下船后，弟弟不见了，不知他挤上了哪条船。从此，杳无音信。

高祖父一路要饭走到本溪管辖的碱厂沟，给人家扛长活，当佃户，后来娶妻生子。曾祖父尹广文长大后，学徒当了银匠，四乡游走，为民间做首饰，收入微薄，一人挣钱养活不了全家。他和曾祖母生有三个儿子和一个女儿。若干年后，高祖父因贫病交加，不幸病故。曾祖父走村串户，帮人干活，不知遇到了什么不测，失踪了。连年灾荒，食不果腹，曾祖母便携带子女外出要饭，和同乡搭伴，沿途流浪。

据祖父尹成礼回忆：当年逃荒时，他的大哥尹成玉只有16岁，挑着担子在崎岖不平的山路上走，前面的筐里坐着3岁的自己，后边的筐里放着锅碗瓢盆。他的母亲领着9岁的二哥和6岁的姐姐跟在后边走，沿路乞讨要饭。走到本溪管辖的桓仁县普乐堡乡库仓沟村，由同乡介绍，停下脚来，给地主种地，当佃户。一家人起早贪黑，辛勤劳作，省吃俭用，生活才慢慢好转一些，也就定居下来。听祖父说：他12岁时，给地主家放牛，一年只给5元工钱（清朝末年的钱币）。

"兄弟一条心，黄土变成金。"为了摆脱饥饿和贫困，三兄弟寒来暑往，年复一年，风里来雨里去，面朝黄土背朝天。五风六月（东北话：五六月份，天很热了）还穿着破棉袄，舍不得买布做换季的衣服。为了砍伐木头盖房子，他们带上一天的干粮，走到山沟里。步步惊心地爬到悬崖峭壁上，用一根又粗又长的绳子，一头拴到大树干上，一头捆到腰上（为了安全），站在悬崖边上砍伐野生的大树。站在远处的人都捂上眼睛不敢看。大树"咔嚓"一声倒下来，他们把枝叶砍掉一些，把树干推下悬崖，落到山涧里。树干顺流而下，下游的兄弟把它们拦住，抬回家，做房梁、做檩子、做窗户、做门……如果有剩余的木头，就便宜点儿卖给别人。

农闲的时候，有的兄弟带着孩子和同乡一起到抚顺和本溪的煤窑去挖煤，挑煤，当苦力。他们下网打鱼，上深山老林挖人参，采药材，打零工……

日积月累，他们慢慢积攒点儿钱。10多年后买了富户因破产而出卖的土地，从此自己就有地种了。大哥成家后，为了照顾母亲和弟妹，一家人仍然在一起生活。弟妹长大成人后，各自成亲，在"伙"里又共同生活了几年，后来分家另过。

祖父勤劳能干，聪明好学。尽管没上过学校，但是他会打算盘，会干木匠活，会讲历史故事（农闲时从说书人那里听来的），还喜欢唱二人转的经典段子。他的中国象棋下得很好，还会做中小学生的数学难题，如"鸡兔同笼"等智力题。我的三伯父上初中时，数学遇到了难题，祖父不会"代数"，但用心算就能得出正确答案。他会盖房子，会干各种农活。他种的菜长得又大又好，每年秋后都有很多菜农找他要菜籽。他一分钱也不要，留下自己用的，其余全送给别人。

最后一名入学

父亲青少年时代，学习努力，成绩优秀。小学跳级，中学跳级（他的小学读了4年，初中和高中共读了4年）。在桓仁县农业中学毕业后，考入安东省（现在的丹东）国立高级中学读高中四年级。当年同班19人考高中，只有他和另一名同学考上了。1938年，父亲参加大学考试。由于高中只学了1年，因此高考很费劲。考试结束后，父亲一边在家劳动，一边等录取通知。大学已经开学了，通知还没到。父亲心想：肯定落榜了。他报名参加了县里招考小学教员的考试，考取了第一名。他开始参加培训，任职教课。忽然有一天，"奉天农业大学"的录取通知来了，他就急忙辞职到沈阳去报到。报到时才知道，当年录取的学生中有2名不来了，空了2个名额。按照成绩，父亲"备取"入学（备取即后备录取，"奉天"即"沈阳"）。

第二名毕业

入学后，学习很紧张。父亲学的是兽医专业，所有的课程都要用日语听课，日语答题（1931年东北沦陷后，日本军国主义大搞文化灭绝，进行奴化教育。学校聘请日本教员，一律改用日文教学，妄图废除汉语，永远霸占我国东北）。父亲抓紧一切时间奋力追赶。每天晚上10时熄灯后，他打开手电筒在被窝里复习功课。一个学期结束了，他的成绩提高了9个名次，第二学期又提高了10个名次，班里共30名同学，到最后几个学期他一跃成为班里的正数第二名，一直保持到毕业。进入大学的第三年，他被选为副班长、兽医科副代表、全校副学生长。毕业后，学校保送班里的前两名到长春大同学院学习，他也在其中，1年后毕业。为了就业，父亲参加了当时国务院举行的高等技术文官考试，获"荐任高等（技术）文官（试补）"职称。

吃饭"小窍门"

父亲从小吃饭细嚼慢咽。上大学后，条件比较艰苦，经常吃"高粱米干饭""苞米碴子粥""玉米面大饼子"。如果有"大米干饭"，大家就会高兴地跳起来！"雪里蕻炒豆腐""酸菜炖粉条"，酸菜里面若是加点肉，就是最好的菜了！大家在食堂吃饭，一桌人只有一盆饭，谁吃得快谁就吃得饱。父亲每顿只能吃一碗，吃不饱。后来他想了一个窍门：第一次盛饭时，他只盛半碗，这样就能提前盛到第二满碗。每顿他就能吃一碗半了，肚子也就不饿了。

诚实

毕业后，父亲被分配到伪满兴安南省实业厅畜产科兽疫股工作（编者注：东北沦陷后，日本侵略者扶植末代皇帝溥仪在东北成立满洲国，简称"伪满"）。地点在王爷庙（现在的乌兰浩特市，当时是兴安南省首府）。用人单位面试，主考官问了他一个问题："你刚才上楼梯时，有多少个台阶？"父亲说："我刚才没数，不知道多少个台阶。"主考官说："我刚才问了好几个学生，说多少个台阶的都有，只有你最诚实。因为你们上楼不可能数台阶。你的毕业成绩很优秀，其他问题也都回答得很好，祝贺你！你被录取了！"

1942年，他获伪满兴农部兽医师认许证。刚出校门，就被派去西科前旗防治牛瘟。1943年，一个家住乌兰浩特的同学和他对调，父亲就来到内蒙古通辽县工作。工作2年后，他通过技术考试，获得"三等技佐"职称，连升三级。

患难夫妻

父亲和母亲是包办婚姻。他们结婚时，父亲15岁，母亲17岁，父亲当时在中学读书。父亲和母亲一辈子恩恩爱爱，从不吵架，伉俪情深。父亲从来不嫌弃母亲没文化，不嫌弃母亲是农村妇女。母亲虽然没有读过书，但是她聪明好学，贤惠善良，孝敬公婆，热心助人，勤俭持家。父亲常年出差在外，母亲就把家里的事全部承担起来。母亲永远都是他手中的一块宝。父亲长得很帅，一表人才。他年轻时爱慕者很多，想跟他结婚的人也有，但父亲从不动心。

父亲10岁的时候，日寇占领东北。东三省的人民成了亡国奴，生活在水深火热之中。父亲参加工作时只有22岁，工作半年后他把母亲和孩子从老家接到内蒙古。

据母亲讲，东北沦陷后，中国老百姓生活很困难。很多东西都"配给"，只能买高粱米吃，几乎没有细粮。一个日本阔太太牵着哈巴狗对中国邻居说："我的狗的吃大米！你的人的没有！"几个邻居敢怒不敢言。

鬼子为了搞实验，就制造鼠疫，使得霍乱、伤寒流行。有的村子得了叫"百氏毒"的传染病，鬼子就把整个村子封锁起来，不让进出，让那些中国老百姓自生自灭。谁家有了病人，都藏着躲着，一旦被日本人发现，就要送去隔离村等死。

母亲患了伤寒，连续数日高烧，腹泻，卧床不起。有一天，鬼子防疫队挨家挨户检查病人，消毒撒药。母亲勉强挣扎着爬起来，拢拢头发，穿好衣服抱着三哥坐到床边，装成无病的样子。父亲赶紧迎出门去，因为他会日语，跟鬼子队长敷衍了一阵子，母亲才躲过了一劫。

我的三哥出生时，家里生活很困难。没有钱买新衣服，只能用大人的旧衣服和旧布改成小衣服穿。母亲怀他的时候，只能吃高粱米，营养不良，奶水不足，三哥1岁多了还很瘦弱。这一次母亲病得一点儿东西都吃不下，只能喝几口水。三哥拉肚子，母亲病重没奶喂他就将他送到别人家吃奶，但三哥不吃也不在人家待着。没办法，人家就只好把他送回来。三哥有气无力地"妈，妈……"地哀叫着，母亲的心都碎了。

连病带饿，没多久三哥就死了。

三哥死后，母亲奄奄一息。父亲慌了，有病乱投医。找了一个跳大神的，"巫医"给了一包大烟灰（有鸦片的成分），冲水喝后母亲不腹泻了，病也慢慢好了。

短短几年，母亲就痛失了二子。几年前，在老家住的时候，1岁多的大哥拉肚子病死（因为缺医少药，没有条件到省城医治）。

二哥，即我现在健在的唯一的哥哥，小的时候也是多灾多难。他1岁多的时候，连续几天发高烧，昏迷不醒，不吃不喝，气息越来越微弱。我爷爷把棉袄解开，用体温暖着他。母亲绝望地说："把他放到地下吧，不行了！"爷爷含着眼泪说："我宁可让他死在我的怀里！"二哥命大，过了十几分钟，慢慢地睁开了眼睛，醒过来了！

父亲在内蒙古乌兰浩特（兴安南省首府）工作的时候，也碰到了一次灾难。当时租了一间民房居住，很狭窄。晚上躺下睡觉，父亲一伸腿，碰倒了炉子上的开水壶。开水泼到他的右小腿正面，通红一大片，起了很多大泡。第二天泡破出水，大面积脱皮，露出了紫红色的创面，疼痛难忍，不能下蹲。母亲用老家的偏方：石灰水过滤以后加香油调成乳状，每天涂抹几次，七八天后，长出肉芽。半个月以后，能走路上班了。慢慢地烫伤创面结痂，脱落的死皮足有巴掌大。

真是：屋漏偏逢连夜雨，患难夫妻百事哀。

"沃野千里，稻花飘香，森林煤矿，无尽宝藏。"——富饶美丽的白山黑水，由于日寇铁蹄的践踏和强征暴敛，中国老百姓挣扎在死亡线上，病死饿死的大人、孩子无计其数。

救人要紧

抗战胜利后，东北于1946年成立"东北行政委员会"，委员会下设畜牧处，陈凌风任处长。处下设畜牧科、兽医科及哈尔滨兽医研究所，陈凌风兼任所长。东北全境解放后，牛瘟疫情依然很严重。使用以前惯用的"牛瘟灭活疫苗和血清"，风险很大，而且也不可能大批生产。1949年，陈凌风亲自到北京索取到"牛瘟兔化弱毒"。选派父亲到哈尔滨支援袁庆志、沈荣显等人研究试验，推广弱毒疫苗。

从此，父亲就把全部精力投入到消灭牛瘟和口蹄疫的工作中。父亲在工作中，不怕苦，不怕累，不怕牺牲。任劳任怨，不计较个人得失，永远是工作第一，战友的安全第一。

自1949年开始，父亲五次带队去内蒙古防疫。他们克服了重重困难，在内蒙古党政机关的领导下、在群众的大力支持下，消灭了内蒙古的牛瘟，致使牛瘟50多年不再复发。在内蒙古防疫期间，他曾两次遇险，但都在战友和老乡的帮助下化险为夷。他在防疫期间，曾两次冒着风险抢救战友。

父亲在内蒙古草原防疫期间，遇到了这样一件事。一个大雪纷飞的冬日夜晚，一个防疫队战友突然发高烧，头部滚烫，剧烈咳嗽，气喘吁吁，病情危急。当时他们住在蒙古包里，茫茫草原，皑皑白雪，交通不便。离医院几百里路，夜晚到处有野狼出没。大家急得像热锅上的蚂蚁，束手无策。

父亲突然想起：随身的背包里有个小药盒，里面还有一小盒消炎药。他拿出来仔细看了看，药已经过期几个月。但是没有受潮，也没有变形变色。救人如救火！父亲心想：吃了这几粒药，顶多是没有疗效，不会有其他问题。赌一把！父亲权衡利弊，救人要紧！他果断地把药片给那个战友吃了两次，那人的病情慢慢平稳了。大家轮流守护了一夜，第二天高热退了。又连续吃了几次药，战友的病情明显好转。几天后，恢复了健康。

多年以后，父亲每当看到我们把过期的药扔掉时，他就舍不得，就给我们讲这个故事。他说："药只要不变质，过期时间不是太长，就还有效力。"我们说："您那是缺医少药的年代，现在条件好了，该扔就扔吧。"但他还是舍不得，说："关键时刻，几片过期药能救命！"我们只好背着他，偷偷地把过期药淘汰掉。

说来也巧，今年春天，我的骨关节炎犯了，膝盖痛得不敢走路。我急忙找到一盒"芬必得"，拿出一粒就吃了。吃完后才想起看生产日期，一看吓一跳：原来已经过期几个月了。我有些后怕，心里忐忑不安。过了一阵子，膝盖不痛了！还算幸运，什么不良反应也没有发生。

我讲这个故事，不是提倡吃过期药。而是表明，当年父亲他们防疫时的艰苦条件——在给牛治病防疫的同时，还要给"人"治病。父亲跟我们说："为了救人，就不能瞻前顾后，考虑个人得失。关键时刻，只能勇往直前，挺身一搏。"

2003年北京闹"非典"时，媒体报道了这样一件事：解放军302医院有一位姜素椿副院长，已经74岁了，还坚持到急诊第一线抢救病人。有一天，他在救治病人时，感染了"非典"。在没有疫苗和特效药的情况下，他用广东省一位恢复健康后的"非典"病人的血清给自己注射，救了自己。他说，他研究了一辈子传染病，深知恢复健康的病人的血清有抗体，能消灭病毒。香港的一些医院采用了血清疗法，救活了很多病人。

父亲听到这件事后，有感而发，他讲了当年在宁夏防疫时的一件事。一个天寒地冻的夜晚，他带领的防疫队住在荒郊野外的帐篷里。一个战友突然发病了，他患了人畜共患病——炭疽。病情凶险，危在旦夕。

大家焦急万分。这个地方离最近的医院，也有一二百里。黑天半夜，找不到交通工具。即使找到了，时间也来不及。有人提议：用"抗炭疽血清"试试。父亲考虑再三：血清有特效，但是风险很大。没有化验检测设备，没有抢救措施。父亲问那个战友："以前有过敏现象吗？"答曰："没有！""用过血清吗？"那人有气无力地回答："没有！"

时间一分一秒地过去了，那个战友呼吸窘迫，出现衰竭的症状。帐篷里的人都是"兽医"，他们深知"炭疽"的险恶。心里明白："不治就是等死！"他们用期许的目光凝视着父亲。父亲的心里一直在打鼓——面对死神的威胁，无路可退！他毅然决然地拍板："先少量注射，观察10分钟，没有反应再慢慢注射。"注射血清后，奇迹发生了：那个战友慢慢睁开了眼睛，体温也慢慢地降了下来，呼吸也逐渐平稳了。用血清连续注射了几天，终于把那个战友从死神手里拉了回来。

父亲讲这个故事的时候，神色凝重。他说："遇到生死关头，只能死马当活马医，这样还有生的希望！人在困难面前不能束手就擒，对战友不能抛弃，也不能放弃！"

万水千山只等闲

1953年西康和藏北地区发生牛瘟，这两个地区是牛瘟流行的老疫区。牛瘟是动物烈性传染病，患病动物死亡率很高。一旦传染起来，无药可治，十万、百万头牛都要死掉。牧民会因此倾家荡产，流离失所。正在川西防治口蹄疫的父亲，受农业部指派，由西南地区农牧处、四川省农牧处和西康省农牧处派员组成防疫队，父亲和当地干部带队，深入藏区防治牛瘟，上级领导要求把牛瘟彻底消灭在康藏高原。

为了消灭牛瘟，父亲和战友们爬过二郎山、夹金山（红军长征时爬过的大雪山），还有一些不出名的雪山。有一次，在四川西北部金川县附近，他和一位战友牵着马过赵家山，因为雪太深，马肚子被雪托住，走不动了，马累得直冒冷汗。他们一脚踩下去，雪没过大腿根，拔不出脚来，好像陷进了泥塘，寸步难行。在阳光的映照下，白雪皑皑的雪山成了一面大镜子，反射的强光刺得眼睛疼痛难忍，什么都看不见了。他和战友得了"雪盲"。

"盲人瞎马"走错了路，幸遇老乡指引，来到了一位贫苦的藏族老阿妈家。老阿妈用冰雪泡过的小石块为他们冷敷眼睛——消肿止痛。石块被捂热，就再换一块。为了赶路完成任务，他们不等眼睛好转就急忙要走。老阿妈派他的儿子牵着马，让父亲和战友闭着眼睛坐在马上，冒着风雪，把他们送到了目的地。

为了防疫，父亲渡过金沙江、雅砻江、大渡河、通天河，还有一些不出名的小河流。父亲晚年在《光明日报》看到《"二郎山"——建设西藏的一首战歌》一文。他有感而发，写了当年过大渡河和过二郎山的情景：

1953年7月，为协助原西康省消灭牛瘟，由重庆到成都，做进入康藏地区的准备工作。搭乘昌都地区兽医站便车，经雅安到泸定县，住一夜，第二天早晨过大渡河铁索桥，过二郎山，8月1号到康定。沿途学唱《二郎山》，鼓干劲，到康定后开展工作。

过大渡河铁索桥时，我两手抓住锈迹斑斑的铁索，两脚站在木板残缺不全、风一吹就晃的桥上，两步踩一块板，胆战心惊。桥下浊浪滔天，吼声如雷，越走得慢就越害怕。我们硬着头皮，慌慌张张地走过了铁索桥。有胆小的女人尖叫着往后退，不敢上桥。

过二郎山时（二郎山海拔3 000多米），我们先坐车走出一段路。路越来越陡，车开不动了，我们就下车，两手用力推车往前走。向山下看去，往日不慎掉下山底的汽车，像一只羊或一只猪死在山下边，成拳头大小。这还是在半山腰，若是到了山顶上再往下看，房子就像火柴盒，人就像蚂蚁，不敢再往下望。走不动了，就唱"二呀么二郎山，高呀么高万丈……"

父亲晚年回忆这段工作时，写打油诗一首："边走边唱，鼓励我到达康藏。高原牧区消灭了牛瘟，始回北京交账。消灭牛瘟不亏心，其他全不记账。消灭了牛瘟，全球歌唱，个人得失全忘！"

父亲写道：满清时代，有一位果亲王，路经此山去西藏，写诗《七笔勾》，有一段曰："万里遨游，西出炉关天尽头。山途穹而陡，水恶声似吼。四月柳条抽，花无锦绣，唯有狂风，不辨昏和昼。因此把万紫千红一笔勾。"我们初到康定时，听人讲故事，口念《七笔勾》。他们说笑话，受到批评制止，不准乱讲违反民族政策，有损少数民族形象的古传故事。但是这首《七笔勾》里描写康藏高原地形险峻、气候恶劣的一段是正确的。

在康藏高原上近2年，消灭了牛瘟之后，始回北京过年。每逢佳节倍思亲，在组织、领导的关心下，我过上了团圆年。农业部主管领导副部长、司局长、处长都曾来家中贺年，问安！

——2008年回忆

在康藏高原上防疫，父亲他们有时骑牦牛渡河因水深所带行李、衣物都会被水打湿，只好靠羊皮和雨布露宿。饿了就啃牛肉干，吃糌粑，（青稞炒面），喝雪水，睡帐篷，是经常的事。父亲在康藏高原得了胃溃疡，回到北京后经常疼得夜里睡不着觉，趴到床边吐酸水，反复呕吐，几乎把胃液都吐出来。他的胃病一直到1963年才好利索，晚年体检时胃部仍有一处钙化点。

他们当年走红军走过的路，发扬红军一不怕苦、二不怕死的革命精神，动员当地领导干部和头人，组成防疫队。他们研制试验疫苗，注射疫苗，开展防治牛瘟的工作。在西康藏区石渠县防疫时，两次遇到雷击，2名汉族战友和1名藏族战友牺牲。父亲在康藏高原工作期间，舍生忘死，历尽千难万险，连续2年没有回家。他和众多战友们在党的领导下、在群众的大力支持下，用青春和热血消灭了千百年来肆虐横行，对牧民造成极大危害的牛瘟。

2010年，联合国粮农组织宣布"全世界消灭了牛瘟"。这是人类继消灭"天花"之后，第二个消灭的烈性动物传染病。父亲得到这个消息，欣喜万分。他和他的老战友们共同欢庆，同时也感到欣慰和自豪：中国在50年多年前就消灭了牛瘟。在中华民族征服自然的功劳簿上，中华人民共和国的兽医战士书写了光辉的一页。

由于父亲工作表现优异，因此在1956年被评为"全国先进工作者"，参加了"全国先进生产者代表大会"，受到了党和国家领导人的接见，参加了天安门五一劳动节观礼。在后来的工作中，他也多次受奖。

倾注毕生精力，防治家畜疫病

为了扑灭口蹄疫的大流行，父亲从1951年带队协助西北扑灭疫情开始到1993年止，曾到过东北、华北、华东、中南、西北、西南的28个省（市、自治区）的重点疫区。深入农村和牧区，组织和指导防疫，并从技术上研究试制出"口蹄疫结晶紫灭活疫苗"和"鼠化弱毒"，填补了我国当时尚无口蹄疫疫苗的历史空白。随后，这两种疫苗用于推广防疫注射。1964—1965年父亲带队协助新疆和内蒙古呼伦贝尔盟，用于边疆防疫注射，将牛羊口蹄疫全面控制。

他主持并参加研究了口蹄疫灭活疫苗和培育出"O型""亚洲一型""鼠化兔化弱毒"疫苗的工作。父亲是我国开辟口蹄疫研究的主要奠基人之一，他担任"中国畜牧兽医学会"理事30多年。现在是"中国畜牧兽医学会"名誉理事。他还担任过"中国畜牧兽医学会口蹄疫分会"秘书长、理事长和名誉理事长。他被评为"教授级高级兽医师"（技术四级），第一批享受"政府专家特殊津贴"，享受司局级待遇。他除应邀担任"中国农业大百科全书"的编委外，还担任其他一些辞书的编委。2003年，他82岁的时候，在各级领导的关怀下、在大家的努力下，他主编的《中国消灭牛瘟的经历与成就》一书出版，终于完成了老一辈兽医工作者的夙愿。

干校生活

"文化大革命"时，母亲正值更年期，患了"癔症"。白天晚上都睡不着觉，精神恍惚，说话做事唠唠叨叨，没有一点儿主意。1969年，父亲带着母亲，到了河南西华县农业部五七干校。

1970年，我跟着农业部的探亲干部去看望父母。我们从北京站坐火车到许昌，再坐小火车到板桥。接待站的负责人蔡叔叔说："你爸托人带话，让给你妈妈买安眠酮。我已买好，你带过去。"我带上了药，跟着大家坐上卡车来到了干校。

父亲他们住在地窝子里（一半在地上，一半在地下的窝棚），阴暗潮湿。晚上睡觉，耗子在顶棚上乱跑）。妈妈见到我，眼泪汪汪。我一个人留在北京工作，她不放心。我跟她说什么事，她心里都明白，但是精神忧郁，眼神呆滞，睡不着觉，一件事反复说。比如，她让我去打饭，一会儿让打4两面条，一会儿又改为5两，来回变，没主意。我被她磨得头昏脑涨，心里难受，只好到菜园子里转悠。她出门找我，见到农业部科教局的李家忱阿姨，伤心地说："姑娘让我给磨走了。"李阿姨说："你就别磨了呗。"她满面愁容地说："我管不住自己。"父亲很有耐心，也很有爱心，从不跟她发脾气。

在干校的前2年，母亲病得糊里糊涂，不能去食堂打饭。父亲在养猪班工作。白天晚上都忙着干活，有时猪难产，他们要整夜值班。每天，等他把猪圈的事情弄好了再去打饭时，什么菜都只剩菜底子了。全国农业展览馆的肖毅伟阿姨（她当时在食堂工作）跟我说："你爸每次打饭都最晚，我看他可怜，就提前给他留一份菜。"那2年父亲又要喂猪，又要照顾母亲，非常辛苦。他每天拎着几十斤重的猪食桶，往返数次，手都累得变形了（他右手的四个手指从此伸不直了）。

2003年，父亲82岁时，有一天我家来了一位外地客人，他是父亲在干校养猪时的战友，名叫郁成连，他当过畜牧连的政治指导员，也当过班长。当年的小伙子现在已经是68岁的老人了。他们一起回忆那段战斗友谊，回忆给猪圈搞改革的往事。当天父亲招待他吃了午饭。

2009年，父亲看到郁成连那年来的时候留下的通信地址和当时的随笔，有感而发，写了一篇日记。

父亲写道（原文）：

——农业部干校原为黄汛区劳改农场，犯人调离后进行改造，被命名"河南西华县农业部五七干校"。

40年前，我48岁，郁成连34岁。我们被下放劳动改造，同吃同住同劳动。我们定点挖穴，自搭窝棚，一半在地下，一半在地上，叫"地窝子"。

我在六连三班，我们喂养20～30头猪，大小都有。每1～2周给食堂供应1头肥猪，用以改善百多人的生活。

原来的猪圈是劳改犯修的。用粗放的办法养了10多头猪，猪圈到处是稀泥粪土。手提猪食桶进圈，拔不出腿，群猪抢食来回穿行，先钻进食桶的不肯出来，后来的吃不上。为提高养猪效果，每天中午，我们不休息，砍树修建猪舍，改进喂养办法。我们用砍下的大树的枝杈建猪栏和喂食棚道，舍外搭棚喂食，食槽分格，大小猪分别隔开喂食，皆得吃饱。

我们训练猪到圈脚处排粪，每日冲洗，猪卧干净处。每天喂食酸酵饲料，每头每日增重一斤多。食堂和群众都很满意，来参观的人都点头称赞。

我们参加果树修剪管理，种瓜菜。沙土地适合瓜果蔬菜和花生生长，大家能吃到自己的劳动果实都很高兴。

1973年，战友们有的调离回京另安排工作，有的回原籍或去了其他省（市、地区）。大家舍不得在一起劳动和生活了几年的干校，更舍不得和战友们分开。分别时，很多战友都掉下了眼泪，郁成连就是其中的一个。

郁成连跟我说，1973年离开干校，转回家乡江苏省，在县里工作。80年代调到省局工作，退休后回到连云港家乡。他这次来京就是要看看老战友。几十年过去了，郁成连还不忘旧友，令我很感动。

——2009年6月18日回忆

母亲在干校期间，还得了一次阑尾炎。父亲把她送到周口医院做了手术。第三年，母亲的病奇迹般地好了。她说，她每天数西瓜籽，吃西瓜籽，是西瓜籽治好了她的病。西瓜籽含有丰富的铁、锌、钾、镁等微量元素，瓜子是维生素B_1和维生素E的良好来源，另外还具有治疗失眠、增强记忆力的作用，还可以提高大脑的理解能力、反应能力，是很好的补脑食品。看来母亲吃西瓜籽是歪打正着了。

我第二次去干校探亲时，母亲已经痊愈。他们正往新盖的平房搬家，农业部畜牧兽医总局人事处处长卯建民叔叔热心地帮着母亲用旧报纸给新房子糊墙壁。母亲经常到菜园子连队帮忙，因为她会干各种农活，干部们把她请去当指导。空闲时，她把旧报纸泡烂，捣成纸浆，加点儿面粉，用搪瓷盆当模具，做成纸浆脸盆。有的自己留下用，有的送给别人。干校里有的女干部不会做棉袄，她们就带着布料和棉花来找我母亲帮忙，母亲也从不拒绝。她每天很忙碌，她已经把干校当成了自己的家。

在干校劳动的后期，医务室的大夫回北京了，领导就把父亲调到医务室工作，"兽医"变成了"人医"。他经常给干部和家属开药打针，大病就让病人去地方医院。

有一天，来了一个干部，带着一个孩子。这个孩子患了肺炎，要打青霉素。干校交通不方便，离县城远（几十里路），每天去打针，跑不起。他家里孩子多，生活不富裕，住院要花一笔钱。这个干部跟父亲说："求求您了！我每天带孩子到您这里打针，行吗？"父亲同情地说："青霉素过敏，后果很严重，没有抢救措施的地方不能打。"那人苦苦哀求说："您给打吧！我实在没有好办法了，出了问题我也不怨您。"父亲看他实在可怜，就说："你每次取完药，都先在县里打两针，没反应，你就带回来，我帮你打。但是咱俩得定个合同，万一出了问题，你不能赖我。"那人同意了。父亲为了救孩子，豁出去了。每天帮孩子打针，孩子的病慢慢好了。

80年代末期，父亲到青岛出差，见到了那个干部，他热情地请父亲到家里吃饭。父亲见到了那个病孩子，他已经长成了大小伙子，很健壮。那个干部说："这就是救过你命的尹伯伯，你快谢谢他，他可是救命恩人哪！"

糟糠之妻不可抛

母亲63岁时，突发脑溢血，左半身偏瘫，从此卧床不起，整整病了22年。在这漫长的岁月里，父亲从不厌烦，从不嫌弃。每天定时让她喝牛奶、吃鸡蛋、喝蜂蜜、吃香蕉等，一天不落。春夏秋冬都要给她买西红柿吃，想方设法给她增加营养。那些年，我们到处寻医找药。请街道红医站的大夫做按摩，请民间的中医扎针灸，但效果都不明显。有一年，我们和从湖南来的姑姑、姑父一起送母亲到南苑"晓苑医院"住院治疗，但还是没有效果。

住房紧张的那些年，父亲睡在母亲床头前的小床上。晚上起来端屎端尿，给母亲翻身、喂水，白天还要上班。有一天晚上，父亲劳累，睡得迷迷糊糊。母亲叫他接尿，他起得猛了，一头撞到床对面小柜子的门上。不巧，门上的锁将父亲的额头撞破了。父亲的同事和朋友来看父亲，都说父亲是个"模范丈夫"，是道德楷模，是后辈人学习的榜样。

尽"子"之责

父亲一辈子心地善良，助人为乐。60年代中期，我家搬到了三里屯农业部宿舍。楼上的邻居聂伯伯不幸患了肝癌，没多久就去世了。他的老父亲聂爷爷从50年代起就在东大桥农业部宿舍看传达室。10多年后，年老体衰，患了重病，就回到聂伯伯家休养。

一个星期日的早晨，聂大娘下楼来到我家，急匆匆地跟我父亲说："老爷子过世了！家里只有我和小女儿，其他的儿女都在东北，我实在无能为力为老爷子送葬，麻烦您帮我想想办法。"父亲二话没说，赶紧找来一个同事，一起给聂爷爷穿好装老衣，又帮忙联系东郊火葬场，一路护送，圆满地办完了聂爷爷的后事。

菩萨心肠

　　1982年，母亲患脑出血，偏瘫卧床。我家从那时开始请保姆，到现在已经30多年了。30多年里，请过不少保姆，发生了很多故事。

送保姆去看病

　　90年代中期，一个冬天的晚上，凛冽的北风呼呼地吼叫着，天气很冷。晚饭时，又高又胖的张阿姨吃了很多油腻的东西。突然，她的上腹部剧烈地疼起来了，疼得在床上打滚。这下可把父亲急坏了，这个张阿姨是安徽人，在北京没有亲人，她老乡的住处离我家又很远。父亲只好请救兵，打电话把邻居罗方安叔叔叫过来（编者注：罗方安是农业部畜牧兽医总局的干部）。父亲一手拄着拐杖，一手和罗叔叔扶着张阿姨，顶着大北风，一步一挪地走到朝阳医院急诊室（那时朝阳医院急诊室还在老楼里，离家将近一站路）。

　　两个老人带她挂号、看病、做B超。医生说，张阿姨患了胆结石。一问才知，张阿姨在老家得过胆道蛔虫。医生让张阿姨住观察室，正在着急之际她的老乡接到电话赶来了。父亲和罗叔叔才长出一口气，悬着的心终于放了下来。那几天，父亲的"老慢支"犯了，本来就喘，这么一忙活喘得更厉害，罗叔叔搀着他慢慢走回家。

　　没过几天，傍晚时分，张阿姨抱着衣被突然回来了。原来她怕花钱多，不在医院住了，医生护士都不知道。父亲急了，在家犯病怎么办？劝了半天，张阿姨才不情愿地往外走。她走了以后，父亲还是不放心，她要是不回医院怎么办？路上出了危险怎么办？父亲越想越害怕，执意要去医院看个究竟。我再三劝阻，父亲才没去医院，但整个晚上都坐在电话机前打电话，找张阿姨的老乡。东问西问，找了半天，终于找到了一个。那个老乡同意到医院看看情况，父亲继续坐在电话机前等回话。我劝他上床休息，他也听不进去。

等啊等啊，快到12时了，电话铃声终于响起来了，那个老乡说："张阿姨早就回到了医院，正睡得香呢！"

张阿姨在我家养病期间，我就经常住在父亲家，帮忙照顾母亲。父亲不放心张阿姨的病，就写信向她丈夫告知。张阿姨的丈夫接到父亲的信后，到北京来看望。他带来一床新棉花被套送给父亲，表示感谢。父亲招待他吃饭和留宿。后来张阿姨的女儿和儿子也到北京打工，我们到处托人帮助他们找到工作。过了2年，张阿姨因女儿的婚事辞职回了巢湖老家。

帮助智残保姆告状

有一年春节前夕，原来的保姆有急事回老家了。一天傍晚，我爱人急匆匆地跑到崇文门一带找保姆。当年崇文门有一家"三八家政服务公司"，但是临近春节可选的人很少。我爱人找了半天，也没有找到合适的。刚出"家政"的门，就遇到了一个三十七八岁的妇女，她看样子挺朴实，旁边还跟着一个60多岁的老太太。老妪主动上前攀谈，说她女儿可以侍候病人，不要很高的工资。我爱人找人心切，心想：带回家试试吧。于是看了她们的身份证后，就把她们带回来了。

晚上，该做晚饭了。我想："她们新来乍到的，摸不着头脑，我先做吧。"我让那个妇女先去拿几个鸡蛋，帮忙打散。她端着碗，用筷子不停地搅拌，来来回回，没完没了，嘴里还不停地说："我丈夫打鸡蛋可好了，可均匀了，可滑溜了……"我越听越不对劲儿，这人好像精神不正常。她母亲很机灵，赶忙过来帮忙。吃饭的时候，她母亲说了实话。

她们是大兴人。这个妇女有精神障碍，能干点儿力气活，但得有人支配，是小时候落下的毛病。她命运多舛，结婚后生了3个孩子。由于她做不了家里的事，半傻半癫，全家人都看不起她，丈夫心狠把她轰出家门。她流离失所，到处乱走。有一天晚上，她碰到了一个人贩子，被花言巧语地骗到了房山，又被迫跟一个男人同居了。她本来饥寒交迫，人嫌狗不待见，遇到了暖屋暖食，好言好语，也就认命了。没想到，好景不长，这个男人发现她精神不对头，一气之下又把她赶走了。她脑子明白的时候，还能想起娘家的住址。返家途中，遇到了好心人，才被送回了娘家。

离家期间，她母亲也到处找她。见女儿平安回来，喜极而泣。娘家生活不富裕，娘俩总不能坐吃山空，于是就发生了前面的一幕。

父亲听了这个妇女的遭遇，很是气愤，说："你这个丈夫太不是人了，为他生了3个儿女，还把你赶出门！不行，我帮你们写状纸，到大兴法院告状！"于是，她们又在我家住了几天，父亲为他们写了上告信，让他们分别送到大兴公安局和大兴法院。

她母亲跟我们说，想让我们把她娘俩都留下，给一个人的工资，管两个人吃饭。我们考虑不现实，我家没有条件养两个人。母亲只有一点儿退养费（当年只有几十元），家中一切开销都靠父亲的工资，而且也没地方住。于是就给了她们几天的工资和路费，让她们回家了。父亲还留下了她家的地址，还写信问过这件事。年头多了，我也不记得后来的结局了。我想，打官司的结果有可能是：她丈夫犯了"遗弃罪"，离不离婚都应该给她生活费。

父亲总是跟我们说："保姆都是贫困地区的人，家里有困难才出来打工。咱们对她们要多包容、宽容，一些小事就睁一眼闭一眼不去计较了。"在我家，经常是保姆当家，父亲从不跟保姆发脾气，总是和颜悦色，大事小事都跟她们商量着办。有的保姆人品不够好，爱贪小便宜，父亲跟我说："她们家里困难，就算赞助她们吧。"父亲经常给她们零花钱，还给她们发奖金。父亲关心她们的身体健康，关心她们的家人，帮助她们的老乡找工作。有的老乡一时找不到工作，就在我家住。短的住个三五天，长的住个七八天，父亲都热情招待。

爷爷是个大好人

有一个保姆在我家工作了15年，她不愿意到别人家去干。她说："爷爷是个大好人！"前些年，她每年回家探亲，就让老乡来替她，等她回来后再接着干。

七八年前，她女儿参加大学考试后，在等通知期间到我家来住了1个月。因没被录取，又复读一年，第二年考到都江堰的一个大学。汶川地震后，学校放假，她家乡也是地震灾区，她女儿不愿意回老家，父亲就叫她女儿来我家又住了1个月。

她儿子在广东打工，不幸染上了肺结核，父亲叫她儿子到北京检查。她儿子在我家住的半个多月内，我们尽量给他帮助和照顾。

她丈夫也在北京打工，父亲也照顾他，他也经常在我家吃住。这个保姆前几年回老家买楼房，又加盖楼房，钱不够用，父亲就借给她钱。她很感谢父亲，后来她为了照顾她婆婆（痴呆），丈夫和儿子到别处去做小时工了。她经常打电话问候"爷爷"，今年春节她还和她丈夫一起，带着女儿女婿来拜年。

"人心换人心"，这个阿姨对我父母很有感情。她聪明能干，照顾老人比较认真、负责。

他们也不容易

有一天，阿姨陪着父亲遛弯，顺便到胡同里买水果。那个摊贩要价有些虚高，阿姨就跟他"砍"来"砍"去。父亲说："别砍了，多几毛就多几毛吧！"回到家，阿姨不高兴地说："您怎么还替人家说话呢？"父亲说："他们是小本生意，一天到晚也不容易，还要养家糊口，别跟他们计较了。"

师生情

中日邦交正常化以后，当年在奉天（沈阳）农业大学工作学习过的同学和日籍老师成立了校友会，建立了通讯录，几个日籍老师主动写信到父亲单位。他们当年回到日本之后，有的在大学里教书，有的在科研单位搞研究。他们给父亲寄来自己的著作，有的还组团到中国参观访问，进行学术交流。

有一位中村良一先生，是日本的著名兽医专家和教授。他经常有著作发表，每当他有新书出版时就给父亲寄一本来。父亲买了一条真丝围巾和一件羊毛混纺保暖衬衣寄给他，他很是喜欢。每年春节前夕，他都给父亲寄一张贺卡，每张贺卡上都有一句话——"中日永远友好"。父亲每年也都买一些贺卡，并亲自写好寄给老师们。

有一位高木先生，后来去世了，但他的夫人依然每年给父亲寄一封贺卡来，贺卡上写得一手漂亮的毛笔汉字。父亲生日时，她用宣纸写了两幅很有书法功力的祝寿语。有一年，她到中国来参观访问，父亲让我嫂子和侄女陪同她游览北京的名胜古迹。她很不过意，回到日本后就寄来一件红毛衣给我侄女，父亲让我买一件带有"福"字的中国红缎子唐装寄给她。春节时，她穿上父亲给她寄去的唐装和她的儿孙照了几张相片寄给了父亲。另外，她还寄了一本日本小说——夏目漱石的《顽童》。从此父亲着手开始了"译书"工作，直到我儿子到网上给他买了一本中文译本，他才作罢。近几年，再也没收到她的来信和贺卡，可能去世了。

　　我在整理父亲的相册时，看到好几张日本老师组团来北京参观旅游的合影照片，还有藤田老师一家人的几张照片。照片的背景是一幅汉字书法，上边写着"一衣带水，友好睦邻"。70多年前，藤田老师还是个青年，属马，比父亲大4岁。据父亲讲：藤田老师性格开朗活泼，为人热情厚道，是个正派老实人。他当年担任助教，后提升讲师，教父亲兽医外科学，回国后提升为副教授、教授。他很喜欢中国古典诗词。

　　2002年是马年，他找了一首带"马"字的东汉古诗——《行行重行行》抄在贺卡上（藤田老师属马），寄给父亲。这首古诗为："行行重行行，与君生别离，相去万余里，各在天一涯。道路阻且长，会面安可知，胡马依北风，越鸟巢南枝，浮云蔽白日，游子不顾返，相去日已远，衣带日已缓，思君令人老，岁月忽已晚，弃捐勿复道，努力加餐饭。"

　　父亲很为老师的真情和关怀所感动。他把这首诗抄下来，送给他自己的老朋友、老同学。父亲说：他们虽然是日本人，但是很热爱中国，很愿意为中日友好做些工作。

　　这位藤田先生是个热心肠的人。20世纪80年代末期，父亲两个同事的孩子，先后去日本留学。藤田先生帮助他们联系学校，有一个学生还吃住在藤田先生家里。

　　藤田先生在奉天（沈阳）农业大学教书时，闲暇时间到塔湾村给村民照相。有3张照片他一直保留着，其中一张是一个农民大叔牵着一头驴开心地笑着，旁边站着他的弟弟。60多年后（2005年），他给父亲来信，寄来了这3张照片。相纸质量很好，拍照技术也不错，至今仍保存完好。他希望父亲把这3张照片寄到沈阳皇姑区邮局，让他们帮助寻找农民大叔的后代。他在信上说：他很后悔，当年没有把这几张照片交给大叔，因为他很喜欢这几张照片；大叔慈祥的笑容很有感染力，他没舍得给。多年后，他在整理旧书时发现了这几张照片。但当时他已经88岁了，因此很希望父亲帮忙办好这件事。

　　父亲有些为难，但想到这是老师的嘱托，也是两国人民友好的象征，于是就给沈阳皇姑区邮局局长写了一封信，同时附上了照片。皇姑区邮局局长很重视这封信，责成分局局长李广负责这件事。李广带着邮递员到塔湾村，挨家挨户打听，寻找大叔的后代。功夫不负有心人，终于有一天，一个85岁的老人认出了照片的主人："那不是关某某吗！"老人提供了关某某孙子的情况——关老人的孙子58岁了，现在铁法市工作。邮局又派人联系到关老人的孙子，这几张照片几经辗转，历时3个月终于交到主人的后代手里。关老人的孙子把照片拿回家，一家人悲喜交加。悲的是爷爷已故去，喜的是还能看到60年前爷爷栩栩如生的形象。

这件事被《沈阳日报》记者知道了，他们采访了邮局、村委会和关家一家。很快文章和照片就见了报，邮局把这张报纸寄给了父亲。父亲写信向有关人员表示诚挚的感谢，同时把这张报纸寄给藤田老师。藤田老师感到无比欣慰，如释重负。

"3张老照片"漂洋过海，在日本沉睡了多年。现在又焕发了青春的光彩，回到主人的后代身边。这个传奇的故事彰显了中日两国人民淳朴善良、诚实守信的高尚品德。

80年代开始，直到父亲重病之前，经常能收到日本老师的贺卡和信件。前几年，几位老师相继去世。2011年春节，父亲病倒后，我收到一位父亲的日籍老师寄来的一张贺卡。由于我不会日语，加上时间紧，因此没有理睬人家。这两年再也没有收到过。

我想："尊师重教"是全世界有良知的人们的美德。真诚的友谊没有国界，科技成果全人类共享。中日两国一衣带水，中日两国人民的友谊源远流长。

认了一个"姑姑"

80年代中期，父亲在单位收到了一封信。打开一看，落款是一个陌生的名字——尹德萱。信中说，她是榆林地区的兽医干部，原籍湖南。她在兽医杂志上看到了父亲的文章，一看署名，跟她失散多年的姐姐同名——她大喜过望，赶紧来信问候认亲。父亲想了半天，细数家族里的姐妹，没有叫这个名字的。他回信说，自己是个男性，不是她的姐姐。很理解她寻亲心切，同情她姐姐的遭遇（她姐姐在中华人民共和国成立前被人拐卖）。父亲说，如果她在北京有什么事情需要帮忙，自己一定尽力而为。从此，我就认了一个"姑姑"。

由于是同行，那个"姑姑"便经常来信问候，有时请教一些专业技术上的问题。他们的试验报告和论文也经常寄给父亲审阅。有一次，她丈夫来北京出差，特地来看望父亲。她的丈夫名郭海，陕西人。他也是榆林地区的兽医干部。父亲招待他吃饭，像一家人一样，交谈甚欢。郭海回去后，"汇报"了北京认亲之行。"姑姑"把她和4

个孩子的照片寄来，信中称呼父亲为"大哥"，甚是亲切。

有一年，"姑姑"出差来北京，我正好在家。这位"姑姑"长得端庄大气，人很朴实。

"姑姑"和父亲通信来往了十几年。后来"姑姑"退休了，她的儿女也都成人了。她和郭海带着4个儿女又照了一张合影给父亲寄来。以后来信慢慢少了，也可能是父亲忙于写书，顾不上回信的缘故。父亲病重后，曾接到郭海的电话，他很挂念我父亲。但近几年我没有收到他们的来信，不知他们现在过得怎样。最近，我打听到了"姑姑"的电话，与"姑姑"恢复了联系，得知他们一切都好。我们还通过视频见了面，欣喜万分。

十年磨一剑

1992年，中国农业科学院的程绍迥院长提议把中华人民共和国成立初期全国消灭牛瘟的经历与成就写成一本书。程老亲自编写了大纲和目录。人有旦夕祸福，天有不测风云。1993年，程老旧病复发，住进医院。他在病危时，托人把我父亲叫到友谊医院，郑重地把他写的《上海市消灭牛瘟的回忆》交到父亲的手里，嘱咐父亲一定要替他把这本书完成。父亲含着眼泪表示，一定不辜负老领导的嘱托，一定要完成这个任务。从此父亲就把"写书"一事时刻放在心头。

"写作，当编辑"本来就是一个很繁琐、很费心血的苦行当。何况父亲已是70多岁的老人，还患有腔隙性脑梗死、心功能不全、贫血、前列腺增生尿血、疝气、白内障等疾病。10年之中他曾5次住院，2次做手术。

有一年，因为查资料、写作、组稿、审稿……通宵熬夜，身体透支。父亲的两条腿肿得像两根大棒子，站立不稳。稍微活动一下，就气喘吁吁。我带他到医院看病，医生一量血压：高压190了，心率也不齐。医生急了，当时就让他住院，他不肯。他恳求大夫说："我家里的事还没安排好，我得先回家。"医生说不通他，只好妥协："你在路上或家里可不能出事，你先服了降压药，到大厅里坐一会儿，感觉好一些再走，明早一定来，否则太危险了！后果自负！"我也劝不动他，只好扶着他在朝阳医院的大厅里坐了一阵子，他感觉好点了，我俩才如履薄冰，小心翼翼地走回家。

回到家，他第一件事就是整理书稿，然后给中国农业科学技术出版社的赵学贤编辑打电话，请她第二天早晨到朝阳医院高干病房找他拿书稿。

这一夜，我心里是十五个吊桶打水——七上八下，不时起来看看父亲是否安稳。第二天早晨，我简单带了几件住院用品，就陪着父亲来到了病房，赵编辑也赶来了。父亲把书稿交到她的手里，再三嘱咐："我这次住院，不知情况怎样，万一有不测，你一定要帮我把这些稿件编辑出版。这是程院长最后的嘱托，你一定帮我完成。拜托了！"赵编辑安慰他几句，就把书稿带走了。

经过医生的细心检查，父亲的病最后下的结论是心功能不全、（心衰）肺气肿，医生下了"病重通知书"。我和哥哥白天晚上轮流值班照顾。在医院住了20来天，父亲病情平稳了。出院回家后，他又赶紧给赵编辑打电话，让她把书稿送到我家。从此，父亲又开始了他的"长征"路——继续编写。

日月穿梭，光阴似箭，又一个春天来临了。一个周日的上午，我到东大桥看望父母。那时，父亲刚出院回家不到2周。我看见他软弱无力、面黄肌瘦地躺在床上，就问他："您怎么了？"他说："头晕脑涨，站不起来，一站就天晕地转。"我仔细观察他——脸色像黄纸一样，耳朵都黄了。我一下醒悟过来："您可能贫血吧？赶快上医院！"

到了朝阳医院干部门诊部，马大夫说："赶紧做血的化验！"化验结果很快出来了：血色素只有4.5。马大夫焦急地说："马上住院！继续检查化验！"住进病房后，医生又做了腰椎穿刺，结论是"巨幼红细胞贫血症"，这是严重营养不良造成的。

原来那段时间，我家找了一个保姆，她不吃肉，于是家里就不买肉了。加上父亲过日子节俭，总担心他"走"在母亲前面，而母亲只有为数很少的退养费，没有公费医疗，他就想多给母亲攒点儿钱养老治病。

父亲为了写书，经常通宵熬夜，早晨赶不上吃早饭。阿姨吃过饭，桌子上留一碗粥和一碟咸菜。等到九十点钟，父亲才起来吃。楼上的蔺阿姨经常来看望父亲。她知道父亲因为贫血住院后，跟我说："老爷子太可怜了！每次我上午来，都是看到一碗粥、一小盘咸菜摆在那里，能不贫血吗？"我听了心里非常难受。我因为工作忙，孩子又小，住得也远，对他关心得也不够，才造成了这样的结果。

父亲出院后，我跟哥哥说："以后咱们来看他，多带点好吃的。"这次的贫血住院也给父亲敲响了警钟，从此他开始注意营养了：每天早晨一杯牛奶、一个鸡蛋、一碗粥、一个馒头、一碟泡菜。晚上临睡前，喝一瓶酸奶。这"老五样"早餐和"一瓶酸奶"一直坚持到2011年病重卧床。

《中国消灭牛瘟的经历与成就》这本书从酝酿到正式出版，历时10年。10年里，父亲查资料、写稿、约稿、组稿、审稿、联系出版……电话不知打了多少，信件也写了很多。不知熬坏了多少个灯泡，不知抽了多少根香烟（编者注：《中国消灭牛瘟的经历与成就》这本书完成后，父亲下决心把烟戒了）。

2001年，父亲邀请到兰州兽医研究所的田增义研究员到北京协助他编辑、校对这本书。田增义同志对老一代兽医科学家们非常尊重、敬佩，他工作认真，文笔很好，也很有耐心和毅力。他来到北京后，吃住在我家一个多月。他帮助父亲整理、编辑书稿，打字排版。从此，父亲的工作如虎添翼，进度明显加快了。

有一天晚上，田增义同志发现我父亲喘得厉害，很是害怕。给父亲量血压，高压已经180。他赶紧给我打电话，又给我父亲吃降压药，第二天又帮助我父亲买来制氧机。

他们殚精竭虑，精益求精，日夜忙碌，马不停蹄。书稿基本定稿了，田增义同志就把整理好的稿件带回兰州打印好，再邮寄回来，让父亲审阅。父亲看过、改过后，又邮寄回兰州，田增义同志再打印定稿。

只要功夫深，铁杵磨成针。他们努力奋斗了几个月，全书的书稿小样终于送到了中国农业科学技术出版社。好事多磨，书稿在出版社又因为种种原因耽误了很长一段时间。2003年，这本中国兽医的史册终于问世了！

俗话说："十年磨一剑"，父亲和他的战友们"十年写一书"！

正是：宝剑锋从磨砺出，梅花香自苦寒来。

一个也不能少

《中国消灭牛瘟的经历与成就》一书出版后，出版社给了8000多元稿费。父亲把撰稿的每位作者和每个单位都细心统计好。单位有20多个，个人有30多个。他按照文章的字数，一个不落地计算好每个人的稿费。文章字数多的得到五六百元，少的得到八九元。分完稿费后，他把每个人的稿费都通过邮局寄出。有一位作者早已退休，稿费寄了两次都被退了回来，父亲只好替他保留着，等他到北京开会的时候，亲自交到了他的手里。还有几个作者已经去世，父亲千方百计打听到他们的后代，通知他们到我家来取书和稿费。由于稿费给得不多，分配时捉襟见肘。本来每位编委可分到300元编委费，父亲主动给自己减了100元。他在分配记录上写道：我是义务劳动。父亲为这本书的出版，花费了很多心血，得到了1200元的稿费，他用此钱买了一辆轮椅，留作纪念。

我在整理父亲的书柜时，看到了稿费分配记录，上面有冯静兰副司长、鲁荣春副主编等人的签字。

快乐的"老顽童"

——边唱边舞

父亲很爱唱歌。晚年，他爱回忆往事，想到当年去过的地方就情不自禁地唱起来，最爱唱的是《没有共产党就没有新中国》《草原上升起不落的太阳》《松花江上》《二郎山》《康定情歌》《在那遥远的地方》等。他会用朝鲜语唱《桔梗谣》《阿里郎》，而且还能边唱边跳朝鲜舞。他还会跳藏族的《踢踏舞》《锅庄舞》，另外也会跳蒙古族舞。动作虽不太标准，但还是很有味道。他会说蒙古族语，也会说一些藏族话、维吾尔族话、朝鲜话等。全国各地的方言，他大部分能听懂，也能说一些。有一次，我大舅的孙女来看望父亲。这个孙女能歌善舞，父亲也随着她又唱又舞。父亲每天晚上看完《新闻联播》后，就回到自己房间的书桌前读书、看报、写笔记。一天晚上，他看《张学良大传》。看着看着——"我的家在东北松花江上，那里有森林煤矿……"浑厚、动人的歌声传到了保姆住的房间。保姆好奇地跑过去张望——父亲端坐在书桌前，双目凝视前方，正在放声歌唱。父亲曾经跟我讲过一件趣事：他参加革命工作后，在干部学习班上，大家举行联欢会。父亲和另一位男同志表演《兄妹开荒》。父亲把花头巾系到头上，穿上一件花褂子，扮演"妹妹"，那个男同志扮演"哥哥"，他们边扭边唱，逗得大家开怀大笑。

东大桥农业部宿舍5号楼里有一位青叔叔，他是农业部畜牧兽医总局的干部，蒙古族人。父亲经常和保姆一起到院子外边去遛弯，青叔叔也喜欢到外边活动。两位老同事一见面，就用蒙古族语打招呼、聊天、开玩笑。他俩"叽里呱啦"的说得挺热闹，过路人一句也听不懂，面面相觑：咦？这两个老头是哪国人？

——锻炼身体

前几年，阿姨每天上午用轮椅推他到街心花园去玩。他坐在轮椅上，双脚着地，带动轮椅朝前走。他说，这也是运动！双脚踩脚踏车一样转来转去，惹得周围的老人拍手笑。

——那晚的牛排好吃

父亲编写《中国消灭牛瘟的经历与成就》一书的时候，想起了当年在内蒙古防疫迷路时那天夜里的情景。当时，他们又冷又饿，疲惫不堪。苏侨招待他们吃了牛排、黑列巴、奶茶。多年过去，他还忘不了当年牛排的味道。有一天傍晚，父亲亲自下厨房，把买来的牛肉馅拌好调料，摊在饼铛上，慢慢煎。一会儿功夫，牛排的香味就飘出来了。他尝了一口说："还是那晚的牛排好吃！"

父亲的尴尬事

父亲做工作很细心，但是对口袋里的钱却很大意。"文化大革命"初期，他去四川出差。在车厢里，几个年轻的学生紧紧围着他，东拉西扯，聊得很热乎。父亲到站下车时，伸手到裤兜里掏车票，发现差旅费不见了。问那几个学生，谁也不承认。列车长把几个学生送到车站派出所，问了一阵子，也没问出个所以然。父亲只好"步行"到省政府有关部门去借钱。否则没法坐汽车，没法住旅店，连饭也吃不上了。

80年代末期，一个夏天的早晨。父亲坐公共汽车到国家经济贸易委员会大院全国五号病防治指挥部上班。下车时，发现短袖上衣的"天窗"里，空空荡荡，老花镜、钱包、月票统统不翼而飞。

父亲跟我说过，他的每个口袋里都丢过钱。我想：可能他自己老实，就以为别人也老实，因此没有防范意识。

还有一件尴尬事。有一次单位领导安排父亲出差，买的是下午的火车票。他早晨在家整理好行囊，背着包坐车到部里上班。吃过午饭，他和一位同事认真地交谈着工作，手表的指针毫不留情地旋转，忽然另一位同事大喊起来："老尹，几点的火车？你还不快走！"父亲看一眼手表：坏了！再有十几分钟，火车就要开了！父亲抄起背包，三步并作两步，急匆匆地往车站跑去。当时农业部在东单老钱局，离北京站很近。站台口的检票员看到父亲气喘吁吁、满头大汗地跑来，票也顾不上剪了："快跑！快！快！"父亲的后脚刚迈进车门，火车就开了。父亲出差回来跟我们说起这件事，一脸庆幸的表情："要是赶不上这班车，开会就要迟到了！"

做饭的临时工

父亲在生活上艰苦朴素，勤俭节约。白菜和豆腐是看家菜，每年冬天必须腌两缸酸菜和一大坛子雪里蕻。每日早餐，必有泡菜。晚年，他新长出来的头发竟然是黑的。阿姨说，那是他常年吃泡菜的结果。平日旧衣旧裤，干净整齐就行。我们要给他买新衣服，他就反对。他说："我箱子里的衣服再穿10年也不会破，买新的没有必要。"五六十年代的衣服他都保留着，舍不得扔掉。他说，要留着捐给灾区。

1978年，父亲参加何康部长率领的政府代表团到南斯拉夫签订科学技术合作协议。有关部门给每个人定做了一件呢子大衣和一顶帽子。回国后，如果把大衣留下自己用就要交200多元钱，不留用就交回。父亲只把帽子留下作为纪念，大衣交到有关部门。他的一件旧毛衣拆了又织，破了又补，就是舍不得扔掉。别人帮忙给他织了两件新毛衣，他都舍不得穿，一件送给了我哥哥，一件留给了我爱人。家里吃饭的桌子用了几十年，桌面坏了，父亲找保姆的丈夫用一块装修用的下脚料贴了一层继续用。

他在经委大院全国五号病防治指挥部上班的时候，有一天换了一个警卫。几个人同时进大门，那个警卫就单独让父亲出示"出入证"，其他的人看也不看。父亲拿出"出入证"，那个警卫敬了一个礼，父亲才进去。

晚上回到家，父亲调侃地说："为什么那个警卫只看我的'出入证'呢？可能他看我穿件旧涤卡棉衣，年龄又大，以为是做饭的临时工吧！"我们听了都哈哈大笑起来。

国事比家事大

从1949年到1955年，父亲连续6年到牧区防疫。这6年里，正是我家多灾多难的时期——奶奶患病，叔叔得了精神病，我到北京做脚部的手术……

抗美援朝战争开始后，为了战备需要，我家四次搬家（从沈阳搬到萨尔图、从萨尔图搬到哈尔滨、从哈尔滨搬到沈阳、从沈阳搬到北京）。四次搬家，父亲都不在家。父亲从没有向领导反映过家里的困难，但领导安排的出差任务，他二话不说打起背包就出发。

50年代初期我奶奶不幸患了骨结核。她的一只脚被砖头砸伤，肿得又粗又大，流脓流血，经久不愈。那几年父亲正在内蒙古、东北、宁夏、四川、西康等带队防治牛瘟和口蹄疫。奶奶两次病危都是母亲去照顾。

1956年，全国牛瘟消灭以后，父亲只身一人去东北老家把奶奶"背"到北京。他们从桓仁坐长途汽车到南杂木，再转火车坐到沈阳。当年的沈阳车站还比较落后，有很长的一段"天桥"要走。父亲背着奶奶吃力地慢慢走着，下了"天桥"，又把奶奶背上了到北京的火车。下了火车，雇了一辆人力三轮车将奶奶拉到东大桥的家。

父亲背奶奶坐三轮车到积水潭医院去看病。医生说："只能注射链霉素，把结核菌消灭，但要想再走路太难了。"父亲买了链霉素，那时的链霉素都是进口的，很贵。他教会了母亲打针。几个疗程下来，奶奶脚上溃烂的伤口封口了。但是由于损伤了骨关节，站起来都困难。父亲亲自到假肢厂为她定做了双拐。由于她是小脚，年龄也大了，因此还是不能走路，母亲就照顾奶奶10多年。后来奶奶在老家因心脏病去世，享年76岁。

奶奶名叫尹辛氏，家境贫寒。幼年时她的父母就双双病故，叔叔婶婶把她抚养成人。嫁到尹家后生了四五个孩子。由于旧社会农村贫穷落后，缺医少药，因此只有三个孩子存活了下来（两儿一女）。她一辈子含辛茹苦，为我的叔叔担惊受怕，自己饱受病痛的折磨。

姑姑是父亲的姐姐，成人后她嫁到刘家。刘家很贫困，但是姑父很好学，他是个小学校长。中华人民共和国成立后，姑姑和姑父在湖南冷水江生活。姑父是锡矿山招待所所长，市人大代表（还有其他头衔）。20世纪90年代，他们相继病故。现在6个子女及后代都生活得很好。

我的叔叔性格内向，他在中华人民共和国成立之前就读完了中学，但毕业后找不到工作，精神抑郁。他每天看一些三侠五义的旧书，走火入魔，练习飞檐走壁、踩水……不幸患了精神病。爷爷奶奶到处寻医找药，那时也没有什么特效药，可送到省里的精神病院需要很多钱，当时家里又没条件。

父亲那几年在牧区带队防疫，顾不上家里的事。他写信给母亲说，让母亲在沈阳打听精神病院，问问叔叔的病能否治疗（那时，我家住在沈阳）。

我清楚地记得，母亲带着我到沈阳的精神病医院去询问、到病房里"考察"的情形。只见一排高大的房子里面，一排大炕，隔成很多个单间，每个单间都有铁栅栏。一个个病人躺在炕上睡得像死人一样，原来他们在"过电"（电疗）。医院的医生说，叔叔这样的病情也只能电疗，很难治好。电疗后清醒一阵，稍不注意就犯病。有的病人一住就是好几年，很难治愈。母亲和我看到病人遭罪的样子，善良的心颤抖起来——真是不忍心把叔叔送到这个地方。医院还说，住在医院治疗，需要很多钱。母亲思来想去，怎么把叔叔带到沈阳呢？他不肯来怎么办？在火车上打人骂人怎么办？到哪里筹措那么多钱？一家老小都靠父亲的工资生活，真是左右为难啊！

叔叔身材魁梧，还会点儿武功。他病了以后，经常到外面惹祸。他在外面跑，孩子们就追着骂他："疯子！疯子！"他急了，捡起石头就砸人，还把人家打得头破血流。家长到家里告状，要求赔偿。爷爷奶奶把他关在家里，不让他出门，他就打骂家人。他还到江面上踩水，深更半夜不回家。奶奶去找他，他就打我奶奶。

儿女是父母的心头肉，哪个父母不疼爱自己的骨肉？但是不能放任自己的孩子威胁乡邻的安全。爷爷万般无奈，只好狠下心，用木栅栏和泥草砌上一堵墙，把他圈到一间屋子里，跟古代的监狱一样，还给他戴上脚镣（是否带手链子，我不记得了）。每天，家里人做好饭，就从小洞口送进去。冬天怕他冷，就把炕烧得热热的，但给他的衣服和被子却都被他撕掉。后来又给他送了一条毯子，他也不盖。发现他感冒了，就给他送一碗汤药，他不但不喝，还把碗弄翻了。

1952年的暑假，母亲带着我回老家看望生病的奶奶和叔叔。有一天，我从院子里经过，只见叔叔一丝不挂地站在窗户里面往外面看，我很害怕，低着头赶紧往屋里跑。那情景真是惨不忍睹，爷爷奶奶的心受尽了煎熬。

一家人在苦难中捱了两年，1954年秋天的一个早晨，姐姐（叔叔的唯一女儿）去送饭，她把一碗饭菜从墙和炕相连的小洞里推进去，大声喊道："爹！吃饭了！"。连喊三遍，没有动静。她弯下腰，往里张望，看到叔叔躺在炕上，纹丝不动。她惊慌失措地哭喊着，跑去告诉家人。叔叔悲惨地死去了，他留下了一个女儿，婶婶后来改嫁。叔叔去世时，父亲正在西康牧区防疫，路途遥远，工作离不开，不能回去，于是他就写了两封信，分别寄给爷爷和婶婶。（后来我整理父亲的书籍，发现他1954年在雅安出差时，买的一本书《神经与精神病的治疗与护理》，可见父亲对叔叔的挂念）。

奶奶去世的时候，父亲正在出差。爷爷不让姐姐告诉父亲，怕耽误父亲的工作。姐姐一直瞒着父亲，几个月后才写信告诉他。父亲知道后，趴到被子里呜呜大哭。

我爷爷在老家跟着姐姐一起生活，父母亲每月给他寄生活费。爷爷克勤克俭，从不闲着，帮助姐姐干活。姐姐家是农民，5个孩子，生活不富裕。姐姐说："爷爷上炕当老婆，下炕当老头。"（意思是爷爷什么活都干，帮助她照看孩子、做家务、种菜……）。爷爷90多岁的时候，还帮助姐姐家卖菜。

1982年冬天，爷爷患肺炎病重，父亲和哥哥回老家看望他。他看到儿子和孙子都回来了，就不吃也不喝了，谁劝也不听。给他输液时，他就把管子拔掉。他想的是：趁着儿孙都在，早点咽下这口气，省得给别人添麻烦。父亲和哥哥看到这种情况，就赶快回来了。爷爷跟父亲说："夏天死了，庄稼茂密，抬进半山坡的坟地很难走。冬天死了，地冻天寒，不好刨土，春秋合适。"爷爷开始进食，又多活了几个月，春暖花开的时候，他溘然长逝。姐姐和姐夫一家待他很好，给他送终安葬。他们怕耽误父亲的工作，把爷爷安葬好之后才写信告诉父亲。爷爷享年93岁。

姑姑于90年代病逝。她病重期间，父亲正在全国五号病指挥部上班。他忙于工作，没有时间到湖南去看望。几年后父亲到湖南出差，抽空到姑姑的坟上吊唁，大哭一场。

父亲的4个亲人离开这个世界时，他都在工作岗位上。在父亲的心里：国事永远比家事大！

父亲的爱好

父亲一辈子老实忠厚，宁可自己吃亏，也不愿意别人吃亏。从不跟人闹矛盾，有了矛盾先作自我检查；有了错误，自己先承担责任。

晚年，他特别爱学《论语》。他认为孔子的思想（去除封建糟粕的部分）是中华民族的宝贵文化遗产。他在报纸上看到世界上好多国家都成立"孔子学院"，心里特别高兴。他爱看《张学良大传》，买到这套书后爱不释手。父亲空闲时，爱练毛笔字，还爱写"打油诗"。

他做事认真细致，一丝不苟，持之以恒，坚韧不拔。一生做的工作，他基本都有记录。我整理他的书柜时，发现有七八十本工作日记，整整齐齐地摆放着（其他的地方还有），《消灭牛瘟的回忆录》就是根据当年的日记写的。他1983年被借调到全国防治五号病指挥部工作。1987年办理了离休手续后，接着被返聘继续在全国防治五号病指挥部工作，一直到1993年全国防治五号病指挥部撤销。这一年他72岁。

父亲非常珍惜书籍和技术资料。他保存了中华人民共和国成立初期到离开工作岗位后的所有政治和技术书籍。还有很多技术资料。家里的书柜里、衣柜里、木箱里、床底下的纸箱里、阳台上的纸箱里、铁箱里……到处是书和资料。

　　2013年秋天，我儿子准备结婚。儿子为了照顾姥爷，决定和我一起住在东大桥。于是把9平方米的小北屋搞了一下装修。父亲家里70平方米的小三居，住了5口人，实在太挤了。不得已，我经过挑选，淘汰了足有两麻袋的书籍和资料，剩下的书籍和资料还有十几箱。我在整理书籍时，发现父亲在几本（20世纪50年代出版的）书的封面上写道："书籍是作者艰苦劳动的成果，要尊重！你不用，他用，总有人会有用！永久保存！"

　　兰州兽医研究所的田增义研究员和该所领导商量，决定在父亲百年后把这些书籍和资料整理好，托运到该所的图书馆，设立专柜。中国农业科学院的程绍迥院长逝世后，也把书籍捐献给了兰州兽医研究所，也设有专柜。兰州兽医研究所是父亲工作过的地方，50年代他在那里建立口蹄疫研究室，主持研究出三种口蹄疫疫苗，并在全国推广使用，取得了很好的效果。

　　两位消灭牛瘟和研究口蹄疫的老专家、老战友生前战斗在一起，去世后他们的书籍资料也要并肩站在一起，把宝贵的精神财富留给后人。他们"为中华民族的福祉鞠躬尽瘁，死而后已"的敬业精神将世世代代传承下去。

　　父亲很爱"剪报"，积累资料。有一段时间《光明日报》每天登载《永远的丰碑》。父亲就每天剪下来，把它粘贴到旧杂志上。他把剪报积累成七八册，收集了1000名烈士的事迹。然后贴上封面，写上题目和页数。他在封皮上写："这些革命先烈的光辉事迹要传给子孙后代！永远保存！"他还要自己出钱把这些英雄事迹的剪报出书。我们跟他说："书店已经有卖的了！"他不相信，我儿子赶紧在网上买了一套送给他，他爱不释手。

　　父亲很喜爱古典诗词。晚年，他经常把一些诗词抄到笔记本上。他最喜欢的有：

《石灰吟》——作者：于谦（明朝）

　　千锤万凿出深山，烈火焚烧若等闲，焚身碎骨浑不怕，要留清白在人间。

　　父亲在诗词下边注释：人如石灰，历经艰苦，尽忠到底，永远清白。

《病牛》——作者：李纲（宋朝）

耕犁千亩实千箱，力尽筋疲谁复伤，但得众生皆得饱，不辞羸病卧残阳。

父亲在诗词下边注释：学习老牛精神，甘为孺子牛。

曹操的《龟虽寿》中的两句：

老骥伏枥，志在千里，烈士暮年，壮心不已。

诗以言志。我想，这些诗可能是表达了父亲的心声吧！

大老实人

2011年，父亲突发脑血栓病重卧床，不能说话。有一天，我在农丰里五号楼的前边，碰到原畜牧兽医总局人事处的李桂莲阿姨，她向我打听父亲的病情。她跟我说："你爸爸一辈子就是一个大老实人。80年代的一天，他准备坐飞机出差。我跟他说，飞机不太安全（前不久，有一架飞机出事）。你要出了事，你老伴怎么办？那时你妈妈已经病倒。他淡定地说：'坐飞机可以快点儿到达，不耽误事。飞机有保险，保险费够我老伴养老了。'"

2011年，原畜牧兽医总局朱纪良伯伯的老伴去世。我去看望朱伯伯，碰到了他的大女儿。她说："我爸爸说过，尹伯伯是个劳动模范！"我回到家里，跟躺在病床上的父亲说了这句话，他开心地笑起来。

父亲已经重病3年多了，我们一直精心地照顾他，希望他多活几年。有他在，我们就有一个家，回家就有一个"奔头儿"。他对我们笑一笑，对我们点点头，眨眨眼睛，我们就会感到父亲的爱，感到家的温暖。我常想：峨眉山若有能治瘫痪的"仙草"，我一定去采一颗；大兴安岭若有能让病人会说话的"人参"，我一定不惜代价去买几个。但愿我们的诚心能感动天和地，让父亲能好转起来：因为我们想听他讲故事，听他唱《二郎山》，想看他夜夜读书看报的灯光，想感受他永远不服老的精神，想跟他一起展望祖国的美好未来，一起享受改革开放的好生活。

尹永美

2014年5月

父亲于2014年12月19日不幸病故，享年93岁。谨以此文缅怀纪念。

母亲的传家宝

母亲已经离开我们9年了，我经常在梦里梦见她。前几天，我梦见母亲在昏暗的灯光下，做棉袄。"妈妈！妈妈！"，母亲没答应我。喊醒了，泪水流到枕巾上，再也睡不着了。母亲的往事一件一件浮现到眼前。

母亲叫安玉芝，1919年6月5日出生于辽宁省桓仁县，是"山东难民闯关东"的后代。母亲个子不太高（1.57米），进入中年以后有些发胖。圆脸盘，五官端正，很耐看，笑起来很慈祥。她是个朴实善良、勤劳聪慧、心灵手巧、热心助人的人。她从小生长在农村，少年丧父，跟着兄嫂生活。由于旧中国的贫穷落后，农村的封建习俗，因此母亲小时候没上过学校。她跟着她的母亲和姐姐们学会了做各种针线活，也会干各种农活。她17岁跟我父亲结婚，父亲当年15岁，还在中学读书。从此，她挑起了赡养老人、抚育儿女的生活重担。

贤内助

中华人民共和国成立后，父亲是东北人民政府农业部的兽医专家。自1949年开始，他连续6年带队到牧区防疫，消灭牛瘟和口蹄疫。那时，我家住在沈阳。有一次为了工作，父亲2年没有回家。母亲一个人领着我和哥哥生活。奶奶来电报说，她得了重病。母亲就让哥哥给我做饭，照顾我（哥哥那时上六年级，我刚上一年级），她自己坐火车回老家照看奶奶，等奶奶的病好转后她才回来。

奶奶患了骨结核，她的一只脚肿得老大，流脓流血不止。1956年，父亲把她和爷爷陆续接到北京，母亲每天给她注射进口链霉素（那时链霉素很贵）。连着几个疗程，奶奶脚上的溃烂伤口封住了，但脚还是很大。由于损伤了骨关节，不能走路，因此父亲就帮助奶奶定制了双拐。但由于奶奶是小脚，年龄又大，因此不能使用双拐。她只好前边扶着一个大板凳，病腿跪到后边的小板凳上。双手送一下大板凳，一只手再拉一下小板凳，弯着腰，一下一下挪着走。母亲照顾了她十几年。

为了贴补家用，母亲给挑补绣花厂绣台布、给毛衣厂缝毛衣，每天不闲着。

父亲的工作性质，需要经常去全国各地出差。几十年来，家中的事情都是母亲打理。父亲多次受奖，他对中国的兽医事业有一定的贡献，父亲的功劳簿上有母亲的一半。

父亲和母亲是包办婚姻，但是他们感情甚笃。父亲很尊重母亲，言听计从，一辈子没吵过架。父亲经常对我说："你妈妈是咱家的功臣，她一辈子对家贡献很大。她从不指责别人，总是默默地帮助。我欠她的太多。"母亲去世的时候，父亲捶胸顿足，嚎啕大哭。他舍不得她走，他离不开她。

慈母心

我3岁的时候，患了小儿麻痹症，右腿留下了残疾。母亲不知流了多少眼泪。为了给我治病，她背着我到处寻医找药。记得我家住在哈尔滨兽医研究所宿舍的时候，母亲听说太阳岛上有个"神医"，能把我这种病治好，就带我去了。我们坐着小船，找到了那个"神医"。那是一个瘦老头，他给了我母亲一包药，收了200 000元。回家后，我母亲打开了里三层、外三层且用纸包了很多层的药包，原来里面只有一点儿药面。吃了，一点疗效也没有，实际上就是一个骗人的假药。母亲不后悔，她为了给我治病，花多少钱都舍得，但她自己很俭省。母亲在东北时，唯一的一件外套是用父亲的旧外套改做的，棉裤和棉袄的里子和面子都是拼拼补补，真是"新三年，旧三年，缝缝补补又三年"。在那时，家里的一块旧布、一段旧麻绳都能留着备用。

1953年，我父亲被调到北京中央人民政府农业部工作，当时他正在出差，我家可以晚些时候搬到北京。但母亲为了带我到北京治腿病，1954年就跟着东北人民政府的第一批调干一起，提前来到北京。哥哥刚考上初中，怕转到北京插不上班，母亲就把他安排到父亲的一个同事家住，哥哥就每天骑自行车去上学。那天母亲陪他到学校去报到，下着倾盆大雨，母亲打着伞在后边走，哥哥穿着雨衣在前边走。走着走着，哥哥不见了。母亲很吃惊，走到前边一看，哥哥两只手架在没有井盖的下水井的边沿上，快没顶了。一个过路人帮着母亲把哥哥拉了上来。好悬哪！母亲后来跟我说起这件事，脸上依然是后怕的表情。

　　1955年，母亲带我到北京第三医院做右脚的矫正手术。打了全身麻醉，手术的时间很长，当时医院没有通知母亲。第二天，母亲到医院探视，看到我痛苦的样子，她很难过。在病友的帮助下，她找了几只凳子，晚上就睡在我旁边，日夜照顾我。骨科病房的病人大部分都行动不方便，有的病人患骨结核，睡在石膏床里。由于护士太忙，因此母亲就经常帮助病人打饭，买东西，端尿盆，病友们都很喜欢她。出院后，母亲也是无微不至地照顾我。半年后，我腿上的石膏被拆掉，经过锻炼，走路大有进步，母亲的心情也好多了。母亲怕我的脚冷，特意给我买了一个暖水袋，每天晚上给我装好热水，把被窝捂热。她怕我的腿受凉，给我做棉裤的时候，右裤腿总要多絮棉花。她单独给我订牛奶喝，给我买骨头炖汤喝，目的是为了增加钙质。爱女之心，日月可鉴。

　　母亲经常教育我们要努力学习，认真工作，清清白白做人。我和哥哥不辜负她的教导，我们在学校是好学生，在工作单位是好干部。哥哥在部队工作，多次立功受奖。他现在是少将军衔，享受部队有突出贡献的专家待遇。每当母亲听到别人夸奖我们时，她慈祥的脸上就会洋溢着幸福的微笑。

助人为乐

　　中华人民共和国成立初期母亲参加了街道"扫盲班"的学习，她很聪明，也很努力，达到了初小毕业的水平。她还自费参加"裁剪缝纫学习班"，学会了一手好技艺。俗话说："巧人是拙人的奴。"尽管这话说得有些偏颇，但也有一定道理。左邻右舍的邻居们经常找母亲裁剪，缝纫衣服，做各种针线活。谁有知心话都爱跟她说，谁有生活困难都爱找她帮忙。她从不厌烦，从不拒绝。谁家的孩子找不到保姆了，她就积极帮助联系。谁家的新生儿睁不开眼睛，就把她请去帮着洗。谁家的孩子穿不上棉裤，她就赶紧帮着做……另外，她还会拔罐子、理发、编织等很多技艺。她跟邻居们相处得像一家人，口碑极好。1958年，她积极参加社会主义建设，带着缝纫机参加了街道鞋厂的工作，她做的活儿又快又好，是一等一的。20世纪60年代末期，她因过度劳累，右臂患病，鞋厂的领导动员她退职在家休养。后来她身体恢复了，70年代再次参加街道工作，晚年得到了一个退养的待遇。

干校的"大好人"

60年代末期，中苏关系紧张，北京大挖防空洞，疏散人口。母亲就跟着父亲一起到河南西华县农业部五七干校劳动生活。西华县是黄泛区，五七干校的前身是劳改农场，那里是产棉区。当年北京买布都要布票，西华、周口等地经常卖不要布票的大块布头。干校的干部和家属们经常跑到很远的商店去买，买回来做棉衣、罩衣。我母亲的针线活好，是出了名的。经常有干部和家属来求她帮忙。母亲从来不推辞，总是挑灯熬夜地尽快帮他们做好，一分报酬也不要。我母亲帮助别人裁衣、缝衣，留下了一段佳话。

干校有很大一片菜地，有一部分干部被分配在"菜园子连队"干活，大家起早贪黑什么活都要干。蒜薹长高了，该抽薹了，干部们不会，一抽就断。这可怎么好？他们就把母亲请去做老师，示范给他们看。原来要先把靠根部的蒜薹"掐断"，再往外抽，这样整根就不断了。以后他们再遇到难题就把我母亲请去指导，后来母亲就成了菜园子连队的"编外"，给她计工分，发补助。很多地方需要麻绳，干部们就自己搓绳，弄不好时就把我母亲请去教他们。我母亲后来回忆这段生活时，端庄的脸上灿烂如花！她调侃地说："我在干校可是个'大好人'呢！"很有自豪感！

母亲支援前线

20世纪50年代初期，朝鲜战争的硝烟弥漫到东三省。那时我家在沈阳住，每排房子前都有防空洞。因害怕敌机来轰炸，所以到了晚上，每家都挂上黑红两层布做成的窗帘，这样不容易透光。母亲从街道领来志愿军军服，帮助锁扣眼，钉扣子。锁扣眼要求很严格，每个扣眼都要求一定的针数，要求锁得密密的、紧紧的。母亲日夜赶制，心中充满了对志愿军的无限热爱。支援前线的工作是义务的、志愿的。街道组织防"细菌战"的活动，她也积极参加。

战争形势越来越紧，我家跟着父亲单位疏散到了萨尔图，后来又到了哈尔滨（几次搬家，父亲都没在家）。在哈尔滨，母亲做军鞋、锁扣眼，积极参与支援前线的工作。

有一年，母亲回老家看望我奶奶，在安东车站转车（安东即现在的丹东）。母亲看到一列军车里都是志愿军重伤员，她顿时泪流满面。母亲回来后跟我说这件事时，还是泪眼婆娑，哽咽不止。

母亲的传家宝

母亲留下一个用纸浆做成的"针线笸箩"。这是她在干校的时候，跟别人学做的。方法是：把旧报纸泡烂，加进点儿面粉，捣成纸浆。然后用搪瓷脸盆做模具，把纸浆均匀地敷到脸盆外边，晒干。再把脸盆拿下来，这样"纸浆脸盆"就成型了。然后再用同一种花色的香烟盒纸糊到外边，很漂亮，分量也很轻（那时还没有塑料脸盆）。

"纸浆笸箩"里面有她的很多"宝贝"：锥子、剪子、尺子、针线等。其中，有一个"拨拉槌"，这是一个用木头旋的两头大、中间小的槌子，中间有个铁钩，用来打麻绳。打好的麻绳用来纳鞋底，做布鞋。我和哥哥小时候一直穿母亲做的鞋，直到上中学。后来母亲到街道鞋厂工作，大家都穿塑料底的鞋了，这把"拨拉槌"就下岗了。母亲不舍得丢弃，我们一直保留到现在。

笸箩里还有两只"补袜板"（一大一小），这两只补袜板已经黝黑发亮了，可见年代久远。这两只补袜板是母亲的"好帮手"，在尼龙袜子诞生前，大家都要补袜子穿。棉线织的袜子不结实，穿几天就破。想买新的但钱太紧。困难时期袜子难买，家家离不了补袜板。母亲经常用这两只补袜板，一补就是好几双。

母亲留下了传家宝，留下了勤俭持家、艰苦奋斗的精神。

母亲的爱国情怀

尽管母亲只有我哥哥一个儿子，但却从来不溺爱他。哥哥是一个善良、正直、有理想、有抱负的人，他崇拜英雄、崇拜对国家有贡献的人。哥哥在北京市第二中学上学时，就到北京市少年官学做航空模型，参加比赛。他后来获得了"航模一级运动员"称号和航模一级教练员证书。哥哥读高三时，空军部队到北京的几个中学招考飞行员。哥哥积极报名，但由于他头上有个小伤疤，因此体检没有通过。可他立志航空报国，后来考上了南京航空学院。

哥哥每个暑假都回北京，并且都要到颐和园的昆明湖游泳。有一次，他碰到一个十几岁的男孩正在水中垂死挣扎，哥哥奋不顾身地向男孩的方向游过去，将男孩安全地救上岸，看到男孩无大碍后自己悄悄地离开了。

哥哥在读大学期间，担任飞机设计系的学生会主席，南京高校组织"横渡长江"活动，他是"先遣队"的成员之一。

大学毕业后，哥哥被分配到了国防科委，随后参了军。第一年到河北宣化当兵。冬天冰天雪地，哥哥晚上站岗时手都冻肿了，但他从来不喊苦、不叫累。后来他参加核试验，因工作保密需要，1年多都不能给家里写信。母亲尽管很惦记他，但是嘴上却从来不说。她深明大义：儿子是为国家效力，国比家大，有国才有家。后来哥哥在河南部队工作18年，家里的事情顾不上。可是母亲没有怨言，她说："尽忠就不能尽孝，自古忠孝不能两全。"

1976年，周总理逝世，母亲哭得像个泪人。她说："这么好的人走了，国家怎么办哪！"忧国忧民之心溢于言表。

与病魔斗争

母亲63岁时，突发脑溢血，左半身瘫痪，生活不能自理。她生病的前20年，我们还能扶她坐起来，她还能说话，还能用右手吃饭。她有一次跟我们说："我的左手会动就好了，我还能坐在床上织毛衣。"哥哥说："您这辈子干的活太多了，老天爷要让您休息了。"在她卧床的22年间，她从无怨言，从不气馁，以惊人的毅力生活着。她对照顾她的人说话总是很客气，总怕麻烦别人，从不发脾气。她去世的前两年，尽管脸上又长了"基底细胞癌"，流脓流血，痛苦异常，但她还是很坚强，希望我们送她去做手术。专家大夫来看了说，不能做了，她有糖尿病，很难愈合。后来她的心脏、肾脏都衰竭了，两次住院。尽管我们日夜看护她，竭尽全力抢救她，但是无力回天。母亲于2004年9月18日病故，享年85岁。

母亲离开我们去了天堂，到了那里就不会有病痛的折磨了。她病重的时候，我们问她："去世后送到哪里？"她说，她要到人多的地方，和大家在一起。看来，她还要继续给大家帮忙，继续帮大家干活。

尽管母亲走了，她去了很远的地方。但是她的精神没有走，她的爱没有走。妈妈！您给了我们生命，养育我们成人，教给我们做人的道理！您给了我们通往幸福之门的钥匙！给我们留下了"传家宝"！我们要把您的高尚品德传承下去，世代不忘。

尹永美

2013年5月5日

踏遍青山人未老

——爸爸出差

爸爸叫尹德华，今年93岁了。2011年，他患了脑血栓，偏瘫卧床，不能说话。前几天，我整理他的箱子时发现了他保存的纪念品。其中有一个藏民用的小木碗、一顶皮帽子、一个马鞭子，还有一件老羊皮大衣。看到这些东西，我的思绪像打开了闸门的江水，波涛滚滚，喷涌而出。

妈妈生病

20世纪50年代初期，朝鲜战争的战火烧到了鸭绿江边，沈阳的形势很紧张。我和妈妈、哥哥一起随着父亲的单位被疏散到哈尔滨兽医研究所。当时父亲正带队在内蒙古防治牛瘟。哈尔滨天气严寒，滴水成冰。我们住的老式楼房里都是双层玻璃，里面填了一大半锯末。我当时年龄小，还没上学，冬天几乎不出屋。有一天夜里母亲病了，她的头很烫，剧烈地咳嗽，浑身疼痛，不停地呻吟。我被吓得哭起来。赶快叫醒哥哥："哥哥！哥哥！你看妈妈怎么了？"哥哥劝我说："不要紧，妈妈感冒了。"但我还是担心害怕，心里感到非常地无助。那时哥哥也是个孩子，他还在上小学。要是爸爸在家多好啊！爸爸总是出差，一年到头也见不到他。那天晚上，我一夜没睡，不时地起来看妈妈，就怕她病重离开我们。第2天，邻居大婶来看妈妈，并给妈妈带来了药。妈妈吃了药慢慢好起来，我悬着的心终于落了地。

我想爸爸

从1949年起，爸爸就带队到内蒙古、东北、宁夏、青海、川北和康藏等疫区防治口蹄疫和牛瘟，连续6年出差防疫。在这6年中，由于抗美援朝战备的需要，我家连续搬家：从沈阳到安达县的萨尔图（现在的大庆）、从萨尔图搬到哈尔滨、从哈尔滨又搬回沈阳。1954年，我家从沈阳搬到北京。四次搬家，爸爸都不在家，4个春节没在家里过。过年了，别人家都是团团圆圆，其乐融融。我家只有我和妈妈、哥哥3个人。

有一年的除夕，外边鞭炮齐鸣，我坐在床边哭起来了，边哭边说："人家的爸爸都回家过年，我爸爸怎么老不回来？"越哭越伤心。妈妈劝我说："你爸爸工作忙，有任务，过了年就回来了。"我眼巴巴地等啊，盼啊！草绿了，花开了，他没回来。天冷了，下雪了，他还没回来。又是一个春暖花开的季节，终于把爸爸盼回来了。

爸爸的礼物

爸爸给我们带来了礼物，有蒙古人穿的小毡靴，还有红砖茶、奶酪、黄油和牛肉干。我和哥哥别提多高兴了。

小时候，每次爸爸出差回来，我和哥哥做的第一件事就是打开爸爸的行囊，看看他给我们带了什么礼物。如果有礼物，我们就喜笑颜开；如果什么也没有，我俩就泄气了。妈妈对爸爸说："你出差回来，不管多少都给他俩带点儿东西，你知道他们多想你啊！"

爸爸遇险

爸爸跟我们说：他在内蒙古防疫，工作环境很艰苦，两次遇到危险。在呼伦贝尔盟防疫时，住在达赉湖东边的制苗中心点上。一天下午，突然来了一个赤贫户老牧民，说他的唯一一头奶牛病危，求救。爸爸和翻译冒雪骑马走了2个小时，到了老牧民的家。给病牛打完急救针，返回驻地途中，走错了方向。在茫茫大草原上转悠了几个小时，找不到原路。翻译说："在草原上迷了路，只能等着喂狼了！"爸爸急中生智，想起成语"老马识途"，于是他们把马嚼子缰绳放开，让马随便走。又过了2个小时，天色露出亮缝，马突然大吼一声，疾跑起来。他们以为有狼追来，回头看，不见狼。再往前看，望见了防疫队制苗的蒙古包。"老马识途"，使他们脱险。战友们一夜未眠，为他俩着急担忧。见他们平安回来，都跳起来鼓掌庆贺。

还有一次，在察哈尔盟防疫时爸爸骑骆驼夜行赶路。过一山坡时，骆驼失足把爸爸摔下来，爸爸昏了过去。前边的人回头看，只见驼背上光秃秃的，无人，就赶紧下马把他救起。战友们用口罩、毛巾帮他包扎好头部的伤口，然后换乘一匹马继续前进。防疫队的战友们鸣枪探路，朝着远处狗吠的方向走，找见了蒙古包牧民点。群狗见他脸上和胸前有血，便奔他的马扑来狂咬。马惊疾跑，幸好牧民喊住群狗，围住惊马，套住马才脖子，扶他下马才脱险。牧民烧水，战友为他擦洗血迹，拔除扎进他头皮里的风镜碎片，消毒包扎。次日按计划赶到镶黄旗制苗点，没有耽误制苗。

我们听了爸爸的险遇，都为他感到庆幸，也为他的安全担心。妈妈看着他头上的伤疤说："咱家的老人、孩子都指望着你呢，你可不能出事啊！"爸爸哈哈一笑，说："没关系！到牧区哪能没有危险呢！我多加小心就是了！"

爸爸在康藏高原

1953年1月，天寒地冻的时候，受领导指派，爸爸和他的一个同事一起又出发了。这次，爸爸到川北和阿坝藏族自治区防治口蹄疫。

我天天盼望邮递员来送信，可是爸爸的信要走好多天，因为藏区交通不方便。爸爸空闲时，就给我们写信。他在信里说，为扑灭阿坝藏区的疫情，他和战友们沿着当年红军二万五千里长征走过的路线，走栈道，爬雪山，翻过夹金山，到懋功进入阿坝。到小金、金川、马尔康、茂县一带检查推动扑灭口蹄疫，把口蹄疫疫情封锁住。突然接到西南农林部电报，他们又转赴西康开展牛瘟防疫。

康藏高原的气候极为恶劣，雨雪交加，冰雹雷电，一年四季离不开老羊皮大衣。空气稀薄，严重缺氧，长年吃不到水果和蔬菜。爸爸在康藏高原喝雪水，吃糌粑，患了胃溃疡。他和战友们住帐篷，有时还露宿在山坡上或大树底下。他们翻过二郎山到达康定，耐心说服当地领导，把制作疫苗的"绵羊毒"带到藏区。对当地头人和群众宣传民族政策，动员防疫。他和战友们跋山涉水，风餐露宿，渡过金沙江上游的通天河，到玉树和另一只防疫队的战友们协商联防。他们在石渠县防疫时，他带领的防疫队两次遇到雷击，一名藏族战友和两名汉族战友牺牲。他们举办牛瘟讲习会培训民族干部。在上级领导和当地政府及群众的支持下，他们给牧民们的上百万头牛研制注射牛瘟疫苗，建立免疫带。他们用两年的时间消灭了康藏高原上的牛瘟。

冰雪严寒何所惧，一片丹心向阳开。他和他的战友们是高原上的雪莲，是翱翔天际的雄鹰。北京的"若门巴"（兽医）受到了赞扬。夹金山的飞雪为他们起舞，大渡河的波涛为他们歌唱，他们激动的泪花淹没在农牧民欢乐的海洋里。

1956年，中国政府宣布：我国消灭了牛瘟。从此，辽阔的中国大地上，牛羊兴旺，百姓安康。再也没有村寨牛只几乎全部灭绝、尸骨枕藉、四野臭气遍地的悲惨景象了，那种耕地无耕牛、运输无牦牛、奶牛肉牛都病死、土地荒芜、农牧民人心惶惶的日子一去不复返了。

一个春寒料峭的傍晚，爸爸胜利归来了。他脸色黝黑，风尘仆仆，背着行囊，带着微笑走进了家门。我高兴地流下了眼泪，两年的思念、两年的挂牵化作了晶莹的泪珠。我们围坐在爸爸身边，有说不完的话。妈妈忙着做饭，爸爸又可以吃到妈妈做的可口饭菜了。

为有牺牲多壮志

爸爸空闲时就给我讲康藏高原的故事。有一次他讲到被雷击的名叫托日的藏族战友，按着藏族习惯和宗教信仰举行"天葬"。大家把遇难者托日的尸体抬到山坡上，脱光衣服，堆起火堆，喇嘛念经，吹起长长的大喇叭，请来天菩萨，呼来群鹰降落。防疫队员们在喇嘛念经的祈祷声中，哀悼葬送战友。爸爸说，那是藏族人最高的葬礼，表明去世的人升入了天堂。

爸爸空闲时还教我唱《在那遥远的地方》《二郎山》等歌曲，那是他在藏区学会的。他还把带回来的藏族牧民送的哈达托在手上，模仿藏民的礼节，献哈达，跳藏族舞蹈。他还带回来一张穿着藏族服装、带着藏族帽子、站在康定跑马山下照的照片。照片上的他，神采奕奕，开心地笑着，一点儿也看不出工作的劳累、生活的艰辛。他很惬意，因为他和他的战友们完成了党和政府交给他们的任务，消灭了千百年来遗留下来的动物烈性传染病——牛瘟，为人民做了一件大好事。

尽管这些往事已经过去50多年了，但爸爸还一直珍藏着他的"宝贝"。前几年他整理东西时，还把他的老羊皮大衣穿上，皮帽子戴上，手里拿着皮鞭子，打扮起来很像"杨子荣"。他回忆当年的战友，唱着《二郎山》，仿佛回到了他的青年时代，回到了内蒙古和东北、回到了川北和康藏高原。

尹永美

2014年3月

农业部宿舍大院的回忆

　　1954年，我家从沈阳搬到北京，住在朝阳区东大桥农业部宿舍大院里（父亲原来在东北人民政府农业部工作，1953年1月被调到北京，在中央人民政府农业部工作。因他当时带队在康藏高原防治牛瘟，不能回来搬家，所以我家还一直在沈阳居住。1954年夏天，母亲为了给我治疗腿病，就带着我随东北人民政府的调干一起，将家搬到了北京）。

　　当时的农业部宿舍大院是利用制药厂的厂房和宿舍改建的，一共九个区，大部分是一排排的平房，条件都还可以。只有二区条件差点儿，是三栋大厂房改成的筒子房，我们叫它"大栋房子"。据我记忆，当时东大桥的农业部宿舍是最大的一处，其他地方也有农业部的宿舍，但都比较小、比较零散。东大桥宿舍住着几百户人家，知识分子家庭多，也有少部分工人家庭。当时，农业部在东单老钱局胡同。当时农业部第一任部长是李书城（1882—1965），第二任部长是廖鲁言（1913—1972）。住在东大桥的干部们上下班都有班车，局级以上的领导干部们大多数住在东城。

比学习

　　大院的孩子们艰苦朴素，谦虚谨慎，一心向善，"院风"淳朴。孩子们不比吃喝穿戴，只比谁的学习好，谁的进步快。伙伴们好学上进，团结友爱。那时的口号是："为祖国而学习！""祖国的需要就是我的志愿！"五六十年代，很多孩子考上了名牌大学，如清华大学、大连海运学院、北京航空学院、南京航空学院、中国农业大学、北京工业学院、中国美术学院、唐山铁道学院、北京钢铁学院、北京邮电学院，等等。出了很多人才，有将军、船长、大学校长、教授、医院院长、局长、经理、工程师、编辑，等等。有些人因各种原因，没机会上大学。但他们工作在各种岗位上，也都是兢兢业业，奋发努力，为祖国奉献自己的光和热。

书迷

大院里的孩子们兴趣爱好广泛。五六十年代，还没有电视机，收音机就是大家的最爱。年少的我们爱听《小说连播》《评书连播》《音乐会》《篮球比赛解说》《足球比赛解说》等栏目。记得我上初三时，中央人民广播电台举行《春节文艺猜谜晚会》，播放了30多个文学作品和音乐作品的内容。我听完后，把答案寄到中央人民广播电台，还获了奖。电台给我寄来了一本塑料皮的厚日记本，这个奖品我一直保留到现在。

伙伴们都爱读课外书。从小学到中学，每个寒暑假都是读课外书的"黄金时段"。用现在时髦的话来说：那叫一个"爽"！我们从学校图书馆借书，从有书的同学那里借书，借来后互相传阅。那个时代的畅销书，我们几乎都看过。有《林海雪原》《青春之歌》《敌后武工队》《牛虻》《钢铁是怎样炼成的》，等等。古典小说也是我们的喜爱。上了高中，功课忙了，我们就利用课余时间偷偷看（家长不愿意我们老看课外书，怕耽误学习）。我们看过《静静的的顿河》《复活》《青年近卫军》《三国演义》《水浒传》，等等。苏联的反间谍小说，我们也爱不释手。

伙伴们徜徉在"书"的海洋里，如痴如醉。我们有过一天看完一本小说的"记录"。伙伴们像一群干渴的小山羊，遇到了清冽的甘泉，大口大口地吸吮着。"甘泉"滋润了我们的心田，荡涤了我们头脑中的尘埃，净化了我们的灵魂。

我们把妈妈给的零花钱攒起来买书，买各种心仪的书。手中有了钱，第一件事就是买书，这个习惯一直坚持下来。70年代后期，外国名著解禁后，我领了工资，一下子买了十几本。我们还爱订报纸和杂志，我上高一时就订了《北京晚报》。我最爱看马南邨的《燕山夜话》，后来还买了汇编的单行本。"文化大革命"开始后，我把很多书都捆好，一摞一摞装到箱子里，藏到床底下，一本也没舍得扔。

"书"陶冶了我们的美好情操，孕育了我们的爱国情怀，培养了我们的坚强意志，给了我们无穷的力量。

电影迷

看电影也是我们的一大乐事。50年代，大院里经常放映露天电影。农业电影制片厂派人在大院操场上埋上两根木桩，拴上一块白色的大幕布。周六的晚上，家家都早早地吃了晚饭，男女老少都拿着板凳、椅子往操场走。操场上人头攒动，熙熙攘攘，黑压压的一大片。那也是当年一道独特的风景。20世纪50年代的中外电影，我们看了很多如《智取华山》《铁道游击队》《护士日记》《乡村女教师》《列宁在十月》《斯大林格勒大血战》《神秘的旅伴》，等等。60年代以后，农业电影制片厂的人不来了，我和伙伴们就到东大桥的"朝阳区工人俱乐部"和朝外大街的"新声电影院"（现在的紫光电影院）看电影。周末或课余，我们花上1角5分钱（学生票）就能看上一场新上映的影片。

现在，若是发小们坐在一起，聊看过的电影，能说出几十部。电影里的英雄人物和那些感人的故事深深地打动了我们，对我们人生观和世界观的形成，起到了潜移默化的重要作用。

现在电影几乎被电视取代了。但是看电影时那种身临其境的感觉，那种大银幕、大场面、观众多的氛围、那种立体音响效果的震撼，是电视所不能比拟的。露天电影更是有独特的味道。

小黑炭

暑假到了，院子里的大、中、小学生都结伴到附近的工人体育场去游泳。那时游泳很便宜，花上1角钱就可以畅快地游上2个小时。我和伙伴们约好，吃过午饭，带上游泳衣到工人体育场。有时刚换过水，游泳池里淡蓝色的水，在阳光下波光粼粼，清澈见底。孩子们迫不及待地往里跳。"哎哟！腿抽筋了！"因为水太凉，我们只好爬上岸，趴到水池子的边上晒太阳。我们每周去两三次。开学了，每个人都成了"小黑炭"。

"刘巧儿"采桑叶

大院里有一棵大桑树，枝叶繁茂，树影婆娑。我和伙伴们跟我奶奶学养蚕。蚕宝宝长得很快，越大越能吃。大家争先恐后地采桑叶，大树的叶子都快被采光了。眼看蚕宝宝全身透亮，要吐丝了，桑叶却断了顿，我们急得火上房。看到妈妈和奶奶焦急的目光，我和一个伙伴大着胆子到日坛公园去偷采桑叶，没采几片就被公园的人看见了，挨了一顿批评。那个人凶巴巴的样子现在还留在我的脑海里。后来一个好心的同学到周边地区寻找野桑树，到有桑树的院子里求人帮忙，才救活了这批蚕。我奶奶把蚕茧缫丝，纺成了一桄丝线。那桄丝线现在还保存在我家的旧箱子里。

南泥湾好地方

东大桥农业部宿舍的正门朝南，门前有一条东西走向的河。河上有一座木桥，桥很宽，两边有白色的护栏（现在朝阳北路南侧的部分楼房地基即是原来的河道）。现在的街心花园，原来是一大片渣土填的空地。20世纪60年代初期，我国连续遭受3年自然灾害，人民过着苦日子，东大桥宿舍前的这块空地就有了用途。这块空地不小，足有七八亩，上面长满了荒草。大院里的家属们到那里开荒种麦子，这里成了"南泥湾"。你家一块，我家一块，很快就占满了。那里的地是用渣土填的，碎石瓦块很多。人们买了耙子、铁锹、镐头等农具细心清理，然后用碎石瓦块垒成一个一个的畦，分出每家的界限。

春天的早晨，燕子呢喃，杨柳吐绿，老人们扛着农具下地了。他们挖好垄，做播种前的准备工作。那里的土质贫瘠，需要施肥，怎么办呢？他们就到处去捡马粪，那时还许可马车进城。有不怕脏的人，等掏粪车来的时候，找人家要点儿大粪。不管是鸡粪、鸟粪、兔子粪，是粪就好。播种时，天旱不下雨，麦地北边的那条河就帮了大忙。人们提着桶、拿着盆到河边取水，一趟一趟地往地里浇。

麦子破土出苗了，慢慢长高了。等麦子抽了穗、慢慢变黄时，麻烦事又来了——麻雀来做客了！老人和孩子们轮流到地里轰麻雀，有人还做了"草人"。也有个别人不守规矩，想不劳而获，到别人地里小偷小摸。越是麦子要熟的时候，越紧张。老人们戴着草帽，顶着烈日，坐在地边看麦子。晚风习习，他们又拿着小板凳坐在地头，边聊天、边守护着自己的劳动果实。

开镰收割了！大家先把麦粒晾晒干，再把它们送到加工点，磨成面粉。我爷爷种了一块地，还磨了二十来斤"黑面"呢！用现在的观点来看：那可是绿色无公害的粮食，而且"全麦"！在那吃不饱肚子的年代，"南泥湾"生产的粮食可也是宝贝呢！

斗转星移，50多年弹指一挥间。沧桑巨变，今非昔比，当年的大院平房绝大部分都变成了楼房，只有极少量的平房还没拆迁，旧日的面貌根本看不到了。在这地灵人杰的大院里，长江后浪推前浪，学弟学妹们"代有才人出"，很多人成了各行各业的精英和翘楚。每当我从大院里走过，遇到昔日的邻居伯伯和阿姨、遇到学友和发小，就会浮想联翩：我仿佛穿越了时空，又回到了青少年时代，回到那些充满快乐和温馨的岁月里。

尹永美

2013年6月10日

一杆小秤

我家有很多"老物件"，每次整理屋子，都要淘汰几件用不着的东西。唯独一杆小秤，总也舍不得扔掉。

这杆小秤已经有50多年的历史了，它是我爷爷亲手做的。秤盘是一个小铝盆，盆沿上钻了4个眼，用4根麻绳拴到秤杆上。秤杆是一根被削圆磨细的柳木棍，上边用烧热的铁钉烫了刻度。秤砣是一块废铁零件。这杆小秤虽然简陋，但是称东西分量很准。

这杆小秤是历史的见证，它是我家的"文物"，是我爷爷和母亲留下的纪念。每当我看见这杆小秤，就浮想联翩，想起了50多年前的往事。

20世纪60年代初期，我们国家遭遇了3年自然灾害，全国人民都过上了苦日子。那时，物资极度匮乏，买东西都要凭票，如肉票、油票……而且定量很少。买副食要凭副食本，鸡蛋、豆腐、粉丝、麻酱、白糖、肥皂、火柴、碱、花生、瓜籽……都按人分配，要凭副食本购买。牛奶只有婴儿可以根据"证明"预定。鸡啊、鱼啊，只有过年才能分到一只（条）。为了保证每个月的粮食能坚持吃到月底，不至于断了顿儿，我母亲每天就用这杆小秤称粮食。她算计好，每天吃多少粮食，搭配多少甘薯，争取每月有结余（在有的月份，粗粮票必须买一部分甘薯，好像是1斤粗粮票给4斤甘薯）。

有时，邻居家也借用小秤。那几年，这杆小秤很忙碌，拴秤盘的麻绳换了好几次。有个邻居家有5个孩子，都是长身体的时候，粮食常常不够吃，我母亲经常将省下来的粮票援助她家。

因为粮少、油少、肉少、菜少，我们每天都觉得肚子空落落的。我初中的一个同学，上体育课时，由于低血糖，竟然晕倒在操场上。她有4个弟妹，父亲工资低，生活困难，所以营养不良。那时走在街上，看不到胖子，个个都很苗条。

为了填饱肚子，我们全家人动脑筋，想办法。有一年暑假的一个星期天，天气不太热。母亲让我和父亲到中国兽医药品监察所的试验田里挖"蚂蚱菜"——学名叫"马齿苋"的野菜。吃过早饭，我带上一把小铲子和一个盛面的布口袋，坐上公共汽车。父亲骑着自行车，跟在汽车后面，一同从东大桥来到了西郊中国农业科学院。父亲嘱咐我说："菜地里的小白菜是留给做试验用的兔子吃的，你一棵也不能拔，只能挖野菜。"说完，他就到老同事家谈工作去了。

我兴高采烈地挖着野菜。菜地里的土质比较肥沃，湿润，地边的野菜长得很茂盛。看见菜地里绿油油的小白菜，我心里真馋啊！我四周望了望，大院儿里一个人也没有。心想：我就是拔几棵小白菜，也不会被发现。但是想起父亲的话，一棵也没敢拔。

快到中午了，父亲把我挖到的一面袋野菜，捆到自行车后座上，慢慢骑着，运回东大桥的家里，我依然坐公共汽车回家。母亲用小秤一称，将近20斤。她把蚂蚱菜洗净，拿出一部分，分给邻居吃。剩下的分成几份，每天做一碗吃，或凉拌，或热炒。口感虽然酸溜溜的，但是总算有菜吃了。因为那几天，每个副食本每天只给2斤冬瓜。

我家邻居王叔叔，是农业部畜牧兽医总局兽医处的干部。有一天，他发现大院儿门前的河里漂着一只死猫，就将其捞起，回家检查了一下。猫的胃里空空的，看来是饿死的。他把死猫肉加点儿调料，再加点儿猪肉，炖熟了，给左邻右舍各送一碗品尝。大家很久没吃到肉了，都觉得很香。

当年，关东店附近有两个饭馆。我爷爷经常到饭馆后厨拣人家扔出来的"鱼头"——"明太鱼"的鱼头，没有多少肉。爷爷捡回家，洗干净，放一点儿盐和醋，加点儿葱花，煮着吃，打打牙祭。

哥哥60年代初期在南京航空学院读书。新年到了，食堂做了红烧肉，每个人只给两块儿。哥哥来信时，在信纸上画了两块拇指肚大、正在滴油的猪肉。我们看了，心里很不是滋味儿。

哥哥寒假回来说，同学们每天饿得心发慌。家里寄来生活费，有剩余的钱，就到黑市上买葱头（别的买不到），偷着在宿舍里煮着吃。厕所里葱头的臭味儿飘在楼道里。他还说，国家建设需要我们这个专业的学生，不然的话，我们就去摇煤球（当时，摇煤球的每月有45斤粮食定量，男学生每月定量30斤）。

光阴荏苒，历史的车轮滚滚向前，改革开放的康庄大道给我们带来了丰衣足食。90年代以后，取消了粮票。副食供应越来越好，想吃什么就买什么，想吃多少就买多少。我家的小秤光荣"退休"了。

前几天，我整理屋子，又看见了这杆小秤。我抚摸着斑驳锈蚀的秤盘，看到黝黑发亮的秤杆，心里百感交集，思绪万千。

母亲在世时，总是教诲我们："农民种地太辛苦了，一个汗珠摔八瓣儿，千万不能浪费粮食。"她还说："条件多好，也不能忘记过去。"我们牢记母亲的教诲。每当我和同学、同事、朋友聚餐时，都是按需点菜。吃剩的，打包拿回家。家里的剩菜、剩饭也尽量热热再吃，舍不得扔掉，除非是馊了！坏了！因为我们挨过饿，受过苦。我也常把过去的艰苦生活讲给孩子们听。儿子很赞同我的话，他说："资源是大家的，世界上还有很多吃不上饭的人！"

饱经沧桑，为我家做过贡献的小秤啊，你永远是提醒我们"不要忘记过去"的"警钟"！你永远是监督我们勤俭节约的"传家宝"！

尹永美

2013年3月7日

儿时的端午节

我小的时候特别爱过端午节。每年春节过后，我就开始翻日历，数天数，在日历上画记号，盼着端午节的到来。因为端午节有妈妈亲手做的好吃好玩的东西，有着特有的气氛和韵味，有着童年特有的欢乐。

妈妈把"端午"叫"当午"，那是家乡的口音。天气越来越热，端午的气氛越来越浓了。妈妈提前1个月就开始买鸡蛋、买鸭蛋，有时还能买到鹅蛋。然后将它们洗干净，放到一个坛子里，加上盐和水，盖好，再把坛子放到阴凉的地方。

离端午还有1个星期妈妈就会把艾蒿（艾草）、菖蒲等几样药草买来。她每样拿出一小把，先用剪刀剪短，再用擀面杖擀碎，准备做"香荷包"。她又找出几小块鲜艳的花布头和绸缎下脚料，裁剪好，缝成"心"形或"元宝"形的小布袋，然后把擀碎的香料装进去，再把口缝好，上边做个小"提环"，下边还拴几根彩线做的小穗子。如此，一个漂亮的"香荷包"就做好了。

另外，她还找了几根"线麻"（打麻绳用的麻），用哥哥画画用的水彩染成5种颜色，再把线麻剪成等长的小段，用彩线绑成小笤帚，跟扫地的笤帚形状一模一样，小巧玲珑，比拇指小点儿，很好玩。她经常多做几个香荷包和小笤帚，还用彩线编几根五色彩绳。

端午的前一天，妈妈就把江米泡好，准备好苇叶和枣，下午就开始包粽子。妈妈把粽子叫"正子"，这是乡音。我拿个小板凳坐在她的对面，跟她学着包粽子。妈妈耐心地告诉我，怎样包才不漏米，怎样包吃着才糯软。她包得又快又好。吃过晚饭后，她就把粽子一个一个码到大铝锅里，灌满水，上面压上一块洗干净的扁石头，盖上锅盖，开始煮。那时用的是烧煤的炉子，小火慢慢煮。几个小时后，清香四溢，粽子煮好了。妈妈把锅端下来，放到阴凉的地方。

我闻着满屋的粽香，闻着枕边的"香荷包"的药香，不知不觉就睡着了。

"端午"终于来到了，我们都早早起了床，妈妈帮我把香荷包和小笤帚用别针别到胸前，把彩绳绕到手腕上，系好。她说"香荷包"可以"辟邪""驱五毒"，五色线绳是长命线。小笤帚可以把"五毒"扫走，孩子一年不生病。她还把艾蒿绑成几把挂到门框上，说"五毒"闻到艾蒿的味道就会被吓跑，全家人一年都健康。随后，妈妈就让我把几份煮好的粽子送到左邻右舍，让他们品尝。

开始吃早饭了。妈妈拿出一些腌好的鸡蛋、鸭蛋和鹅蛋，还有几个鲜鸡蛋放在一起煮熟，给我和哥哥分开，每人一样多。妈妈说：吃了端午的鸡、鸭、鹅蛋，一年圆满走好运。粽子随便吃。我们每人最多吃一个鸭蛋和一个鸡蛋，其余的就各自放到一个碗里，留着以后再吃。我们一边吃着粽子，一边听爸爸讲屈原的故事。吃一口流油的鸭蛋黄，再吃一口糯软的粽子，浓浓的咸香，淡淡的甜香，那是"端午"的味道，是"妈妈"的味道。尽管几十年过去了，但心里仍然留有余香。

中午吃的是长寿面。到了傍晚，妈妈又开始包团圆饺子。她特意包了几个"小耗子"模样的留给我吃。晚饭后小朋友来找我玩，妈妈就把多做的香荷包和小笤帚给她们拴到上衣的扣眼上，把彩绳系到她们的手腕上。我们一起玩过家家，玩㜩（chua）拐（用四个羊的膝关节，一个包玩。"包"是一个小布口袋，里面装的小豆或绿豆。玩的时候，一只手把包抛起来，同时摆拐的面。每个面都要相同一次。摆完四个面，一把抓起，就算赢一次，再接着玩。玩时，还唱着歌谣，计数。）玩翻绳，玩拉皮狗（把树叶的梗捂熟，变得有韧劲，两人各拿一根互相勾着拉，谁的不断，谁就赢。）我们玩啊，笑啊，真是开心极了。

儿时的端午节充满了妈妈的爱，充满了温馨和祝福。寄托了百姓对健康和幸福的企盼，表达了百姓对民族先贤的敬仰和纪念。

尹永美

2013年5月27日

尹利军的信

小姑你好!

看完了《父亲的故事》，很是感动，字里行间充满了你对爷爷的深深怀念，点点滴滴述说着爷爷的不朽功绩。这使我不由自主地想高声吟唱《祖国不会忘记》——在茫茫的人海中，你是哪一个，在建设祖国的洪流中，那默默奉献的就是我。高山记得我，河流记得我，祖国不会忘记，那永远奉献的就是我。

深深的怀念永记心头，爷爷是我的楷模! 他的高风亮节，他的谦虚谨慎，他的勤俭节约、他的热情似火、他的善良美德，他的助人为乐，他的学术才艺，他的一切一切!

爷爷是尹家的骄傲，为后辈们树立了一座丰碑。虽然我对爷爷的了解还很不够，对那辈人艰苦创业的事知之甚少，但我看了《父亲的故事》后，感觉他们是了不起的人。爷爷对奶奶的爱是那么的真挚，爷爷对老爷爷、老奶奶的孝是那么的发自内心。相形之下，我的心灵受到了洗涤，我有时对待老人从心灵深处还有不情愿，在亲朋好友的相处上还有患得患失。我要一生向爷爷学习，时时不忘反省自己，努力做一个有爱心、有奉献的人。

生活虽然给了我们很多磨砺，但也给我们很多的物质享受。一路走来，我非常感恩现在的一切。我想我们都应该珍惜现在的生活，努力地让自己保持一个好心情，勇敢地面对一切困难。

小姑，感谢你将爷爷的故事记录下来，使后辈们对家族的历史及先祖的艰苦创业的过去有了一个全面的了解。希望能够发表。

小姑您要照顾好自己，不要太劳累，是该享受生活的时候了!

问候小姑父!

利军

2015年3月6日

尹利军是笔者堂哥的女儿。

后记
Afterword

热烈祝贺《踏遍青山人未老——父亲尹德华的人生足迹》出版。

本书选编了中华人民共和国成立后，父亲不同历史时期的个人文稿，选编了农业部有关部门几位领导和他的老同事、老战友、老朋友的文稿。同时，也选编了我本人写的文稿。

本书在编辑出版过程中，得到了很多部门和个人的大力支持和帮助。其中有农业部老干局、农业部兽医司、中国畜牧兽医学会、《中国兽医师》杂志、农业部离退休干部东大桥活动站等单位；尤其要感谢中国农业出版社，感谢养殖分社社长黄向阳同志，感谢责任编辑周晓艳同志；另外，还有农业部政策法规司原司长郭书田同志，兽医司原司长贾幼陵同志，中国兽医药品监察所所长才学鹏同志，《中国兽医师》杂志编辑杨冬庚同志，兰州兽医研究所研究员田增义同志等。特别感谢何康部长在耄耋之年手写毛笔字有些颤抖的情况下，用碳素软笔题词嘉勉。

在此，

向所有为我国消灭牛瘟做出贡献的老一辈兽医科学工作者致以崇高的敬礼！

向为了我国消灭牛瘟而不幸牺牲的烈士们致以沉痛的哀悼！

向中国农业科学院兰州兽医研究所对本书的出版给予的大力支持与帮助表示诚挚地感谢！

向所有为本书出版提供帮助和撰稿的同志表示诚挚地感谢！

老一辈兽医工作者的丰功伟绩将永载史册！激励后人，奋勇前进！

谨以此书纪念缅怀父亲！

尹德华之女：尹永美

2018年3月

事业篇 照片

欢送西北口蹄疫防治大队返部临别纪念

前排起　右一：孙殿才
　　　　　（宁夏省人民政府副主席）
　　　　右二：父亲
　　　　右三：郝玉山
　　　　　（宁夏省人民政府建设厅厅长）
　　　　右四：李景林
　　　　　（宁夏省人民政府副主席）

在兰州兽医研究所研究口蹄疫疫苗

（右为父亲，摄于1958年）

"宁夏省第一届兽疫防治会议"纪念

（第三排起　右八：父亲）

中央人民政府在兰州召开"防治牛瘟座谈会"全体人员合影

前排起　　左一：刘国勋（西南农林部畜牧处）　左二：父亲
　　　　　左三：王济民（西北畜牧部兽医处）　左四：程绍迥　左五：彭达林柯（苏联专家）
　　　　　左六：崔少轩（翻译）　左七：谢开德（翻译）
　　　　　左八：袁庆志（哈尔滨兽医研究所）

西康防疫队1954年6月赴甘孜、石渠
防疫出发前，于康定跑马山下留影

左一：王峻尧（康定县兽医站技师）
左二：杨玉莲（康定县兽医站干部）
中：龚于道（西南农林部兽医科科长）
右二：父亲　右一：张永昌（上海市兽医站技师）

西康防疫队1954年8月1日到达石渠县，在县政府临近处，架起自带的帐篷，宿营

西康石渠防疫队在烈士墓前，为遭遇雷雨袭击的烈士雷家钰、曹志明举行哀悼，父亲（前排右二墓前站立者）代表防疫队致悼词

（摄于1954年8月8日）

康藏高原唯一的运输工具牦牛驼运队，渡河前集中河边等待防疫、打针免疫

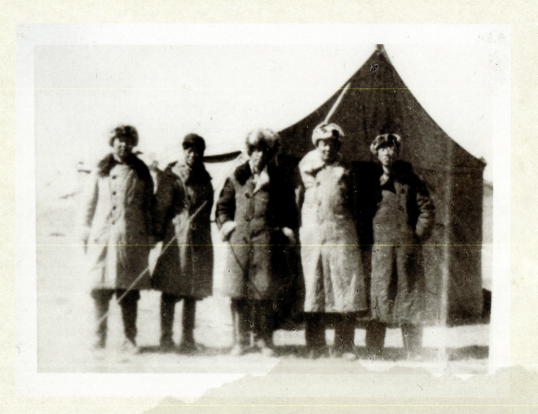

西康防疫队领队人巴登等于石渠防疫队队部帐篷前合影

右一：杨启荣（石渠兽医站站长）　右二：巴登（康定藏区农牧处副处长）

右三：父亲　左一：张永昌（上海市兽医站技师）　左二：廖宣文（农业部察北牧场技术员）

西康省农业厅欢送农业部到西康省防治牛瘟工作同志摄影

前排起　　左二：父亲　右一：曹振华（西康农林厅兽医科科长）
　　　　　右二：张永昌（上海市兽医站技师）

农业部及直属单位出席全国先进生产者代表会议代表
与本部直属单位先进工作者合影

前排起　左四：父亲　左五：蔡子伟（副部长）　左六：张增敬（党委书记）

后排起　右一：李君凯　右二：臧成耀　　左四：张世贤

1957年夏，在内蒙古昭乌达盟翁牛特旗白音花乡参加内蒙古畜牧兽医工作现场会议（站立讲话者为佟厅长，右二为父亲）

一九五九年全国兽医生物药品工作会议全体代表合影 1959.3.19.

1959年全国兽医生物药品工作会议全体代表合影

第一排起　左八：程绍迥　左九：陈凌风

左十：蔡子伟（副部长）　左十二：马闻天

第二排起　左二：父亲

1965年9月父亲（手抱绵羊）在新疆

1978年访问南斯拉夫

左三：父亲　左六：何康部长

父亲在新疆南山种畜场

（摄于1980年6月9日）

"中国口蹄疫研究会"成立大会全体代表及工作人员合影

前排起　　右七：程绍迥　右九：父亲

父亲1983年访问
日本京都岚山

1984年9月，父亲在哈尔滨兽医研究所

1984年在广东佛山参加疫苗鉴定会后留影

前排起　右一：陈凌风　右二：程绍迥
后排起　左一：父亲　右一：刘士珍

1984年在广州参加口蹄疫疫苗鉴定会后到深圳检查工作留影

前排起　左三：程绍迥　左二：刘士珍
中排起　右三：陈凌风
后排起　右一：父亲

1984年11月在昆明召开"中国口蹄疫研究会第二次学术讨论会"

前排起　右五：父亲　右六：程绍迥　右七：陈凌风　右八：吴兆林

1984年11月在昆明召开"中国口蹄疫研究会第二次学术讨论会",会后留影

右一:父亲　右三:陈凌风　右四:程绍迥

1984年11月在昆明召开"中国口蹄疫研究会第二次学术讨论会",会后父亲(右)与程绍迥(左)的合影

1985年10月父亲(左一)访问美国时,同贝尔教授(左三)一起在美国亚特兰大石头山顶游览

1985年父亲(左一)访问美国,在美国动物疫病预防控制中心寄生虫病研究室

1985年10月，父亲（左二）访问澳大利亚

农业部畜牧兽医高级技术职称评审小组合影

前排起　左二：父亲　左三：鲁荣春　左四：陈跃春　左五：马闻天
左六：吴兆林　左七：傅寅生

"全国防治五号病第四次指挥长会议"

后排起　左三：父亲　左五：吴兆林
（1986年6月摄于唐山）

"防治五号病第五次专家会议"

前排起　左一：父亲　左六：陈凌风　左八：程绍迥　右三：吴兆林

"全国五号病第三次学术讨论会" 代表留影

前排起　左三：蔡宅祥　左四：杜念兴

　　　　左七：冯静兰　左九：吴兆林　左十：父亲

第三排　右三：虞蕴茹

1987年10月30日于江苏镇江召开"口蹄疫研究会第三次学术讨论会"，会上父亲（站立者）作闭幕讲话

1987年11月农业部畜牧兽医总局兽医处新老同志合影

前排起　右一：冯静兰　右四：刘士珍　右五：常英瑜　右六：父亲
　　　　右七：罗方安　右八：鲁荣春　右九：陈长余
后排起　左一：刘慧

1990年在中国兽医药品监察所招待所会议室召开"《中国兽医史料》审稿会"

右四为父亲

1990年在广东大厦召开
"第九次全国防治牲畜
五号病指挥长会议"

左一：父亲
中：李瑞山（总指挥长）
左二：肖鹏（农业部副部长）

友情篇 照片

奉天农业大学老师藤田俊夫

奉天农业大学老师藤田
俊夫及其夫人

日本高木老师的夫人高木爱及其亲属访华

前排起　　右二：高木爱　左三：父亲

父亲（右）与江苏省农业厅干部（林季琛）

左：林季琛（江苏省农业厅干部）
右：父亲
（于1983年"第二次全国五号病研讨会"期间摄于南京）

父亲（左一）在日本访问时，同水之
江政辉教授（右一）的合影

（水之江政辉教授是日本山形大学农科博士，与
父亲在奉天农业大学是同学）

1984年，日本老师及
其亲属来华访问

右二：尹德华
右三：日本老师

芜湖出入境检疫局杨崇秀
同志的爱人汪邦玉到京出
差时到家中看望父亲。

中：父亲　右：汪邦玉
左：尹永美

奉天农业大学日本同学会来华访问

前排起　　右二为我父亲，摄于1987年8月

2015年5月22日下午，兰州兽医研究所田增义研究员到北京把尹德华
的书籍和资料（共11箱）托运到兰州兽医研究所图书馆

家庭篇 照片

青年时期的父亲（一）

（摄于1941年，时年20岁，当时在奉天农业大学读书。穿的是校服，帽徽上有"大学"二字）

母亲

（摄于1943年，时年24岁）

青年时期的父亲（二）

（1949年5月3日摄于沈阳，当天是父亲的生日）

母亲（中）、哥哥（右）和我（左）

（1953年摄于沈阳）

全家福

（左一为哥哥，左二为我，
摄于1955年11月）

母亲

（摄于1958年）

母亲和我

（1962年摄于北京）

前排起　右一：父亲　左一：母亲　中：侄女
后排起　中：哥哥　右一：嫂子　左一：我
（1979年摄于北京）

父亲与母亲

（1961年5月摄于北海公园）

1936—1966
结婚三十年
纪念

父亲与母亲

（摄于1966年）

父亲在农业部五七干校（一）

（1969—1973年）

父亲（右一）在农业部五七
干校（二）

我与张心一伯父的两个孙女

（左：张元　右：张军
1971年摄于北京）

我与张心一伯父的孙女

（摄于1971年）

父亲

（摄于1986年）

父亲和我

（1987年摄于家中）

我与堂侄女尹利军（右）

（摄于1994年3月）

父亲及其外孙

（1997年摄于家中）

80岁时的父亲

（2001年4月摄于
东大桥街心花园）

父亲和我

（2003年摄于颐和园）

父亲及其孙女

（2004年10月摄于朝阳公园）